中國羌族建築

徐中舒题

季富政 著

西南交通大学出版社
·成都·

内容提要
SUMMARY

本书为第一部系统研究羌族建筑的专门著作。作者以近十年之巨，从数十个村寨、数百个碉楼与民居中提取典型，凡村寨、官寨、碉楼、民居、桥梁、栈道等皆有科学而详尽生动的论述。并辅以大量实地测绘图，借历史学、人类学、社会学、宗教学、生态学、神话学等方面知识，从面到点，个例分析；由点到面，归以类别，全面地、准确地、多方面、多层次地展示了羌族建筑的发生和发展。史诗般地概括了羌族悠久而悲壮的历史，是无声的生命画卷。

该书个性鲜明、论据充分、形象直观、震撼力强，文笔洗练、文字干净清新、结构紧凑、详略得当、可读性趣味性都很强，是一部能经受时间考验的传世佳作。特别值得建筑学、历史学、民俗学、影视学及广大旅游专业人士和爱好者阅读。同时又是高等建筑教学在乡土建筑方面的教材。

This is the first specialized book that makes a systematic and detailed study of structure of Qiang Nationality. The author has researched into dozens of villages, hundreds of watch towers and folk residence in the past ten years and selects typical models from them, about which the author gives brilliant and detailed exposition. He also shows various pictures of on-the-spot investigation with the knowledge of history, anthropology, sociology, religion, ecology, theology and so on. The book is divided into several parts, in which every model is explained and classified. The emergcnce and development of the structure of Qiang are included adequately and comprehensively. This book also summarizes the long and solemn history of Qiang, and it is like a silent scroll painting of life.

The book is well worth reading because it's well written and interesting. It's also an excellent works which can be tested by long time. It's suitable for poeple of architecture, history, folklore, cinemindustry and tourists.

主审序言

中国少数民族建筑研究，是一个备受世人关注的课题。它的独特性是不仅从建筑层面去探索少数民族建筑尤其民居的空间成因和发展，即建筑本身和文化、历史、社会诸方面的纠葛，并还以一种威严的空间事实，无可辩驳的空间形象，极为有力地实证中华民族相互之间的血缘关系，以及随历史长河而衍变的源与流的关系。这是建筑研究的制高点，它的崇高在于以空间语言去凝聚中华民族的向心力，以达到各民族兄弟般团结这一目的，并激发继往开来的内驱力。

从遗传学的角度看，我国南方少数民族中的羌、藏、彝、白、纳西、哈尼、傈僳、拉祜、基诺、普米、景颇、土家等族均起源于北方民族。虽然有的民族渐自融入了南方民族血缘，但作为“石头写成的史书”的建筑，无不处处流露出北方民族的空间遗迹。我们从《云南民居》(云南设计院编，中国建筑工业出版社，1986年版）所论各民族住宅中察觉到了端倪。

《羌族史》(冉光荣等著，四川民族出版社1985年版）作者研究认为：羌族是汉族的前身——“华夏族”的重要组成部分，后来演变成藏缅语族各民族，因此，研究藏缅语族各民族都必须和羌族发生关系，因为他们都是“羌族中的若干分支”。用这个观点考察以上各族民居，其空间诸多形与貌又何其相似。恰是这种“相似”作为空间论据，又有力地支持了以上观点，并寻找到了南方一些民族建筑的源与流的关系，因此，羌族建筑研究有着更加非凡意义。

今天四川境内的羌族是古羌人的嫡传后裔，其建筑尚保留着羌人远古游牧及半农半牧时代帐幕、窑洞，甚至天水一带干栏空间特色。他们来到岷江上游河谷地带后，和土著冉駹民族相处，经上千年融会，创造出了今天我们看见的石砌建筑系列。这种石砌空间曾以雄奇浑厚的面貌在历史上触动过不少文人墨客、戍边武将，于此亦留下无数的赞美华章。自20世纪初以来，西方人士不断深入羌寨攫取资料，直到今天势头不减。本世纪三四十年代，中国营造学社迁入四川，羌族住宅引起了刘致平教授很大兴趣，认为它“和内地的宅制是迥然不同的”，“它的造形极生动自然”。可见羌族建筑从形态到内涵皆具潜在的研究价值。

羌族建筑研究过去散见于报刊杂志。因羌区地域偏远，山高路险，人们视为畏途，终不见系统研究成果面世。第五届全国民居会在四川阆中召开期间，我和西南交通大学建筑系教授季富政谈起羌族民居的挖掘整理的联合科研问题。不想一拍即合，便促成了此一课题的完成。这是一部令人振奋的中国少数民族建筑研究著作，罗哲文教授在季先生另一部书《巴蜀城镇与民居》序言中认为季先生对羌族建筑的研究“填补了系统研究羌族建筑的空白”。可见其中的艰辛，季先生当为头等功臣。

支持、参与中国传统民居研究，包括区域、专题、类型，尤其少数民族的民间建筑研究，自本世纪初以来渐有国内学者步入。至建国前以中国营造学社为中坚力量的研究成果，充分显示了这一领域的广阔研究前景。

党的十一届三中全会后，全国形成“民居热”，研究队伍日渐庞大，亦不断有显赫的成果出版，在《桂北民间建筑》热销告罄的基础上，我们把目光又投向羌族建筑研究，今之成书，想来不仅得益于良好的研究环境，也有学者们的共同努力，还有羌族地区人民的大力帮助。能为祖国传统建筑文化的整理做一点实事，也是可告慰于灵魂的，同是不辜负羌族人民期望的。

李长杰于桂林

1997 年 9 月

目 录

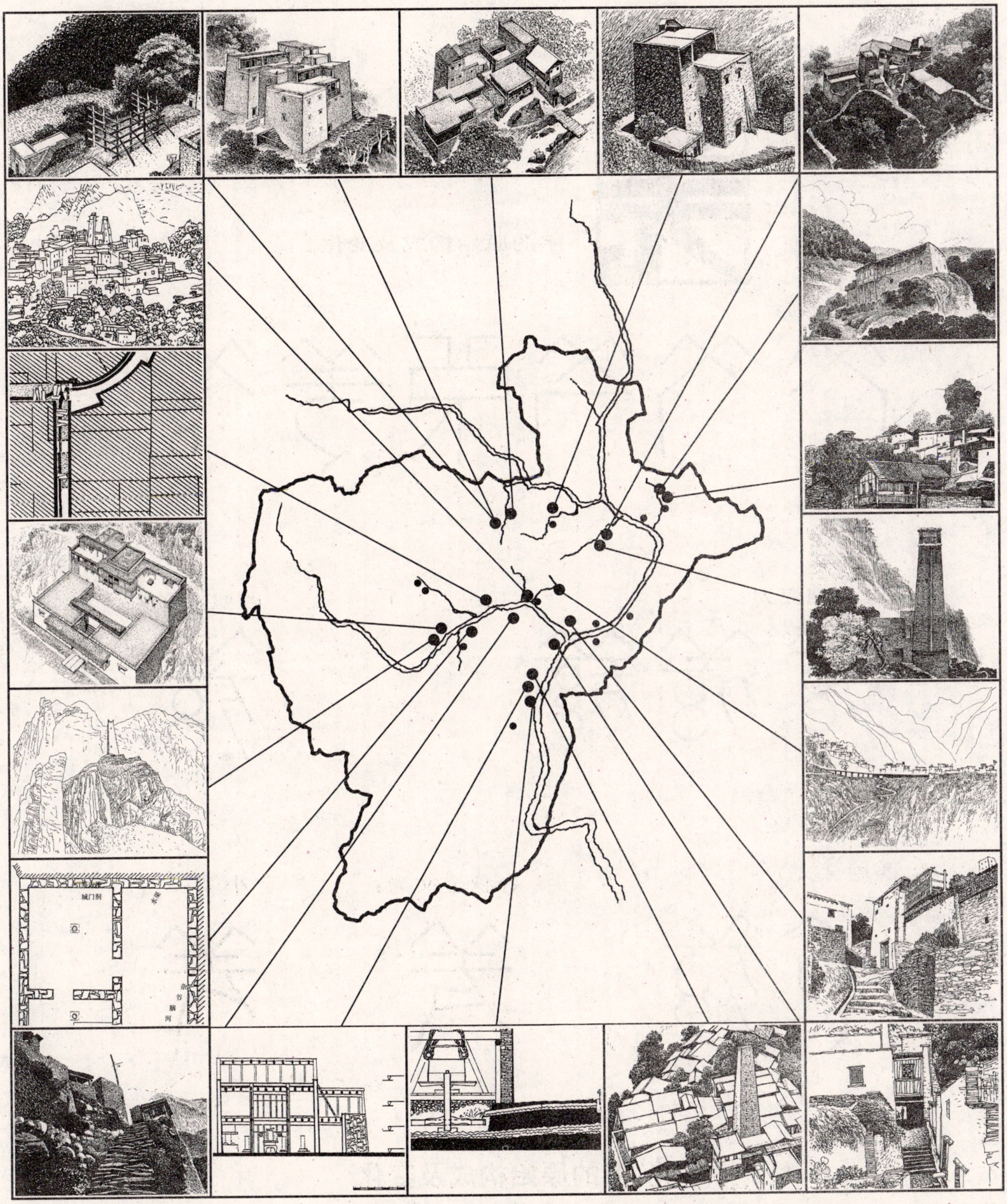

羌族建筑调研部分村寨景况

（1988—1996）

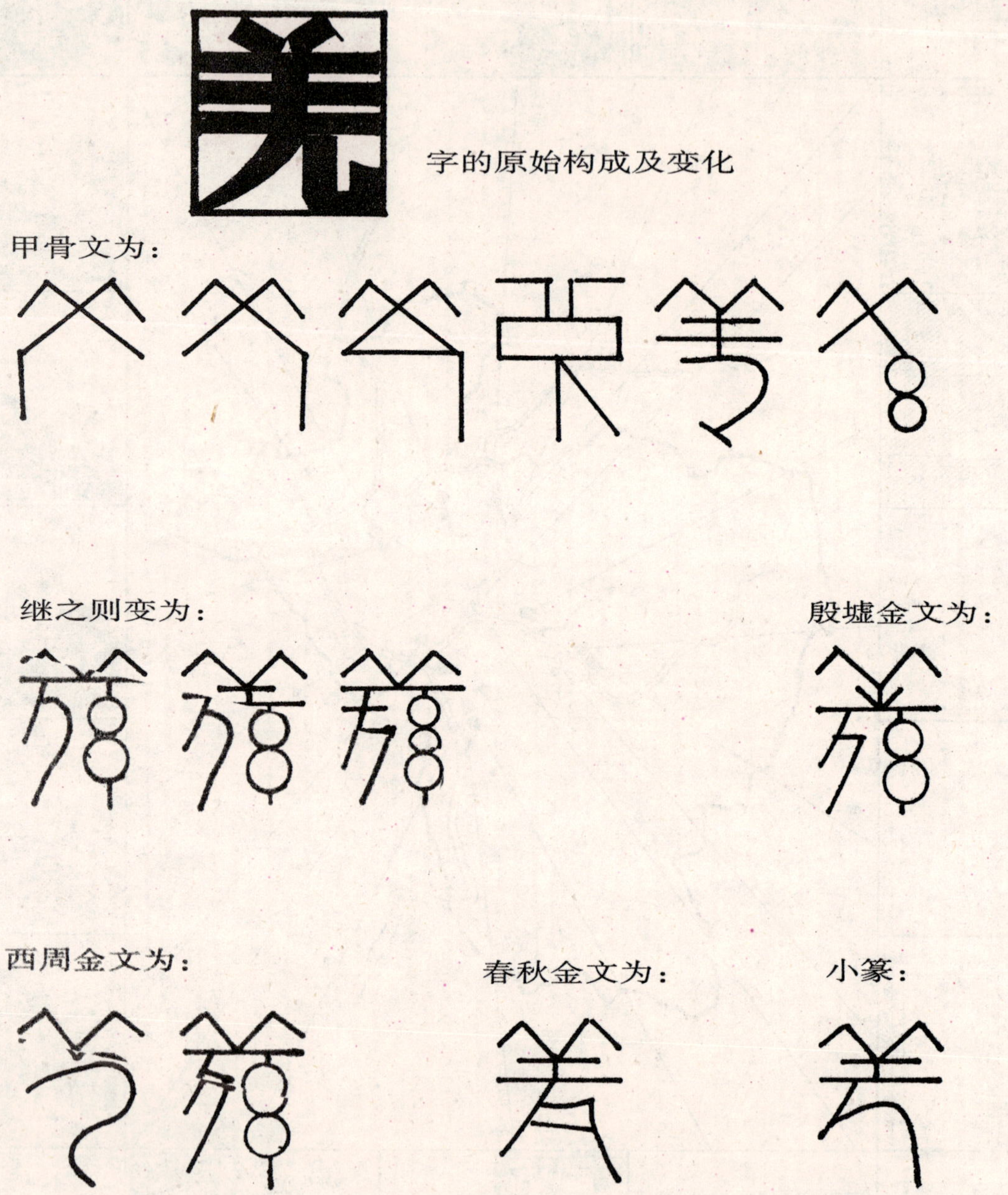

“美”字的原始构成及变化

总论

羌族是中华民族大家庭中历史悠久的民族之一。现在主要聚居在四川省西北部阿坝藏族羌族自治州境内的茂县、汶川、理县以及松潘县和绵阳北川县部分地区。(图一—1～2)

·历史

羌族历史在我国民族史上占有极为重要地位，据说是汉族的前身——“华夏族”的重要组成部分，远古时她的若干分支逐渐演变成藏缅语族的各民族。因此，研究藏、彝、白、哈尼、纳西、傈僳、拉祜、景颇、土家等族的历史，都必须探索其与羌族的关系。

羌族是古代西戎牧羊人，分布在西北各地，最早是农牧兼营部落。按《说文·羊部》解释：“‘羌’西戎牧羊人也。从人，从羊；羊亦声。”《后汉书·西羌传》又释：羌“所居无常，依随水草，地少五谷，以畜牧为主。”冉光荣等著《羌族史》谓：“实际上羌和姜本是一字，‘羌’从人，故为族之名，‘姜’从女，作为羌人女子姓。”章太炎《西南属夷小记》称：“姜姓出于西羌，非西羌出于姜姓，”这说明羌是兴起于中国西部最原始的部落之一。

3000多年前的殷商时代，羌人就十分活跃，他们活动在西北和中原地区。包括黄河上游、湟水、洮水地区及岷江上游一带，主要以河湟地区为中心。

公元前5世纪中叶，羌人秦人十分友好，共同在河湟地区开发山林，发展农业。自秦献公时始，部分羌人开始向西南及西北大迁徙，有的到达四川西北部岷江上游及大渡河、安宁河流域，有的则去向青藏高原。

汉代，经过两次较大的迁徙，西北羌人来到岷江上游地区。而隋唐时河湟地区的羌人内迁，其中一部分到达岷江上游的茂州一带，成为这一地区的主体民族。在秦汉间的迁徙过程中，曾遇到一支当地土著“戈基人”的顽强抵抗。羌人用白石头作武器并以白石头为引路石，打败戈基人后，才得以安居乐业于岷江上游，从此便敬奉白石为最高天神，至今广泛于建筑上堆砌白石已成宗教习俗。这段民间传说与考古资料吻合，说明至迟到汉代羌人就在岷江上游定居了。

隋唐以来，羌人处于中原汉族和青藏高原吐蕃人之间，成为两者之间的纽带。中原的物资、商品与边区的特产相互交易发展。这种亲密关系，促使羌人要求“入籍”成为唐朝管辖之地。其中一部分则处在吐蕃政权制约之中，此就是长期定居岷江上游的羌人。这部分羌人以自己勤劳、勇敢、善良的秉性与当地土著居民和睦相处，渐自融合而成今日之羌民族。

我国境内的羌族，除四川西北部岷江上游尚还分布大大小小的聚居村寨，继续保持沿袭下来的基本特点外，其它地区羌人均发展成藏缅语族各族或同化于汉族和其他民族之中。所以，岷江上游羌族地区是远古以来保持羌人古风最纯正的区域，这一区域是研究羌族历史、建筑的活标本。

·人口状况

据1964年的全国第一次人口普查统计，阿坝藏族羌族自治州内羌族人口仅48261人。1981年的羌族人口上升到72000人，已由原来的占全州总人口的9.98%上升到11.6%。1990年全国第四次人口普查，羌族人口已增至20余万人。

·自然条件

羌族分布在青藏高原东部边缘。东经102°50′～104°10′，北纬30°15′～32°15′。境内高山环绕，峰峦重迭，河流深切，谷坡陡峭，基本为高山峡谷地带。面积12181.6平方公里。山地海拔多在4000米以上，相对高度一般都在1500米～2500米左右。发源于松潘县弓杠岭的岷江，自北向南流贯全境，自茂县太平场入，由汶川县漩口镇下出境，约长200多公里，其主要支流有黑水河、杂谷脑河。河谷地带土壤为沙土和沙壤土，森林中为棕色森林土，林外为黄土和黄泥石子粘土。2300米以上的高山区还分布有褐色土、灰化土、草甸土、冰冻土等土壤。

羌族境内气候复杂，具有干燥多风、冬季寒冷、夏季凉爽、昼夜温差大和地区差异大等特点。河谷和高山气温悬殊，春天，河谷百花怒放、山顶冰雪复盖。茂县年平均温度为11℃，汶川年平均温度13℃，理县年平均温度11.5℃，境内最低气温－10℃左右，最高气温33℃左右，无霜期200多天，降雨量由南到北递减，在1300毫米到400毫米之间。蒸发量大于降水量。由于东南龙门山脉的阻挡，太平洋吹来的湿润风不易进入岷江河谷，加之河谷开阔，森林覆盖率低，吸收太阳辐射热差。每天上午，阳光加热了地面和空气，中午北方高空冷气沿坡下沉，把停留在各处的干热空气驱压下流，于是形成了岷江河谷及各支流河谷每天定时的“午时风”。综上诸多因素造成境内大部分岷江河谷为干旱河谷地段。

特别要强调的是：境内东北部处于龙门山断裂活动带，地震比较频繁。1933年在茂县发生的7.8级大地震，岩石泥沙堵塞岷江河道，同时掩埋了叠溪古城。但附近若干羌族住宅、碉楼仍巍然屹立。这是很值得研究的现象。

由于河谷深切，地势较低，山地夹峙又相对高度悬殊。因此气候往往形成垂直变化状态，高山潮湿寒冷，河谷温和干燥，这对处于河谷、半山、高山三种地带的羌族建筑都产生深层影响。

·语言，习俗

羌语属汉藏语系藏缅语族羌语支。分南北两大方言，南部方言包括茂县大部、汶川大部、理县南部；北部方言分布在茂县赤不苏及黑水县大部。南部方言大部分地区都受到汉语影响，所以通用羌汉两种语言。羌族无文字，汉代时就用汉文，今仍通用汉文。

羌族服饰独特：男包青色、白色头帕，穿麻布长衫，外套羊皮褂，束腰带，上系吊刀、火镰，腰缠皮裹兜子。妇女服饰因地区不同有差异，多穿鲜艳天蓝或淡绿衣服，头包绣有美丽图案的各色头巾；腰系羊毛腰带，绣花围腰加绣花飘带；绣花鞋上缠红、白绑腿，佩戴银饰耳环、耳坠、领花、戒指等。

羌族婚姻制度为一夫一妻制的父系家长制。但由于羌族妇女在生产劳动中的重要地位，母权制的遗风使得她们在家庭中具有一定支配地位。诸如姑舅表优先开亲，男到女家入赘，赘婿随妻姓、受歧视。还有兄死弟娶寡嫂，弟丧兄纳弟媳，以及指腹为婚，婚姻必须由母亲答应后方可成立等等。婚姻仪式繁琐复杂。

丧葬分火葬、土葬、岩葬。50 岁以上病死举行火葬，50 岁以下死者行土葬，婴儿死后入岩洞为岩葬。

羌族姓氏原有祖传房名、姓氏，诸如我勺男不勺、苏蟒达、哭吾等为姓。明清为官府所倡，大多数羌民改用了汉姓汉名。

另外，羌族还有尊老爱幼、尚武、互相帮助，建房出力只招待酒食、不付工资等习尚。

·宗教信仰

羌族为泛神信仰民族，如白石神、角角神、羊神、牛神、山神、火神、水神等等，它们都与生产生活相关，下面举例若干与建筑有关的神。

白石神（图——3～6）“雪山顶上捧白石，白石供在房屋顶正中间。”（《羌戈大战》）。白石神羌语叫阿爸木比塔，为天神、天爷之意，是羌人诸神中的神中之神，以白石为象征供于屋顶塔子上。若供 5 块则意喻天、地、山神娘娘、山、树 5 神。虔诚者每天上屋顶燃柏枝祭祀。屋顶塔子高约 6 至 7 尺，塔里有装五谷的陶罐。不少羌宅内神龛上、门上、石檐、女儿墙角也堆立白石，因此，给屋顶外观造成起伏变化的轮廓线，使得平顶屋造型丰富起来。由于白石体量不甚巨大，不会给墙体产生超重荷载。有的碉楼顶端也垒砌塔子，上供白石，或临近顶端砌白石围绕碉楼一圈，亦有审美情趣蕴含其中。

角角神（图——7～12）为每家必供奉之家神，神位设在主室的屋角神龛上，故称“角角神”。它是家神的泛称，包括祖先神、牲畜神等，是镇邪的保护神。有的还供汉族的“天地君亲师”位。“角角神”形似摆在屋角的一个木构三角柜，下半部分为有门的木柜，约 60～80 厘米，上半部分空敞，用精致的小木柱和柜顶构成一个神位空间，中间即为各自愿供奉的祖师神。整个神位高约 2～2.5 米不等，有的贴剪纸，挂图案、雕刻、彩涂，加栏杆，是室内装饰最精巧之处。更有甚者在“角柜”两侧延伸发展组合式柜架，豪华者柜架有长达 10 米以上的，里面堆放一切可以进入的杂物。

角角神和火塘及中柱构成制约主室平面的对角轴线，室内桌椅、厨灶、水缸等均视其布置，是非常特殊的平面空间关系。角角神没有特定的方向归属，以进门即可看见为准，因此在主室内为视觉中心，处于最显要地位。（图 9）

火神（**图**一——13～16）羌语叫蒙格瑟，即主室中的火塘。它用石条或木条镶成四方形，内立三块向内的弯石或放一个铁三角架（铁火圈），右上方一脚系一小铁环，这便是火神的神位。有的还在火塘石上角外框留一小穴或立一小石板。也有不少人家用木栏杆围起火塘，上面盖一块桌面，当然那是熄火和小火时方可如此。由于羌族境内，尤其高寒山区，冷湿季节较长，火塘终年火不熄，称“万年火”，亦成主室内活动中心，因此，它的布局直接影响到主室内的人的活动开展，其位置、面积均构成主室布局的核心。羌族几千年遵循火塘与角角神位的紧凑亲密轴线关系，以火塘角对角角神正中，约占主室空间四分之一。这种历年沉积下来的空间实践，充分说明了空间使用紧松合理的科学性，这里面恰处处又受到宗教信仰的支配。

中柱神（**图**一——17～21）中柱为主室内的支撑柱，是羌人远古在大西北游牧时帐幕中央支撑柱的遗制。岷江上游羌人把它奉为家神，含有对祖先的崇拜。还称中央皇帝，主管病痛，不能触犯，实则起到保护中柱作为建筑顶梁柱的作用，是维护建筑使用生命的宗教表现。

（附：中心柱探源）

著名建筑史论家张良皋教授论西北氐羌之来历有如下观点：“中华民族的‘胚胎’在云南，中国民族的一切历史都只能从此开篇。元谋云南先民北迁的第一条路线最方便、同时也是最重要的路线是岷江河谷，我们姑称之为‘西线’。据当代大学者任乃强先生考察，沿途水草丰美，又无险滩峡谷，人们很容易由此翻过岷山，到达甘肃黄土高原。这一支人成为后世遍布中国西北的氐羌。尽管任乃强先生主张氐羌源出西北，沿岷江河谷南迁，方向与本文主张相反（本文也不排斥在‘交流’过程中的‘回流’)。”虽然张良皋教授没有进一步对他的观点论证，但可以看出：氐羌南迁有迁徙过程中的交流和到达西北的回流。回流何处?任、张二先生观点是一致的,即南迁岷江上游河谷，即今羌族聚居地区。那么，这支民族是否保留北方游牧时期居住形态的遗制呢?张良皋教授接着说:“帐幕源于庐居，人们公认这是游牧民族的居住方式，中央一柱，四根绳索，就可顶起‘庐’，成为我国最古老的‘攒尖顶’。最早迁居西北的氐羌,不仅务农,也从事游牧。羌人的一支后裔是藏族。我们今天所见西藏民居平面基本形状如‘田’字，中间一根‘都柱’这只能从帐幕中找到原型。今天西藏民居式样显然是帐幕加以‘干栏化’，不过材料已是木石兼用，叫人不易看出其出于帐幕加干栏。帐幕的中柱成了中国古代双开间建筑中柱的先行者。帐幕由一柱很容易发展到双柱,双柱帐幕就是庑殿的前身。我国建筑很早就出现庑殿顶‘彝’的器盖作庑殿顶形，金文有的‘享’作“含”,可见庑殿形状之出现甚至比歇山更早。周人的一部分群众是羌人，金文中的庑殿形状反映了羌人的居住形式。”

以上大段摘录于张良皋教授在《建筑与文化》书中《八方风雨会中州——论中国先民的迁徙定居与古代建筑的形成和传播》一文的叙述。此文谈到中国建筑“三原色”——干栏·窑洞·帐幕一节时作了上面精彩的论述。梳理起来有如下几个要点。

一、帐幕——庐居(中有一柱)——攒尖顶。

二、藏民居的“都柱”来源羌帐幕中央柱。

三、木石兼用的藏民居是帐幕加以干栏化。

四、帐幕中柱是古代双开间建筑中柱之源。

五、古羌人的居住形式，由一柱帐幕发展成双柱帐幕，同时又是庑殿的前身。

综上五点,不仅让人理会到攒尖顶、庑殿顶与古羌人帐幕中柱、双柱的关系,同时又洞悉了藏族民居“都柱”之源起。那么古羌人直接繁衍的岷江上游羌人，在居住形式上是否延续了中柱、双柱的作法呢?由于过去对羌民居研究的空白，缺少图文的全面剖析,学者们是难以作出判断的。

今天，我们对最具羌族历史与古老文化色彩的川西北茂县黑水河流域诸寨到岷江上游两岸和杂谷脑河下游地区诸寨遍访普查,看到羌族民居几乎都保留了这一古老遗制。此不仅吻合了西北古羌人南迁过程中“分流”之前同属氐羌大系的说法,从建筑上亦充分证实了羌、藏两族的血缘关系,尤其在羌、藏建筑上谁更多地继承了帐幕遗制，甚至于在四川阿坝羌、藏两族建筑上究竟是谁影响谁的问题，展开了新的研究契机。

于此补插一个有趣的建筑现象，敦煌地处古羌人活动的地区，莫高窟北魏各窟中“具有前后二室，或在窟中央设一巨大中心柱，柱上有的雕刻佛像，有的刻成塔的形式。”(《中国建筑史》) 无独有偶，毗邻西北凿窟于南北朝的四川广元皇泽寺摩岩造像中，也有中心柱的存在。

上述两点共同说明一个问题：羌、藏两族建筑都保留了帐幕中柱作法。就是外来宗教建筑中国化过程中，也融入了帐幕中柱作法。

除此而外，由一柱发展成双柱的古羌人帐幕居住形式也深刻地影响羌族石砌住宅，凡跨度在 4 米以上的空间，均有双柱出现(图一—19)，尤其是住宅主室内。至于木石兼作作为藏族民居的帐幕干栏化特色也不独藏人才有，羌族住宅在此方面表现得更原始粗犷、更具干栏结合石砌特色。这就是为什么羌族住宅和藏族住宅在形貌上极为相似的根源，犹如姐妹流露出亲密的血缘关系。而内部结构在中心柱的问题揭示出来之后，更是由里到外充分说明了这一点。还值得一提的是，大型帐幕若直径在 5～8 米之间，“在‘陶脑’(天井，帐幕顶天窗)下方顶有立柱 2～4 根 (图一—21)”。此制也同时反映在羌族住宅中跨度较大的空间。

门神·泰山石敢当(姜子牙)(图一—22～66) 羌族叫门神为迪约泽瑟，即把门将军，主管大门和二门。羌族普遍信仰门神，敬神时在门前烧香蜡纸烛，在大门内一侧设香炉为神位。原无偶像，唐代以后供奉秦琼、尉迟恭、神荼、郁垒画像，明显受到汉族信仰影响。(图一—25)

明清时，汉族宗教传入羌区，姜子牙(姜太公)成为羌族信奉神灵之一，供在门的左侧，这就是“泰山石敢当”。“石敢当”来源于姜子牙传说：即姜子牙封众将士为神后，自己却无神可封了，只好变成“石敢当”，意为武神之首，有驱魔除灾之力，民间供为门神，刻制符镇鬼脸，祭拜于门左侧，是避邪图吉利的心愿。上述两则是附着在羌族民居上的文化，虽对住宅空间、结构不产生影响，但在羌族民居门首之区，和对联、门罩、吊柱、斜撑、吞口彩绘等，构成羌族民居特有的门首神秘氛围。虽受汉文化影响，却在石片墙体背景之中，亦是汉族住宅不能烘托的境界。(图一—26～66)

除以上诸神对建筑产生影响外，涉及建筑但不影响建筑的神还有：建筑神、木匠神 (鲁班神)、石匠神等劳动工艺之神。

·外来宗教(图一—67～70) 包括汉地佛教、道教、藏传佛教、伊斯兰教。清中叶内地佛教和道教相继传入羌区；清末羌区南部东部的村寨，汉式庙宇已较普遍，有的立于寨中心、寨前后，有的分布寨旁或立于邻近之地，都影响着村寨的规划布局。汉式庙宇多为木构歇山式，受内地形制支配，占地不多，形貌与石砌平顶羌宅形成巨大反差。两种截然不同风格的建筑混在一起，是国内不多见的建筑文化景观。由于庙宇量少体小，有的下半部墙体采用石砌，反差中仍显得非常协调，表现出内地宗教传入过程中，羌汉建筑从群体到单体的融会，以及此过程中羌族建筑的主导地位。其庙宇内供奉之神有：观音、如来、老君、玉皇、关圣、川主、地母娘娘、罗汉等。

附一：羌族民居主室中心柱窥探

羌族民居的各种类型中，包括一般石砌民居，碉楼民居，土夯民居，人字坡屋顶民居都存在一种独特现象，即在主室内的中央竖立起一根支撑着木梁的木柱。即使是底层作为主室，亦同样置柱于室内对角轴线的中间，并与火塘对角，角角神平面顶端构成一条轴线。而中心柱又不是各层的通柱，且仅限于羌人活动的主要空间中心，空间也不论大小，若6米以上则不少人家发展成距中心位置等距离的双柱，房间更大则发展成4柱。当然，从数量上言，4柱少一些。然而这种羌族民居主室中心构成的1柱、2柱、4柱现象以及由此产生的神秘气氛，甚至于房间中心立一根柱子带来空间的不好使用等等，却给我们提出诸多问题。

为什么羌族民居主室普遍有中心柱现象？而不在其它房间？它从何而来？西南或西北凡古代氐羌族系后裔民居主室内是否都存在这种现象？这种现象能否说明以川西北岷江上游地区羌族民居中心柱为古制之最的延续？是否直接承袭上古农牧兼营时代穴居式的窑洞及帐幕制度的渊源？甚至仰韶时半坡人茅屋的遗制？那么它和石窑寺里的中心柱又有何关系？等等。面对种种艰深问题，笔者才疏学浅，又非考古学人，仅能从有限的现象积累中作些联想推测，难免谬误丛生。

梁思成在《清式营造则例》上说“柱有五种位置……在建筑物的纵中线上，顶着屋脊，而不在山墙里的是中柱”。①这是指汉式木构建筑而言，然而他指出必须是“纵中线上”的木柱这一特定位置的确定。故羌族民居中柱不少正是在主室的纵中线上。羌族民居以石砌墙为承重体系，且主室大小面积差别很大，又长方、正方甚至不规则平面居多，跨梁有长有短。羌人使用中柱往往取室中心位置立柱以支撑梁承重楼层荷载之不足，起稳定安全作用，对室内空间划分并没有表现出特殊的使用功能。因此羌人主室中心立柱首先必有一根粗梁在中间轴线上空，无论梁是横着或纵向搁置在石砌墙上，于此方可达成支撑柱有中心可言，于是方可与火塘、角角神位构成对角轴线。如果主室是长方形平面，亦首先需满足中柱、火塘两角、角角神位平面顶端三者成一直线。此时若柱不在中心，亦可距中心和另一柱等距离立柱形成双柱。但大多数羌族民居主室平面呈方形，所以柱往往在室中心位置，俗称中心柱，四川藏族叫“都柱”，②普米族称“格里旦”或擎天柱。③

中心柱现象不独羌族民居才有，还普遍反映在古氐羌族系的西南各少数民族，比如除藏族、普米族外，还有彝族、哈尼等族民居主室中，这就显得此制不是羌人别出心裁了，其必然涉及上古此制的发端，以及后人对此制的崇拜。因为上述诸族不少仍把中心柱作为家神祭祀，且有不少禁忌，比如羌人认为：“羌人还天愿打太平保护时，须用一只红鸡公向中柱神请愿念经，平时家中有人患病，如是触犯中柱神而引起的，则须请端公用酸菜、柏枝、荞秆七节，清水一碗，祭拜中柱神，以解除病痛”。“理县桃坪乡等地称中央皇帝”④，普米族把木楞房内的中柱又称擎天柱等等，说明氐羌族系民族民居中中柱家神，有着物质和精神双重意义。中心柱必然涉及渊源古风，以及古风随着历史变迁、羌人迁徙而传播的遗存。

古建筑史学家张良皋教授在《建筑与文化》中认为帐幕是公认的游牧民族居住方式：“中央一柱，四根绳索，就可顶起‘庐’”，“帐幕由一柱很容易发展成双柱”。“帐幕的中柱成了中国古代双开间建筑的先行者……双柱帐幕就是庑殿的前身”。先生又说：“帐幕出于迁徙，只要有迁徙，早晚必发明帐幕，实不限于游牧”。最早居住在西北的氐羌，不仅游牧，还兼农业，其居住形式不仅有帐幕，还有其它固定形式。这里除帐幕有不可置疑的中柱外，其它居住形式，诸如窑洞、干栏民居之类是否也有中柱的存在呢？这里除干栏民居尚缺乏资料证实有中心柱的古制外，理应说窑洞存在着中心柱的端倪。西北窑洞有多样平面与空间处理，其中有“两窑相通形成一明一暗的双孔套窑”⑤者，其“两窑”，“双孔”间内有一门挖通成套以联系，则等于把中间变成隔墙，因是泥土不敢加宽每孔的跨度，若是石质则加宽跨度不是大问题。但古人仍不放心，于是我们看到广元千佛岩盛唐佳作大云弥勒雕像身后有一堵石墙平面呈“ПЛ”字形，其中墙紧紧地连着窑后壁。这种作法只有在西北隧道式窑洞一明一暗模式中找到相似平面和作法。石窑寺的传播，无论南北皆由西北而来，南路四川石窑中出现类似窑洞中有隔墙的作法和空间，虽不敢断言就是借鉴了西北窑洞民居中的

"隔墙"一式，然而古往今来"舍宅为寺"，自当不惟木构体系一范围，窑洞同为舍宅，诚也可作为寺用。外部形态可用，内部结构与构造何尝又不可同用。与此同时，西北游牧之帐幕中都有中心柱存在，帐幕为游牧人民居即舍宅。那么，敦煌莫高窟诸石窟寺必然亦有借鉴帐幕的作法。《中国古代建筑史》[6]中有这样的论述："云岗第5至第8窟与莫高窟中的北魏各窟多采用方形平面，或规模稍大，具有前后二室，或在窟中央设一巨大的中心柱，柱上有的雕刻佛像，有的刻成塔的形式"。这也使我们看到广元皇泽寺中南北朝建造的支提式窟里的中心柱来历，以及千佛岩镂空透雕背屏恐是中心柱的发展，把中心柱的支撑力作用彻底转换成美学作用的一次具有历史意义的尝试。

综上，仅广元千佛岩、皇泽寺两处，我们就看到了西北窑洞民居、帐幕民居在中心柱一式上对石窑寺产生深刻影响的序列，次序是呈"⊓⊔⊓"字形的中隔墙，呈"⌈▪⌉"字形的中心，呈"⌈▬⌉"字形的背屏镂空雕。三式也许是西北民居影响佛教石窟建筑在四川中心柱构造上的句号，同时也是在没有窑洞和帐幕民居的四川必然消失的回光返照。这种现象在广元出现最恰当不过，因为广元是西北入川大道的第一个城市。所以再往南，巴中、大足等地罕见此现象。如果说文化影响是一个整体，任何影响不可能孤军深入单独构成，那么从广元一带民居受秦陇砖木结构影响，尤瓦屋顶从硬山式向西向南渐变为悬山式，和石窟寺的渐变亦是同理同构的。只不过民居还多了自然气候等因素的影响，具体特征是往西往南屋面出檐越变越长。而西北砖木结构民居从山花到屋前后基本上无出檐，或出檐很短。最后亦必须指出，外来宗教建筑中国化过程中，也融进了西北民居的作法，而不仅仅是宗教表现本身。

既然西北窑洞、帐幕民居对石窟寺都可以构成影响，那么对川中民居是否更可构成影响呢？尤其是川西北直接来自西北地域的羌民族，他们的民居是否还保留着西北游牧兼农业时代的遗迹呢？从盆地内汉民居看，显见这种影响是不存在的。惟羌、藏二族民居，若拿中心柱而言仅是影响的一部分。而羌族是古氐、羌后裔，藏族亦与古羌人有渊源关系，说影响一词尚觉不妥，似言延续更确切。因为它是血缘关系在空间形态上的反映。

众所周知，中国人对祖先的崇拜和以家庭为中心的社会结构是互为完善的，它不仅表现在传宗接代，同姓同宗的延续机制上，凡一切可强化这种机制的物质与精神形态，皆可纳入为之所用。修祠建庙，续谱纂谍，中轴神位，伦理而居等仅是摆在明处的现象。而建筑内部结构,构件组合等似乎文化含量少的东西,仅是一种技术处理。其实一幢建筑某些关键部位结构上的处理才更具永恒意义,因生存是第一位的,弃之不得。如此,把恋祖情结缠系其上,显然更具维护宗族与家庭凝聚力的永恒作用,所以羌人才视中心柱为“中央皇帝”,平时叫小孩“摸不得”,若有病痛亦认为是触犯了中柱神,个中包括物质保护和精神寄托两种作用。这是任何一个原始民族不能例外的地方。氐、羌族上古游牧西北时,民居以帐幕为主要形式。要支撑起帐幕,内部立一根中心柱是关键,中心柱断裂则帐幕空间不复存在,这自然是一个家庭极其注意而忌讳之处。因此,视中心柱为神圣自为情理中事。

羌人迁徙岷江上游地区,不仅涉及汉代南迁西北羌人,亦涉及汉以前世居此地的土著冉駹人,还有理县境内唐代东迁的白苟羌人及汶川县绵虒乡一带唐以后从草地迁入的白兰羌人。上述二系出于西羌,同源异流而后又合流,恰民居外部空间形态表现出略有区别,而在内部空间主室内的中心柱一制上都完全一致,这从建筑古制遗存充分表明了“异流同源”的渊源。更有甚者,无论散布在安宁河谷的彝族或云南高原古羌支系各族,他们的民居布局都多多少少遗存着西北古羌居住空间的制度。而中心柱一制亦仍在部分少数民族民居流传,最明显的如普米族,其“主房单层木楞房内有中间柱,称格里旦或擎天柱”。⑦还有部分彝族、哈尼等族民居中都普遍使用这一古制。此无疑又是异流同源在建筑上的反映。笔者查阅《新疆民居》一书,亦注意到天山南部古婼羌之地的少数民族民居平面中,也偶有标准的中心柱现象。不过,从众多民族民居中心柱现象的归纳比较中我们发现,作为古羌直系后裔的今羌人居住地的茂县曲谷、三龙、黑虎等乡一带的羌族民居中,在中心柱的布局上至为严谨,当然又影响到其它地区,特征是,中心柱和火塘、角角神构成一条轴线,形成一组家神系列。中心柱的精神作用紧密地和其它主要家神联系在一起,铸成一个不能分割的整体,从而制约着羌族民居主室的发展。如此,两千年来保证了羌族民居稳定的空间格局,于是可以推测,今羌族民居基本上是两千年前的原始形态,并没有太大的变化。原因是:中心柱、火塘、角角神三点一线主宰着主室空间,主室空间又决定着民居平面,平面直接影响空间形态。故核心不变,其它亦不可能大变。故古制之谓,即由此出。所以有历史学家、考古学家、古建筑史学家谓羌族建筑是中华建筑的标本、活化石,诚为上论。亦可言今西部各羌系少数民族民居之源在岷江上游,因为这里是羌人从西北迁徙各地之后遗存其古制最多最纯正的地方。更何况如徐中舒先生在《论巴蜀文化》一书中所言：远在西北时，“戎是居于山岳地带城居的部落”[8]。张良皋先生亦说到：“说明这个古国历来以建城廓著称，算得上建筑大国，楚与庸邻，交往密切，最后庸国被楚国兼并”。[9]庸，“语转为邛，庸，邛的本义为城的最可靠注释”。综此诸义而言之，庸之为戎，就其所居则为庸，邛笼就是它的最适当说明。[10]因此又可说迁徙岷江上游的羌人不仅带来了帐幕、窑洞制度，甚至把城居的砌墙技术也同时带到了川西北，而不是到了岷江上游之后才开始学作以石砌墙构建“城居”、“小石城”似的“邛笼”的。古建筑史论家张良皋先生更认为藏民居是“石砌的干栏”，“木石兼用之干栏”，因古羌秦陇之地原气候温和，河泽林木密布，有“阪”屋即干栏的存在。则更不用说羌民居的更具“石砌加干栏”的粗犷和原始了。那么，羌族民居为中华建筑活标本、活化石之谓更具有了全面性，因为中华建筑起源的“三原色”——穴居、巢居、帐幕都可以在羌民居中找到蛛丝马迹。因此中心柱虽仅是古制中一处微小结构，却使我们从中窥视到羌族民居古制遗存的全面。

参考文献、资料

①梁思成：《清式营造则例》中国建筑工业出版社，1981 年版。

②叶启桑：《四川藏族住宅》四川民族出版社，1985 年版。

③⑧陈谋德、王翠兰：《云南民居》中国建筑工业出版社，1993 年版。

④王康等：《神秘的白石崇拜》四川民族出版社，1992 年版。

⑤张良皋：《建筑与文化》湖北美术出版社，1993 年版。

⑥张壁田等：《陕西民居》中国建筑工业出版社，1993 年版。

⑦刘敦祯：《中国古代建筑史》中国建筑工业出版社，1984 年版。

⑨⑩徐中舒：《论巴蜀文化》，四川人民出版社，1984 年版。

附二：羌族建筑及民居分类

自《后汉书·西南夷传》及后来的《蜀中广记·风俗记》、《寰宇记》、《四川新地志》等典籍，对位于四川西北部岷江上游河谷地带的羌族建筑，均有大同小异，统而述之，有的甚至已近乎科学分类的描写。至近现代，亦有大批中外学人深入实地考察，从不同角度，或多或少地，或粗或细地作了一些阐述。因没进行专业性的类型研究，对羌族建筑无法从数量的积累中进行排列、对比。就是我们对五六十个羌寨的涉猎，二三百例羌族建筑的参观，五六十例单体的测绘，亦不可妄称羌族建筑全在手心之中，断言全数尽悉。恰是越深入下去越加感到羌族建筑非同一般，她的博大与深邃不是一代人跑十年八年可弄清楚的。今斗胆提出羌族建筑分类之说，全图以砖引玉，并望更多学人能花更多时间，更多功夫，共同作好这一有意义的工作，把祖国传统文化的挖掘整理推向一个更宽更深的层面。

●分类概说 羌族建筑类型的分法，似乎从空间形态、特征归纳出共同性质以形成类型更好。若从考古学之类型学，非测定其年代不可。但建筑研究在必须充分考虑这些形态及特征形成年代的同时，并特别注重分布地区、人口构成、自然状态、地理情况、文化宗教等方面对类型形成的影响。所以，从建筑学角度，今遗存之空间是第一位的。

若从建筑本身而言，按功能和作用亦是一种分类方法。因功能和作用可直接影响建筑空间划割、结构方式、材料应用等。按照这种思路，似乎比较全面地顾及类型诸多方面。以此观察羌族建筑存在的大貌，尚可清晰地梳理出类型概况，不过有面面俱到反而不得要领之感。

羌族地区建筑从整体着眼，有防御、居住、交通、宗教、教育、行政等方面的不同作用，并产生相应空间形态，亦有不同的特征，也可以据此分类形成上述类型。不过这样分类淡化了羌族建筑固有民族文化的色彩，还容易混淆羌区内寺庙宫观、学校、部分官寨内汉式建筑的区别。因这些建筑不少为木构体系，其混迹于羌族境内，使得羌族建筑的纯度受到一定影响。

若按空间形态、特征来分类，则一目了然，鲜明易记忆，又容易联系起它的功能作用。比如碉楼，使人一下就想起它高耸的空间形态是用来防御敌人的。从这个意义上讲，空间形态、特征和功能作用又是互为表里，互为因果的。以两者相联系作羌族建筑的分类基础，似乎更全面。

当然，从材料区别、结构形式等也可分类。比如因石片材砌墙体的多寡，而在羌族建筑中形成了全石砌建筑体，土泥夯筑体，半石砌半木构混合体的类型。不过这类分法更少了许多文化色彩，内涵较为单薄。

●羌族建筑现状 具有本民族固有空间形态，具有与其他民族建筑迥然不同的特征，应是羌族建筑可识别性最重要的方面，也是羌族建筑不可取代的价值所在。它分布在四川阿坝藏族羌族自治州境内茂县、汶川、理县及绵阳市北川县等县境内。现存的建筑有民居、碉楼、官寨、寺庙、桥梁、栈道、作坊、关隘等等，这些建筑有可识别性很强的空间特征及形态，可一辨即知。比如碉楼有石砌和土夯之分，形态有四角、六角、八角之分，分布地有茂县和汶川之分，它们均有相当数量，亦构成类型量的基础。其它类型也有类似之处。惟民居较为复杂，它不仅占羌族建筑 90% 以上的数量，而且形态、特征容易混淆，又分布地域广，涉及历史、社会、自然条件、材料等方方面面的因素较多。因此，对民居的分类当是羌族建筑分类问题的核心。

虽然羌族民居只是羌族建筑大类型中的一个类型，但以其占有大数量的存在，大面积分布，突出的空间形态和特征，最具历史内涵的延续，建筑文化底蕴的丰厚，建筑技术全面、精湛之所在等等，尤其是古往今来在碉楼和民居间存在着许多模糊空间识别，因而产生诸多类型含糊不清概念，以至于一说到羌族建筑及民居，多依山居止、垒石为巢一言以蔽之。所以羌族民居类型应大可从羌族建筑类型中分离出来，并一一分析之。否则不能弄清羌族建筑全貌，同时也不能阐释清楚羌族民居的概念。

●**羌族民居分类** 《后汉书·西南夷传》说："冉駹者……众皆依山居止，垒室为室，高者十余丈，为邛笼。"《蜀中广记》亦说："故垒石为巢而居以避患，其巢高至十余丈，下至五六丈。"又《蜀中广记·风俗记》引《寰宇记》说："高二三丈者谓之鸡笼，十余丈者谓之碉，亦有板屋土屋者，自汶川以东皆有屋宇不立碉巢。"综上三引，非常让人惊叹者在《寰宇记》中，古人对羌族建筑已作了比较准确的分类。这应是很了不起发现，若按今天我们调研范围，不花长时间细致观察，是难以作出如此准确分类判断的。下按《寰宇记》分类如下列式：

鸡笼(邛笼)——高二三丈者的石砌民居

碉——十余丈者的碉楼

板屋——木构坡屋顶加外围石砌墙民居

土屋——土泥夯筑民居

碉巢——碉楼民居(两者结合体)

综上，除碉楼外，《寰宇记》列出四类羌族民居类型，这和我们的调研结果完全一致，于此不得不佩服古人的严谨了。而《后汉书·西南夷传》说的"高者十余丈，为邛笼"，似乎把碉楼与邛笼混在一起，就没有《寰宇记》准确了。因为就是按汉代官尺一尺合 23.0879875 厘米（一般以 23.10 厘米为标准）计算，"高者十余丈"也在 24～30 米之间，这正是现在碉楼的高度，而达到此高度，形同现在 8 层以上的高层建筑了，羌族民居中尚还没发现这样的高度。

现将羌族民居分类详述于下：

一、石砌民居

为羌族民居中所占比例最大一类，即"鸡笼"，"邛笼"者。一般分为三层，有类似的空间和特征。一层畜养，柴火堆放。二层主室，卧室。三层晒台，罩楼。依山而建者，一层或至二层后墙利用原生岩作墙，其余四周或有的中间隔墙全用石片材叠砌。从底部至层顶，墙体有收分，因而亦构成整体下大上小的收分状态，呈貌似梯形的稳定感。外形变化有致，空间形态十分优美。

也有高至五层，矮至一二层者。规范者惟数三层，数量也最多，它广泛分布于羌族地区，高度亦《寰宇记》中言“二三丈”，相当于现在10米左右，正是三层民居的习用高度。面积大至数百平方米，小则仅百平方米左右。

然而，在三层普遍的标准模式中，内部空间的组合和划割就千姿百态了。有如下沉式窑洞，又有些四合院格局，中留天井四周建房者。又有受汉族堂屋影响，中开三门六扇，设汉族“天地君亲师”位，同时又有“角角神”，因而使火塘和神位分移不同房间者。更多的是生活集中于主室，主室布置陈设丰富庞杂，其它空间自由随意。于是出现了统一的楼层，较统一的外观，然而在平面与内空间组合上，几乎家家不同，一家一个样的民居内部空间形式多样化的民居大观。一般人多看外观以获取建筑的认识和空间感受。殊不知影响外观的内部空间所营建的空间气氛，才是建筑体验与欣赏最隽永而温馨的内核所在。羌民居中石砌类空间，能造成这样的氛围，能给非常多的人以空间丰富的赞叹。而今城市住宅从内到外的模式化，那给予人空间冷漠呆板的感受。相比之下，两者内空间对人的感情调动能量大小不同，足可见究竟是谁最具空间的感染力。当然，石砌民居空间是一种原始自由空间组合。然而正是几千年封建制度规范了汉族空间，适得汉民居千篇一律模式，亦更让人们向往极度自由化的空间。

综上石砌民居类，有明显内外不同特征，可归纳如下：

外部空间形态特征较统一。

内部空间变化自由随意。结构原因是石砌墙为承重体系。内部各层如有支撑柱亦无通柱，各层如成柱网亦无规律。还有则是主室地位的至高无上，其它空间的淡漠化所至。但总体构成了一层至三层空间发展序列。

二、土夯民居(土屋)

土夯民居和石砌民居区别主要是材料，即用泥土夯筑墙体形成居所。至于形态特征、内部空间等方面和石砌民居无区别。它主要分布于汶川县布瓦等寨，数量少，分布范围亦不大。此类从形态特征上可归于石砌民居类。

三、板屋(阪屋)

谭继和在《氐·氐与巢居文化》一文中考证：“其实板字为陇阪之阪，阪屋就是干栏”，是“巴蜀秦陇之间……干栏式建筑”,“巢居式建筑”,“是岷江河谷直至成都平原的土著创造的干栏楼居文化”。谭先生之论吻合《寰宇记》中“汶川以东……”地区分布,主要在现今汶川县绵虒乡一带。其形态特征是,人字顶两坡斜面屋顶,内以穿逗木构框架,周护以木板,下外圈以石砌墙体。若去掉墙体裸露出内部,则干栏昭然白日。它是木构承重体系。若以土石墙体支撑承重木构屋体,则是以土石带木之干栏,即张良皋教授所言之“木石兼用”的干栏。

更多的现象是,一座羌族民居不是整体都在坡顶屋面覆盖之下,有的仅一半覆盖,有的仅罩楼覆盖,屋顶部分多多少少都留有平台以晒粮食。板屋的本质意义是内部必须是梁柱木构作为支撑承重体系,于此方为板屋完整概念,不在乎外空间形态坡顶覆盖的面积和位置。但认识内部结构往往先是通过外观形态进入的。

板屋平面到内空间,和石砌民居无甚大的区别。三层为主,但少见四层以上者,此同说明木构承重比石砌墙承重受力要弱的事实。

四、碉楼民居

《寰宇记》说“自汶川以东皆有屋宇不立碉巢”。恰汶川以东之羌锋寨就有寨中碉楼一座。但不是碉巢,说明碉与碉巢是有区别的。《蜀中广记》:“垒石为巢而居”,故“巢”即为石砌民居。显然,碉巢就是碉楼和石砌民居的结合体,我们姑称之碉楼民居。而碉巢一词的提出可能是关于碉楼民居空间概念最早的命名,也是科学的空间结论。

碉楼民居是羌族民居中最具特色的部分,目前主要分布在茂县曲谷、三龙、黑虎等乡各寨,县境内其余地区也广为分布,但以上述三乡古制为纯粹,亦最具特色。另外在杂谷脑河下游地区如桃坪、布瓦等寨亦有分布,但碉楼和民居的空间结合就远不如茂县境内纯粹了。所谓纯粹,是碉楼完全融入民居之中,内部空间有门和民居内空间相通,有的甚至拆去碉楼一至二面民居内墙,仅留有碉楼外部转折的墙体以和民居外墙形成围护。但空间形态及特征十分明显,一座高耸的碉楼下紧连着一座住宅,从结构受力,空间组合,材料使用,空间分配等均彻底融如一体。有的碉楼一层改作畜养,二层作卧室,三层贮藏。再上诸层作防御,已为纯粹私家性质居住与防御的统一体。而杂谷脑河下游诸寨碉楼民居是:碉楼和住宅之间有一定距离,虽然靠得很近,却是相互独立的两个空间体,二空间没有达成共同受力的空间亲和状态。虽然这里的碉楼民居也是私家性质的,但它远没有茂县境内的纯粹了。所以也可说碉楼民居仍有类中之类之分。

碉楼民居现象如徐中舒先生《论巴蜀文化》中言："把城的范围缩小到仅能保护自己和他的家属，这就显示了在这个时期的戎族，是已经从氏族制进入家族制了。"文中之"城"徐先生又称"小石城"，想必就是既居住又可防御的石砌民居和碉楼民居了。两类本质上只是体现防御的程度不同而已。然而它是在家族制基础上产生的。无论古羌人把碉楼移入住宅之中，或住宅靠拢碉楼，均是羌人生存质量反映在建筑上的一种深化，是一种文明程度进化的表现。兴许无意中产生了此一民居类型，恰如此又展示了羌族建筑特有的形态和风貌，亦正是社会发展的必然。这和汉代望楼、坞堡、敌楼、射兰、甚至阙等高耸建筑物应是异曲同工的，反映出羌族在建筑、艺术、技术方面的辉煌成就，在汉代某些方面是和汉族地区同步发展的。

综上羌族民居分类与《寰宇记》分类的对比，结果基本一致。这就为今后深入羌族民居研究廓清了类型及形态、特征方面的思路。以此思路再追溯历史、文化、社会等方面的背景，想来也是一种综合研究羌族建筑的方法。而方法的多视角展开，亦更能成就全面之说。

中国传统民居分类，或按地域、民族、民系来分类，虽多有强调羌族民居为颇具特征、空间形态别具的一类典型，但往往以"石砌"一言概括，少有羌族民居的种、类、型、式，及发展序列和相互之间共生、平行组合关系的深入研究，这就缺乏系统性。当然，本文远远没有达到上述要求，尚待进一步的探索。

参考文献、资料

1、金其鑫:《中国古代建筑尺寸设计研究》,安徽科学技术出版社 1992 年版。
2、谭继和:《氐·氐与巢居文化》,载《四川文物》。

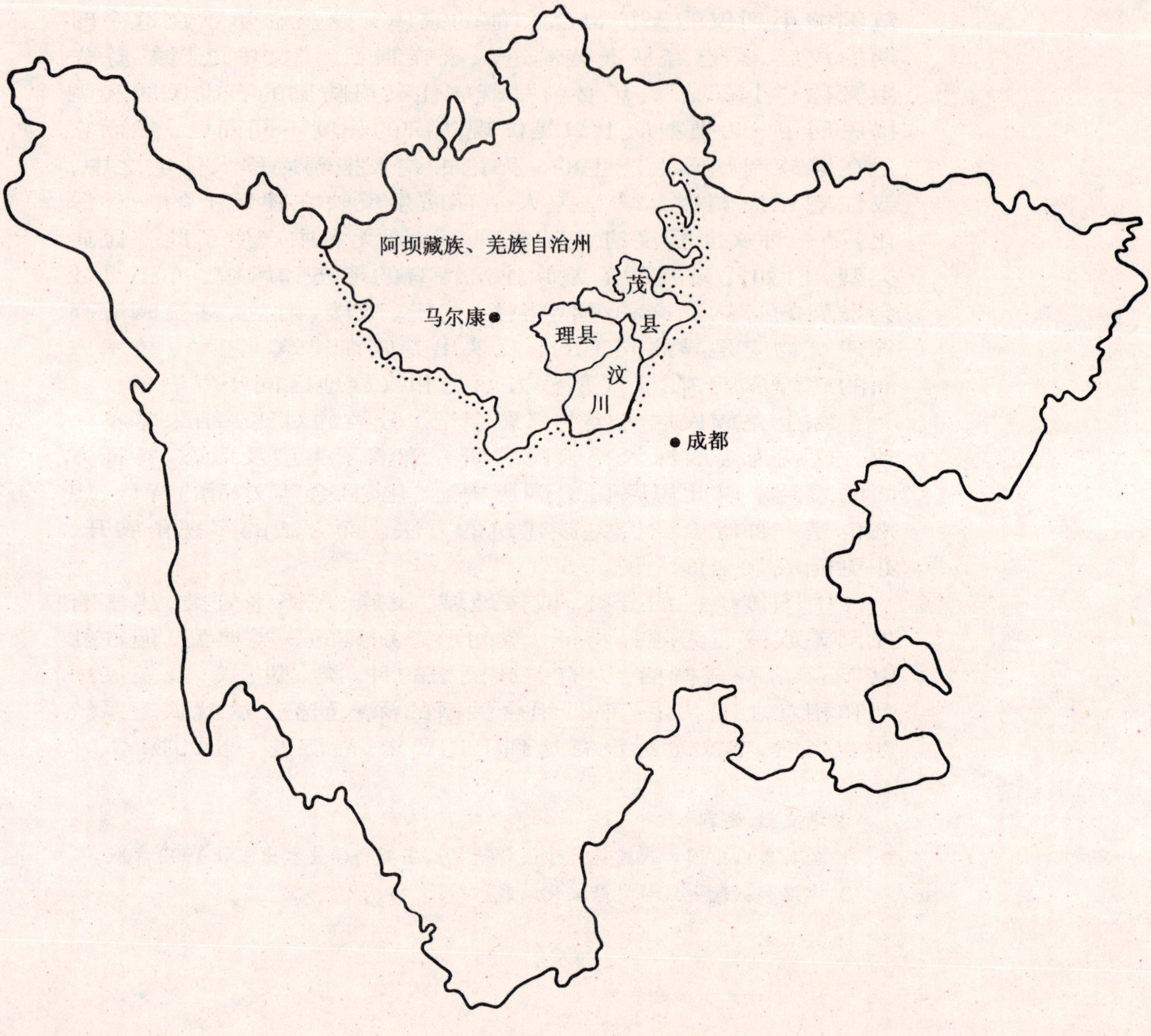

(图一——1)阿坝州及羌族主要聚居地区在四川省的位置示意图

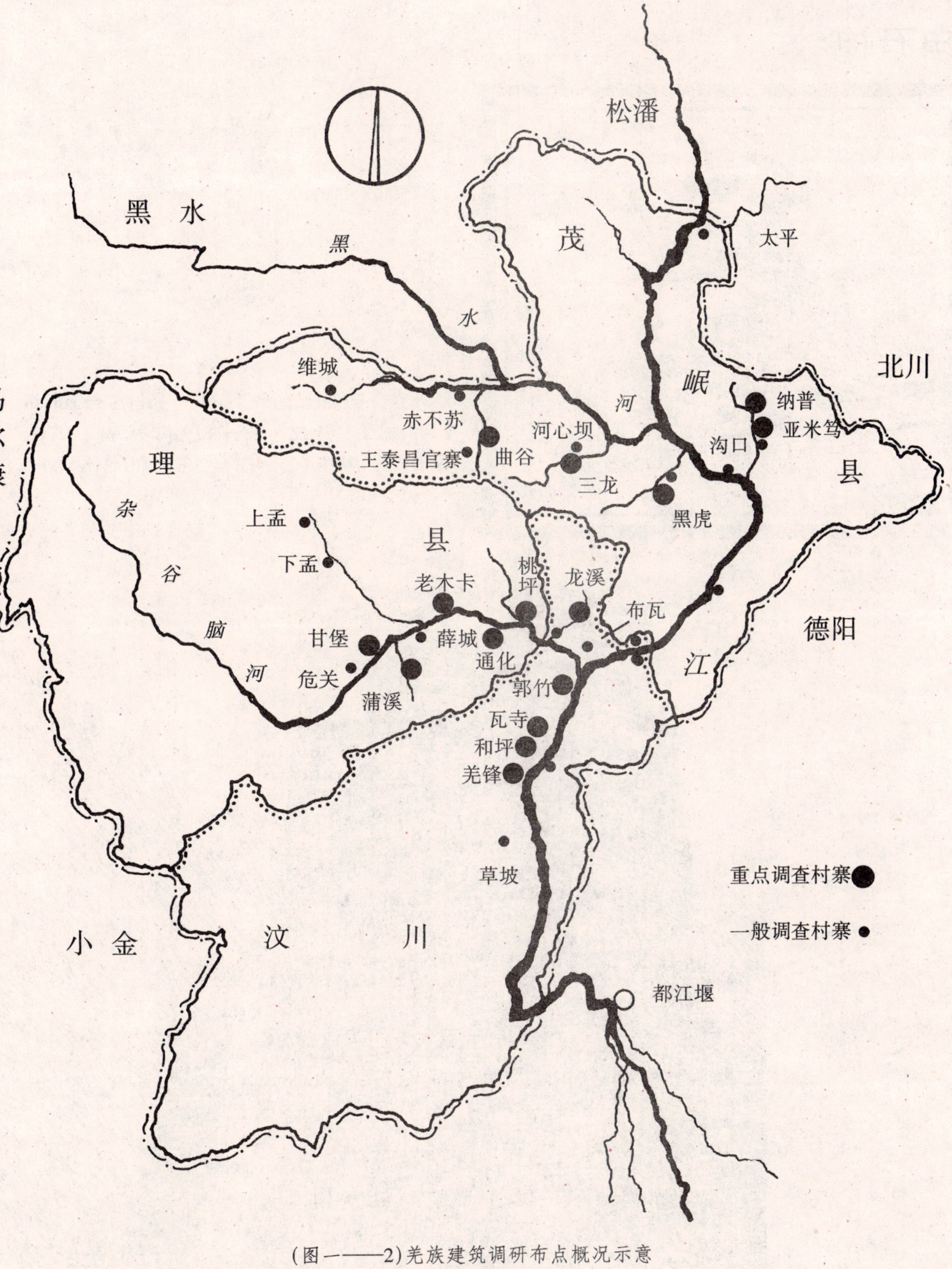

(图一——2)羌族建筑调研布点概况示意

(1988. 8—1996. 8)

白石神

(图一——3)茂县某寨屋顶垒砌之白石神

在白石神下有一圈白石围砌碉楼顶端成一条白色带状者，亦是白石崇拜表现在建筑上的作法。

(图一——4)碉楼顶端垒砌之白石神

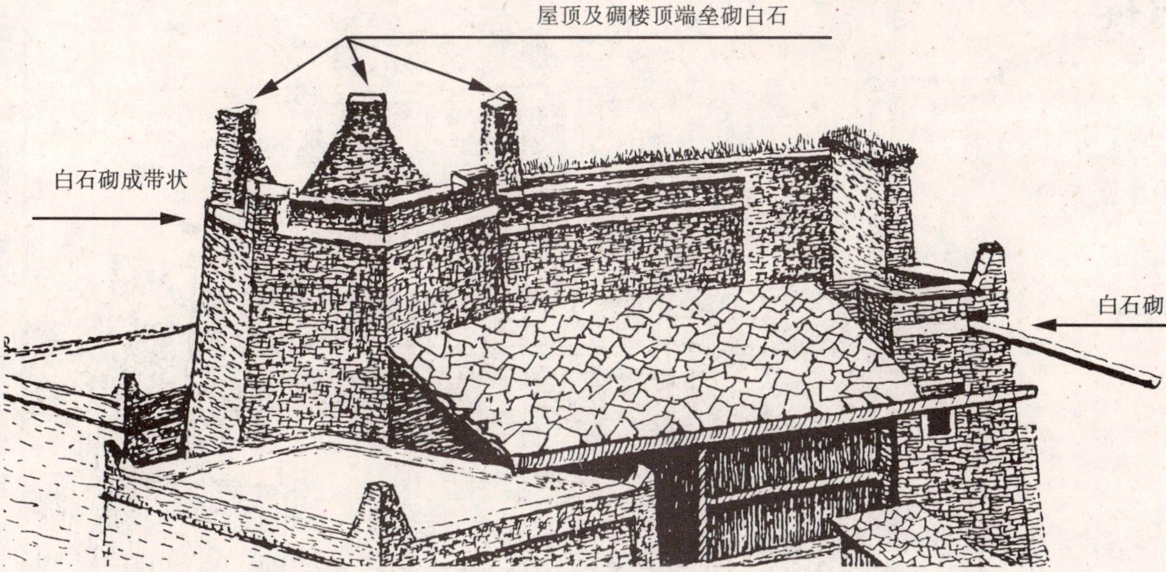

(图一——5)屋顶垒砌白石神位部位

(图一——6)茂县曲谷乡河西寨某宅

女儿墙上的装饰。上面各小平台墙脊亦可堆放白石。

角角神

（图一——7）汶川县羌锋寨汪宅角角神与火塘

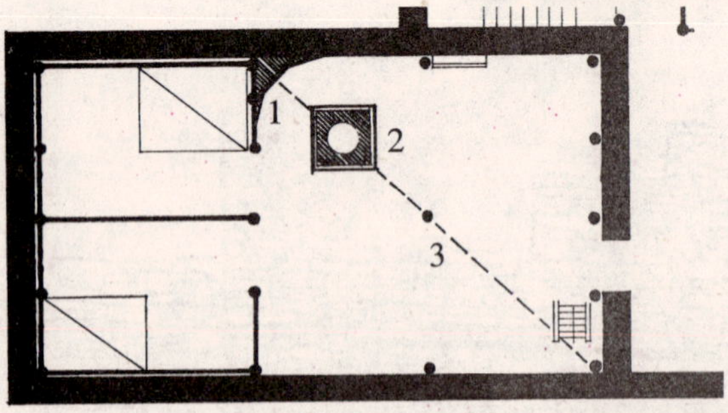

（图一——8）汶川县羌锋寨汪宅主室“角角神”、“火神”、“中柱神”关系

1. 角角神　2. 火神　3. 中柱神

角角神、火神、中柱三神构成制约主室平面的对角轴线，围绕轴线可在其他墙上供奉诸神。汪姓为木匠出身，故在墙上布置工匠神（鲁班神）。角角神两侧贴有杜薇花（一个鼎中插着莲花的图案），羌人称之神衣，分别代表男人、女人保护神和牲畜神、每年春节换一次。另外角角神龛分上、中、下三层供奉所有的内神和外神，可达 18 个神之多。不树任何有形象的偶像。

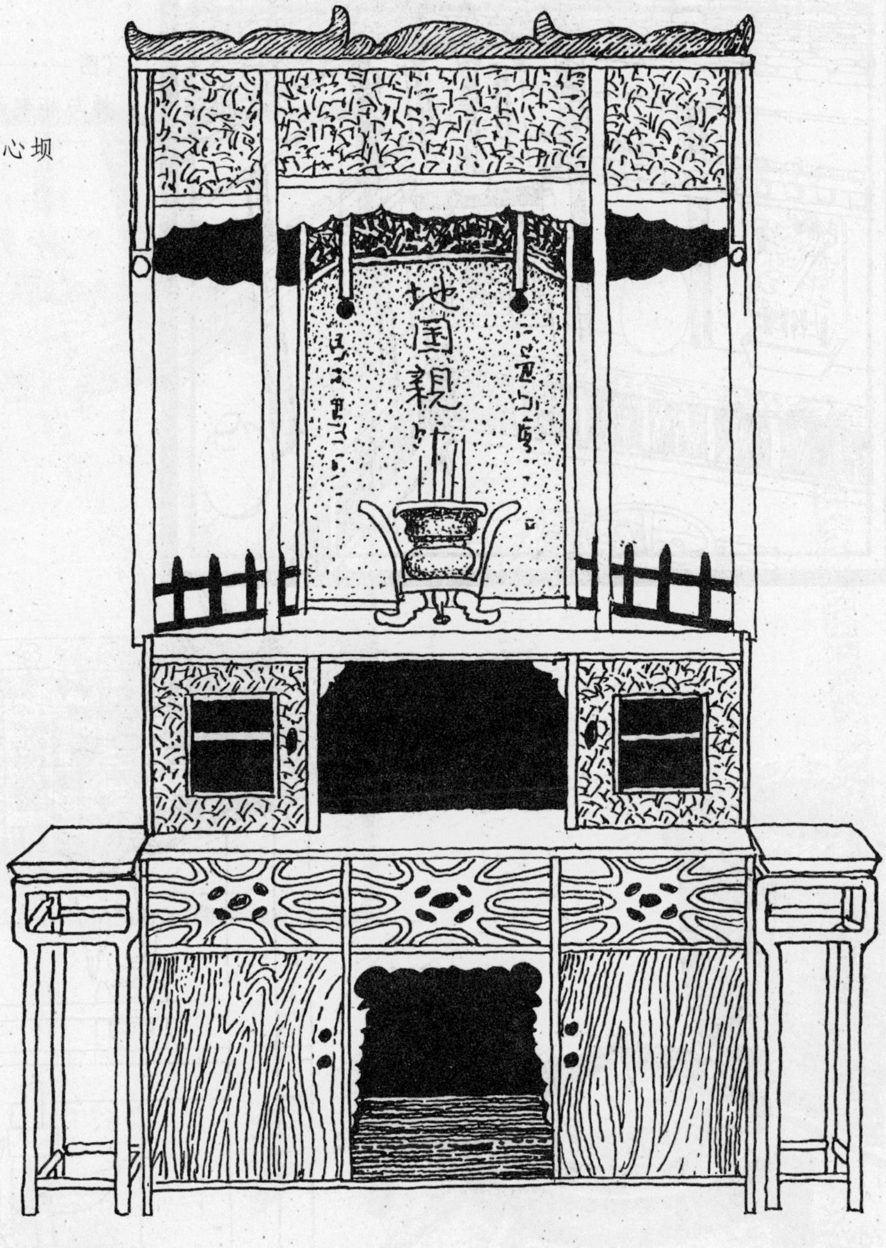

(图一——9) 茂县河心坝
寨陶宅角角神正面图

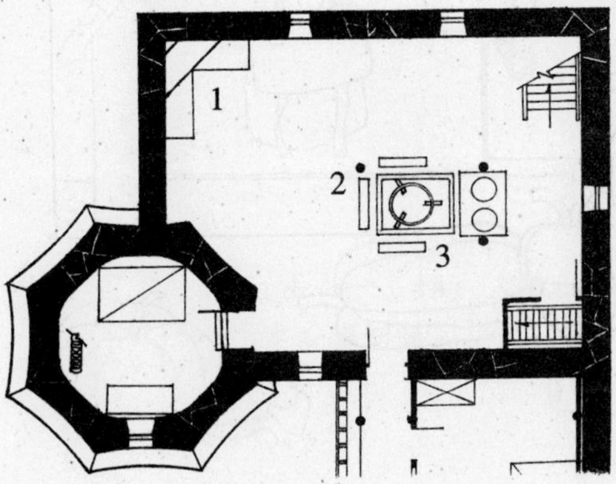

(图一——10)茂县河心坝寨陶宅主室角角神与诸神关系
1. 角角神　　2. 中柱神　　3. 火神

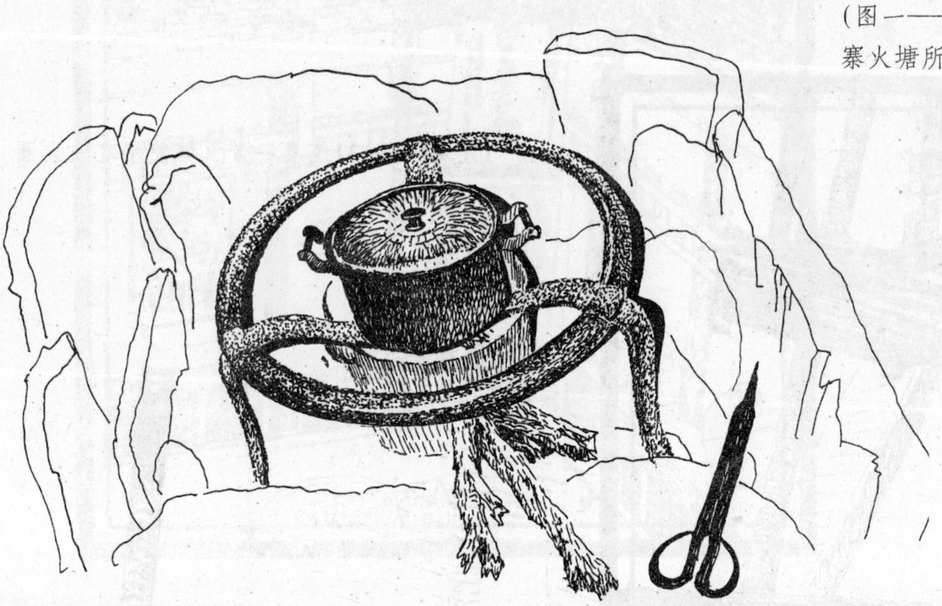

(图一——15) 理县通化寨火塘所用铁火圈

(图一——16) 火塘四周围木栏架上可放桌面,又可防小孩玩火烧伤

中柱神

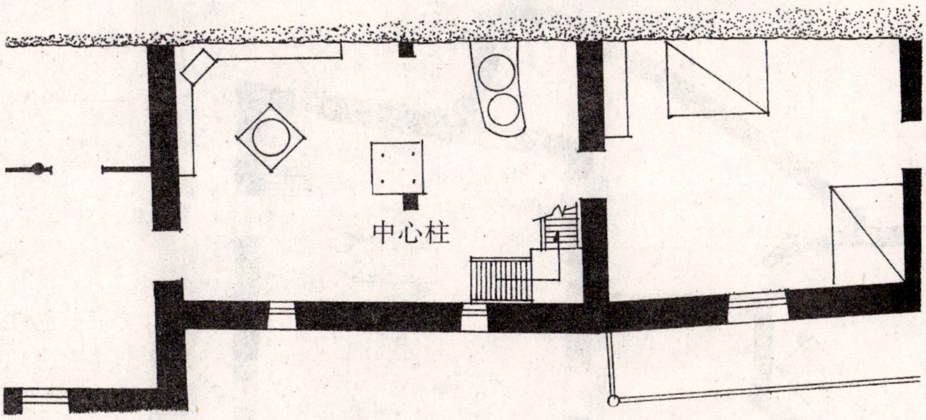

(图一——17)主室中柱

(图一——18)羌锋寨汪宅中心柱透视

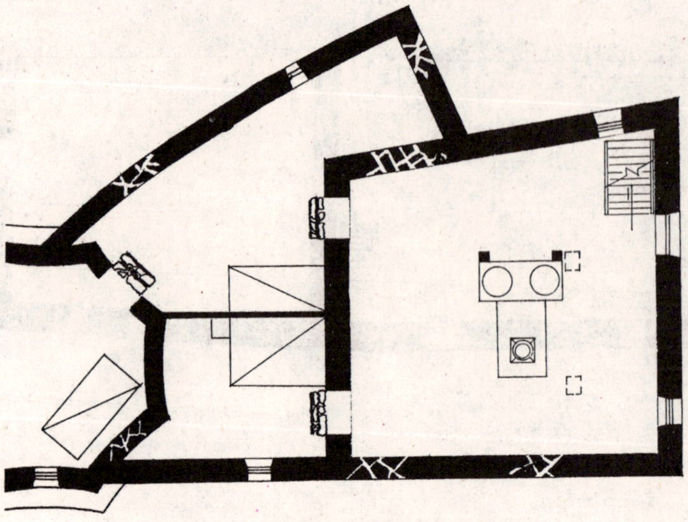

(图一——20)主室双柱

茂县羌民居主室中心双柱现象

羌宅主室中心柱由一柱发展成双柱的现象在羌族核心地区茂县表现得突出，说明古风纯正之地最易传承原始遗制。

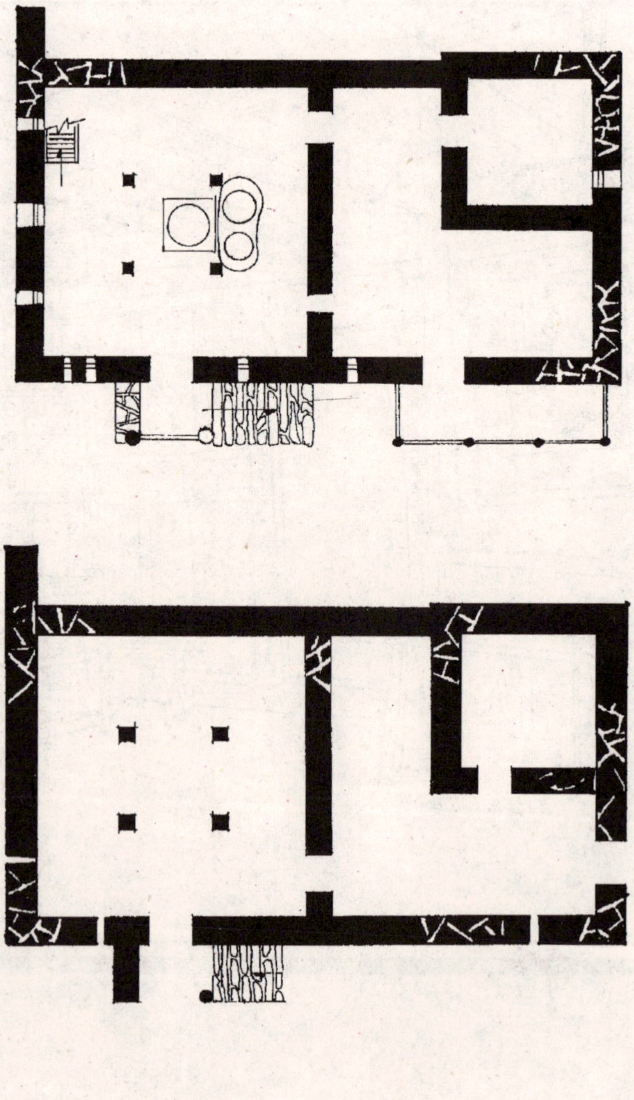

(图一——21)主室四柱(鹰嘴寨王宅)现象

门 神

(图一——22)茂县曲谷王泰昌官寨门首气氛

羌族住宅十分注重大门的神化装饰。临近汉区的汶川县一带多用汉族垂花门，以木构架嵌入石砌墙内。不同是有的变成传统的单扇门。但门神仍贴两张。

在茂县一带少见垂花门，或大大改造了垂花门的形制或根本取消了木制垂花门作法。

(图一——23)理县老木卡寨杨宅门神

解放后的门神均是国家出版的，反映现实生活的内容。解放前以绵竹年画为主流行羌寨，内容为秦琼、尉迟恭之类。

(图一——24)理县桃坪寨某宅门神

凡住宅的主要进出之门，无论门的质量和形象如何，均张贴门神。既表示一家之宅，又兼避邪之用。

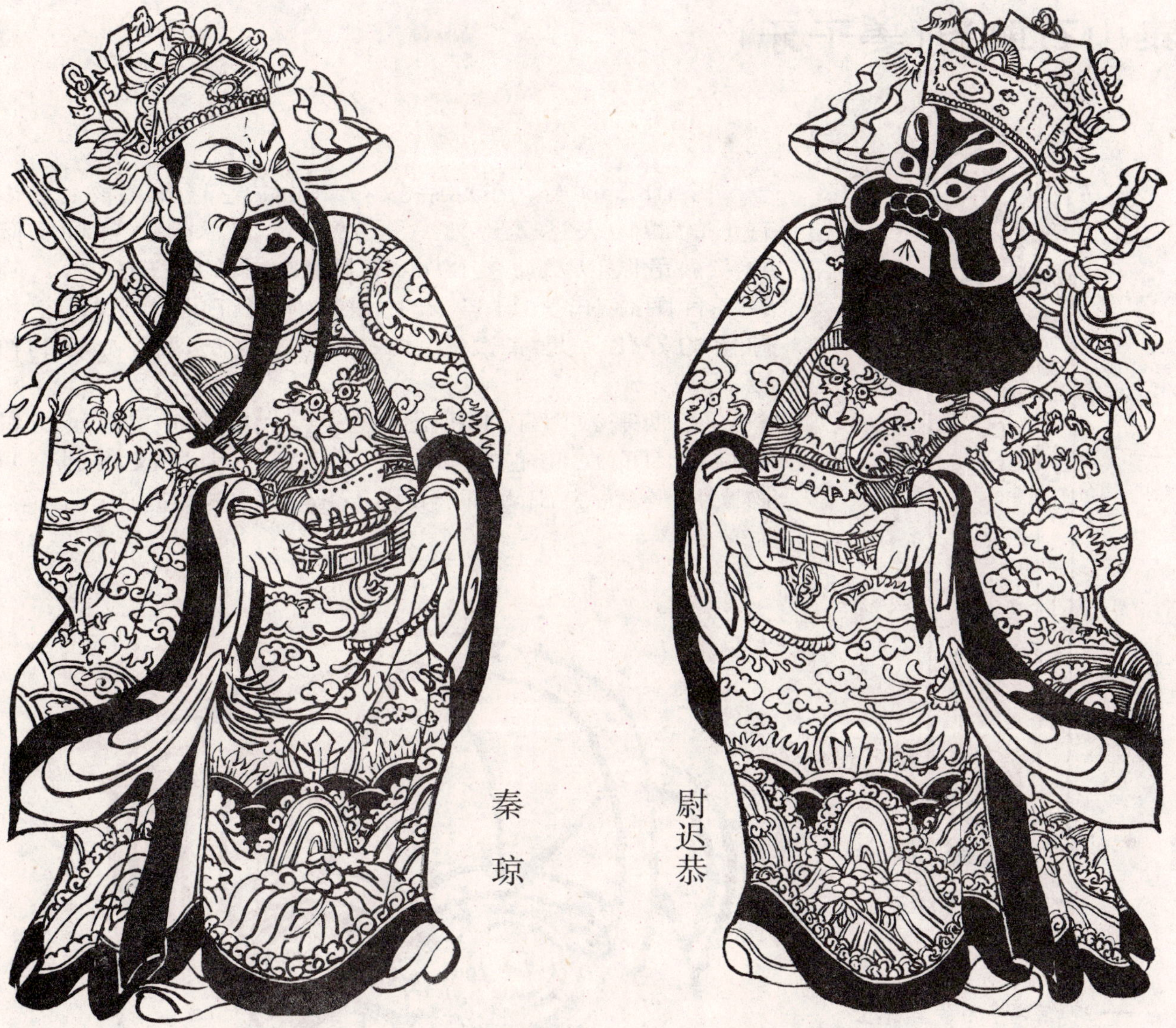

(图一——25)门神——秦琼与尉迟恭

唐以后，民间流传秦琼、尉迟恭护卫唐太宗的故事。唐太宗生病，二位将军尽职守护宫门，以防邪魔。太宗疼爱将军，命画匠绘二将军肖相贴于门上来代替，以同样达到镇邪驱魔效力。民间效仿其为，至使秦琼、尉迟恭成为门神之像。二将军形象造型各地殊有不同，渐自为“斯文”与“悍烈”两气质以区别，多根据《隋唐演义》说法：秦琼凤眼，尉迟恭红脸、圆眼，均手挚钢鞭。(见图)

唐以前，民间流行的门神为神荼和郁垒。相传神荼、郁垒是天上派到度朔山的神将。度朔山中有桃树，树下为鬼国，在二将的镇守下，鬼魂不敢到人间。(上述说法取自台湾《汉声》民间文化杂志第 84 期)

羌民居门神普遍采用了以上两类门神之画相，均为汉区贩卖之图画。本门神临自陕西凤翔清末老版木刻年画。

泰山石敢当(姜子牙)

泰山石敢当，亦称解救石，属住宅避邪之物：它以有形的器物表达无形观念，帮助人们承受由各种实际的灾祸危险以及虚妄的神怪崇拜带来的心理压力，克服各种困惑和恐惧。全真物是文化象征的产物，是巫术神化的外化，是宗教的通灵法物，也是风俗传习的符号。

羌族宗教以巫术神化为主导地位进而产生了泛神崇拜，因而在住宅的安全意识上广泛引进汉族的全真物文化，较为突出者即“泰山石敢当”，亦即“姜子牙”。

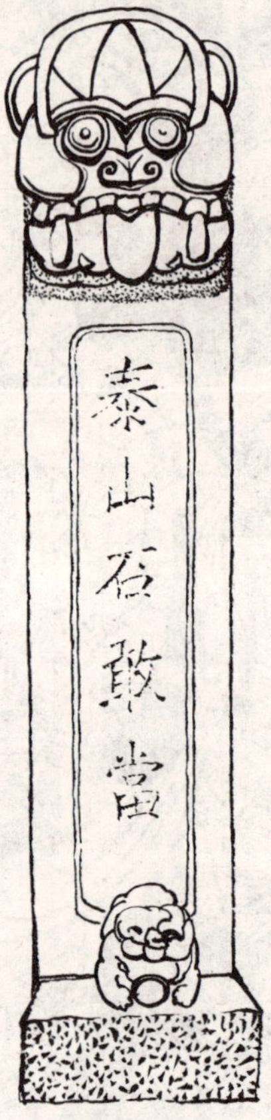

(图一——27)何宅泰山敢当造型

(图一——26)茂县黑虎乡“杨氏将军”寨何宅泰山石敢当

(图一——28)茂县何宅泰山石敢当在大门左侧位置

过去严格意义上的泰山石敢当位置应当在大门左侧，且一定是住宅的大门左侧。从羌族住宅现状看，这一习惯基本上保留着。

泰山石敢当一般是由头、身、脚三部分组成，整体通高在1米上下。是否有约定的尺寸，尚还没有查考到实据。头占通高的1/3—1/4之间，高度亦无定制。脸谱浅、深浮雕兼作。中为书写“泰山石敢当”的碑牌，以楷书为主，占去石作的1/2左右。下部分起稳定石作之用。碑牌下常压有一非狗非狐的怪兽，意为邪物，上为全真物，形象地诠释了泰山石敢当的作用。

(图一——29)茂县三龙乡河心坝寨陶宅泰山石敢当

(图一——30)陶宅泰山石敢当造型

(图一——31)摆在院内碉楼前的泰山石敢当

但也有极个别的摆放在碉楼外面。此正是碉楼和民居在空间上有联系的住宅出现的现象。而纯粹的碉楼前没有发现此类摆放法。说明羌族视民居内碉楼为住宅一部分的观念,同时也透露出羌人对自己古老建筑的热爱,也说明汉文化在羌区的传播中渐渐融入了羌文化的物化之中。

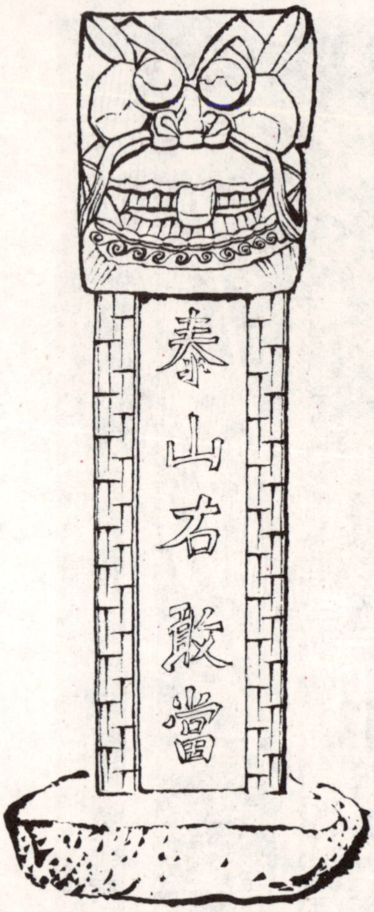

(图一——32)茂县三龙乡河心坝寨某宅泰山石敢当

羌族住宅前的泰山石敢当普遍采用从很远、甚至汉族地区所产的石灰石、青砂石作材料。过去有专门的石制工艺匠人走村串寨，同时兼做一切石活，也有初通石刻打制者，或自己刻制。因此，整个羌族地区石刻技术水平悬殊。又恰如此，呈现了所有脸谱极少雷同的艺术现象。虽然整体概念上为“吐舌瞪眼”鬼脸，然而变化之丰富，形式之多样，可谓目前国内仅存之大观。是羌族民居文化纳汉民居文化熔为一炉一个十分独到的方面。特色是群众创造。虽为局部之作，仍与羌族民居无定制同构。

(图一——34)茂县三龙乡河心坝寨某宅泰山石敢当位置

(图 一——33)河心坝寨某宅泰山石敢当造型

茂县是羌族最古老的核心居住区，那里的民居文化最易延续本民族的文化个性，因此也最易说明汉文化对民居影响的程度。又因村寨均在高山峡谷之内，亦可窥视历代汉族统治者在文化攻势上的无孔不入。即便如此，羌民居及其文化并没有因此而汉化。泰山石敢当虽为汉文化，但它传入羌寨后，很快便被羌文化所综合、融会。尤其是出现各家各宅独自的理解，亦同构于建筑姿态。这是羌族建筑富于创造的核心。

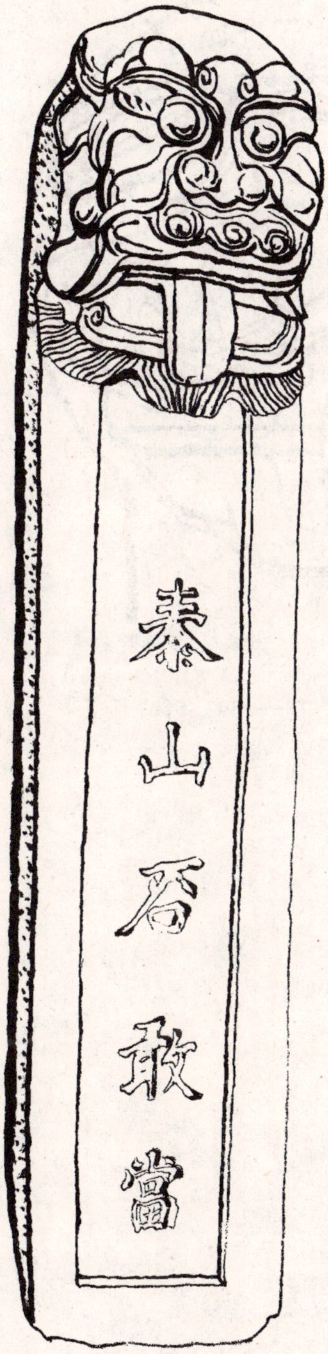

(图一——35) 茂县三龙乡鹰嘴寨场宅泰山石敢当

(图一——36)鹰嘴寨杨宅泰山石敢当造型

(图一——37)茂县黑虎寨某宅泰山石敢当位置

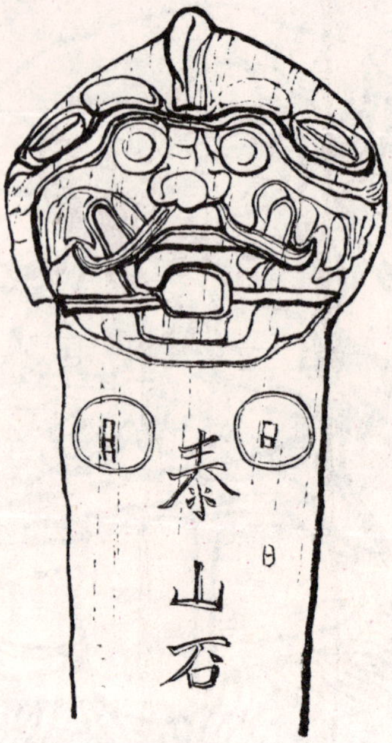

(图一——38) 茂县三龙乡河心坝寨杨宅泰山石敢当

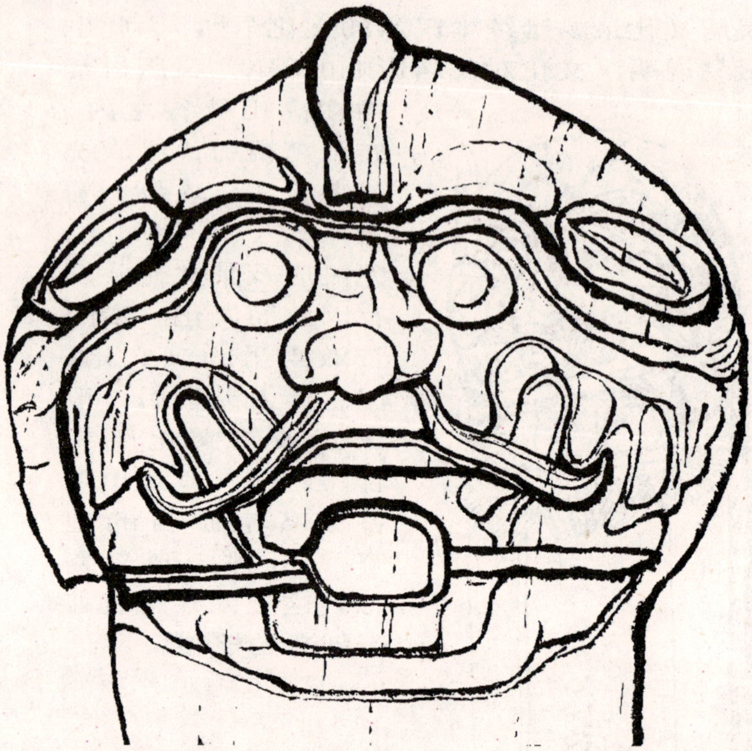

(图一——39) 河心坝寨杨宅石敢当造型

(图一——40) 茂县河心坝寨杨宅泰山石敢当位置

(图一——41) 茂县沟口乡某宅泰山石敢当

在雕刻工艺上，河谷大路村寨的石敢当和僻远高山村寨亦有粗细、高低之分，自然涉及汉化程度的深浅。

此图为沟口某宅泰山石敢当，在制作工艺上较为精细。与此同时，观察住宅的建造，所谓汉化程度高的大路官道旁的建筑反而没有与之相反的地区，即高山僻远之地的羌建筑有个性，充满独特的创造性。所以从另一侧面来说汉文化侵入，亦成为扼杀羌民族文化特性的重要因素，这正是历代封建王朝推行大汉民族主义的结果。

(图一——43)茂县沟口乡某宅泰山石敢当位置

(图一——42)沟口石敢当造型

在汉文化对羌文化的影响中，宗教往往作为排头兵。而宗教反映在物化行为中，最可视者莫过于有形有图的符号，比如刻在脸谱上的“八卦图，太极图”等图案。这里不过是一种文化现象，它犹如建筑上的垂花门、吊柱等现象一样，也仅是局部小构。而对于一座建筑或村寨布局等具本质意义的空间构成及形态并没有产生太大的支配作用。这是现象和本质极为不同的意义。

(图一——45)较场坤宅石敢当造型

(图一——44) 茂县较场坝坤宅泰山石敢当

(图一——46)茂县较场坝坤宅泰山石敢当位置

由于损毁丢失原因，不少泰山石敢当没有下面的石礅。

(图一——48)纳普寨白宅泰山石敢当造型

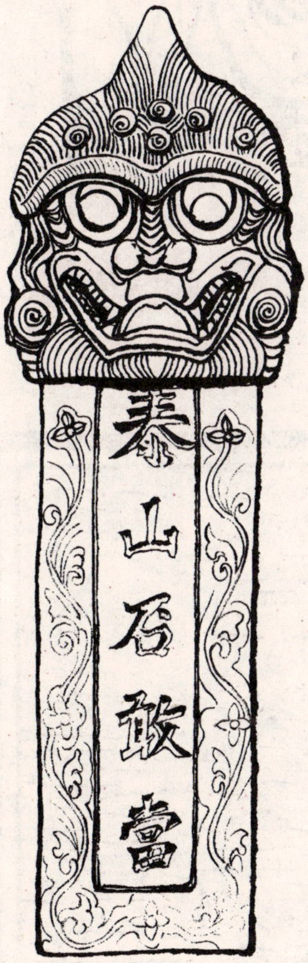

(图一——47) 茂县永和乡纳普寨白宅泰山石敢当

(图一——49) 茂县纳普寨白宅泰山石敢当位置

(图一——50) 茂县永和乡纳普寨龙宅泰山石敢当

(图一——51)茂县永和乡纳普寨龙宅泰山石敢当造型

(图一——52) 茂县永和乡纳普寨龙宅泰山石敢当位置

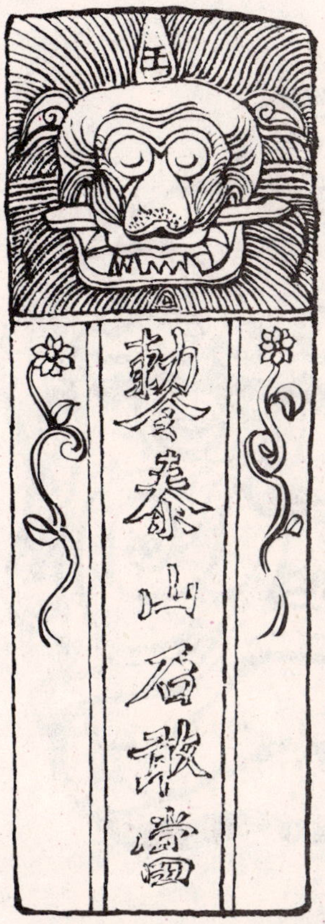

泰山石敢当五个字之上有"勑令"二字若一字的刻写。意即皇帝的诏书,谓之民宅受到皇帝的保护。然而其上脸谱又似羌巫术中崇拜猴头,亦是汉文化与羌文化结合的一个方面。

(图一——53)理县桃坪寨某宅泰山石敢当

(图一——54)理县桃坪寨某宅泰山石敢当造型

(图一——55)理县桃坪寨某宅泰山石敢当位置

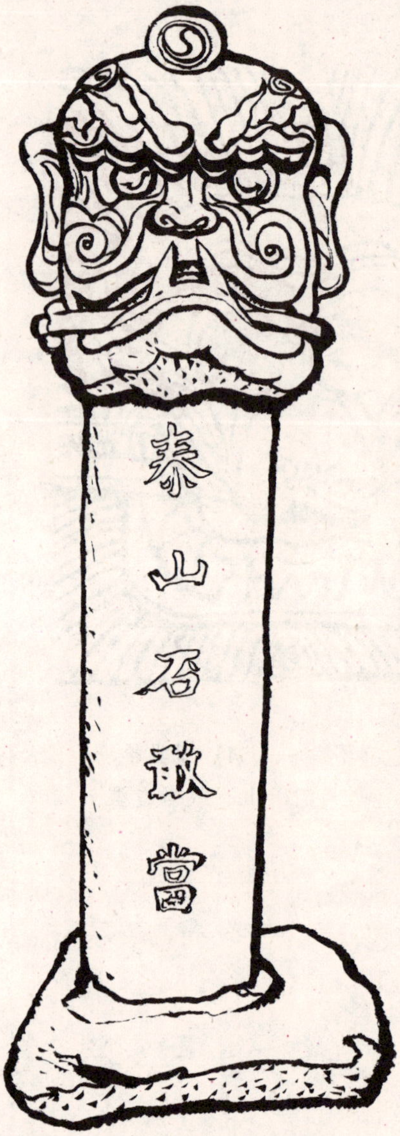

(图一——56）理县桃坪寨杨宅泰山石敢当

泰山石敢当作为住宅的一种文化现象，不在住宅的发生阶段产生而是在住宅的发展过程之中，或者结果之时。因此它不对住宅选址、朝向、空间构成产生影响。但并不因此而否定一种具有历史意义的文化现象存在。因为住宅不仅仅只是起居场所。中华民族历来视物质与精神同行不悖，亦正是这个民族非凡之处。羌民族至今住宅文化充分完善，亦正是他们崇尚文化之所在。

(图一——57)理县桃坪寨杨宅泰山石敢当造型

(图一——58）理县桃坪寨杨宅泰山石敢当位置

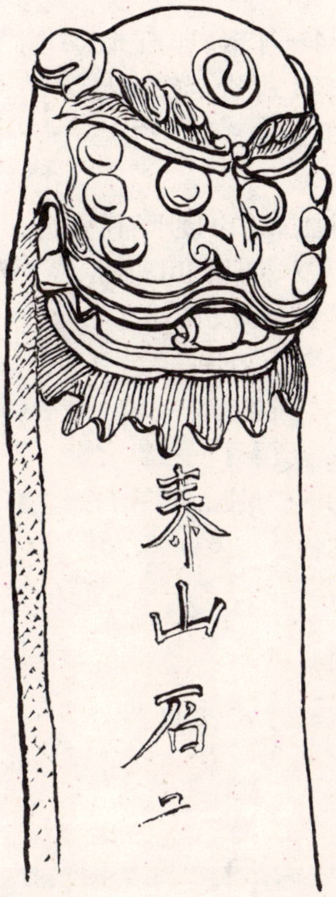

汶川县是距汉区最近的区域，从泰山石敢当这一充满宗教色彩的汉住宅文化来说，可谓与羌核心区域的茂县无甚区别。但就住宅本身空间区别很大的反差而言，泰山石敢当是最具影响力和普遍性的住宅文化，正是这种文化带有极强的宗教色彩，又易于和羌文化、巫文化融合。所以住宅文化又不是孤立于整个羌文化之外的别出心裁之为。

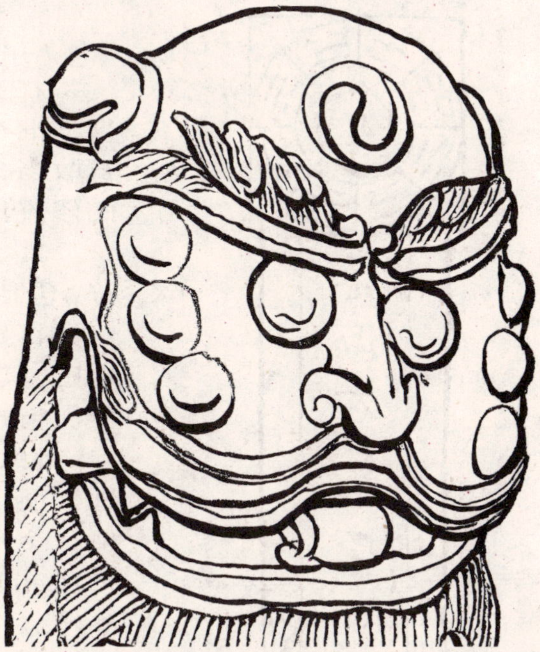

(图一——60)汶川龙溪乡东门口寨吴宅泰山石敢当造型

(图一——59)汶川龙溪乡东门口寨吴宅泰山石敢当

(图一——61)汶川龙溪乡东门口寨吴宅“泰山石敢当”位置

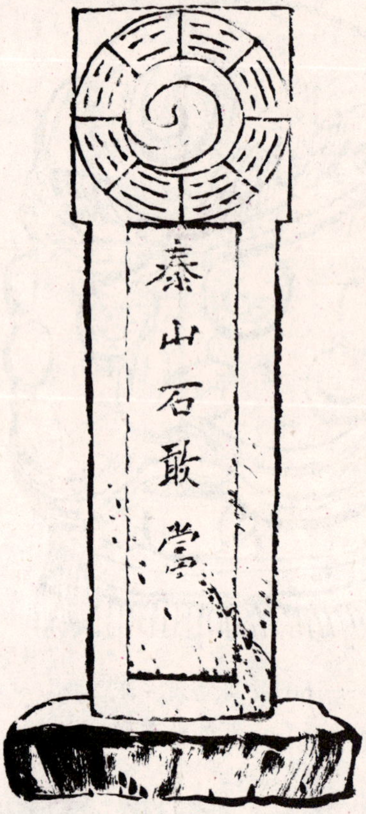

(图一——62) 汶川龙溪乡三座磨余宅泰山石敢当

在羌族地区建筑中所发现的数十例泰山石敢当，惟有一例以八卦太极图作为特殊形式充当泰山石敢当，此似乎有悖于“泰山石敢当即姜子牙”的羌民俗流传。

其实，在整个中华民族中，一切虚幻的鬼怪神符，包括外来的菩萨与宗教形式，一旦来到民间，皆可被百姓融入自己的想像构思中。随着道教传入羌地区，其典型符号极易被羌巫师巧用。正如佛、释相伴而行进入羌族地区，产生若干不同鬼怪造型一样，“八卦太极”亦在泰山石敢当的作用上争得了一席之地。所以，余宅在摆放位置上不惟门的左侧，而在右侧，个中隐含着强调不同教门的独立性。这在汉族地区亦有所发现。

(图一——63) 汶川龙溪乡三座磨余宅泰山石敢当位置

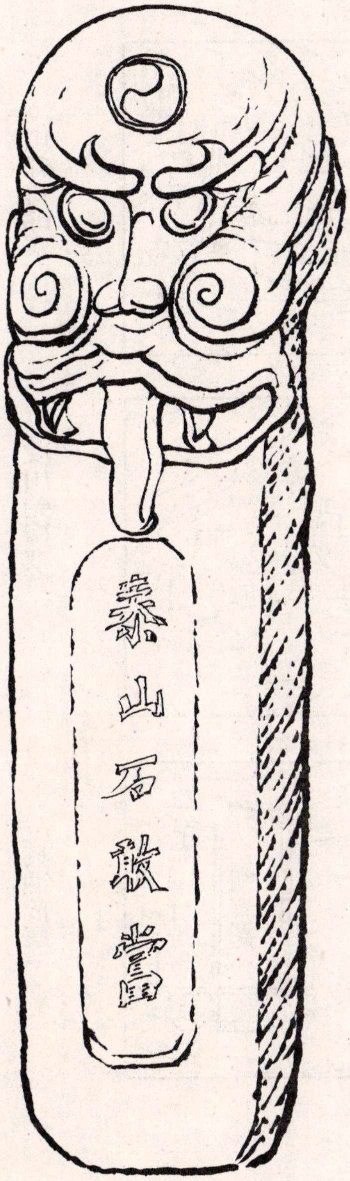

(图一——64) 汶川县绵虒乡羌锋寨某宅泰山石敢当

(图一——65)汶川县绵乡虒羌锋寨某宅泰山石敢当造型

(图一——66) 汶川县绵虒乡羌锋寨某宅泰山石敢当位置

外来宗教

此一组是羌寨与汉庙的关系，均系汉庙立于寨旁之实例，占二者空间关系之多数。表面上看，羌寨在布局上，尤其是聚落发生阶段丝毫没有受到汉庙的影响。因为汉族宗教传入羌寨往往在聚落空间形成之后。

但是一旦有汉庙出现在羌寨后，似乎在羌建筑的纯度上出现了杂糅，它以歇山屋顶木结构，小青瓦造成和石砌结构极大区别。同时各教亦同时干预建筑的选址、朝向、建造，无形中和羌巫师一起控制了聚落形态发展，因外来宗教实质上是传播他们文化的使者，自然包括建筑在内。

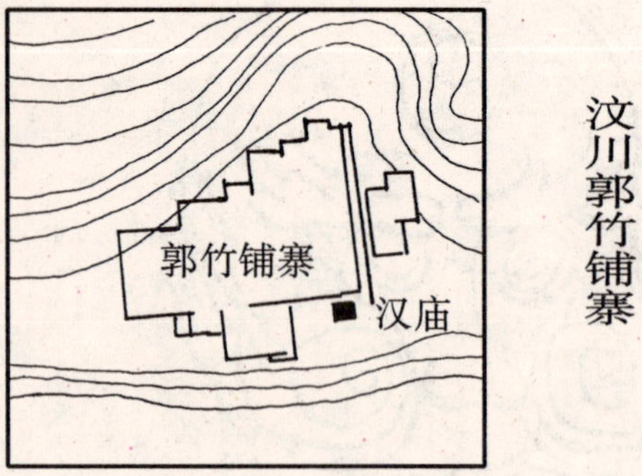

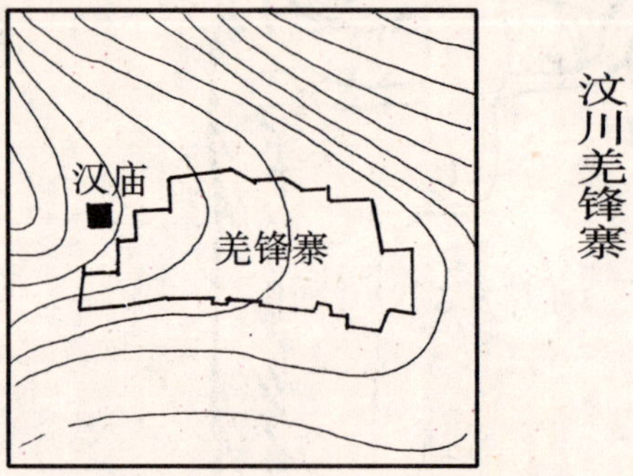

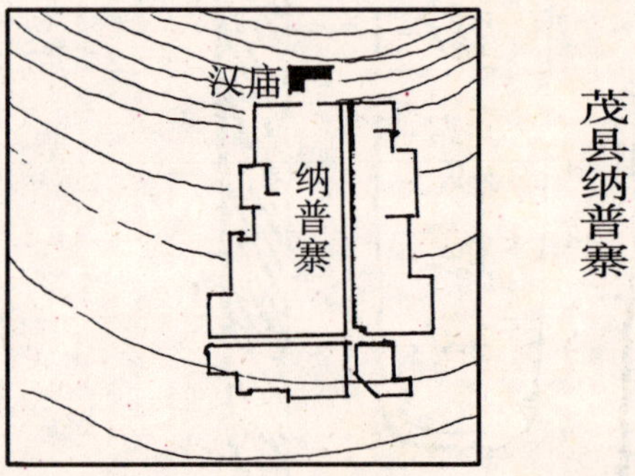

(图一——67)汉庙在羌寨中的位置

(图一——68) 汶川县郭竹铺寨汉庙与寨子关系图

(图——69）汶川县郭竹铺寨汉庙内木构外石砌现状

(图——70)汶川县威州镇汉庙

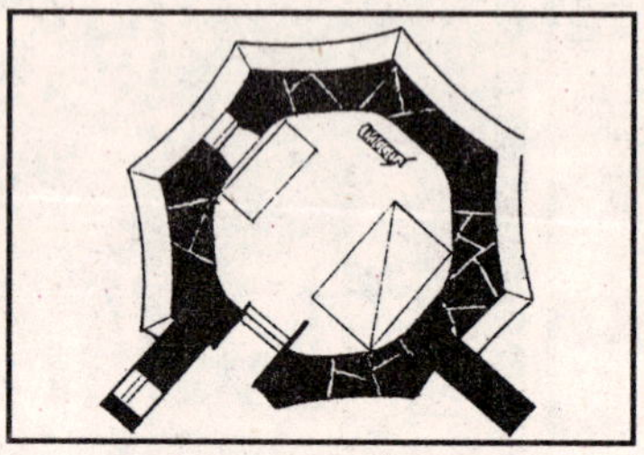

羌族建筑历史

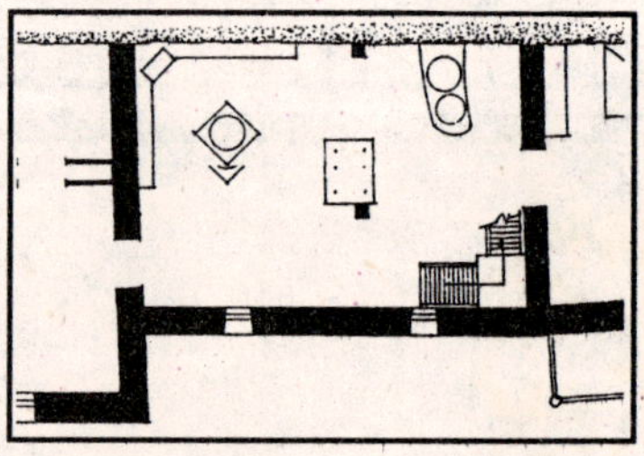

羌族原来住在西北，过着游牧兼农耕的生活，上古即兴建水利，发端农业，是我国古代最早进行农业生产的部落之一。这种最早的农业文明对后来华夏文化的发展，奠定了坚实的物质基础。而一部分仍过着游牧生活的羌人还依然活动在西北，经常迁徙，逐草而居。直到汉代，河湟地区的羌人仍以畜牧为主。于是在古代羌人的居住生活方式上曾出现过以下几类方式。一是农业生 产，过定居生活。二是以农业为主，兼营畜牧，仍以定居为主。三是纯畜牧生产，过流动生活。四是以畜牧为主，兼务农业，过季节性的流动生活。以上可以说明：其居住形态，除南方干栏建筑外，诸如窑洞、帐幕，至后来的“一明两暗”三开间“座子屋”均应是古羌人曾居住过的形式。而游牧和迁徙居住形态应同是一样的帐幕式。因此，秦汉之间西北羌人南迁岷江河谷上游，必然带来这种居住方式。而南迁的羌人，原在西北不仅游牧也从事农业，那么，对于由窑洞发展而来的垝垣、版筑、土坯、石砌亦有相当经验。所以，今天我们不仅发现羌民居主室中有帐幕遗制中心柱的存在，亦在碉楼平面看到帐幕周边成弧线边缘的古风，还可窥视集诸种活动于主室内，其它房间功能不甚发达，和帐幕空间功能太多类似的遗制。不仅如此，我们还从不少羌民居中看到后墙直接依靠岩体，仅从二层才开始四围砌墙向上发展的“定居”似窑洞形制的延续。而石砌墙体和土坯、版筑一样，正是窑洞发展的必然。因此，岷江上游羌族建筑，应是同时继承了西北古羌人居住方式即帐幕和窑洞的结合体，有专家认为是帐幕加“干栏化”。不过，若以帐幕，窑洞再加“干栏化”，似乎更加全面。

有巴蜀历史学家提出：与羌人原形影不离的氐人，后从羌人中分化出来，风俗习惯开始改变，其居住是“板房”，是古老巢居的发展，即有干栏特色。而“氐”为低地之羌的俗称，聚居天水、陇西山多林木之地，又常和羌人混居，其居住习惯影响到羌人应是很自然的事。因此，可以说，现今羌族石砌碉房应是窑洞、帐幕、干栏三者的混合体。正如张良皋先生说：这三者是中国建筑的三原色，而藏、羌住宅正是三原色调配出来的一种混合色调。冉光荣等先生在所著《羌族史》中指出：现在居住在西北、西南的众多民族在语言风俗、宗教信仰、居住建筑等方面，都有很多共同点，并都可以从古羌人那里找到一定的线索。（图二——1）

秦末汉初，羌人来到岷江上游一带开垦土地、经营农业，从游牧渐而转向定居。当时在岷江上游，居住着冉与駹两个部落或部落联盟。《后汉书·西南夷传》：“冉駹者……众皆依山居止，垒石为室，高者十余丈，为邛笼。”《蜀中广记》也说：“在蜀郡西北二千余里即汉之西南夷也……其地南北八百里，东西千五百里无城栅，近川谷傍山险、俗好复仇，故垒石为巢而居以避患，其巢高至十余丈，下至五六丈，每级以木隔之，基方三四步，状似浮图……开小门，从内上，通夜必关闭，有二万余家。”再《蜀中广记风俗记》又说：“威茂古冉駹地……《寰宇记》云州本羌戎之人……垒石为巢以居，如浮图数重，门内以梯上下，货藏于上，人居其中，畜圂于下，高二三丈者谓之鸡笼，十余丈者谓之碉，亦有板屋土屋者，自汶川以东皆有屋宇不立碉巢。”

刘致平在《中国居住建筑简史》上说：“碉巢，碉，碉楼实为一物”，又引《四川新地志》说：“羌民之住居，大都为碉居性质，其住屋地点大都皆为便于防守之地，建筑多二层或三层楼式。墙壁多为石片砌成，房顶复以泥瓦或石板，内外间隔。屋顶皆设有晒房以为曝晒粮食之用。如系二层楼其下为人及牲畜所住，上为晒房。如系三层楼下为牲畜厩舍，中为卧室及厨房，上为晒房。门窗皆以木制，略似西洋建筑，惟窗少而小，一切空气阳光，均不甚佳。晒房上四面开阔，可以远望。若遇战争即可由上放射。富贵者且多于房角，特建高碉以石片石壁，以木为楼梯，有高至十余丈者，每层均有炮眼，甚为雄壮”。

综上推测，羌族建筑恐怕是古冉駹人与西北羌人的共同创造，它分成了住宅、碉楼、住宅与碉楼共同体三大空间形态。那么，碉楼等建筑之由来应是怎样的呢？

·碉楼

有人认为：“经考，羌族碉楼的建筑历史，岷江上游两岸高山或半山上的羌族碉楼，大多都有三四百年之久，传说有的碉楼已有数千年的历史。”《羌族研究》(第二辑)还有人指出：“这种石砌的塔碉，早在两千年以前，就已经出现在岷江上游地区”。《羌族研究》(第一辑)英人托马斯·托伦士牧师在其《青衣羌——羌族的历史习俗和宗教》一文中说：“名将姜维取道岷江及杂谷脑河谷，修筑碉楼，镇慑羌民，遗迹至今可见”。这说明羌区碉楼的兴起最早可能是蜀汉时期由内地带来的军事建筑。

首先，岷江上游最早的羌人住宅延续并糅合了西北窑洞、帐幕、干栏三种形式。在原西北三种形式均设有十分高耸的了望和战争防御的建筑发现。而在成都出土的东汉时期的牧马山画像砖上，一座大型庄园左侧出现了碉楼的原始形态——望楼，刘致平教授直呼其“碉楼”。此前二百年秦灭蜀后，“在移民的同时，也修筑了城防……”“造作下仓，上皆有屋，而置观楼，射兰。城上有供了望的‘观楼’和储放弓箭的‘射兰’”。应该说“望楼”与“观楼”在防御功能上是异曲同工的。汉武帝时司马相如出使西夷冉駹等地，及后来的姜维在威州附近构筑城堡碉楼等等，都极有可能把内地望楼形制带到羌区。羌区河谷多荒漠，少木材且不具坚固性，就地取材以泥土或土坯砌碉楼，便造成今日威州镇周围布瓦山寨和木常寨仅有7座土碉楼的现状。而茂县羌族核心地区几乎清一色的石砌碉，则说明是土碉的发展，更糅合了帐幕顶内收弧线的碉楼作法，成六角、八角形貌，而上述土碉仅为正方四角状。当然这里也不排除羌人深入内地兴修水利、筑坎打井过程中，借鉴了汉族望楼形制而自发构筑的可能，或本来就是羌人的创造。

汉以后，岷江河谷中游始终不太平，征战、械斗不断，羌族以碉楼卓有成效的防御功能，广泛兴建于寨子、房舍、道路、隘口、要关之间。因公因私，因贫因富，于是又出现了公用碉楼和房舍结合的私家碉楼等内涵不同的形态。“一时碉楼四起，可称作建碉的兴盛时期”。（图二——2～3）从各地出土的明器、壁画、画像砖看，从中原到南方，亦是好建望楼、坞堡、阙等高耸建筑物的时代，它几乎成为汉代建筑的特色，想来羌人很难游离在外。

·碉房（图二—4～5）

羌族建筑最具空间组合特色的是碉楼和住宅的结合，即碉房。常见过去的评论：把没有碉楼的住宅混称碉房，此称没有把碉房和住宅区分开，概念上模糊，至少在建筑学意义上如此。

碉房最显著的特点是：碉楼和住宅形成一个功能和使用上的整体，碉楼已不单独存在，它从结构、空间、材料等方面与住宅都融会在一起，是纯粹私家性质的。有的碉房中的碉楼甚至在下几层空间上取掉一至二面墙体，使碉楼内部空间直接与住宅空间贯通，仅在外观上有明显的碉楼痕迹。这种结合始于何时尚不可考，但从茂县羌族核心地区的曲谷、三龙、黑虎等乡的明代遗制看，至少在距今400年左右即有这种“结合体”。如果把这种现象看成是比较成熟的农业文明的结果，上推至千年之上也是可以的。徐中舒在《论巴蜀文化》中说到：这种“小石城”，“把城的范围缩小到仅能保护自己和他的家属，这就显示了这个时期的戎族，是已经从氏族制进入家族制了。”刘致平在《中国居住建筑简史》上说：“碉楼（即碉房）起源很早是没甚问题的”。是否可以这样推测：“垒石为巢以居”以来，除了有“货藏于上，人居其中，畜圂于下，高二三丈”的“邛笼”，即住宅之外，那么，“十余丈者谓之碉”的碉楼业已同时存在。至于尺度相差甚巨的两者是否结合成一体，虽没有明确的记载，但《四川新地志》言："富贵者且多于房角，特建高碉"，既有的住宅之"角"，自然包括和住宅结合成一体的屋内一旁在内，想来此便有了碉房的开始。再则"富贵者"有经济能力能办到。以至于渐渐影响到一般财力人家，导致茂县曲谷、三龙、黑虎等乡一带，几乎住宅都和碉楼糅和一起，造成碉房现象。这并不是说所有羌族住宅都如此，在杂谷脑河谷流域，像桃坪寨，仅一两家如此，其它寨现在尚少见。这也是造成有的羌寨没有公共碉楼的原因之一。而有公共碉楼的羌寨，往往就无碉房或少碉房。所以羌寨千千，内涵各异，不能一概而论。

·石砌住宅(图二—6～7)

即占羌族住宅比例较大者，任何典籍对羌民居的描述都无法回避者。它的形制很容易和碉房混淆，却是羌民居最原始形态。它没有碉楼的附着空间，全石砌四围，即上述之"邛笼"。"高二三丈者谓之邛笼"，又"累石为室"，"依山居止"，远看如城堡碉房。所以古人是把二三丈的羌民居和十余丈的碉楼原本是分开的，后来把邛笼和碉房统而呼之"碉房"。实则邛笼是不带碉楼的，是以居住为主，防御为次的建筑。综上三点可以列下式：

碉楼——防御为主。

碉房——防御、居住并存。

石砌住宅(邛笼)——居住为主，防御次之。

板屋土屋(阪屋)——纯粹居住。

关于邛笼概念，古人有的说法值得研究，《后汉书·西南夷传》称："高者十余丈，为邛笼"。《寰宇记》却称："高至二三丈者谓之邛笼，十余丈者谓之碉"。显然后者与前述有些出入。

·板屋土屋

羌族主要建筑，除了碉楼、碉房、石砌住宅外，尚有板屋类型，《寰宇记》："威茂古冉駹地……亦有板屋土屋者，自汶川以东皆有屋宇不立碉巢"。《诗·小戎》"毛传"谓"西戎板屋"。谭继和先生认为："其实板字为陇阪之阪，阪屋就是干栏"，是"巴蜀秦陇之间……干栏式建筑"，是"巢居式建筑"。此观点正谋合张良皋先生藏居（羌居）由帐幕加干栏发展而来的结论。谭先生进而确认："巴蜀巢居文化有两个发展系统：一个系统是古羌人从河湟入蜀，沿岷江南下，在古冉駹地创造的邛笼文化；另一个系统是岷江河谷直至古成都平原的土著创造的干栏楼居文化"。这种干栏式板屋建在山崖陂陀之间，亦是"滨水之陂陀"，羌人正是沿岷江河谷两岸建造这种板屋。汶川以东实指绵虒羌锋一带，其建筑特色是：屋顶为两坡水斜面，内以穿逗木构支撑，周护以木板，下圈以石砌墙体，若去掉墙体并裸露开内部，则干栏一目了然。若以土石墙体支撑承重木构屋体，则是以土石带木之“干栏”。“板屋土屋”是河谷地带羌族民居的基本形式，它有别于半山腰高山台地的羌民居。此类形式一直延伸到茂县境内，直到部分岷江支流区域。比如茂县永和乡溪河岸傍之下寨，其板屋之形貌，尤昭著古风，但数量就少多了。至于《寰宇记》中言：“屋宇不立碉巢”者，显即板屋不同于石砌住宅和碉房而言。（图二—8～9）

·官寨（图二—10）

14世纪中叶，为加强统治，明朝廷在羌族地区广泛推行土司制度。土司即是分封少数民族首领、豪酋的地方官吏名。土司所在行使权力和居住的建筑，俗称官寨。这种制度始于元代，也在羌族地区有所建置。羌族地区最大的土司即汶川瓦寺土司，其建筑为城堡式，辉煌庞大，形制复杂，蔚为壮观；比较著名的还有茂县岳希土司、曲谷“后番”土司等。土司官寨建筑各具特色，是羌族建筑的精品，均为防御与权力、居住的综合性建筑，值得研究而饶有趣味的是：这类建筑无论群体或单体，都使人强烈感到有汉族文化的成分。于是留下这样的问题：这种汉文化成分的参与是汉统治者的淫威之下土司不得已而为之呢？还是土司讨好争宠的结果，或者设计者中有汉族工匠的成分等。而客观空间组群布局效果却是第一位的，它以不同凡响，显著的创造特色，尤其是各土司官寨均不雷同的空间形态而具有非常的历史、文化与建筑研究价值。这种价值不是汉文化削弱了羌文化的结果，恰是以建筑作为媒介加强、完善了羌族固有文化。因为羌族文化也是不断发展和吸收外来文化的。所以各官寨从外空间到内涵都极具个性，从而丰富了羌族建筑的多样性。

·聚落（图二—11～12）

羌人自古聚落成寨，过去多以为纯自然形成，是原始随遇而安的结果。这种看法全然大错。一个民族要生存下去，首先要防御。相好邻里不说，内部亦讲传承，讲主次秩序，讲生产生活的方便合理，讲发展。羌人聚落古制可追溯到母系社会的仰韶时代，《羌族史》作者称：“汉以前在河湟区域的居民，据《后汉书·西羌传》记载，恰恰正是羌人，基本上没有其他民族……陕西省咸阳和宝鸡两地区的北部边缘……是以羌人为核心的戎人的活动地区。”而紧靠此地区的“陕西临潼姜寨发现的仰韶文化遗址，居住区的住房共分五组，每组都有一栋大房子为核心，其它较小的房屋环绕中间空地与大房子作环形布置，反映了氏族公社生活情况。”（《中国古代建筑史》）羌、姜本一家，虽一支后来以畜牧为主，一支以农业为主。而一旦羌人定居从事农业之后，其聚落布置也会反映出渊远的古制。

茂县曲谷寨在高半山台地上布置寨子 3 个，中为主寨，左右为次寨，主寨靠前形成三角形，里有头人大宅一幢。主寨正前方临台地前沿设大型哨碉一个，可俯瞰下面河谷地带，视野非常开阔，台地庄稼地全在弓箭枪弹射程之内。整个台地之左右山崖和后山崖天然形成“冂”状地形，台地之下为陡峭斜坡，易守难攻。上有溪流水井，更是长久割据的全封闭之险境。以此对比古羌人聚落遗制，二者何其相似。

羌族聚落多分布在河谷、半山腰、高半山三段地形上，因地因时各有不同的原始规划组群，以相互顾盼、支持，围绕一个主寨展开整体布局，看似散，实为一体，极富特色。

每个寨子由数量不等的家庭单元组成，小则几户，多则百家，规律性极强，又形式多样。首先，主干道路多垂直于等高线，两旁有叉道支路，不少寨子在道路上搭建过街楼天桥，有大门和道路串联。由于道路两边均为两三层的住宅，故显得狭窄。恰此又利于防御，如遇敌窜进寨，困其于巷道之内以乱石擂木击之。有的寨子引水入道路一侧多为清洗用水，不作饮用。算是道路、水路并行的长处。不足者为易毁路阶自成“阳沟”，造成有路无道的粗劣状况，这一弊端是极易改变的。另一个规律性的特点是寨子内每家屋顶平台相互衔接，成为“第二地面”的整体空间(亦称第五立面)。此制的形成除了有山区平地难寻、少雨寒冷等因素外，防御中的屋面相互支持应是不可怀疑的因素。

有极个别大路边的居民点，像理县通化、薛城，由于汉族商人的改造，设店开铺，已成市镇之初，其中也不乏羌人居住。《中国城市建筑史》(二版)说：“在原始村落后期，就已由于生产及生活的需要而产生简单的分区，建筑也有了一定的分工和组合。”

·桥梁·栈道

羌族区域河流密布，且有岷江大流，又更多溪沟。河滩与第一台地往往成为农业集中区，桥梁于此建造最多。桥梁虽有拱桥、木平桥等式，然最具羌人工艺特色者莫过于溜索和索桥。

溜索即“笮桥”，是羌人的创造。“笮”是羌人先祖部落之一，其用竹子为索为桥，后人称笮桥。其实仅是一条套有尺许木筒或竹筒的竹索，渡者以皮带或麻绳紧拴腰间，身悬索上手拉足推，随溜筒滑过河去，是最古老的渡河工具。此制自汉代起，今仍有使用。

索桥，是溜索(笮桥)原理上的发展和改造。在桥头砌石为洞门，再用几根或十几根胳膊粗的竹绳并列，两头系在桥头的石柱或木柱上，并列之索上铺设木板。岷江上游及各支流索桥“至少距今1400年以前，即已存在了”。(《羌族史》)

栈道，为我国西南山区古代重要的交通设施之一。《四川通志》：茂州“石鼓偏桥，即古秦汉制，缘崖凿孔，插木作桥，铺以木板，覆以土，傍置栏护之”。此即为古栈道。它分为木栈和石栈道两种：木栈在木材丰富之地多为“铺木为路，或杂以土石”。石栈多凿于悬崖绝壁，“缘岩凿孔，插木为桥，或傍凿山崖，施版梁为阁，或沿山开路，使之成为坦道……俗称偏路。”(图二—13～14)

另外，羌族建设技艺卓有成就者还有掘井筑堰、淘滩等绝活。川西平原此般建筑和都江堰水利工程，无不处处留下他们的智慧和辛勤的血汗。

附：羌族与部分西南少数民族民居源流述说

羌族是我国境内具有悠久历史和灿烂文化的少数民族，有学者认为：研究藏、彝、白、哈尼、纳西、傈僳、拉祜、景颇、土家等族的历史都必须探索与羌族的关系。近有学者指出：研究汉族建筑亦必须和羌族建筑发生关系，否则不能自圆其说。如此一来，羌族建筑成为现存规模大、且集中、成体系、尚完好的中华建筑化石富有之地。显然，它的存在得助于天高地远建设性破坏的望而兴叹，得助于羌族对本族文化的笃信。“化石”之谓，不定乎建筑本身建造历史的长短，关键是这类建筑是否延续了人类最初建筑之始状，是否蕴含了中华建筑起始的三种形态因素，即个中是否还遗留下穴居（窑洞）、巢居（干栏）、帐篷（帐幕）的某些具有典型性的制度或作法等。有学者言：在同型与同类的区别中，很可能羌族建筑属于与西北古羌建筑同类。而只有考古学意义的发掘方可铁证它们之间的同型，这是毫无疑义的。但建筑研究不能不考虑到特定民族在特定时间与空间上的特定变异，这种变异导致同型与同类的交融，甚至衍生出新的时间与空间结合体。但有一点，既为交融，必须是双方的事情，双方都溶入自己能够派得上融入的部分；同时保留着值得保留的东西，这便是延续，哪怕只是局部的，甚至一个不起眼的构件。一个民族大系内的交融与延续，想必是容易发生的。

徐中舒先生在《论巴蜀文化》“氐族所在及其与羌族的关系”一节中言：“西汉人屡称‘大禹出西羌’，而《世本》又言‘夏鲧作城郭’，是城郭之建筑，在居于山岳地带的姜姓或羌族中，也必然有悠久的历史”。羌人即戎，先生又说：“戎是居于山岳地带城居的部落”。“战国时代就有一部分戎族进入武都、汶川。他们在这里还自称为庸，语转为邛”。“庸、邛的本义为城的最可靠注释。综此诸义言之，庸之与戎，就其所居言则为庸，邛笼就是它的最适当的说明”。张良皋先生认为：“说明这个古国，历来以建造城郭著称，算得建筑大国。楚与庸邻，交往密切，最后庸国被楚国兼并”。显然，战国后期进入岷江上游的庸人把建城郭的技术也带到这一地区。笔者浅识，这里的城郭就是现在的羌族石砌建筑。徐先生在《论巴蜀文化》一书中称此为“小石城”。“把城的范围缩小到仅能保护自己和家属，这就显示了在这个时期的戎族，是已经从氏族制进入家族制了”。

综上而言，即汉代以前，甚至战国时代，羌族石砌“城居”已是岷江上游普遍现象。它虽为渐入农业社会家族制时期所造，然其建构、空间、营造、文化等方面却浓缩这以前一大段建筑历史，这也是任何一个民族在文化上不由自主的选择和延续。又恰如此，才使我们有机会有可能通过建筑这个窗口，窥视古人的由来和发展及其空间意识。

●羌族原居住在西北河湟地区，秦穆公时便开始对羌人施以严酷的军事压力，于是导致羌人历史上各奔四方的迁徙，构成了羌族历史及我国西北、西南民族史上的重要时期。比如“出赐支河曲数千里”的“发羌”、“唐旄”，后来成为藏族先民的一部分；“婼羌”去了新疆天山南路，也有的去了内蒙古西部额齐纳旗一带；而大量羌人则向西南迁徙，诸如越羌、广汉羌、武都羌等。各路羌人与本地土著或汉人融合程度或深或浅，或强大或弱小，或居山林、河谷、丘陵，或耕或牧，渐自形成我国西北、西南地区多民族的分布特点。然而其中一些民族在语言及风俗习惯，宗教信仰，神话传说，居住建筑等方面的许多共同点，都可以从古羌人那里找到一定的线索，证明了他们与古代羌人有着族源的关系。不过唐宋以后，羌人多被汉族和其他民族融合，但《羌族史》认为：“只在岷江上游还有部分存在。这种从远古时期一直保存至今，经历数千年之久的民族，在我国及世界史上也是不多见的。他们是研究羌族社会和历史的活标本”。因此，作为研究的一个层面的建筑，亦独享了一种契机，它为我们的进入洞开了前提。同时，在探讨南方部分少数民族的源与流的问题上，理顺了思路。当然这种思路同是建筑研究的思路，亦即建筑的源与流问题。这就是远古至今一直部分存在于岷江上游的羌人及他们的建筑，尤其是居住建筑，当把“活标本”称之为“源”，其它则称之为“流”，方可与历史吻合。笔者于此再赘述云南建筑学者对源与流的叙述：

彝族：“先民是与氐羌有渊源关系的昆明人”。

白族："羌人后来分化为汉藏语系藏缅语族的各族……有属白语支的白族"。

哈尼族："与彝族、拉祜族等同属古代的羌人"。

傈僳族："公元8世纪以前，便居住在四川雅砻江及川滇交界的金沙江两岸广大地区"。

拉祜族："拉祜族先民属古代羌人族群……是南迁羌人保存固有文化传统和经济形式较多的族系"。

基诺族："基诺族属于氐羌族群，藏缅语系"。

普米族："普米族是我国古代游牧民族羌戎的子孙"。

景颇族："景颇族的祖先发源于青藏高原"。

阿昌族："同源于古代的氐羌族群"。

由此可见，西南尤其是云南众多少数民族中，除傣族等少部分民族不与羌族发生族源关系外，大部分民族都与古代氐羌有着不可置疑的渊源关系。但傣族民居亦有类似岷江上游羌民居的中心柱现象及中心柱神化禁忌，不用通柱也同羌族民居作法，还有火塘的一些禁忌多有与羌人类似，这是饶有趣味的现象。为了进一步阐释清楚这种源与流的关系，我们不妨在他们之间的民居平面及内部空间上展开这一历史现象。

●在羌族和古羌族群的民居主室（有的称堂屋）中，有一个共同的现象，即火塘。

火塘可追溯至仰韶时代之半坡的羌、姜部落茅棚内，甚至更早。和世界其他民族的原始居址不同之处是：此制基本上奠定了后来我国民居空间发展的核心空间之一，而世界其他民族则少有以火塘为中心展开中轴、对称、对角的空间扩张。值得注意的是有火塘（包括帐幕中火塘）的空间和窑洞结合成为三开间的有堂屋的空间之后，再舍宅为寺成为庙宇之后，就汉族包括融入汉族的羌人而言，火塘便渐自消失。但关键的"火"仍是存在的，那就是"香火"，只不过寺庙以抬高火塘变成三足的"鼎"，或四足的"炉"，民居内则搁置香案之上成香炉。其理是汉族农业文明反映在空间功能的区分上有了深化，把火塘煮食、取暖的功能移至别处，于是有了专门的厨房和烤火间。但把火的古老宗教气氛仍留在了堂屋内，燃火的材料改成了香、烛、纸而已，并明确无误地把朦胧的宗教意识换成了"天地君亲师"的神位。然而和火塘同样烟雾袅袅的气氛仍然存在，这是延续古代火塘宗教意义的最佳方式。无独有偶，羌族大年初一祭祀火神时，要请火神送信到天上，这和腊月二十三日汉族奉祀灶神，也是向玉皇大帝报告，无论时间和内容都极近似，想来不是巧合。所以，古代空间的变化发展不独建筑空间，伴随着这种空间变化的，应还有室内的布置。更何况人类火的发现利用这种文明早于建筑文明，某种意义上讲，建筑最早是庇护火的一种方式。

古代西北羌族总体上分成两大部分，一部分融入汉族，另一部分流徙西南，当然也不可能对建筑空间有更多的奢侈要求，更不可能像汉族在农业文明的基础上产生儒学转而支配制约着建筑空间的发展，因此，那些还过着游牧半游牧生活的羌族支系仍然沿袭着建筑古制在生活，而古制之核心便是火塘。由于自然、社会诸多条件不同，火塘一制又发生着变化，最明显者是室中位置，即火塘中心位置的淡漠化，但不是取消，只是随意性变强。综观西南凡与古羌有族缘关系的民族，火塘位置尤其是中心轴位置已不怎么严格。但作为西北古羌人直系的后裔，岷江上游的羌人却非常严格地遵循着这一古制。这一古制使我们看到火塘古制的源与流的问题。

●中心柱问题，张良皋教授在《八方风雨会中州——论中国先民迁徙定居与古代建筑的形成和传播》一文中，直述西北古羌帐幕和藏民居平面中间都有一根中心柱的现象，并说“帐幕由一柱很容易发展成双柱”，当然，也有四柱的帐幕。前面讲了藏族是出赐支河曲数千里的“发羌”和“唐旄”是羌人的一部分，他们的住宅伴随着宗教与文化的发达，从思想上和形制上进一步稳定明确了中心柱在住宅主室中的位置，此从叶启燊教授著《四川藏族住宅》一书中可得到全面证实，亦可在有关西藏民居及青海藏族民居的一些著述中同样得到证实。这说明与古代羌人有族源关系的藏族非常忠诚地延续着过去游牧帐幕时代的中心柱遗制，而且在“城郭”、“小石城”的外观上，碉楼平面和帐幕平面的轮廓上等等方面，都和今羌族建筑有很多一致的地方。不过今藏族住宅显得更加具有宗教规范色彩，而羌族建筑则保留着古代的原始和粗犷。如果拆去藏族住宅屋顶四角的石砌三角装饰，挑楼式厕所等部分空间，则完全与羌族住宅无异。这说明原始“城廓”、“小石城”的原始模式应在今羌族居住之地。此道明原本之“源”的古羌住宅，“流”向了文化发达的纵深之境，向文明方向迈进了一大步。表明藏族既保留了古羌居住遗制，又在空间上有所发展。

而在彝、白、哈尼等羌系少数民族住宅中，则因历史的演变、自然与社会环境的差异，文化的进展不同，出现了住宅面貌迥然悬殊的变化。各族都存在汉化深浅不同的影响，或自由自在的发展，或本来就是自身的衍变，惟彝族的土掌房，不仅外观极似羌族住宅，平面上、内部空间上亦保留着古老的中心柱。其它民族，则或土掌房上盖草、或瓦顶，向着各族独有的环境和文化理解，多元地各自发展，自然，中心柱一类的古制有的保留下来，有的渐自消失，于是出现了各民族大为有别的民居风貌，经过历史的长河，古羌住宅之“源”，大部“流”失殆尽。惟部分彝族民居中，相对与岷江上游羌族民居类似。除之而外，再也难以寻觅古羌建筑的遗迹。当然亦更加不易察觉远古西北游牧先民帐幕的一丝儿古风了。

另外，除羌人把中心柱宗教化，称之为“中央皇帝”，不能摸触、碰撞，否则有病痛缠身的禁忌之外，更神圣的应为中心柱起到主室顶梁柱作用的功能，这也是恋祖情结与之并行，数千年古制得以延续的关键。

羌族民居属墙承重与梁柱承重结合体系。由于人的活动多集中于主室，致使主室远远宽大于其它房间。因此，有的主室小则长宽在 4～6 米左右，大则长宽在 6～7 米左右。一般搁栅难以承重楼层载荷。本来仅是楼层搁栅于墙上即可的，由于房间大，致使再加梁于搁栅之下。于此还不够，便在梁的中部以柱支撑。当然，承重体系各地又有区别，比如羌锋一带以梁柱为承重体系，周围仅用石砌墙围护，但仍在主室中央加中心柱。此类作法似乎恋祖情结大于实用功能，而更多的作法则如上述。和藏族不同的是，羌族用圆木作中心柱，而藏族则用方柱，惟此以区别其他圆柱，也说明他们比羌族文化上深了一步。而西南其他少数民族民居主室内，则多消失了这种讲究。

●岷江上游古羌建筑除火塘、中心柱古制外，只遗传了西北帐幕古制中一部分。因为古羌人在西北时除了游牧之外还从事农业生产，亦同时住窑洞。有考古学、历史学家认为在天水一带，亦有干栏民居者。所以张良皋教授认为：“今天西藏民居式样，显然是帐幕加以‘干栏化’，不过材料已是木石兼用”。若我们回到羌族住宅的底层和二层看，真正“依山居止”者，底层和二层的后立面是无人砌墙体的，而是利用原生岩体作墙，有的还挖有洞穴作贮藏、隐蔽室。正因如此，我们可以说羌宅石墙泥墙是洞穴延伸出来的。众所周知，穴居自然会演变成窑洞，并向垝垣、版筑、土坯、石砌……发展。于是上面的羌族民居出现了帐幕、干栏、窑洞三者兼具的古代建筑遗迹的混合体。亦即张良皋教授所言的中国建筑“三原色”。正是“三原色”经历史的碰撞、交融，才调配出“五彩斑斓的颜色”，才形成中国传统建筑体系。从现在的资料看，全国各族建筑中，尚还没有发现如此类型集中、成片的大规模古建筑体系。所以，我们谓羌族建筑为中华建筑的化石，一定程度上讲，羌族建筑不仅是西南方大部分少数民族建筑之源，也是中华建筑目前尚保存完好的源头遗迹。尤其是羌族民居中有一类带天井的民居，像曲谷寨王泰昌官寨，布瓦、克枯等寨民居，原来很多学者都认为是受到汉族四合院的文化影响所至。鄙以为，既然羌民居有窑洞发展遗迹，必然是有下沉式窑洞的遗存，而四合院正是下沉式窑洞发展而来。那么，古羌人把这一形式带来岷江上游之地亦顺之成理。亦可言羌民居带天井一类之型，亦如下沉式窑洞到四合院的过渡之型。

羌民居中，远古居住痕迹还很多，比如，门窗、天窗、墙体外弧线……

远古穴居之洞，帐幕之居，哪有什么窗！皆门带窗，进出、采光、通气由一门兼之。钱钟书论窗曰："窗比门代表更高的人类进化阶段，门是住屋子者的需要，窗多少是一种奢侈"，"是人对自然的胜利"。因此，人们早已认定了窗和门是两种截然不同的概念。至于远古的门和窗是怎么一回事，全然已在遥远之中。然而不少羌民居中还保留着这种门窗合一的遗迹，这是非常令人惊讶的。郭竹铺寨中最古老董宅，屋中有一窗兼作门，由此可上屋顶晒台，人便经常由此进出，关上窗门，内外皆成"窗"的形象不可置疑，然又作门用。东门口寨不少窗门上张贴神荼，郁垒画像，把本该贴在门上的神移于窗门上，是一种古老门窗一体的遗迹。

羌民居主室中的上空，无论上空是楼层或屋顶，皆有天窗或通道以排出主室内烟尘，并兼作通风采光之用，此不能不让人联想到帐幕顶的天窗。这是一个游牧民族定居后，在住宅上前后一致的作法，想必不是偶然。还有不少住宅和碉楼的外墙边沿线的弧形状，亦极似帐幕因钉桩欲直仍弯曲的接近地面的帐幕边沿部分，尤以碉楼平面的外轮廓边缘线比较，两者何其相似。这绝不是偶然的。

至于干栏之貌，前面张良皋教授谈了"木石兼用"的藏民居。当然，羌民居更具粗犷的原始味。于此，我们更进一步发现中国建筑"三原色"在羌族建筑中的普遍遗存。拿此观点和事实对照其他区域建筑的现状，西北窑洞有穴居的渊古，却无干栏、帐幕的遗迹；南方干栏的成熟，却找不到窑洞、帐幕的蛛丝马迹；羌系后裔西南少数民族应是最有条件传承这一古风者，终因人文和自然的因素使建筑大变。惟岷江上游羌族自汉入驻以来尚封闭之因，又善与藏、汉相处，并坚信本族文化。种种因素使羌人完整地将建筑"三原色"糅合在一起，自成一家，体系完备。所以，中华建筑及西南部分少数民族民居之源活生生的例子只有在羌族地区才可一睹风采了。

参考文献、资料

1、蒙默等著《四川古代史稿》，四川人民出版社，1988 年版。

2、冉光荣等著《羌族史》,四川民族出版社,1985 年版。

3、徐中舒著《论巴蜀文化》,四川人民出版社,1982 年版。

4、张良皋著《建筑与文化》,《八方风雨会中州——论中国先民的迁徙、定居与古代建筑的形成和传播》,湖北美术出版社,1993 年版,114 页。

5、王康等著《神秘的白石崇拜》,四川民族出版社,1992 年版。

6、叶启燊著《四川藏族住宅》,四川民族出版社,1989 年版。

7、云南建筑设计院《云南民居》编写组及陈谋德著《云南民居》,《云南民居续集》,中国建筑工业出版社,1993 年版。

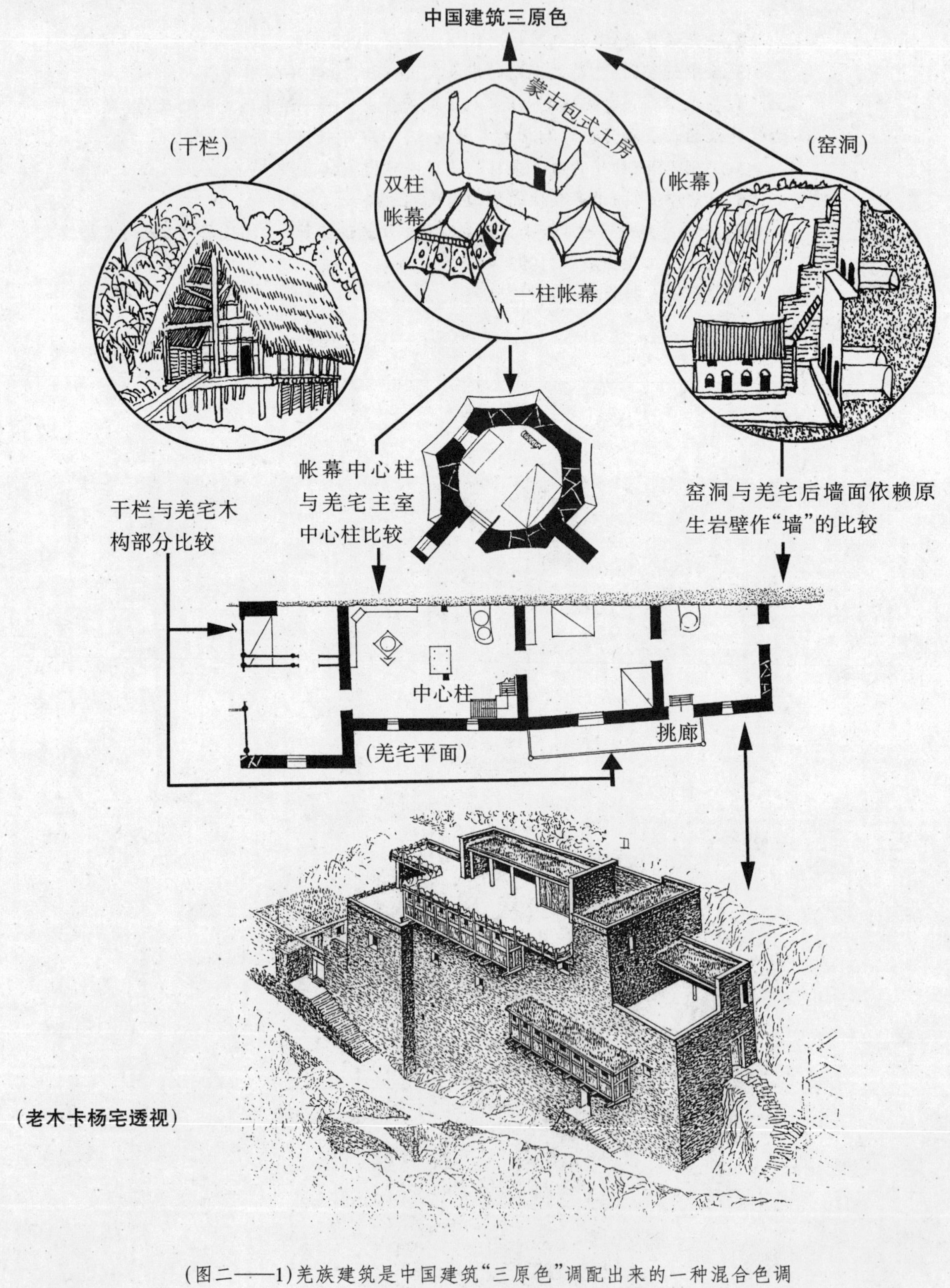

(图二——1)羌族建筑是中国建筑“三原色”调配出来的一种混合色调

(图二——2) 立于寨中的公共石砌碉楼

(图二——3) 立于寨旁的公共泥夯碉楼

(图二——4）碉楼与住宅融为一体的碉房

(图二——5）碉房具有形形色色的组合形态

(图二——6)谓之“邛笼”的石砌住宅，一层、二层式

(图二——7)“依山居止”的石砌住宅，仍是“邛笼”多变空间一类

(图二——8) 岷江河谷地带之板屋透视

(图二——9)岷江河谷板屋组团空间一瞥

(图二——10)茂县羌族核心地区官寨透视

(图二——11)杂谷脑河谷之聚落

(图二——12)黑水河流域之聚落

(图二——14)杂谷脑河谷旁岩之栈道

(图二——13)横跨羌区河流上的索桥一端桥头作法

村寨

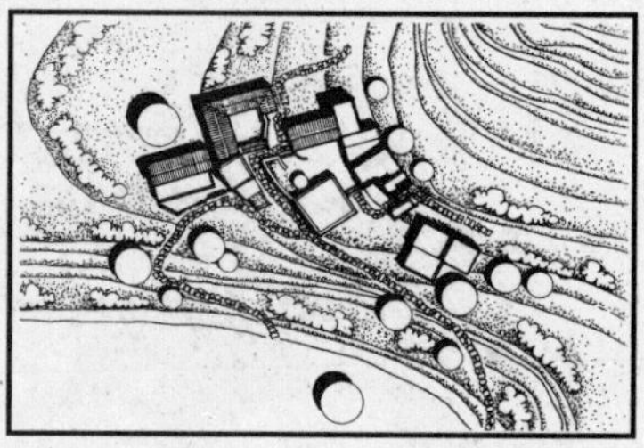

一、村寨选址（图三—1～18）

羌族居住区域位于川西北高山河谷地带，即岷江上游及其支流广大地区。其聚落与村寨选址首先考虑耕地和牧场，即生产资料和生活资源的保证，同时充分顾及选址的安全性。因此形成了河谷、半山腰、高半山三大分布特点，聚落与村寨亦按三种地势展开。

河谷 无论岷江两岸或支流，经河水的冲积，形成若干大大小小的平坝或缓坡，谓之第一台地。那里土地肥沃，交通方便，水源充足，是村寨选址良好的地方。但沿河岸的地区又是年降雨仅500毫米的干旱河谷地带，因此，选址又多在两流相交的地方。所谓水源充足，系指流溪沟的水源可自流灌溉于田土或饮用或利用落差置磨房，或引水寨中成渠以荡涤污垢等等。

河谷台地村寨选址，多为缓坡上布置，建筑大都沿等高线横向展开空间布局。又都布置在无法耕种的岩石荒坡之上，以尽量不占耕地为准则，以充分保证生存资料的来源。因此，建筑随山势变化而变化，致使有的石砌建筑于绝崖之上呈现重重叠叠的壮观景象，即古人“依山居止”之谓。

除了地形、耕种、水源之外。羌族宗教以巫师为社会主导地位的干预也是不可忽视的选址因素。任何聚落与村寨的发端皆由单户或少量住宅开始。因此，房屋朝向及位置向来有面对东方日出之地的规矩，或“对包不对山”的习俗。“包”为低浅山峦，略同汉族风水“朝案”之山。所以羌族聚落与村寨占相当数量布置在面朝东方的河岸一旁，即羌人阳山、阴山一俗的阳山之地。这种选址十分利于日照的时间保证，利于庄稼生长，也利于身心健康，致使后来村寨多数分布在阳山之方。当然，所谓“阳山、阴山”是由河谷深切，两岸高山高差太大形成。所以村寨朝东布局也是一种因地制宜的选址，是羌族长期和自然斗争的结果。

河谷地带的气温较高，农事方便，经济相对发达，交通便利等因素，导致比较大型村寨出现。并吸引半山、高半山住户下迁。其中也有早期聚落选址得当的原因。它为当代政府鼓励羌民下迁奠定了历史与社会基础。

半山腰 河谷两岸半山腰的台地与缓坡，是羌族村寨的又一分布带。在地形上是和河谷村寨选址相对而言的概念，两者相差高度伸缩性很大，是河谷与高半山之间的开阔地带。羌村寨选址于此仍是耕地决定。所谓开阔地带不是平地，是指陡坡间的面积大小不同的台地。这里的“台地”往往也是倾斜的坡面，不过缓和一些而已。半山腰耕地占羌族农业耕地的比重稍少，因此，村寨的分布亦较少，选址显得更加艰难奇险，是充分发挥石砌技艺的地方。根据地势及生产、生活、防御的需要，村寨或随等高线布局，或垂直于等高线布局，呈现多种格局。因为半山羌族村寨是在住宅的顶部形成平台，构成人为的晒场，以解决生产、生活、防御之需，因此村寨选址对地形地势不作过多要求。相反，过去时代械斗不断，着意选址悬崖之上者亦不是少数。这样的选址体现了既利于生产、生活，又利于防御的原则。比如亚米笃寨，选址于半山一凸出的悬崖上，中开一条似街道的多梯巷道，生产、生活上，各家屋顶平台相连，收获庄稼可由山上背负直达各家屋顶。如遇犯敌，亦可压缩其于巷道之中，然后擂木投石其下。因此，半山腰羌寨选址最能体现住宅的集体防御功能。

高半山 古老的羌寨可说占很大比重选址于高半山。川西北羌族居住区域全是平原和高原的过渡山地及高山地带。惟山顶及接近山顶缓坡台地呈现大片牧场及可耕土地。天然的海拔高度又提供了易守难攻的地理环境。自然，这里成为保存村寨选址古风最纯正的地方。

古羌人早在西北之时，聚落选址就不是孤立现象。比如公元前4000～4600年间的陕西临潼姜寨，“有中心广场，广场周围的房屋分成五群，每群的中心有一座大房子，周围有20余座房子环绕着，整个聚落井然有序，颇能反映出母系氏族社会的环境特色。”(刘致平《中国居住建筑简史》)羌族为西北古羌人正宗嫡传，至今仍保留母系氏族残余习俗。那么从聚落成村寨的历史发展看，亦必然传承上述聚落选址及布局遗风。拿茂县曲谷乡罗窝寨的选址布局作例：其接近山顶的宽阔缓坡耕地旁有四群房屋构成三角形布局，中上一群有一座大宅的官寨，其它三群房屋与之形成三角式防御体系。四组村寨井然有序，围绕有大宅的官寨选址。又以官寨的选址制约着其它三个村寨的选址。充分体现了局部服从整体、局部又制约整体的古老选址意识。犹如姜寨古羌人聚落的放大、翻版。核心是围绕“大房子”而展开的选址现象中，内涵了通过建筑而展现的历史进程和社会结构，建筑于此或为媒介或为载体，淋漓尽致地抒发了这个民族的来历和发展。

选址综述 由于羌族居住地域的特殊地理条件、历史背景、社会结构等复杂因素的影响，特别是生产生活资料的来源决定于耕地、牧场的多寡，那么无论山有多峻险，只要存在生存的可能，那里就会有人居住或聚落的存在。因此也就呈现多种形式的选址特点。亦直接制约村寨布局的展开。里面又以高半山、半山地带最有古代遗存的选址特色。概括起来有如下多式：

●围绕土司或头人居住的寨子，展开的环护式。（图三—12）

●上为主寨为家族，为长者或大姓的规模大寨，下为分家后小寨或外姓小寨。（图三—13）

●和其它村寨相距较远而独立成寨者。

●高半山、半山之地亦起伏不平，形成若干山峦山包，其顶上建寨，相互亦有照应。

●在大致相近的海拔高度上并排建寨。

●中隔一河形成峡谷，两岸山上建寨。

当然，除此而外，在河谷地带的村寨也有自己的特点，主要表现在连续建寨的模式上。

综合起来共同的规律是：一、近水；二、近耕地；三、靠山。其中半山和高半山近水主要指近山泉和井水。

二、村寨内部组织及规模（图三—19～31）

羌寨内部建筑的组成以及如何组织这些建筑，受到内外环境的很大影响。影响主要来自如下几个方面和特点。

●受选址的影响。比如高半山村寨山高地远，汉、藏影响相对少一些，多以住宅为主，表现出古羌聚落的纯正风貌。（参见村寨实例三龙、曲谷等图）

●临近汉区及岷江河谷大道旁的村寨，除住宅之外，多有汉庙、牌坊、磨房、碉楼，甚至阁楼出现，个别村寨还有汉式学堂、祠堂等。

●河谷地区的古羌寨中及部分山寨的内部空间联系中，出现了极为特殊的“巷道”。它集道路、水渠、过街楼、寨门入口、晒台多功能于一体，以半封闭、半开敞为特点，时明时暗，是制约内部建筑组织的纽带，是古老的防御手段。像河谷的老木卡寨、桃坪寨、高半山的龙溪寨均有此建构。（参见过街楼各图）

●受汉族场镇街道的影响，有的村寨主干道路形成一条较宽、两边连排民居并列的空间格局，但不是前店后宅，全为住家。比如理县通化寨、茂县南星寨、纳普寨等等。（图三—22）

●村寨内部以住宅为核心，其它建筑多布置于寨旁。比如羌锋寨汉庙和阁楼（文昌阁）置于寨后山上，郭竹铺寨汉庙置于寨前，纳普寨汉庙置于山后等等。而鲜见有寺庙设置于寨中者,“主客”关系十分明晰。

●全寨公共碉楼视需要布置,可寨中寨旁,无统一格局。比如羌锋寨碉楼在寨下,布瓦寨若干碉楼在寨子的前后左右中均有设置。

●因绝大多数羌寨都选址在不占耕地的坡地上,因而从收晒粮食和防御两角度考虑,各家屋顶既要有平台以善农活,又要全寨屋面都整体地联系一起,以提高相互支援的防御质量。于是在寨中建筑的组织上就出现了特殊的屋顶组织系统,它包括全敞晒台、半敞暂存粮食的狭长空间。各家有楼口、独木梯、晾架、出烟口、排水口、排水槽,有的还有女儿墙,白石神等等。屋顶半开敞间受藏族经堂影响的说法,这个观点是值得怀疑的。当然,屋顶做成平台式还有少雨、寒冷、材料等多种因素。

屋顶平台虽然是村寨内部空间组织的局部,然而它形成了一个整体,显然它对内部空间组织有不可忽略的重大影响作用。(图三—29～30)

(附)过街楼(图三—32～47)

在羌族村寨中,有广泛构建过街楼的习惯,尤其在河谷地带的村寨中表现得充分。它构成村寨内部空间以道路为纽带的“纽扣”,紧紧地联系着整体空间。同时又成为羌寨中内部建筑景观上的一大特色。

过街楼一词用于羌寨内道路上空搭建的房舍,严格意义上讲是不够准确的。因为羌寨内道路不是街道,仅是串通各家的主干道路。羌民谓之“过街楼”,取其形态与汉城镇过街楼之形态相似,而不在功能上的实质内涵。若作一假设:羌寨具备了城镇诸多功能于一体,那么过街楼则名符其实了。

羌寨过街楼的形成似有如下几点:

●与寨内有限的住宅面积争空间。寨内人家兴宅之初,家家紧连,已无退让之地。若人丁增加,传统的三层式住宅亦无空中发展可能,惟道路上空可派生空间。

●联系道路两旁住宅的最佳“桥梁”。与其搭板架木跨越道路上空,不如建房造屋得屋顶平宽晒台,既解决了“桥面”安全问题,又得一房间。

●一种羌民族住宅文化上的需要。羌族刺绣素以精致美丽而闻名。刺绣需光线充足,又为女性工作。而过街楼最能提供这种轻松活泼、富于艺术创作的空间。故有的过街楼又叫绣花楼。

●利于观察与防御的设施。过街楼大部分暴露在道路上空,利于观察了望、投掷射击、分段狙击。(过街楼各图)

●有的过街楼实则无楼，仅横排木梁若干成台，以堆放柴火之类。也是一种争取空间的建构。

●过街楼下夏天成风口，又可遮阴，是路人旅途歇凉的好地方。（过街楼各图）

总之：羌寨内部组织的过街楼空间，是羌族住宅最考究的部分。有的过街楼达三四层且全木结构嵌于两石壁之中，展现迥异于其他民族住宅的非凡而优美的立面风貌，十分经典地传达出羌族住宅文化的追求。比如老木卡寨与桃坪寨内的过街楼，其辉煌壮观之气势，把住宅文化已推向了相当的高度。可言其立面即如一幅巨大的壁画，通过它，不仅可窥视羌族历史的沧桑，又可洞悉羌族住宅工艺的精湛。而绝不是凡言羌住宅，仅以石砌之艺如何如何可一言以蔽之的。

村寨规模（图三—48～50）

大部分羌寨处于高寒山区，受地形、生产生活及历史成因的影响，村寨大者上百户，小者几户十几户，相互之间距离近者几百米，远者十多华里，甚至数十华里。分散布点的表面现象中，有着亲缘、血统，甚至和清初“湖广填四川”外省人的入赘诸多内在关系。逐渐的人口发展，使村寨有明显的围绕一寨中一两户最古老的住宅周围扩展之势，比如郭竹铺寨围绕董宅展开，老木卡寨围绕杨宅展开，渐而形成村寨规模。而羌族亦有多种原因导致远离村寨独居者，如果后来人丁增加，又有可靠的生产生活资源，那么围绕此宅又将形成新的聚落。所以规模又为动态空间现象。（大寨参见村寨实例老木卡、桃坪、龙溪、纳普、三龙等寨透视图）

三、村寨道路（图三—51～75）

羌族村寨道路受到地形的影响，同时在河谷大道旁的村寨道路又受到汉文化的影响。于是在羌村寨中表现出两种道路类型，一种是远离河谷大道的半山、高半山村寨中，呈现与地形有机结合，善用地形的自由式道路系统；另一种是河谷大道旁的大型寨子中，除利用地形外，明显存在受汉城镇街道布局影响的最初意识（如通化、薛城、郭竹、南星、雁门等寨），表现出早期村寨整体道路规划的萌动。同时，不少村寨道路与水系、防御、生产生活相结合，呈现出中国少数民族中极为独特的道路景观。

在第一种道路形式中，因其村寨居于高山之地，建筑均利用地形而建，民居组合有松散紧密结合的整体特点。为了便于相互间的联系，以捷径为道路选择方式，因此显得非常自由随意。看似道路于建筑间穿插，实则是最佳道路选线。这种经若干年历史实践沉积下来的道路意识，是人类生存与安全两相顾及的结果，道路的形成只不过是一种表现形式而已。囿于此，不少山上村寨仍有主干道与岔道相结合的树枝状道路形态，自由中又有一定的约制，自然表现出一种整体意识。比如纳普寨的垂直于等高线的主干道路犹如人体脊柱躯干，支撑着寨子的道路框架；其它的岔路小巷亦如树枝，又如躯干两边的肋骨。这样的道路网络形成，亦丰满了寨子的整体空间，十分利于羌民的生产生活与防御。再有不少村寨在山脊上展开布局，村寨住宅起始初往往以防御胜于生产生活为考虑，后渐自形成聚落，但道路终以山脊为居高临下的防御为地形特点，比如龙溪等寨，道路主干始终在山脊上曲折变化，各家生产生活通过主干道聚散，寨子整体防御又以它为抗御外敌的生命线。更有甚者，无论山上、河谷，不少水渠、水槽与主干道路并行，内中无不深含借道路为防御重点的同时又保护了水源的相辅相成关系。因此，羌寨道路既是寨子空间的骨架，同时又是寨子的血管。由于有过街楼的架设，亦可说又是寨子的内部形象。

另一种河谷大道旁的村寨，历经汉族统治者从文化、宗教、经济多方面长期影响，以及羌民大量的和汉区交往与联姻，不仅在羌寨内部空间上出现了汉式庙宇、阁楼、牌坊之类，亦在道路的规划和建造中开始仿效汉场镇的街道空间格局。尤其在人客过往甚繁的村寨主干道路上拓宽路面，铺以石板，再沿路两旁建住宅，并面迎道路开户立门，形貌上极类似汉区场镇的前店后宅，但无实质性的商业性前店，纯为农业人口的民居连续排列。这种村寨道路虽然多数，但它表明了羌村寨发展的轨迹，从道路角度亦窥视出羌寨变化的端倪，是十分值得研究的空间现象。

占多数的河谷村寨道路仍是羌寨空间最具特色部分，它表现在：

一、道路系统的高度发达与周密。四通八达的棋盘式格局多出现在较平缓的河谷第一台地上，如羌锋、桃坪、老木卡等等。

二、道路和寨中碉楼、民居相配置，使道路成为人行通道，又似通向内外的“主干战壕”，有着安全的超前的多功能作用。

三、道路与水系同一线路，路下即为水渠，上面铺盖石板，有的全隐藏，有的时露时藏，有的全敞开，均各有功用。可近水洗用，外敌围困时能解燃眉之急，冲刷道路污垢等。

四、道路宽大处可堆放柴草之用。

五、最热时可纳凉，如桃坪寨有“回风巷”。

六、道路适应干旱河谷少雨气候特点，全石板铺作较少，多为细碎石砂面路为多，无下雨呈稀泥路现象。

七、寨中道路不少段落处在过街楼之下，有的长达十多米，形成光线幽暗的黑巷。虽利于防御，扩展了道路上空住宅面积，却产生了不利于行走的负面影响。

羌族村寨道路，除主要的地面形式外，严格意义上讲，在空中亦形成另一条道路。它产生的基础是平顶屋家家毗连的顶部晒台，恰如高高低低的巨大梯台。而衔接住宅间路巷上空的联系者，则以木跳板锯齿状独木梯作为“桥梁、栈道”，使一个寨子的屋顶皆同时成为道路。其背景具烘晒、暂存粮食和集体防御作用双重意义。

四、村寨水系(图三—76～90)

川西北岷江上游河谷属于干旱河谷气候地带，年降雨量在500毫米左右。岷江丰富的水流来自雪山草地、高山森林发源的支流。虽然沿岷江上游布满了羌族村寨，但在生产、生活用水上几乎没有依靠岷江干流这一江浩水。恰支流溪河水量的丰满，水质的优良，加之溪流入岷江处都形成大大小小的冲积扇形缓坡，溪流又有一定落差。这些条件都给羌村寨水系的形成提供了优越的条件，于是构成了村寨河谷地带水系特色。

在高山村寨水系特点上，得天独厚者是羌族地区高山上，历来皆森林密布，具有了“天然水库”的涵水作用。这种良好生态不仅给溪流常年不断地供水，亦净化着水源，使得高山村寨不管是利用溪流或者打井挖渠都可得到丰沛而优质的用水。因此，羌族村寨水系分成了河谷与高山两大部分而各具特色。

河谷地带村寨中最具特色者是羌锋、郭竹、桃坪、老木卡、通化等寨。

羌锋寨在寨旁溪流开挖一渠引水入寨，渠水所经之处，皆有寨中道路与小巷可抵达以临渠取水。因其有落差，几家磨房横跨其上，设碾置磨加工农副产品，在建筑上亦呈现优美造型。由于水渠在寨子坡面下方一侧，大雨可能把寨中污垢带入渠中，然而，常年不断的流量足可荡涤一切，加之干旱少雨气候。所以，寨中用水十分清洁。

不挖沟开渠者有如郭竹铺寨。它利用天然山溪入寨，或曰在天然溪流两侧布置建筑。统归一点，均视水的利用为生存之神圣与必须，备加保护同时，亦将功德牌坊之类建筑立于其上。物质与精神二者统一于一体的理念，充分展示羌族对于水的利用的高度重视。

河谷村寨最具特色者，莫过桃坪寨和老木卡寨。桃坪寨夹于杂谷脑河与其支流夹角内。最早的羌人家即在支流开渠引水入寨。水渠古老特色体现在渠口的水量调节、水路流向多功能考虑、水渠石砌土作工艺的考究、以及和道路并行不悖利于生活又利于防御的成熟布局。还有在生产上利用寨中渠水水力建磨房，暗渠入口与出口处水环境景点展开的人文追求，直到水最后流入田土间广为灌溉之用的利用，透溢出来的羌民族的智慧，并以水系完整地展现了一幅羌村寨的古老水力水利图，把羌村寨水的理想与实践推向了一个很高的境界。这是国内少数民族中，甚至汉族中罕见的现象。

老木卡寨与桃坪寨均濒临杂谷脑河畔，都是利用支流溪河优质水解决人畜饮用和灌溉问题。惟不同者是根据水流量的大小，因地制宜地展开水力水利的应用。老木卡寨旁溪流水量较小，不构成水力实效作用，因此，全寨无一座水力冲动的磨房，引流入寨主要是供饮用与洗涤之用。但在处理上呈现颇为独特的作法。

首先在老木卡寨旁溪流上部截水入渠，利用落差使渠渗入地下，然后在寨后一陡岩处使地下水再冒出形成泉水，起到过滤作用，且溪流于此形成小瀑布状。这里不仅成为饮用水的供应点，寨中凡洗衣淘菜亦均集中在这里。寨人还由此作为渠流的源头，开渠经寨中穿行。其通过寨中的渠道，或明或暗，和桃坪寨水的利用构思一致。因此，两寨水系的构思、利用共同说明了古羌寨临河谷地带者，因有了得天独厚的水源，自古就非常重视水的开发、保护，并在水的诸种用途上展示着智慧与技能。也说明引水入寨为羌人悠久古制。

河谷地带因少雨，凡有水润泽之地，皆一遍葱绿，雀鸟欢鸣，生机盎然，自成一处综合优美生态小环境。羌民在此充分布置桥梁，植树、铺路，置栅栏，又出现干旱河谷地带不可多得的景点。这些无不包涵了羌族对美好事物的憧憬与培植，是朴素民风的生动体现。

在高山村寨的水系特点上，因村寨海拔高度的局限，多处在支流发源的末端，若引渠或利用天然溪流，恐多受季节雨量的支配，造成季节性的缺水现象。然而事实是：高山羌村寨多背靠原始森林，森林作为天然水库，有力地调节水的涵养与输出，使水分以汩汩不断的细流和渗入地表的泉水两部分表现出来。因此高山村寨充分利用此两部分水。一是接天然溪流以木槽成涧简，或在简槽处建亭，规划出水的保护和利用范围，提示人对水的珍重爱惜，还在亭周围栽培树木，昭示水的作用和神圣。茂县纳普寨水亭旁一大树，方圆数十里罕见，它与水环境并存，亦同是水的一种神圣符号，谓之风水，名符其实。

另有不少村寨饮用井水为主。

羌族打井技术可追溯到汉代以前。其特点是水井周围卵石与片石的叠砌，不仅坚固耐用，且在井壁砌石作图案。羌族打井技艺在成都平原得到传播，如在都江堰的水利工程建设中，就展现了高超的堤岸传统石砌工艺。这些正是羌族建筑数千年石砌艺术的延伸和发展。虽然在羌寨中反而少见类似深井石砌传统井壁的技艺，然而，不因为羌寨中水井的简陋而否定它完全可以把井作得极佳的本领。实则羌寨于高山者，皆多浅表水，且水量相当丰沛，也就用不着在打井上花过多的石砌构作了。

(附)磨房(图三—91～100)

羌族村寨磨房是羌族由半农半牧社会转型农业社会在建筑及水力水利利用上的重要标志，它表现出小农经济的成熟性，是自给自足生产关系的生动写照。

无论在河谷或半山地带，凡有能冲动水车的水流存在，那么羌民亦必然在此充分利用水力资源兴建磨房，加工农副产品，以至出现像桃坪寨拥有十多座磨房的情形。今天虽电力取代了传统水冲石磨，但仍有不少村寨继续沿用这一古老制度。

磨房多建在河谷溪流旁，羌民在上游约十多米或几米处开掘沟渠引溪流，然后利用落差冲动磨房下的木水车，通过木水车中轴的转动带动磨房里的石磨转动，从而达到加工粮食的目的。有的磨房旁设有晾架，以晾晒面条一类的加工成品，因此，磨房集粮食烘晒、碾碎、筛滤、成型等功能于一体，实则是一处小型的手工业作坊。它分为家庭磨房和为村寨服务的公共性磨房两种。公共磨房多为山上村寨加工，如纳普乡磨房远离纳普寨，亚米笃寨下寨等寨，孤独于河谷溪流旁。但在布局上充分顾及诸寨村民方便性。

羌寨最多的还是家庭磨房。它在布局上有两类，一类是住宅和磨房在空间上紧紧连在一起，内部空间相通，大有引水入宅的天人一体之感，如龙溪乡三座磨村余家磨房。此类磨房充满农业文明的乐融融气氛，水流的潺潺声、水车和石磨的吱吱嘎嘎声共鸣于山麓，使得山谷弥漫着和谐悠远的情趣，把羌族在水的利用上的聪明、在水上构架建筑的机智、追求小康的朴素情感等共同烘托得饱满而圆熟、祥和而美丽。产生了十分迷人的时间与空间的混合体，亦是自然与人文生态别致的、结合得非常完美的景点。

还有一类较多者，即在村旁寨边家门口的磨房，多利用和顾及寨内水系的不易随意更动性，照顾水系的共同性而主动寻址建立的磨房。它的特点是离家不远，用时启闸冲磨，闲时关门不用，如桃坪寨磨房、羌锋寨磨房等。

磨房或碾房是与水系共生的空间现象，表面看似随意布置，实则内部均有极严的牵制。在建筑上虽然不如住宅、碉楼讲究，平面亦有方有圆，甚至有些“不成方圆”。然而恰是这类空间现象使人体验到羌民族悠远而古老历史，及空间的原始渊源。因此，从文化角度而论，其形貌原始粗放中蕴含着历史的深邃。故深层内涵中散发出极吸引人的力量。此也是现代人为何乐以而观赏，谓之稀奇的原因。

川西北羌族、藏族聚居区的一些河谷溪流间，今仍大量使用磨房，不是没有电力而沿袭落后的生产生活方式，相反理县、汶川、茂县都是电力非常充足的地方。他们保留这一古制，无疑是物尽其用，节俭无华民族本色的流露，当然，也有恋古的情结于其中。

五、村寨空间(图三—101～234)

羌族村寨广布于高山、河谷两类独特的自然环境之中，这就深刻地影响着它的总体布局，以及建筑艺术的丰富性。又由于羌族杂居于汉、藏两大民族之中，凡临近两民族的边界一带，村寨空间无不呈现出汉、藏建筑的特征。惟其有这样的自然、社会、历史、民族等多因素的交融，才使得羌族村寨充分保持本民族的空间特色外，又不断地吸取了其他民族的空间长处。这就使得羌族村寨空间既有个性、形式多样，又灵活多变、超度自由。也就构成了多类型、多形式的空间组合，美妙而丰富的空间层次，十分谐调的人文与自然巧妙结合的村寨空间环境。于是在羌族村寨中形成了这样几种空间形式：

- 以碉楼为中心的空间
- 以水渠为中心的空间
- 以道路和过街楼为中心的空间
- 以官寨为中心的空间

(一)中心空间

(1)以碉楼为中心的空间

以碉楼为中心的村寨，主要表现在有公共碉楼的村寨，河谷地带、高山地带均有分布。由于碉楼历史上防御功能在村民心理上的积淀，以及人身安全的依托，高耸特殊的造型，处于村寨中心的地理位置。因此，以碉楼为中心，民居皆围绕其展开布局，原则以进入碉楼的距离、时间为建筑尺度的依据，以相互顾盼为准则。因此，不一定形成轴线、对称、圆心一套形式规范。所以中心空间就出现诸如开敞式、自由式等多类型，像羌锋、布瓦、龙山、黑虎、木常等寨。

(2)以水渠为心的空间

此类空间多分布在河谷地带，或有水渠流入寨中的半山村寨中。特色是引水入宅、入寨，或傍水建宅建磨房、建过街楼，或培植树木，着意绿化，或为外敌围困时可以作人畜之用，等等。因此，周围民居皆精心布置，空间呈现错综穿插和渠水相互辉映的生动的空间中心景观。通化、桃坪、郭竹、龙溪、木卡等寨都如此。

(3)以道路和过街楼为中心的空间

寨中道路在民居中穿行，或民居依道路左右而建。在道路交叉的寨中心，往往呈现十字、三岔路口，四周的民居高耸又使其成为封闭状态，如此出现一种天井似的道路枢纽空间。羌民视其为防御的聚散空间，也视为展示建筑文化的优美场所。因此，在空间构思上和材料应用上，力图以木结构和石砌技艺的完美结合，隐示一种空间修养、财富表现形式。于是这里成为寨子中空间最精湛部分，成为文化含量最丰富的中心空间。如老木卡、桃坪、纳普等寨，皆应视为羌族村寨中的空间精品。

(4)以官寨为中心的空间

官寨或一寨中有地位的富人大宅、老宅，是物质和精神两者兼具的"大体量"建筑。它不仅在建筑上以体量、结构、外形优于众多民居，而且还居于"精神领袖"的地位，具有一寨中心空间的特殊功能。造成这种空间中心现象的原因是多方面的，涉及族酋、祖辈、经济等多种因素。但所谓空间中心并不表现出此类大宅非居于众民居空间之中心的位置不可，不少亦有寨旁寨后者。亦即物质性的空间不一定居于寨中心的空间地位，但仍是精神上空间中心。它不仅在物质上影响全村寨的空间格局，比如官寨选址相对独立，宅前少民居阻挡，正立面暴露较多，村寨道路以其为中心等等。而且以其身份，建筑造型的特殊性，在精神上构成全寨空间中心。比如茂县曲谷河西寨王泰昌官寨、汶川瓦寺土司官寨、理县甘堡桑梓侯官寨。其中桑梓侯所辖甘堡寨在居民上虽属藏族，但从地理位置和建筑特征上判断，建筑应归羌族建筑一类。

综上，羌族村寨空间无论民居组团，与各类公建关系，与自然环境的谐调诸方面都表现出自由度很强的空间组合。因而空间中心亦产生个性多样化的结果。这种整体的空间中心多样化必然直接影响到建筑内部空间的多样化，亦可说，羌族建筑内部空间多样化的单体特点构成了村寨整体多样化的基础。那么，单体建筑内部空间中心亦必然是五彩缤纷的世界，这是肯定的。正是以主宅（或称堂屋）为空间中心的现象构成了羌族建筑多样化的最小细胞，所以羌民居中家家平面皆不同应是理所当然的了。

(二)空间实例

(1)以碉楼为中心的空间及寨内景点

羌锋寨(图三—101～111)

羌锋寨是由汉区沿岷江河谷进入羌区的第一个村寨，建筑明显受到汉民居坡屋顶的影响，但以碉楼为中心的空间格局，仍然制约着该寨的民居组团。碉楼面向岷江河谷，背靠大山，民居环碉楼左右、背后而建，并层层向后随坡地拔高，形成非常壮观的空间气势和空间层次。因紧靠汉区，碉楼选址亦明显受到风水相址的影响，其碉楼位置正是汉风水所谓龙脉聚结处(图 84)，亦是岷江和小溪两水交汇形成的半岛中心。于是民居组团皆围绕碉楼展开，构成碉楼主体空间格局。在以其为核心的前提下，村寨内部亦有道路、水渠、磨房、过街楼交叉之点形成若干小中心空间，多中心的空间构成，正是以碉楼为大中心的中心空间的程序与铺垫。它丝毫也没有削弱反而有力烘托了以碉楼为中心的整体空间格局，它以位置、形体、材质、色彩和背后民居成强烈对比，以前无障碍的开敞性主宰着空间的收放、聚合、层次、错落、节奏、明暗。此对比造成了形式空间的矛盾统一，以特殊功能及高度和民居的数量与组团谐成和睦的空间气氛。而背后山脉的蜿蜒、屏风般的耸立，前面宽阔河谷及岷江气势，林木庄稼的繁盛，共同合围呵护，则更加强了村寨民居组团以碉楼为中心的凝聚性，充分反映出碉楼于一寨之中向心力的偶像作用。

布瓦寨(图三—112～117)

布瓦寨居于岷江和杂谷脑河交汇处北侧的布瓦山上，选址于高半山缓坡之地。原有 48 个碉楼雄踞寨中，于岷江下游几十里外即可看见它的雄姿。这一特点，明显以碉楼群体空间形体气势昭然一切入敌，展示羌族地区碉楼中心地位作用的威严性和不可侵犯性。

因此，今天寨中碉楼虽仅剩三座，然仍可窥视以碉楼为中心的空间格局，亦可言民居组团皆围绕碉楼展开。这样随半山坡地分台构筑起来的空间实体，便呈现出面向岷江开阔河谷的全寨整体立面，不仅以本寨全泥土夯的褐色墙体塑造了完美的以碉楼为中心的空间形象，更玄耀了夯筑技艺的非凡。

黑虎寨(图三—118～123)

黑虎寨居于岷江支流黑水河流域的深山中，是羌族建筑古风最纯正的地区。村寨不以公共碉楼为中心，而多私家碉楼和民居的结合，呈现出碉楼林立的整体空间特征。这种空间形态，看似散乱无中心，实质上是以一两家高大的碉楼构成碉楼的中心，犹如众星捧月，形成若干碉楼民居烘托一两个碉楼的空间气氛。这就在整个羌族村寨的以碉楼为中心的空间格局中出现三种中心形态。

一、以纯粹的公共碉楼为中心的空间形态，如羌锋寨。

二、以公共碉楼和私家碉楼（即碉楼民居）相结合的中心空间(如布瓦寨)。

三、以私家碉楼中一两座较大型者构成的中心空间(如黑虎寨)。

三种中心空间现象说明：虽同为羌族，然内部所处环境、社会历史诸多方面仍有区别，反映在建筑空间上，自然流露出诸多不同。因此不能一概而论。

过去人们认为，凡羌族村寨都有碉楼，并以其构成内聚合空间形态，是寨子最大特色。其实，有不少羌寨内部根本就无筑碉楼的历史。那么“中心”之谓自然亦是多类型的了。

(2)以水渠为中心的空间及寨内景点

桃坪寨(图三—124～129)

在临近河谷大道旁的村寨，若以寨碉楼的防御功能聚合民居组团，从而形成中心空间，展示羌人的存在方式。严格意义讲，那不是惟一的中心，因为河谷、大道旁的村寨除了历史上内部械斗之外，更强大的外敌则是汉人，因此，碉楼的作用也是有限的。与其如此，不如拓展其它空间领域以形成独特的中心空间。加之河谷、大道有水利之便，汉文化影响又甚，故不少村寨形成以水渠为中心的空间特色。这种特色表现在：围绕水渠而建的道路、寨口、过街楼、水磨、洗衣、淘菜处、绿化集中点。桃坪寨可谓诸种特色兼而有之的典型，是以水渠为中心发育最为成熟的村寨。水渠形成寨中多中心空间的根本，核心是以生产生活为转折，而不是以防御为出发点。因而以水渠为中心的空间和以碉楼为中心的空间区别甚大。所以，桃坪寨中心空间充满了灵动而不失山野之趣的人文气息和韵致，空间形态生动活泼。具体表现在：

一、北侧寨口水渠入寨空间序列，集中了磨房、石板桥、石板路及碎石路、汲水处、过街楼、三岔路口、几家大门口及几家石砌墙体转折等，空间变化全因水渠而产生。这里不仅是寨人活动中心之一，空间亦错落丰富，木、石、水三种协调配置天然成趣。在此，水渠由山野入寨，又由明渠转入暗渠，形成给水系统，像是一种空间的交接仪式，于此作展开臂膀拥抱之势，空间呈开放性接引容纳之貌，是水渠入寨口的空间中心。

二、入寨水渠流经寨内，几乎全为暗渠，过去意在防范外敌久围不撤用水之苦。水渠经一番地下循环，终于从东、西、南三方破洞而出，又形成排水体系。于是水渠出口犹如人开笑颜，成为寨子又一中心空间的展现处。尤其是寨子西侧面出口处不仅掘开一处小潭，还着意培植几棵大柳树，加之迎面一敞坝，是寨人尽兴歌舞聚乐之处。从此处回首寨子，又是石砌建筑暴露面最多的地方，尤感依傍雄浑寨体，又得解脱的羁绊。空间一开一合，一虚一实，一立体一空敞，呈现的空间气氛十分畅快，是水空间于羌寨极特殊的中心空间表现形式，它和排水排污下水道是绝然不同的概念。此于国内，亦是不多见的奇观。所以，这种暗渠流经全寨地下的空间处理，可言纯粹的羌族创造，其出、入口形成中心空间是水到渠成的必然。和桃坪寨水空间相似的还有老木卡等寨，形式多多，各有千秋。

郭竹铺寨（图三—130～134）

从山中溪流挖渠引水入寨，水体袒露，水流湍激。水进入寨中或沿道路平行，或从家门流过。终有一两处以水为中心的空间构成景点。围绕景点造房建碉，修路搭桥，植树绿化，在此形成全寨的以水渠为中心的空间。东门口寨、通化寨、薛城……凡河谷一带寨子均有此般表现。也有的寨子时藏时露的水渠与寨内寨外呼应，如老木卡寨，其空间中心亦同前述。

郭竹铺寨引山溪入寨，道路和水并行，于寨人共同认为方便之处，即大致各家用水距离相等的地方，展开与水相协调的空间布置。这种空间布置没有以高大住宅的雄伟墙体把水渠逼到排水阳沟的感觉，而以较宽的距离让道路与水流并行。于是水体得以从容流淌的袒露。而一个汉式缩小比例的石牌坊，在尺度上恰和小道小流分外协调。空间既有开敞之感，又有荫蔽之意。这类轻松的空间气氛生成的中心空间，与其说是建筑空间，不如说是文化空间，因为它烘托一种不依赖住宅、碉楼的挺拔而出现的宽松随意气氛，充分流露出中心空间所表现的多侧面性，也体现出空间的丰富性和人情色彩。因为一个民族的精神追求总是多方面的，不独勇敢强悍，亦有悠闲活泼的一面。那么，作为物质文明载体的建筑必然要顽强地反映出本民族的精神气质。

龙溪寨(图三—135～136)

半山地区的龙溪寨，从高山引水入寨旁，再砌石墙，墙顶成沟槽和木筒槽,水渠构成流贯全寨的水系。若纯粹从建筑空间论中心，以水的分流集散之地的空旷，一处建筑都没有，可谓无中心可言。然而作为村寨特定的空间布局而言,不独非以建筑的高耸、密集、特殊型态者方形成空间中心不可。龙溪寨分山凸出部分和山坡部分，两者相交之处稍宽，正是水流由此集散分流之地,同是人流汇聚之地。在这里展现的是道路枢纽交汇，石、木渡槽错列高架，坡渠水流哗哗，林木苍翠森森，又可上下左右观览全寨和俯瞰群山深壑的中心区域。这类以自然和人文景观构成的松散的空间形态，紧紧地依傍村寨建筑和自然环境而存在，成为多类型空间的交汇之地，形成龙溪寨的中心空间。它的特色是开阔轻松，视野深远，亦是村寨上下两部分空间的中心地带，同是空间变化的承启转折及过渡带。尤其是水系由高山下流至此，再由此输向寨中，实质上它和道路并行，成为中心空间起因构成的核心。若这里缺少水流水渠和石、木水槽的空间基础，这里则成为寨旁荒野了。

(3)以道路和过街楼为中心的空间及寨内景点

河心坝寨(图三—137～145)

半高山区的河心坝寨，由于选址山顶，从古老的防御手段看，全寨是依赖山势的险峻，并以道路的曲折回绕来完善防御体系。从单个住宅而言，则以单体碉楼与住宅的空间统一来加强全寨的整体力量。道路又成为串连单体空间的纽带。因此，像河心坝寨一类的村寨，道路交叉，迂回相交之处往往成为一寨的中心空间。若民居组团分成两处、三处，则可能形成多中心空间格局。

河心坝寨民居组团分两处。两处数家民居间有道路四通八达，自然会形成防御、联络、交通、议事等约定俗成的道路交汇中心。两处空间互为顾盼，上下呼应。由于各家各户住宅的坚固，自成堡垒，因此，无需公共碉楼作为空间中心形态以庇护寨人。那么，空间中心形态多以住宅相互间对应、错落、转折的关系通过道路的纽带作用集中地表现出来。其中心四周，或住宅墙体耸立如壁，凌空拔起；或石砌墙体朋立如壑，如深沟险峡神秘幽深；或一边探身即为高岩，其下万丈陡坡，人如天上飘缈。空间中心气氛集中传达出进退、攻守、上下、迂回、周旋、集中、分散这样的全方位空间意识，是极为特殊的人文、自然空间组合。因此，离开特定历史、社会、民族、自然环境等因素孤立地议论某一村寨的中心空间，是不完善的。

纳普寨(图一146～154)

(图三——11)三龙乡河心坝寨东侧透视

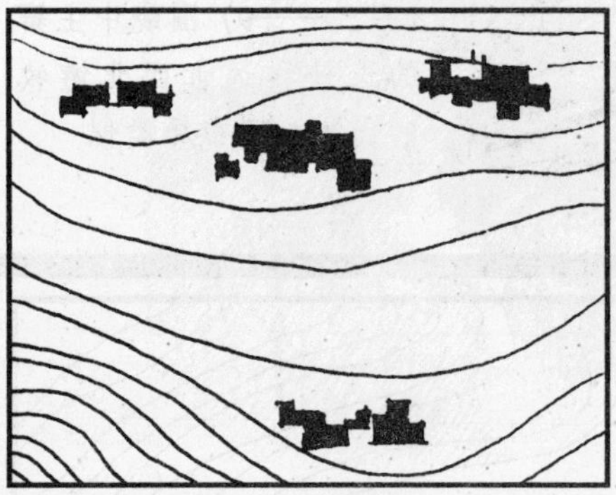

(图三——12)

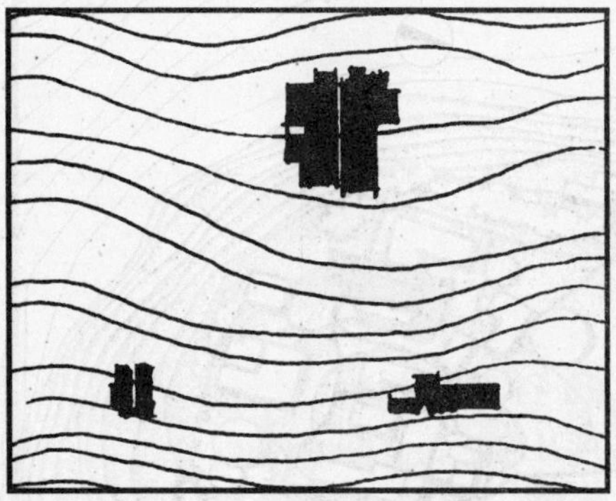

(图三——13)

(图三——12)围绕中主寨展开的环护式
(图三——13)上为主寨(大寨)下为次寨(小寨)式
(图三——14)独立成寨式
(图三——15)两小山包建大小寨呼应式

(图三——14)

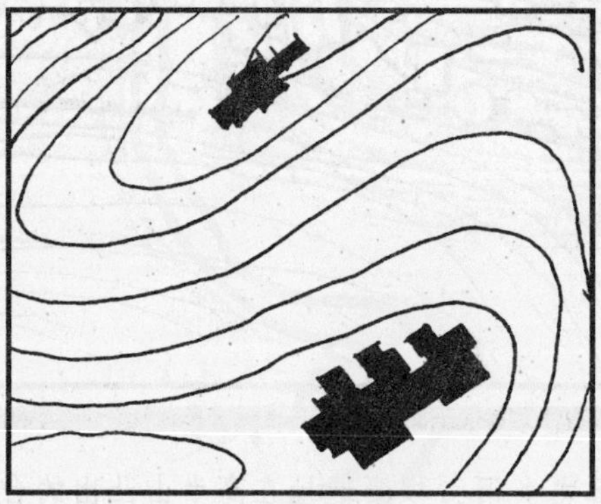

(图三——15)

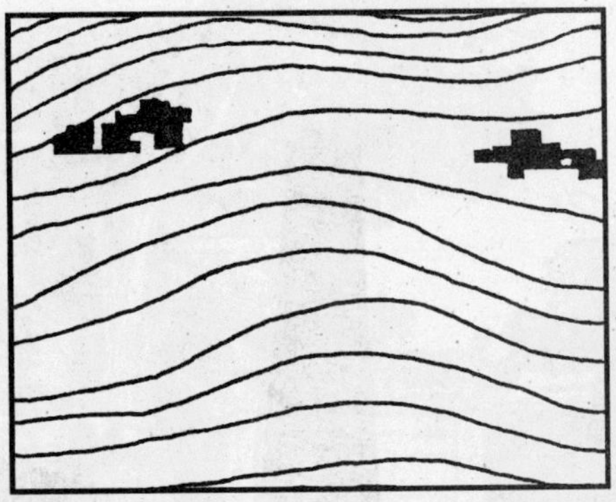

(图三——16)同等高线并列式

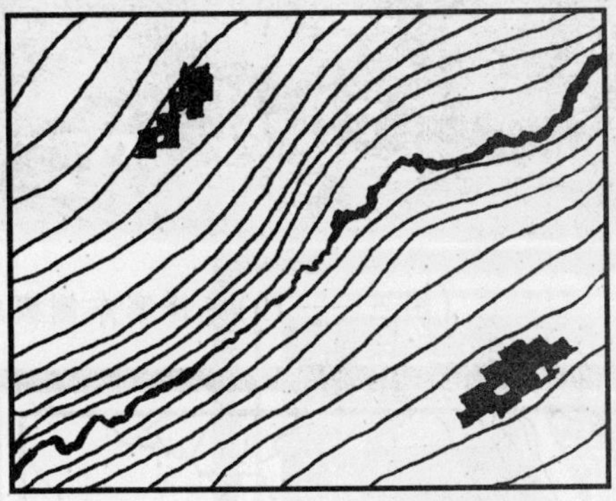

(图三——17)隔河谷顾盼式

(图三——18) 河谷地带连续村寨选址式

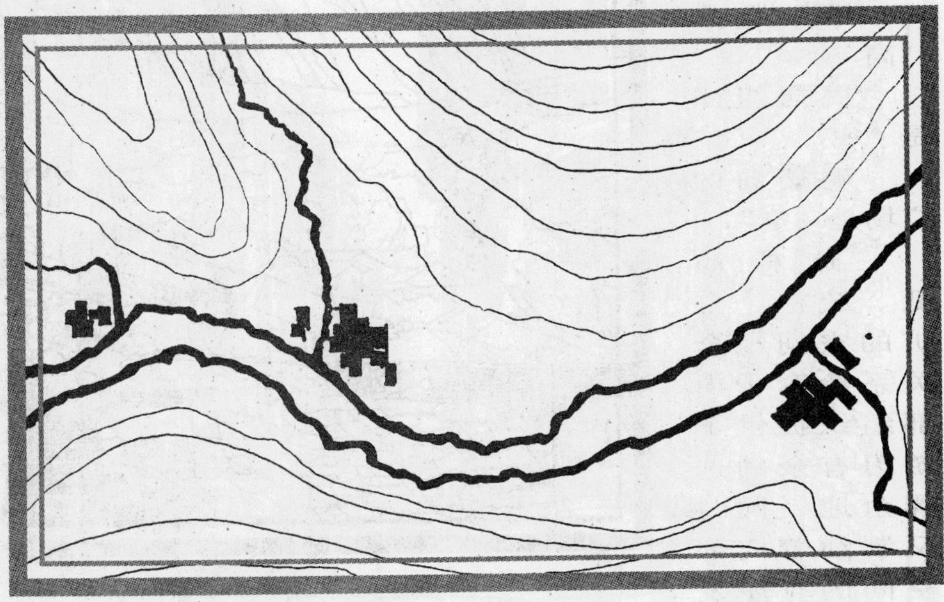

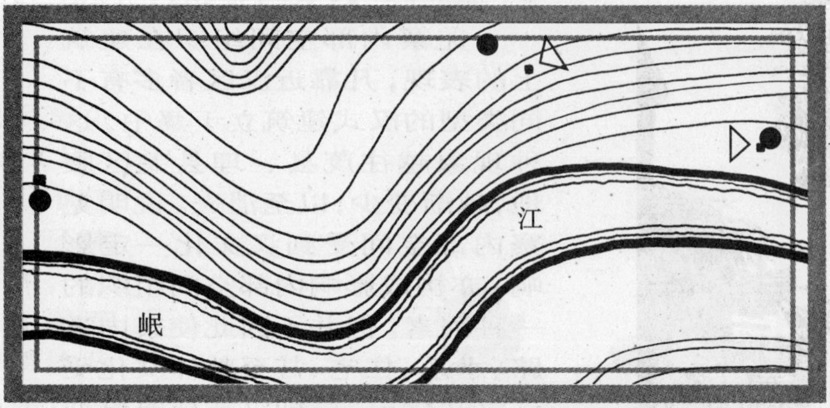

(图三——23) 羌锋、和坪、三官庙三寨寺庙置于寨旁图示

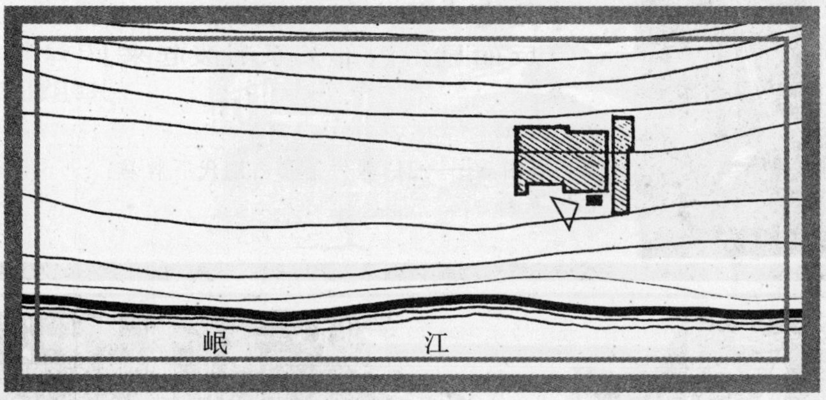

(图三——24) 郭竹铺寨观音庙位置

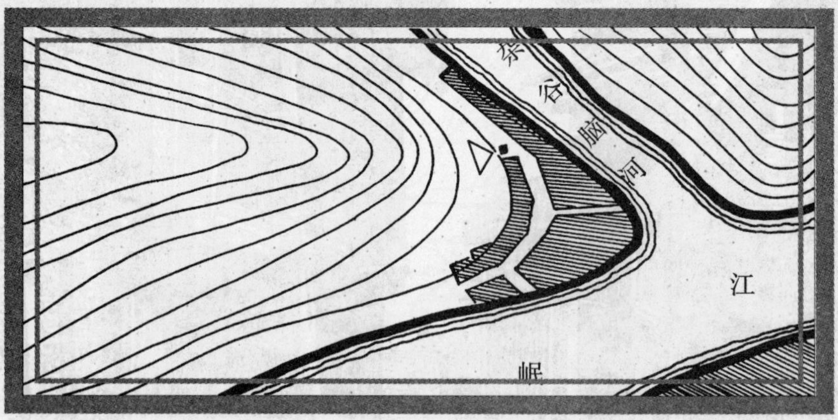

(图三——25) 威州镇桑坪寺庙位置

羌族村寨聚落尚停留在自我完善时，成熟的汉族农业文明契入羌寨，首当其冲以木构歇山式介入。汉文化的精致及生动的建筑造型使得羌民居直线造型体系突然灵动起来，建筑形式感丰富起来。而且它选址虽不在寨子中，然而多占据寨口、寨后、必经之路等显要地位。因此，在羌民居后来的选址上，往往出现有和汉庙呼应、相对的地方，犹如汉村镇中的对景。所以汉庙亦成为影响羌寨内部空间的一个因素。

(图三——26)和坪寨旁寺庙仅存之照壁

(图三——27)三官庙在寨中位置透视

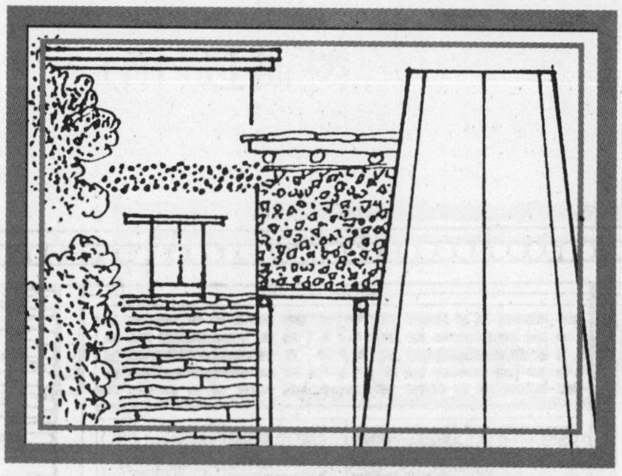

村寨入口过街楼，以碉楼构成防御形态，其上仅堆放柴火，下为巷道，既争取了空间，又形成了防御第一道防线。

(图三——36)过街楼之三

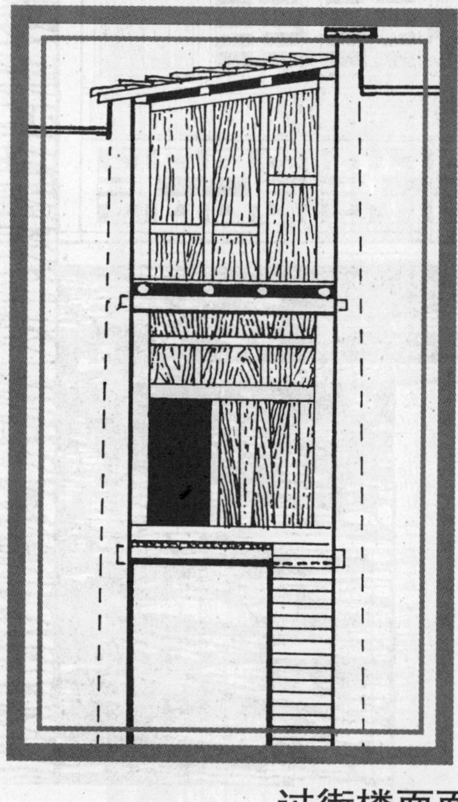

(图三——34)过街楼之一

以过街楼形成居住空间，有楼梯独来独往。

在两住宅间形成过街楼，有多达三四层者，布局追求对称划分，可为一家之间所有，亦可左邻或右舍所有。

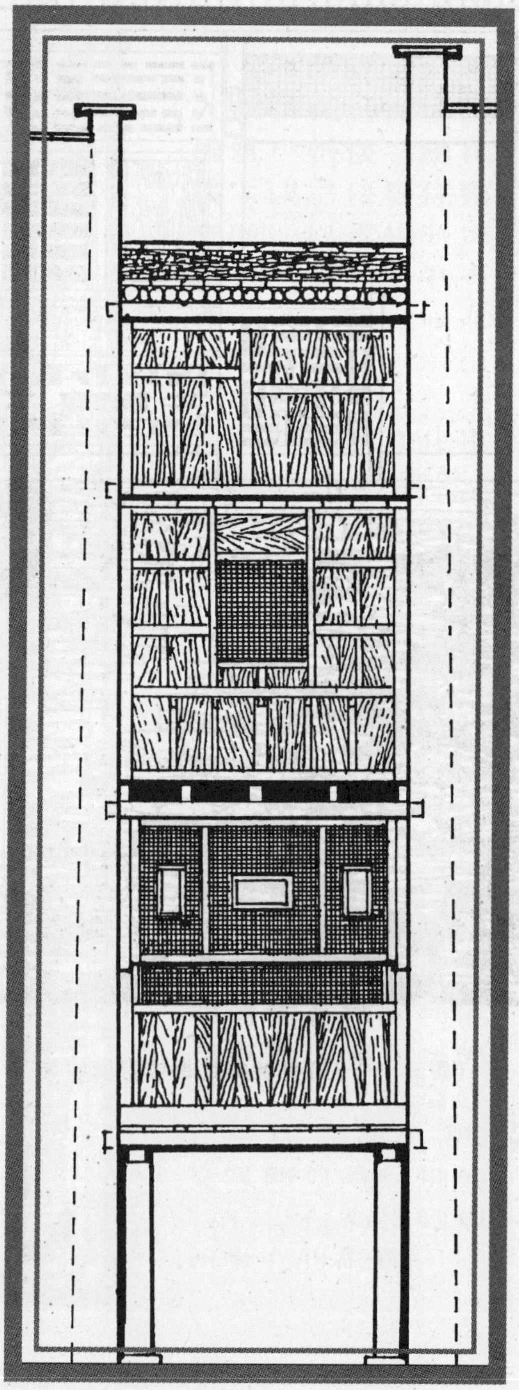

(图三——35)过街楼之二

过街楼面面观

羌村寨过街楼可谓一楼一貌，绝无相同之处。从它在内部空间组织的意义上讲，既是联系整体的“纽扣”，又起承前启后的空间作用。从建筑审美上讲，因其多暴露在道路上空，为一家的“脸面”，故为刻意文化追求的重点。因此，在设计、功能、使用、材料诸多方面均投入智力与财力较多较好的集中体现。又由于羌住宅无过多的、大一统的传统规范，反倒给宅主建房创造了发挥潜在空间想像力的机会。所以，羌寨过街楼成为内部一大精美景点，亦就是必然了。

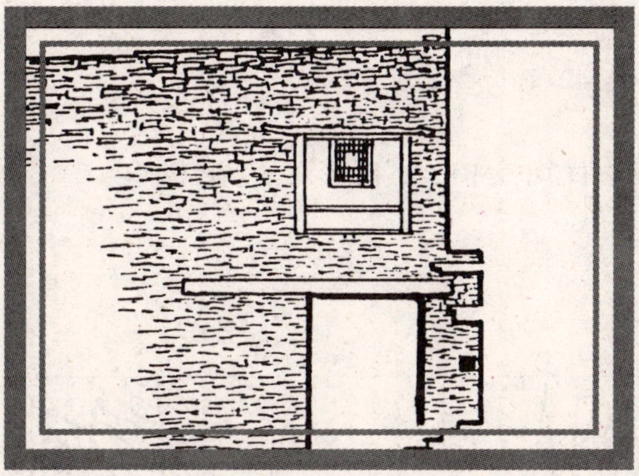

(图三——37)过街楼之四

为一室之延长者

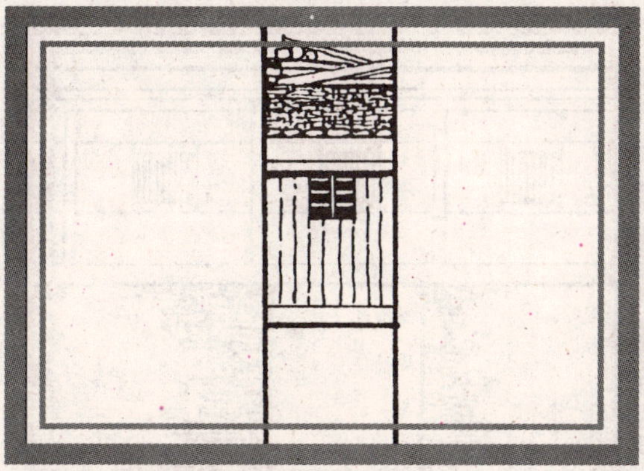

(图三——38)过街楼之五

两宅墙体共同承重的例子是较普遍的一种类型。

(图三——39)过街楼之六

巷道上无楼，仅有平台，可堆放杂物，一旦人丁增加，平台即可成为楼面，过街楼即可成形。

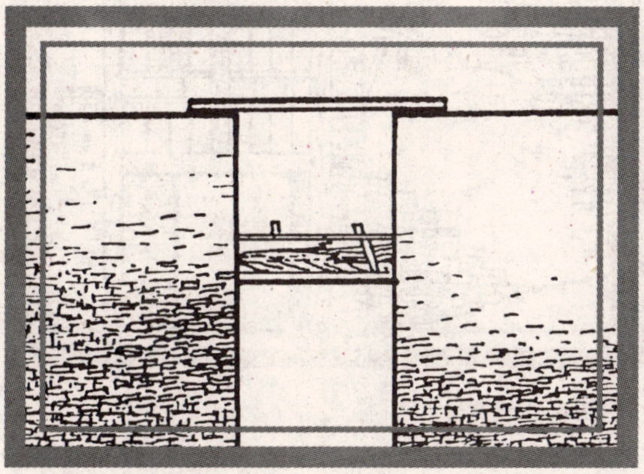

(图三——40)过街楼之七

联系两宅之间交通之初始，有层顶跳板、有宅间栈桥，也是过街楼的原始形态。

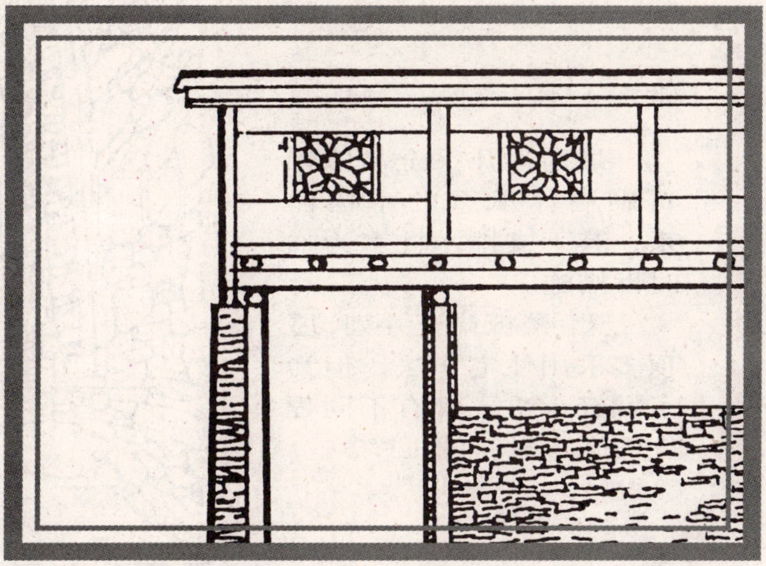

(图三——41)过街楼之八

楼层一边房间之下形成过街楼

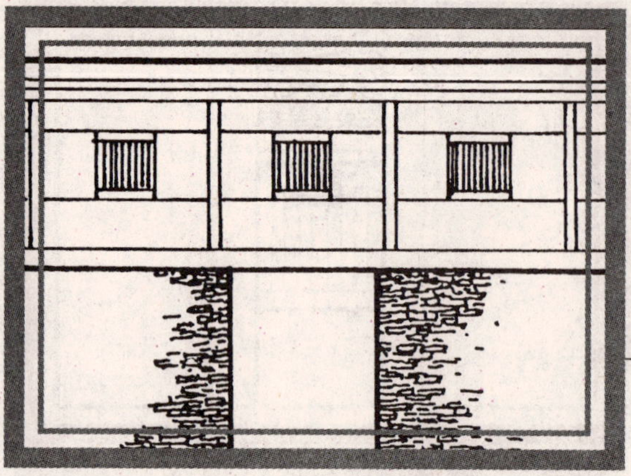

(图三——42)过街楼之九

楼层的中间房间之下形成过街楼

(图三——43)过街楼之十

过街楼兼作门厅

(图三——44)过街楼内部结构一览

过街楼几乎全是依赖石砌墙体承重的木构体系，其下支撑木柱多为临时性措施。

梁、楼板错开并列，屋顶多采用住宅作法，但为了减轻承重，都有不同程度的减少材料的工序。

(图三——45)村口“过街楼”透视

(图三——46)过街楼一瞥

(图三——47)过街楼局部

村寨规模

(图三——48) 三四户人家的小寨子

(图三——49) 七八户人家的小寨子

（图三——50）几十户人家的中等寨子

三、村寨道路

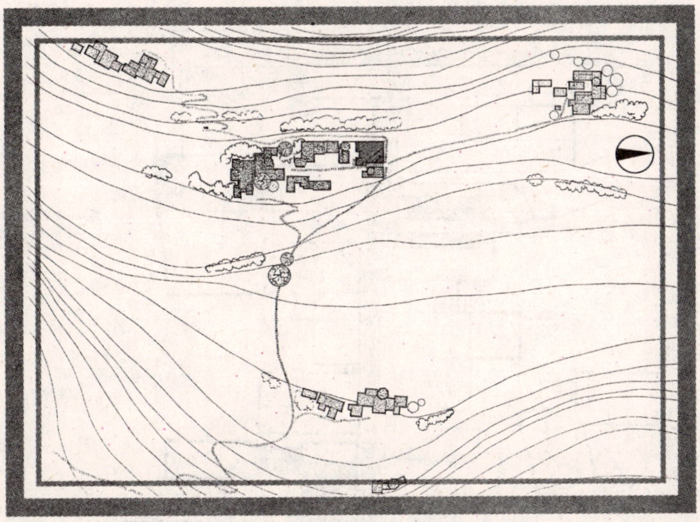

(图三——51)曲谷河西寨道路概况

羌族村寨中，有以一个大寨子为中心，周围若干小寨子构成的空间现象，人们往往称呼此类空间总称为"××寨"。其小寨或为上寨、下寨，或另取寨名，比如河西寨、纳普寨、鹰嘴寨等均是此类。其因血缘、主仆关系而成，个中均有道路围绕主寨联系，并和视觉可达、心理联系、地理位置、防御实效、耕地分布等构成寨子总称。其间，道路是纽带、主寨是中枢。

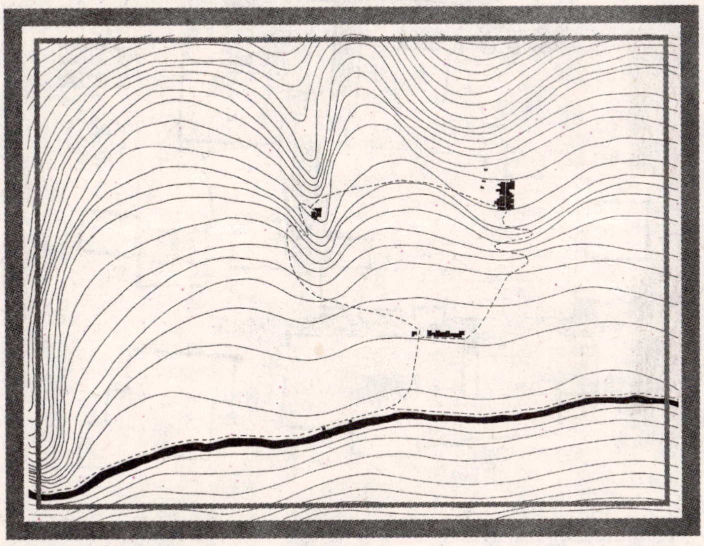

(图三——52)纳普寨道路概况

有的羌寨道路以围绕一圈的方式串联各大小寨，道路成为了几个寨子习惯上的总体空间格局必不可少的部分。或者说少了道路的有机联系，各寨便是独立的。

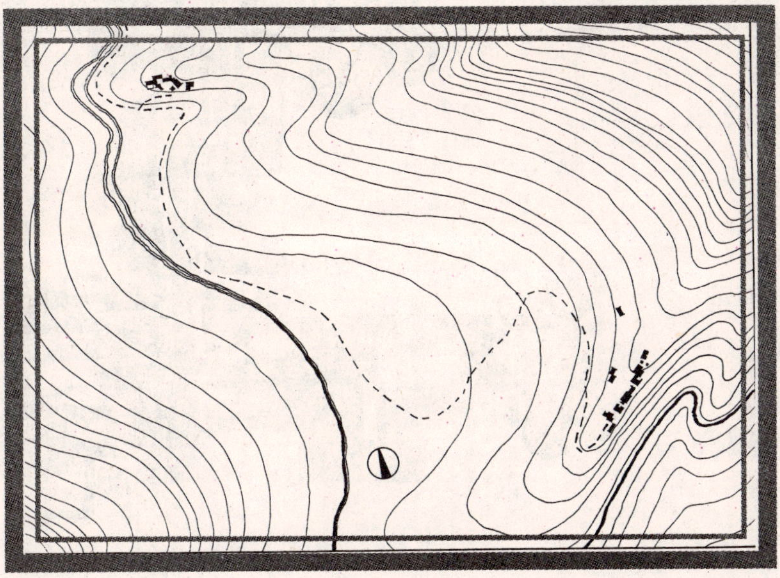

(图三——53) 鹰嘴寨与场氏将军寨道路概况

大、小两寨独立又有联系，但以大寨为一方主要。

寨中道路以主干道沿垂直等高线通全寨上、下。再左右辐射若干小巷去向住宅、水井、田间。而生产、生活的空间安排上多在平行于等高线的较平缓的小巷中来往。有这样的小道，人行动起来就不费力了。所以羌寨道路的完善是有因地制宜的规划意识的。

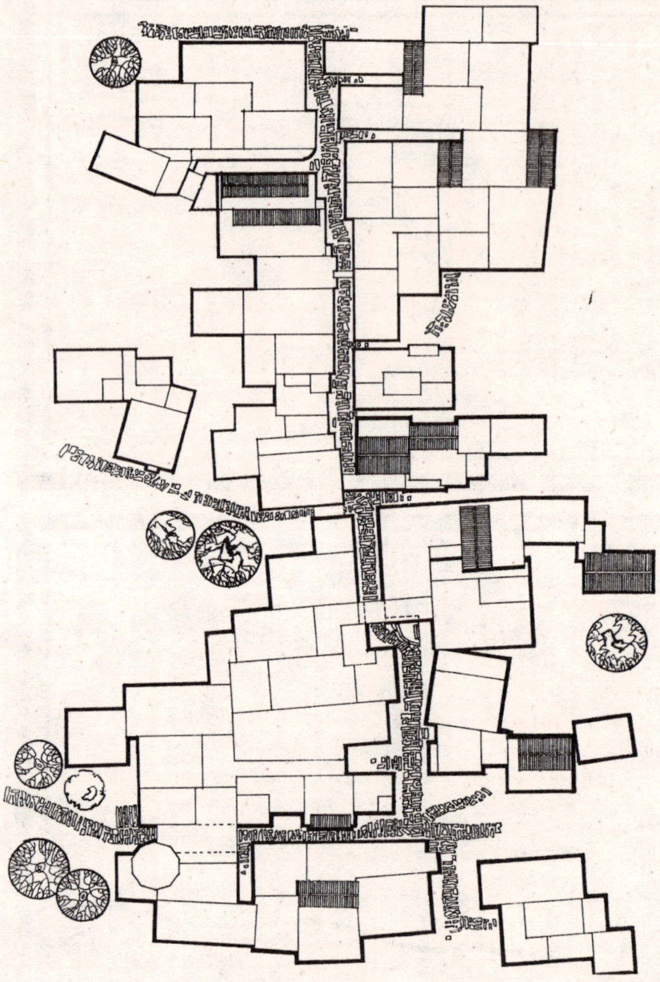

(图三——54)纳普寨寨中道路系统

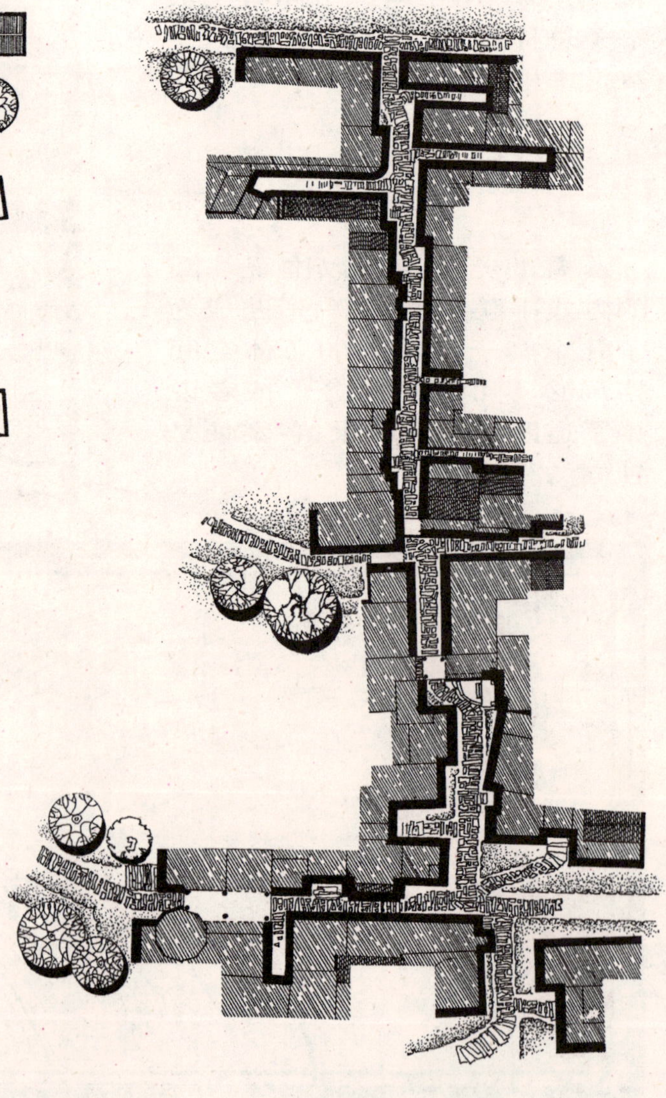

(图三——55) 纳普寨寨中道路系统与民居:过街楼关系

(详图见村寨实例)

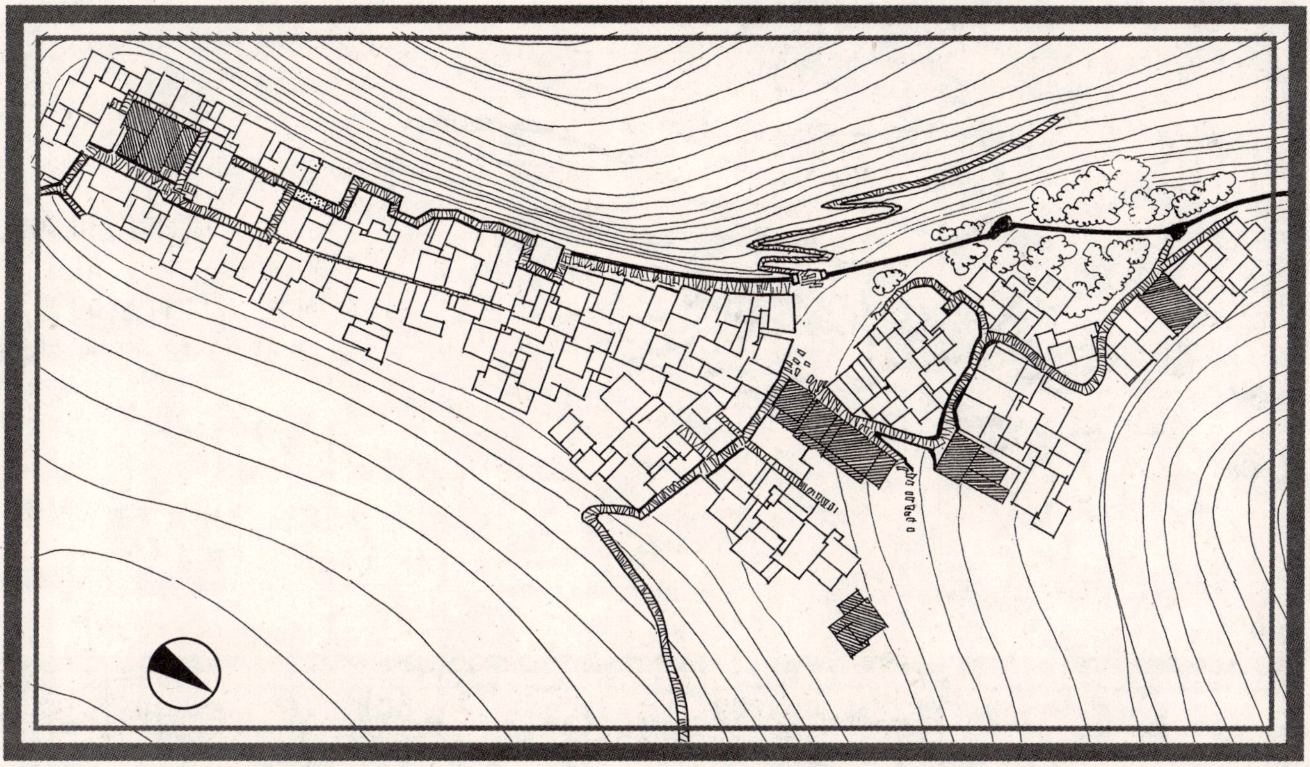

(图三——56 甲)龙溪寨寨中道路沿山脊走向系统

山脊凸出的前端部分，易守难攻，一面临悬岩，一面临较开阔的耕地。是羌族历史上械斗频繁地区遗留下来的羌寨选址特征。那么它的道路必须服从于这种生存需要，即安全与获得生活资料的来源两方面。

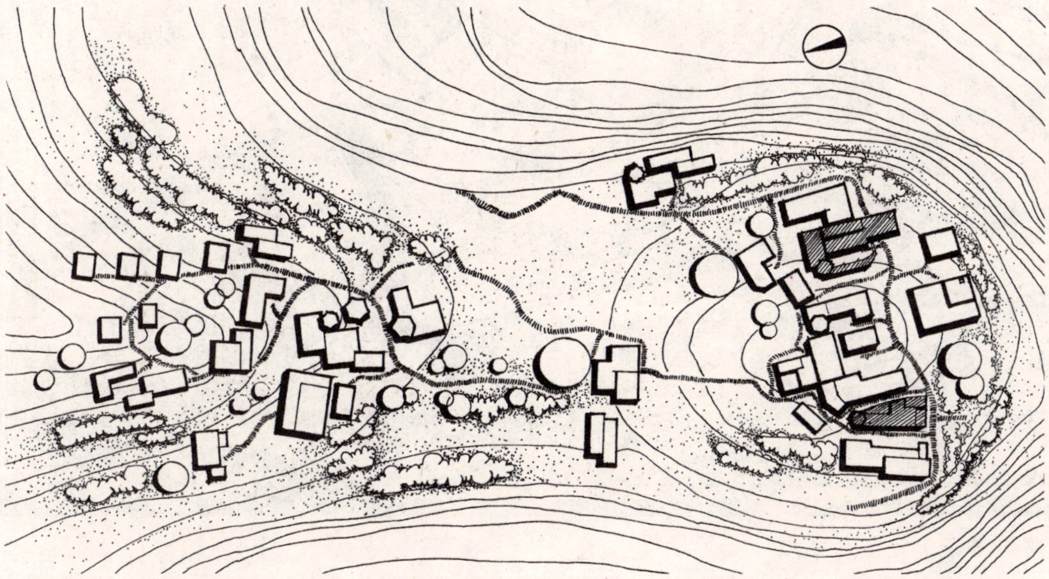

三龙乡河心坝总平面图

(图三——57)三龙乡河心坝寨山脊道路概况

此寨道路仍和众多的羌寨一样，沿山脊而建，具有量的普遍性和特色的典型性。

(图三——58) 鹰嘴寨寨中道路于山脊上展开

(图三——59)杨氏将军寨寨中道路自由,方便。

道路在山脊上横向延伸，以联系沿等高线建房的人家,是山脊道路的必然发展。

(图三——60) 通化寨貌似街道的道路与住宅空间

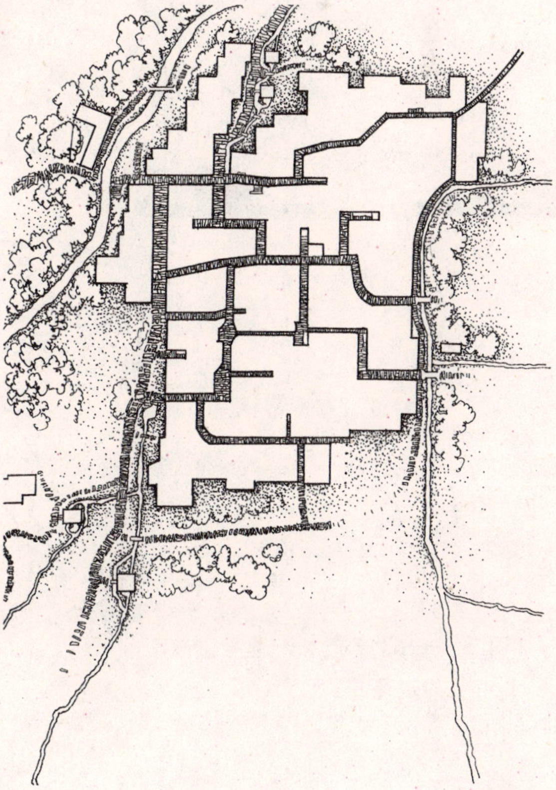

(图三——61)桃坪寨棋盘式道路格局

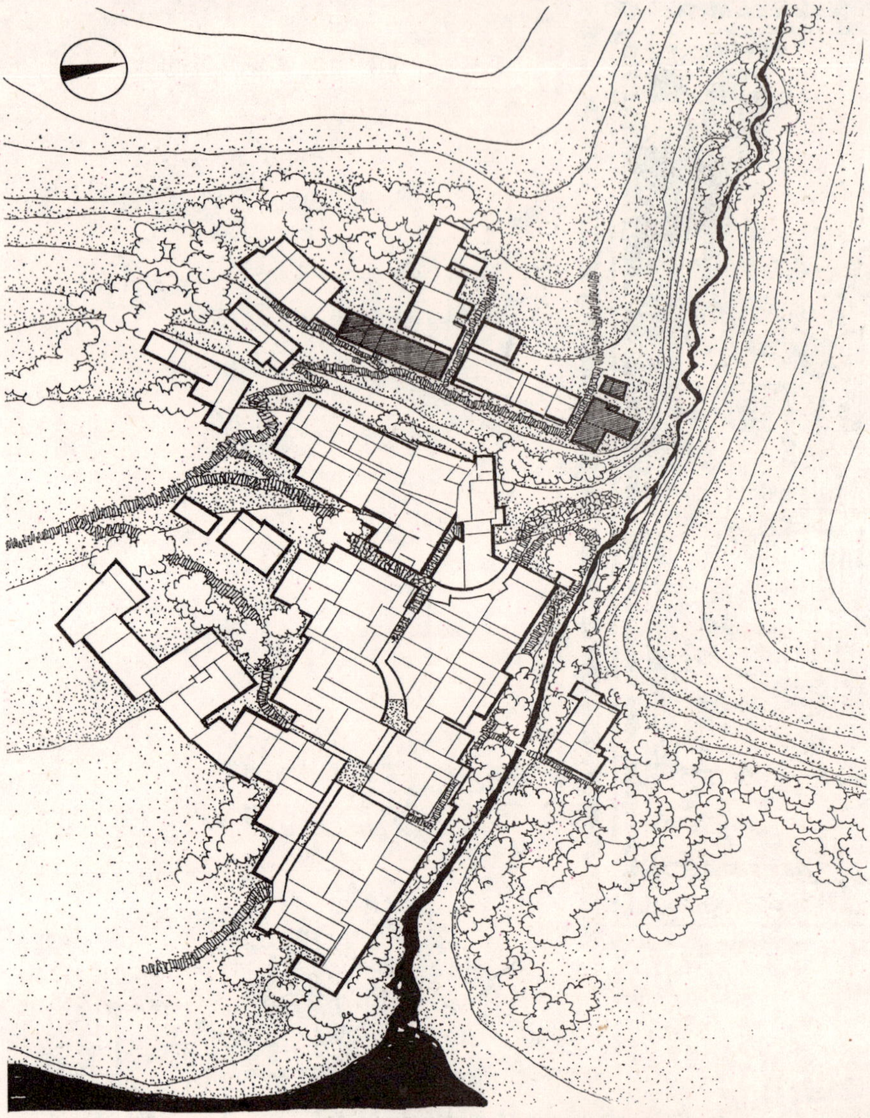

(图三——62) 处在河谷第一台地上的村寨道路系统

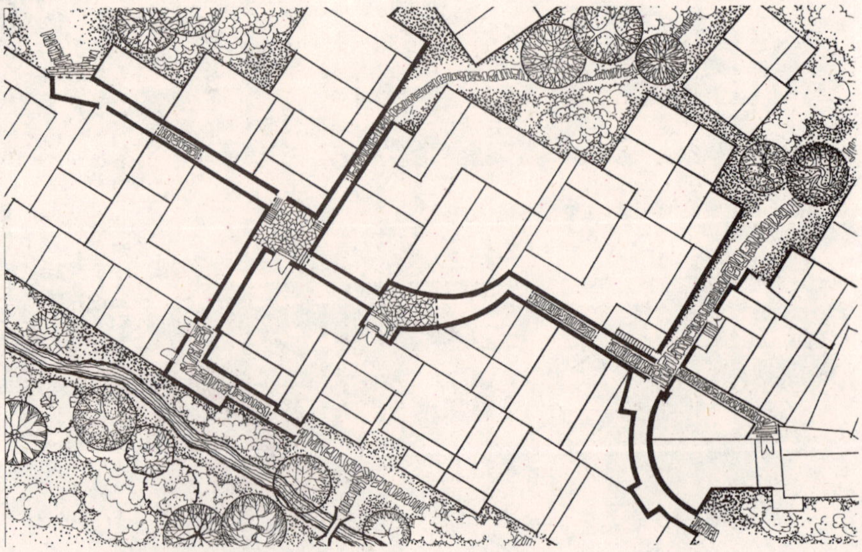

(图三——63) 老木卡寨呈十字状的道路中心

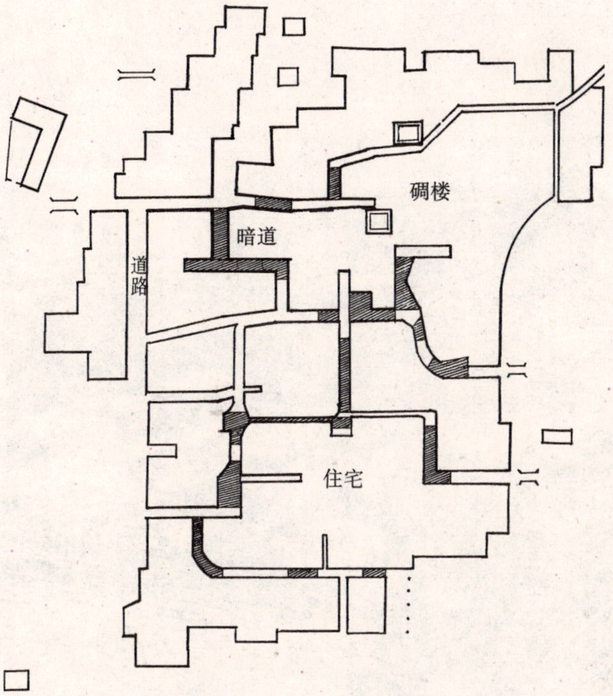

（图三——64）桃坪寨过街楼及暗道图

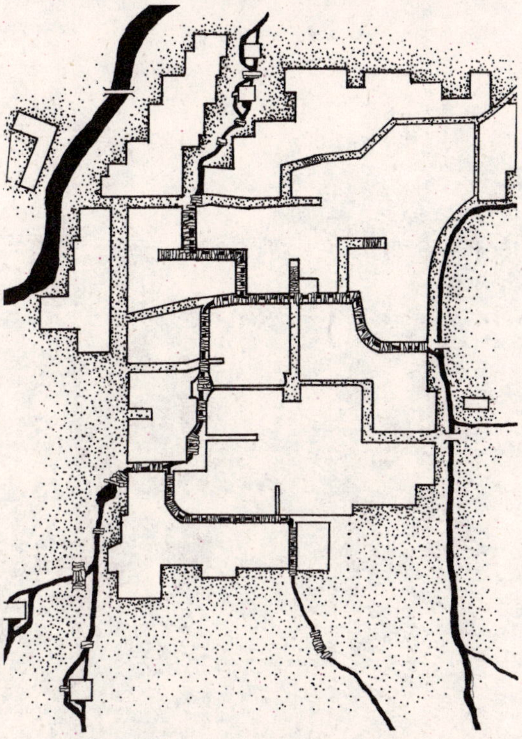

（图三——65）桃坪寨道路和水系同步现象

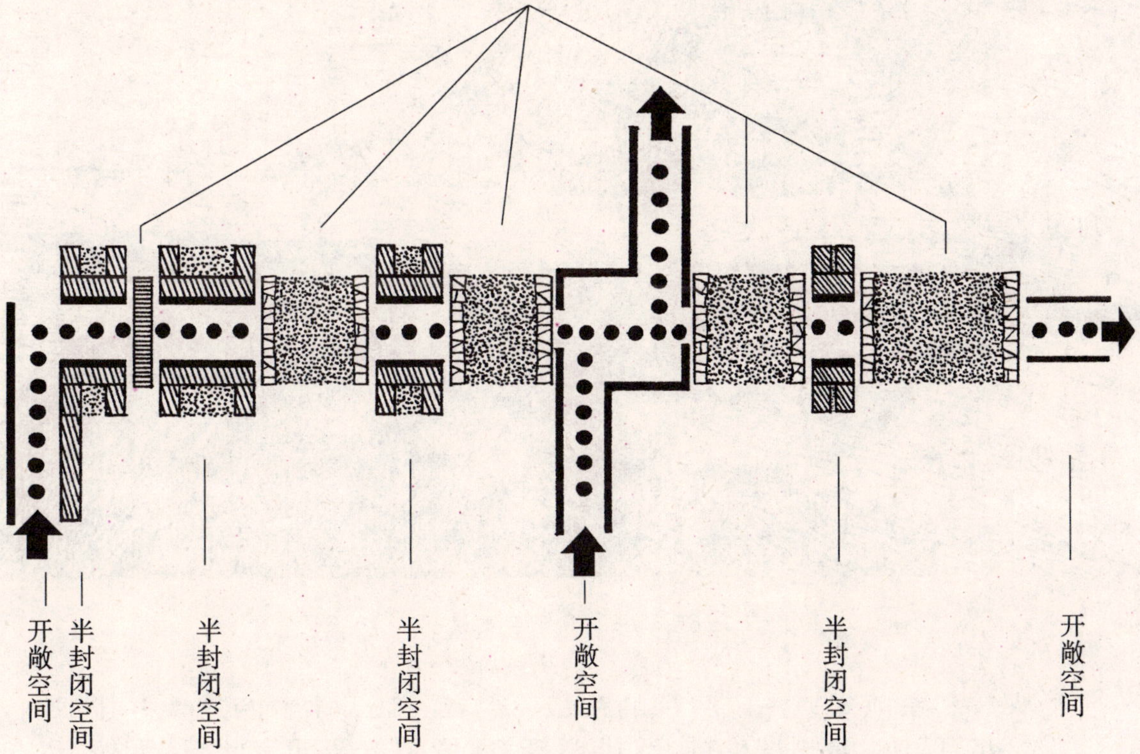

（图三——66）村寨道路空间序列示意图

(图三——67)联系屋顶晒台的跳板

从一家屋顶到另一家屋顶的跳板，少者一块，多者两三块并排成“桥”。亦有“桥”两侧带单排、双排栏杆者，像纳普寨即有此般“天桥”，仍是道路在空中的延伸。

(图三——68)罗窝寨屋顶独木梯

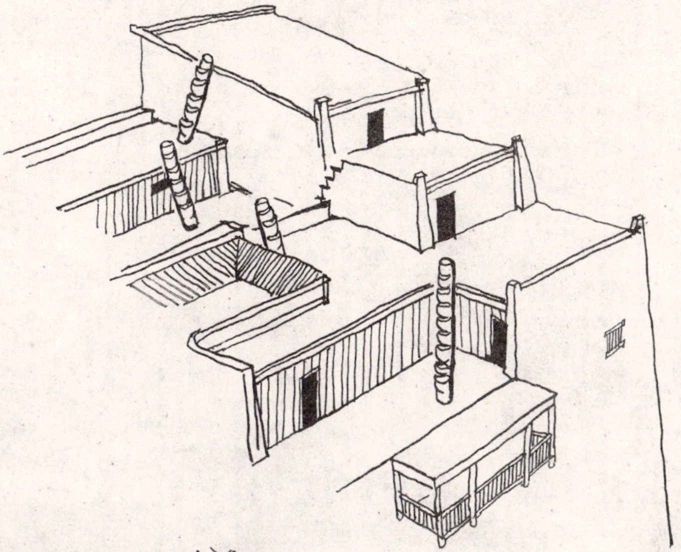

羌族独木梯成为高低平台及室内上、下的普遍使用设备，它便于搬动，又保存长久，简单实用，是特殊的“道路”。

(图三——69)原木搭建路桥。

住宅选址于绝路悬岩边，搭简易原木为桥，遇敌可随时拆毁，亦是道路的特殊形式。

(图三——70)村寨外道路之一

(图三——71)村寨外道路之二

(图三——72) 寨内道路从过街楼下通过

(图三——73) 村寨内道路串通暗巷和住宅

(图三——74)寨旁道路上过街楼之初

(图三——75)穿行在住宅间的道路

四、村寨水系

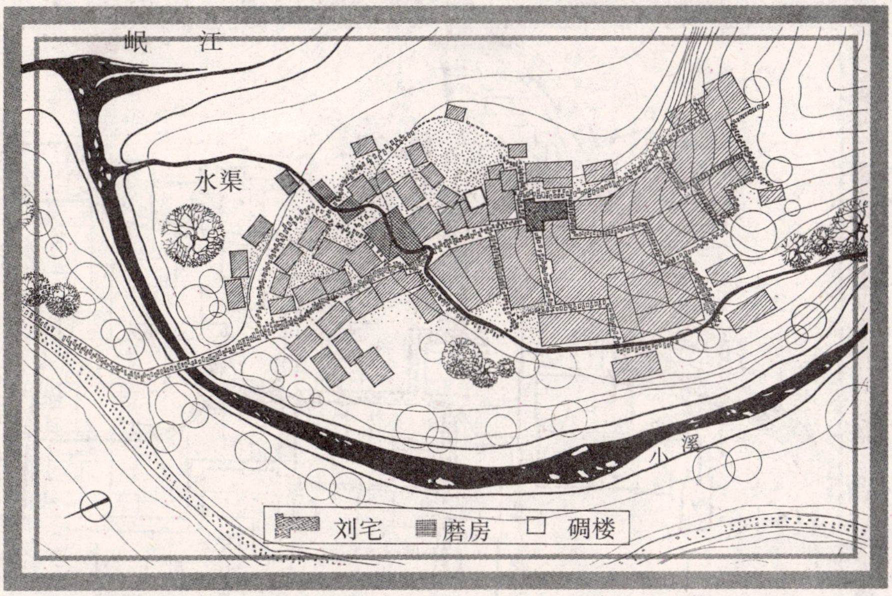

（图三——76）
羌锋寨水系概况

（图三——77）
羌锋寨磨房

（图三——78）郭竹铺寨天然溪流分布

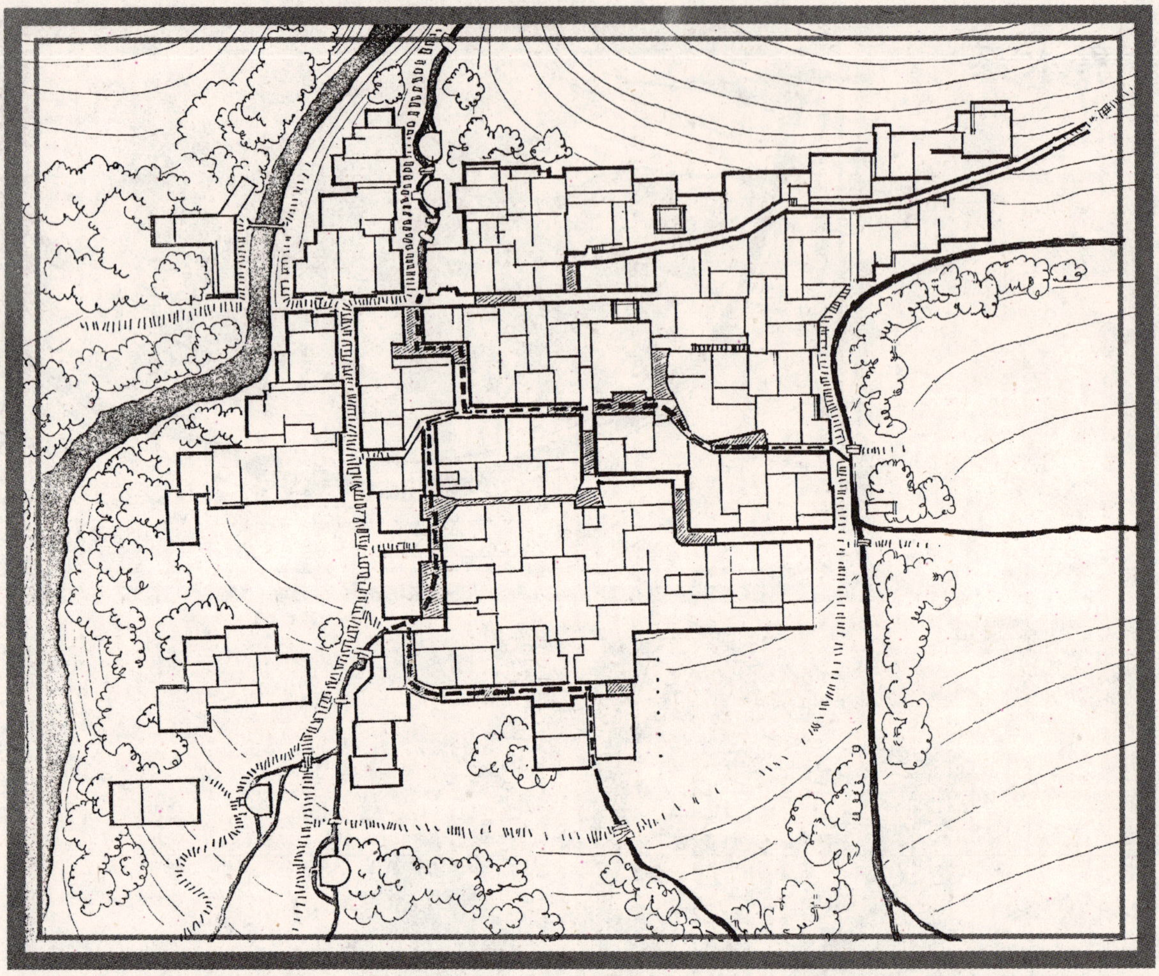

(图三——79)桃坪寨水系分布

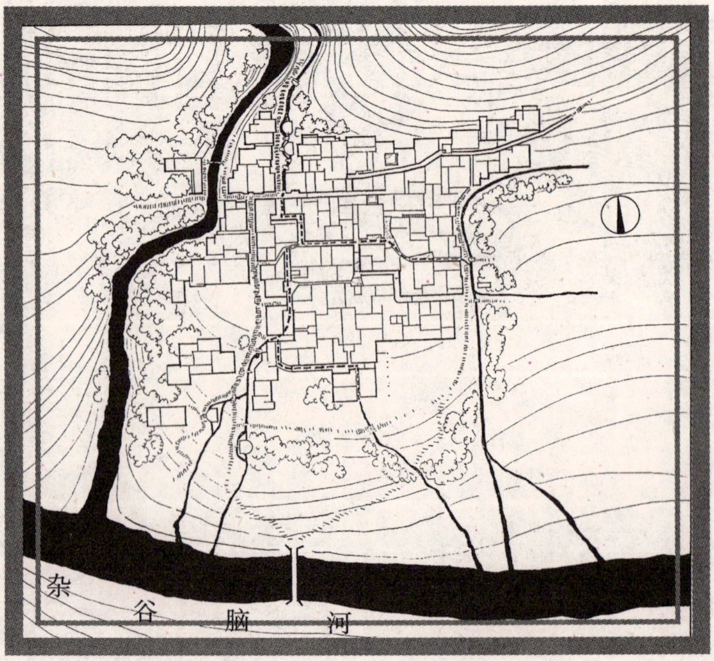

(图三——80)桃坪寨水系和杂谷脑河关系

(图三——81)桃坪寨水渠
从寨北进入暗渠入口处环境

(图三——82)桃坪寨水渠
从寨西侧出口处环境

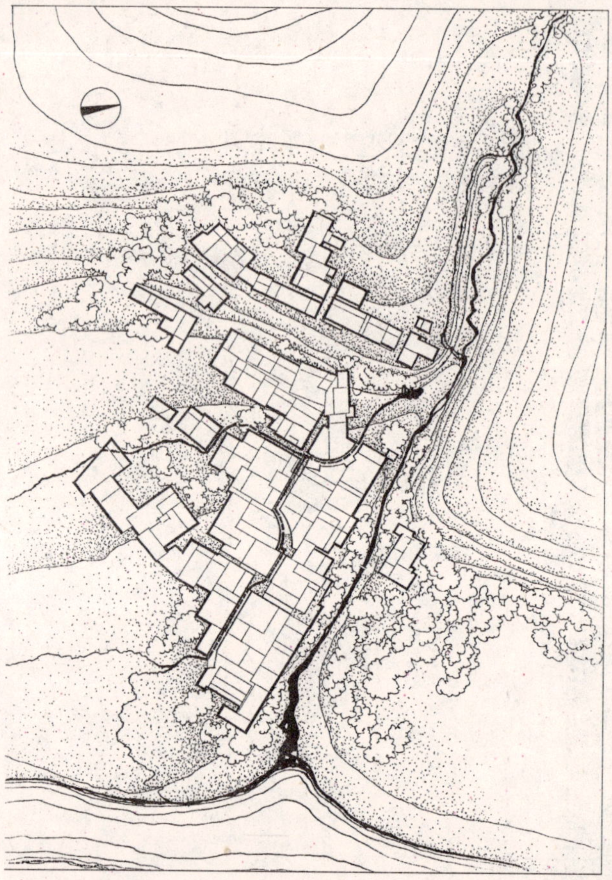

(图三——83)老木卡寨水系分布图

老木卡寨在溪流上开渠，让渠水渗入地下，再冒出成泉水，再开渠入寨，最后流向耕地灌溉，余水都纳入杂谷脑河。

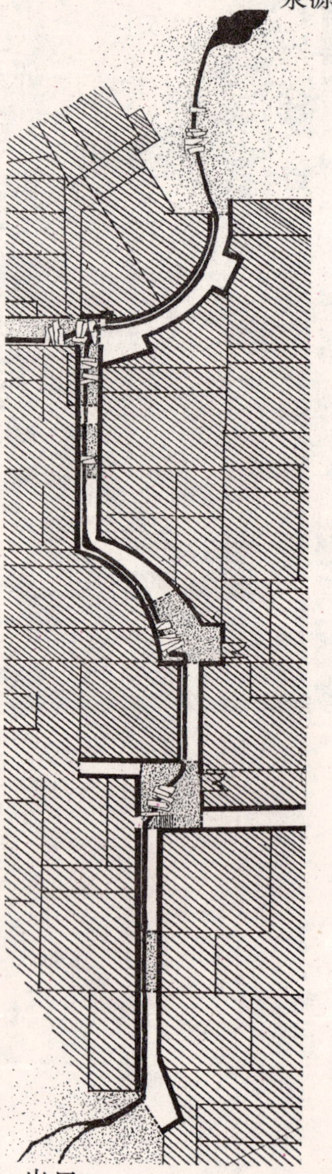

(图三——85)流经老木卡寨内的水渠

(图三——84)老木卡寨泉源景点一瞥

(图三——86)老木卡寨傍水环境

(图三——87)纳普寨水亭

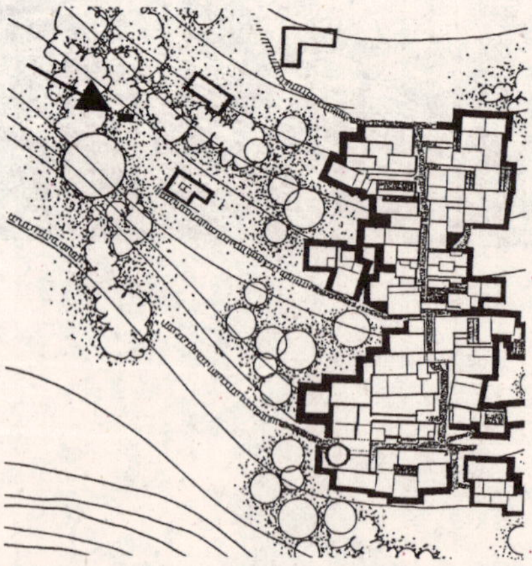

(图三——88)纳普寨水亭位置

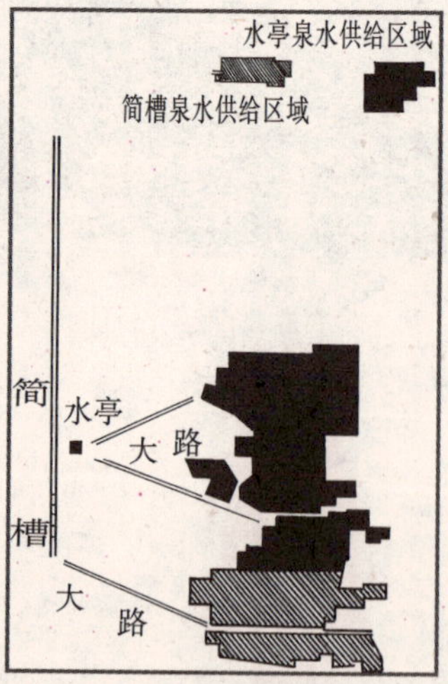

图(三——89)纳普寨水亭与简槽供水区域图示

(图三——90)罗窝寨水井

(附)磨房

(图三——91)纳普乡磨房平面

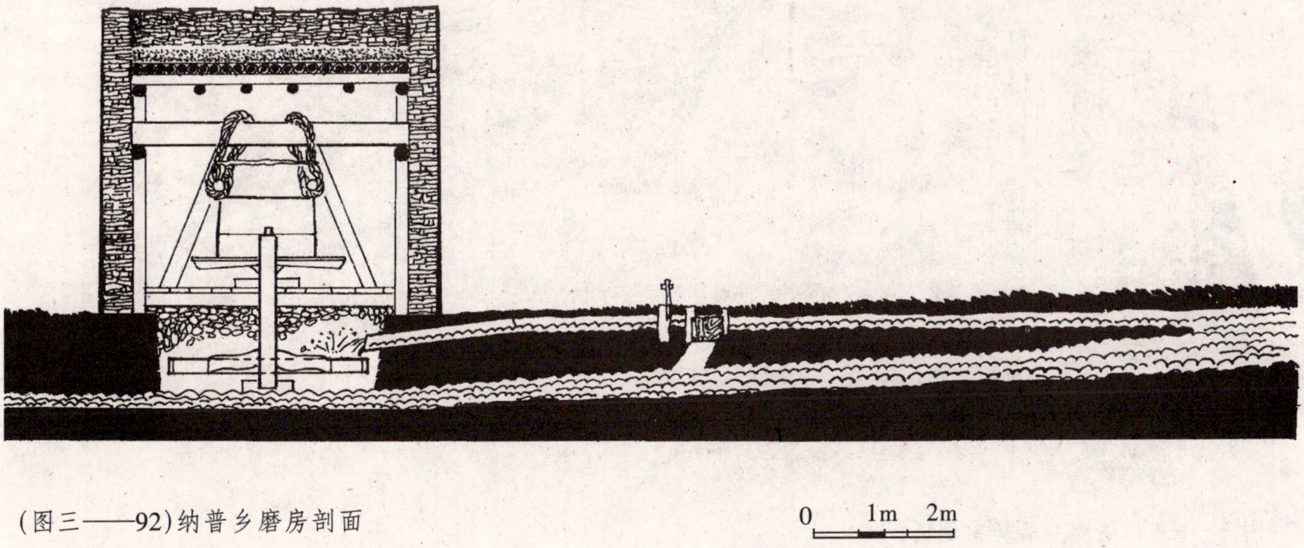

(图三——92)纳普乡磨房剖面

(图三——93)纳普寨磨房北侧水渠入口

(图三——94)纳普乡磨房南侧透视

(图三——95)龙溪乡三座磨村余家磨房

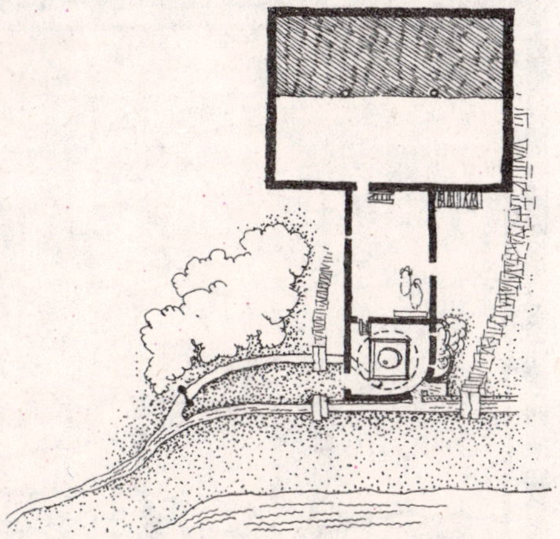

(图三——96)龙溪三座磨余家磨房平面

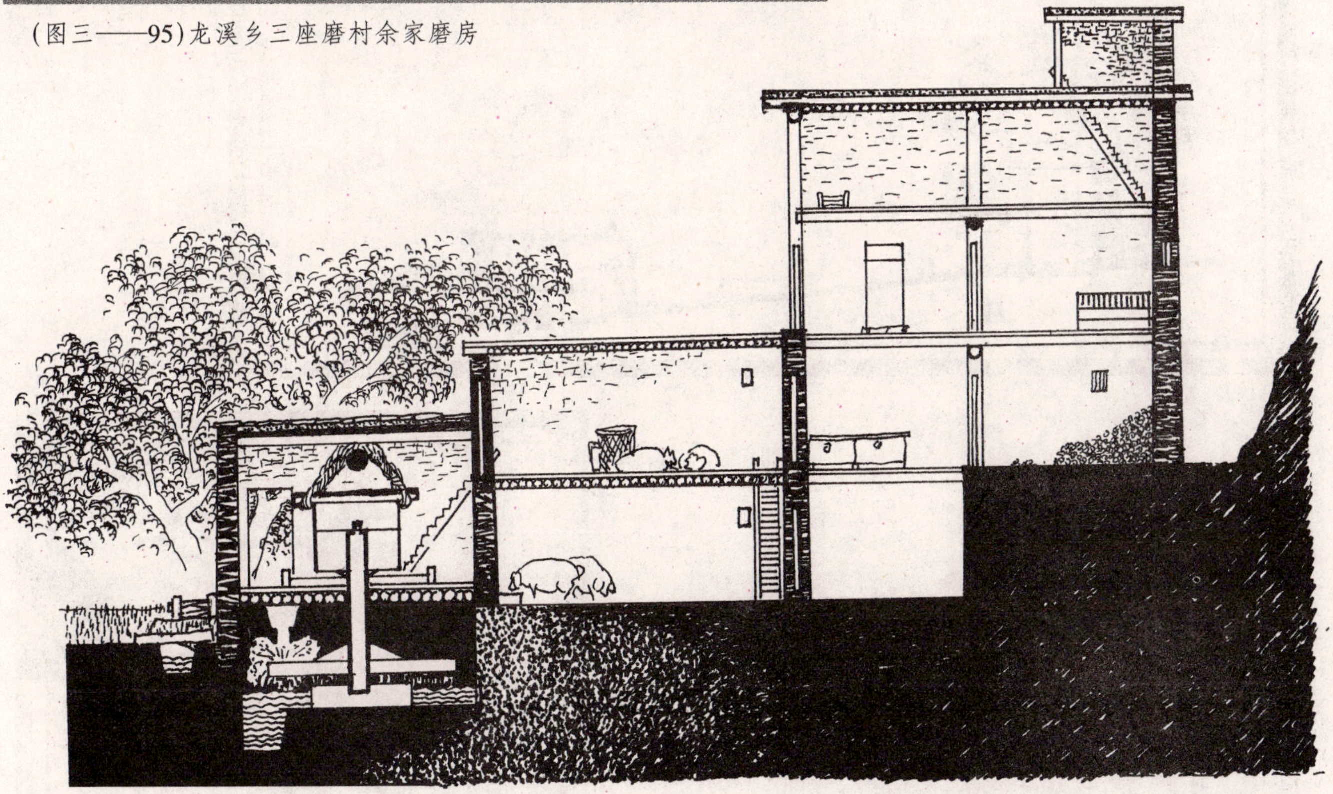

(图三——97)龙溪乡三座磨村余家磨房剖面

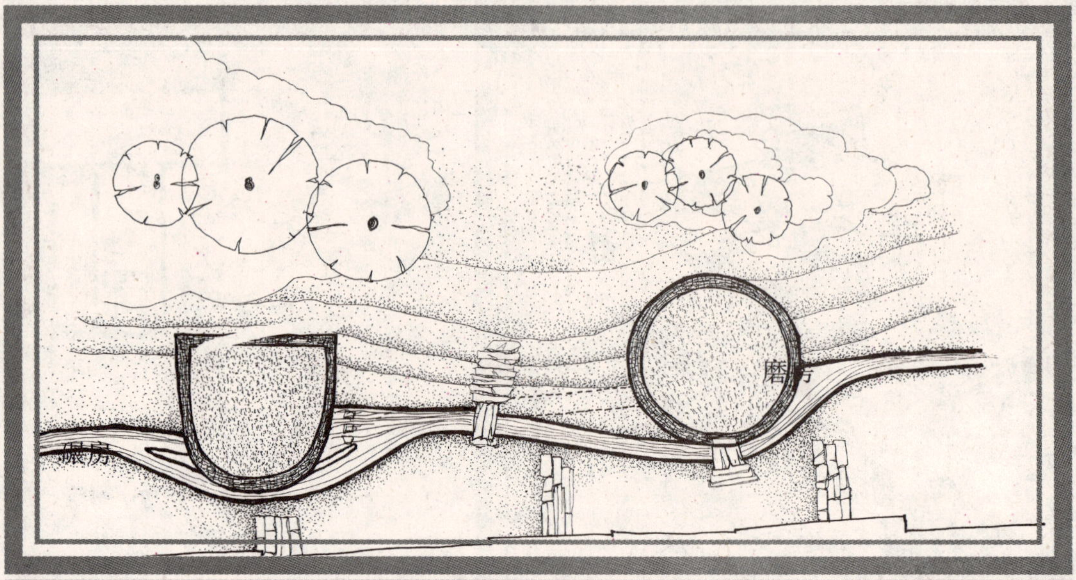

(图三——98)
桃坪寨某家碾房与磨房平面

(图三——99)
桃坪寨碾房与磨房剖面

(图三——100)羌锋寨某家磨房

五、村寨空间

(1)以碉楼为中心的空间——羌锋寨

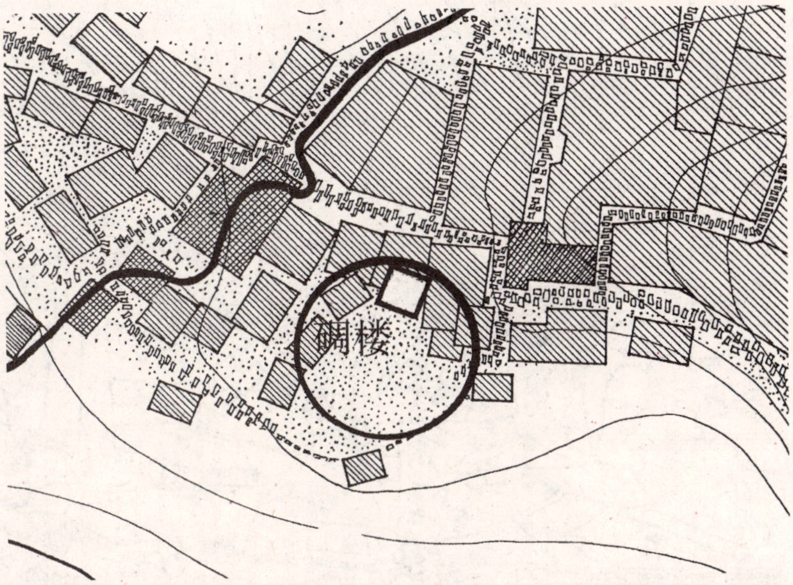

(图三——101)羌锋寨碉楼为中心的民居组团总平面示意

(图三——102)羌锋寨空间中心一瞥

(图三——104)俯瞰羌锋寨围绕碉楼展开的民居组团

(图三——103)寨中民居之一

(图三——105)寨中民居之二

(图三——106)寨中民居之三

(图三——107)寨中民居之四

(图三——108)
寨中民居之五

(图三——111)寨中磨房

(图三——109)寨中民居之六
某宅大門

(图三——110)寨中民居挑廊

以碉楼为中心的空间
——布瓦寨

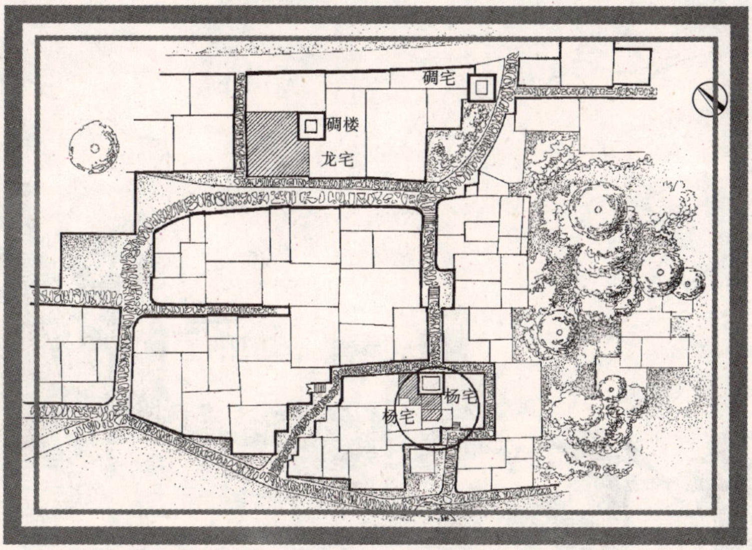

(图三——112) 布瓦寨碉楼中心及民居组团

(图三——113) 村口碉楼及民居组团

村口碉楼为过去全寨48个碉楼的“风水”碉楼，居于所有碉楼的“首领”地位，因此，亦可说寨子空间中心的形成，是以其为核心所展开的空间布局。不仅构成民居组团形态，亦构成全寨碉楼位置、布局的基础，所以它又是全寨整体的核心空间。

(图三——114)布瓦寨南侧透视

布瓦寨在斜坡上分台布置民居。第一台地上即为村口碉楼，正对岷江河谷，从而形成村寨空间中心。

(图三——115)布瓦寨龙宅透视

(图三——116)布瓦寨民居

（图三——117）碉楼组合空间

以碉楼为中心的空间——黑虎寨

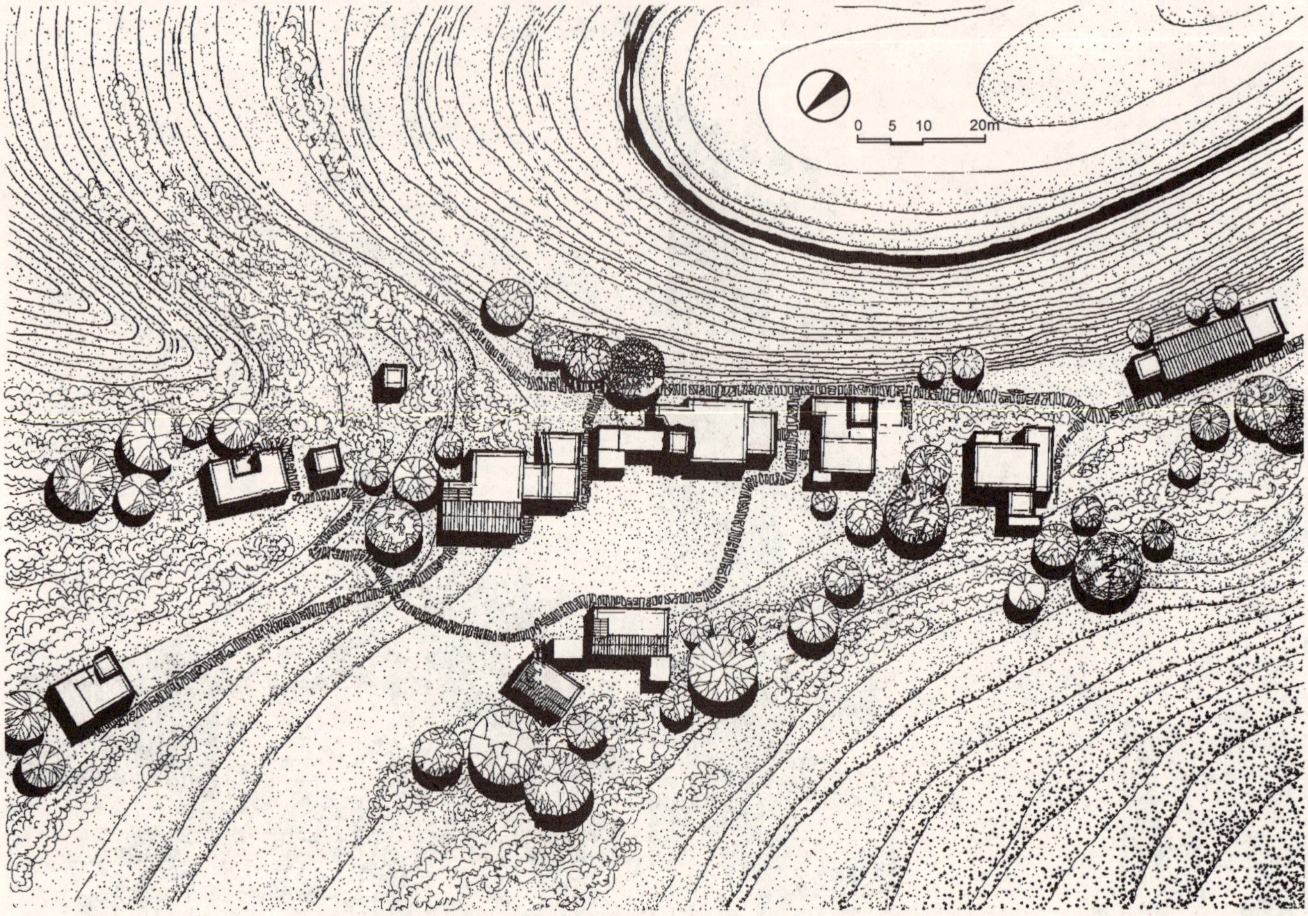

(图三——118)黑虎寨总平面

(图三——119)黑虎寨北侧透视

(图三——120)黑虎寨鸟瞰碉楼民居组团

黑虎寨选址于半山脊梁的前端凸地。因地形突出，形貌似同鹰嘴，故也叫鹰嘴寨。

寨子空间中心呈现的多碉楼民居组合、并顺山脊一字排列的布局，是寨子周围分布若干零星单体民居的整体空间浓缩。亦可说是黑虎寨辐凑在四周的民居，是构成空间中心的空间基础。即黑虎寨是一地区的空间中心，而寨中一两家高大碉楼民居又成为中心的中心。

黑虎寨居于高山峡谷间的凸出台地上，一边临悬崖，一边为耕地，具有十分良好的视野面，是古老的村寨防御选址最佳实例。加之建筑体的高大雄浑，展现在山野的是易守难攻堡垒式空间形态。其空间形态呈现出一种厚重、威严、苍迈之美，是防御和居住结合的军事建筑之典型，是极为难得的碉楼与民居组合，数量多而集中，中心形态十分完美的羌族村寨，同时又是中华民族极其宝贵的建筑及文化遗产。

（图三——121）黑虎寨空间中心碉楼雄姿

(图三——122)黑虎寨临岩民居

(图三——123)黑虎寨寨旁民居

(2)以水渠为中心的空间——桃坪寨

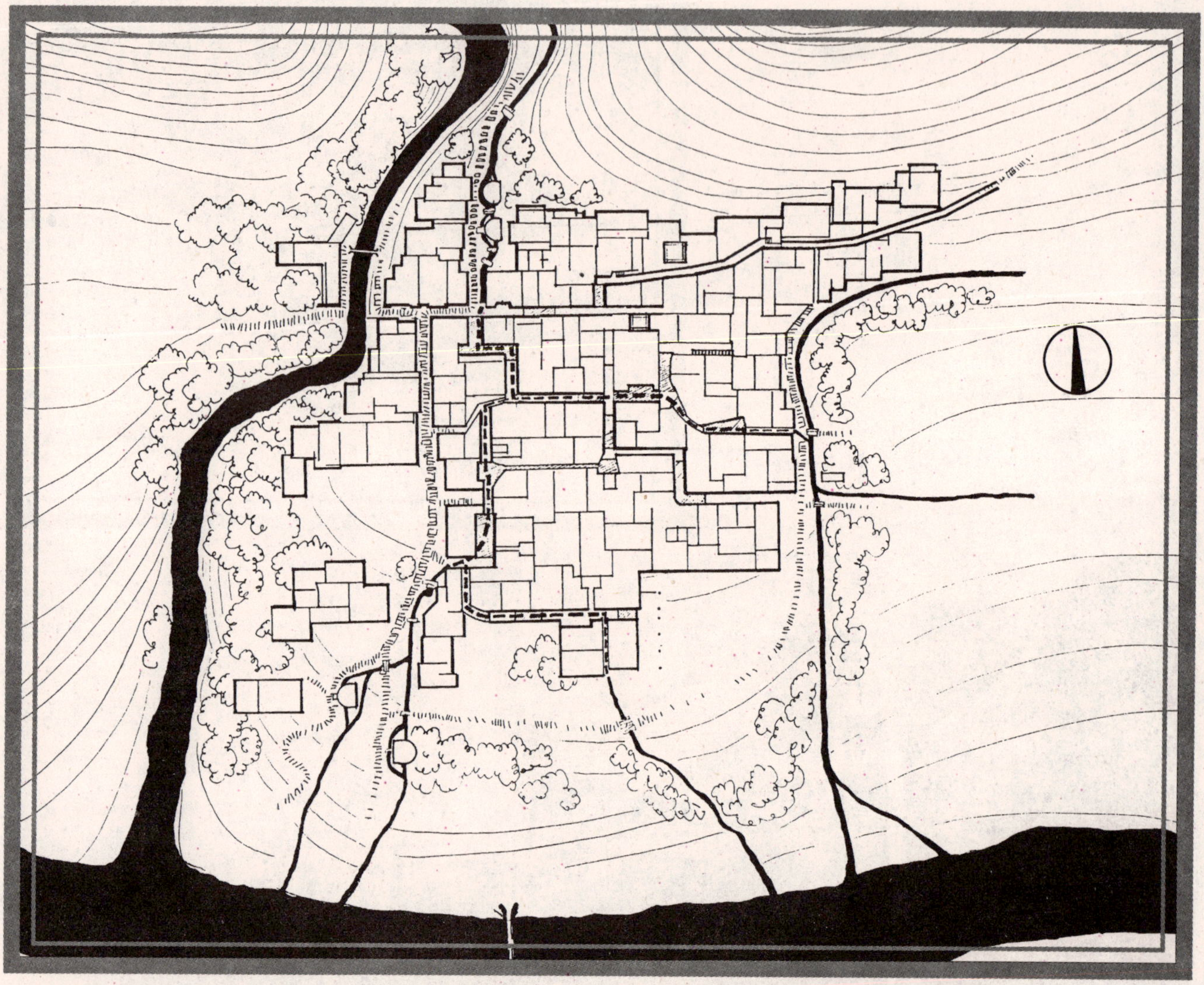

(图三——124)桃坪寨总平面示意图

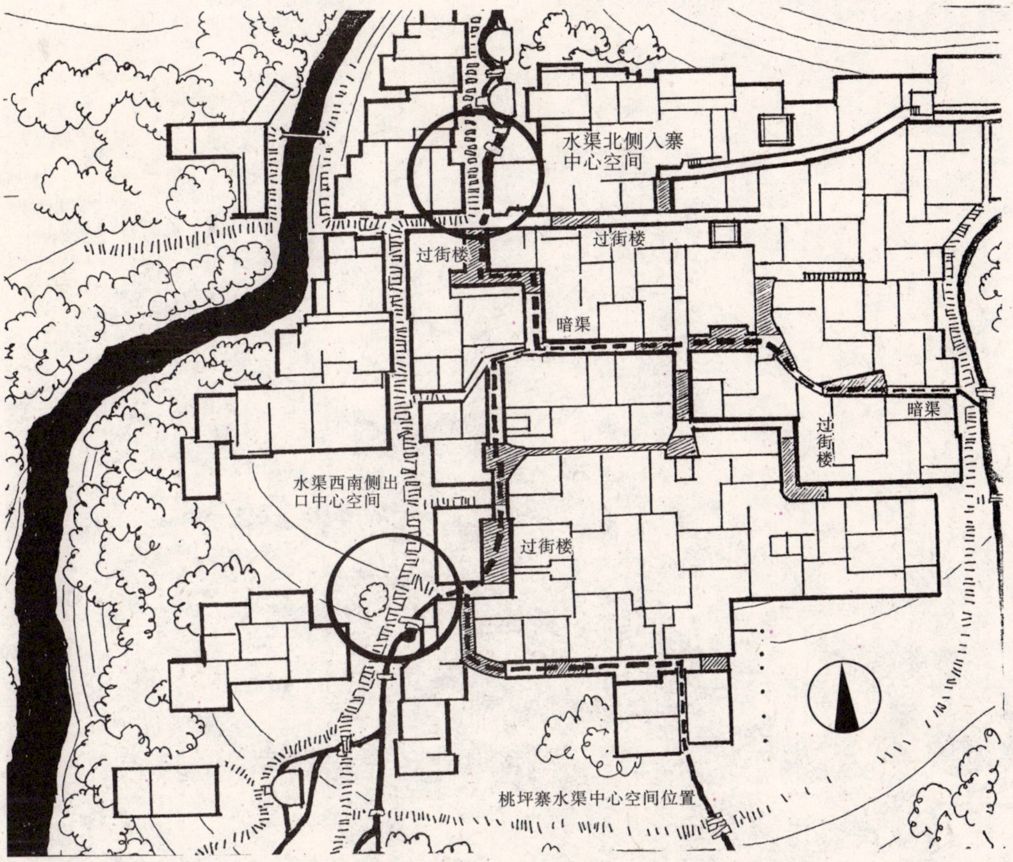

(图三——125)桃坪寨以水渠为中心的民居组团概况

桃坪寨分北、西、南三处因水渠进入和流出寨子而形成的空间中心。此一“进”二“出”，构成聚散水流、人流、水渠、道路同步发展的空间现象。

引水进寨是一种接纳大自然神一般的恩赐，于此入口处，凡住宅路桥等诸般建筑展开的空间，宜开敞，呈拥抱之势，是欢迎亲善的气氛。空间形态是自然和人文平分秋色的格局，无谁居于主导的豪强之感。因处于水渠上游，有一定落差，水磨、汲水、洗衣、淘菜、收工洗涤皆可由此得生活、生产之便。而巨大的流量将污物荡涤一空，时时保持水的洁净和流畅。故空间中心的形成，不一定非高大、特殊的建筑物不可。

水渠经寨内分流后，由东、南、西南三个方向破洞而出，尤西南方出口，正值入寨道路于敞坝汇聚之处，是过年过节，红白喜事聚会之处。这里水渠经寨内流动之后得见天日，于此培植树木、掘潭蓄水，面迎歌舞，透溢出羌民感激“水神”的情愫。其空间之貌是让水渠畅流，民居绝不可再凌驾于水渠之上。于此有效地控制着建筑的无序乱建。呈现的空间特色是开阔中可于出口处仰视寨中民居群体，利于识别、寻觅空间位置，成为另一个中心。

此两处空间中心，皆因水渠一进一出引起，成为制约桃坪寨空间形态生成和发展的核心，从而保留了原始空间气氛的根源，是羌寨中十分诱人又特色别具的中心空间形态。

（图三——126）建在冲积坡地上的桃坪寨

如果说前面以水渠形成的中心是因水形成的“人气中心”的话，那么桃坪寨在建筑空间总体形态上还存在一个以碉楼为中心的中心空间。于是产生了“人气”与“碉楼”两个不同内涵的空间形态。这种多中心的各偏重虚实成分不同的空间并存形态亦广泛存在于羌族村寨中，囿于此，才产生了羌寨由内到外的丰富空间内涵，才散发出羌寨优美的文化气息以及永恒的诱人魅力。

（图三——127）桃坪寨北侧水渠进入暗道入口处中心空间环境

(图三——128)北侧旁的过街楼

(图三——129)桃坪寨西南侧水渠出口处中心空间环境

桃坪寨水渠水体进寨后全隐藏于地下,得一进一出空间中心。郭竹铺寨十分典型地代表了大部分羌寨引水入寨使水渠水体全袒露于天地的空间形态。于是围绕着水渠展开的道路铺筑、民居组团、树木绿化、公共建筑的设置等,皆不可阻碍水的流畅、水的洁美。

水渠是对天然溪流的规范,引水入寨,首为生存之必须,长流不息又为至要。以其和道路平行,易于排出一切阻塞、污垢,又为用水之便。更便当者在水渠两旁组成民居,又有相互监督之理。而郭竹铺寨还在水渠中段设立汉式石牌坊一座,无形中在空间形象上起到了一个提纲挈领作用。以道路和民居为基本空间构成,以绿化为点缀,于是形成了一个流体、石作、绿树、精神建筑、软硬相宜、凝固与流动、时间与空间、声响与静止多维、多感的物质精神同构的空间中心。此类空间不以高大豪华、工艺精美的建筑取胜,而以原始、粗犷,和大自然高度融合的气氛使人回肠荡气。

以水渠为中心的空间——郭竹铺寨

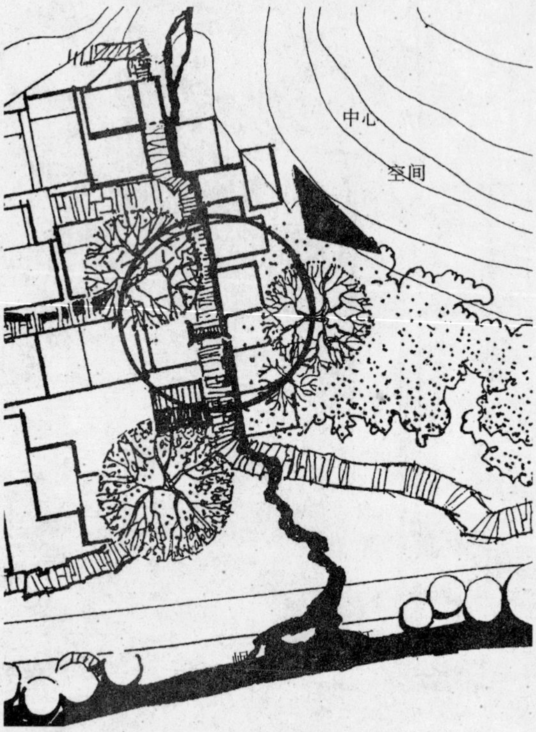

(图三——130)郭竹铺寨总平面及中心空间示意图

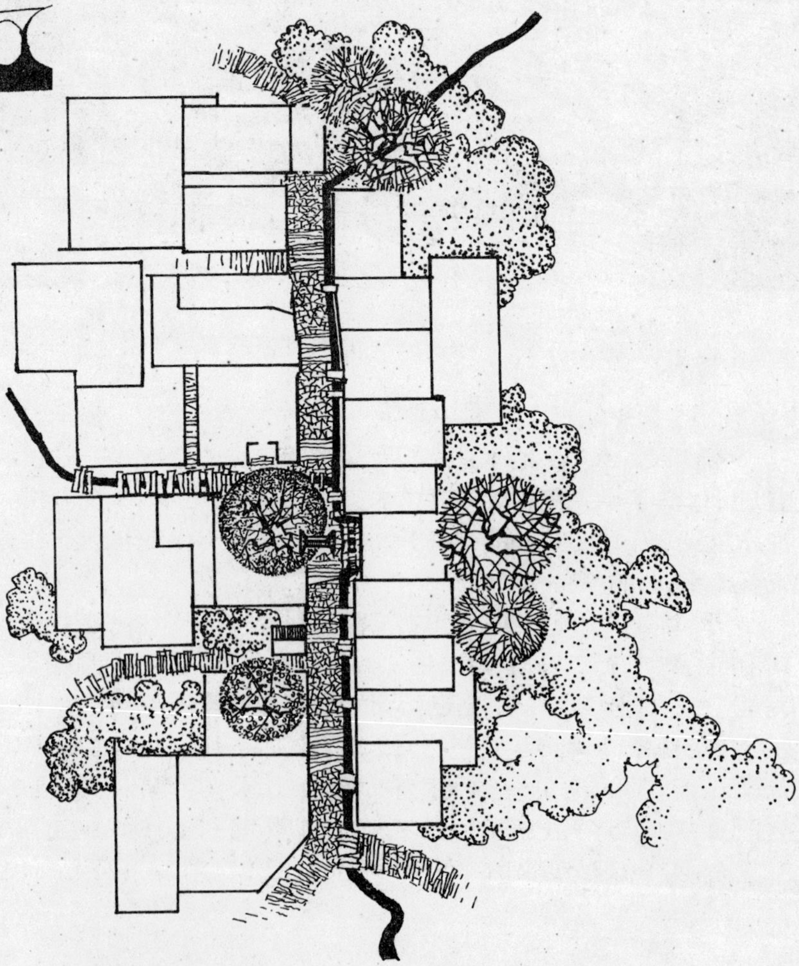

(图三——131)郭竹铺中心空间水渠为纽带的民居组团

(图三——132)寨中水渠从牌坊侧流过,和牌坊、绿树、道路、民居构成迷人中心空间

(图三——133)水渠顺道路穿行于民居间

（图三——134）水渠自寨外流向寨内

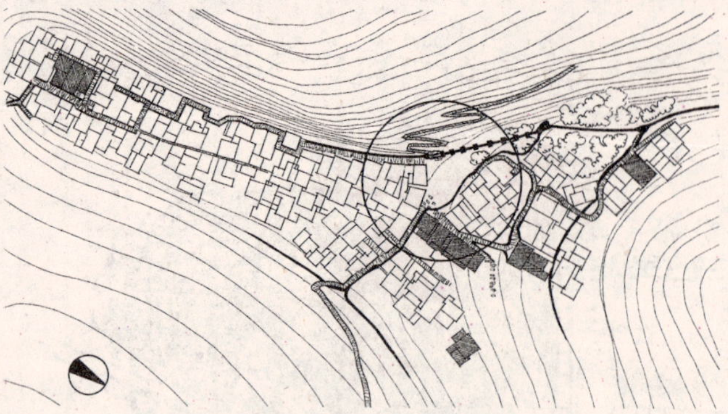

以水渠为中心的空间——龙溪寨

(图三——135) 龙溪寨总平面及中心空间示意图

龙溪寨中心间空间特色是以水渠加渡槽形成和民居组团的相互依盼关系。它在山脊上始终把水位通过渡槽抬到较高位置，并以此加大水流高差，利于分流到寨中各处和田间。于是在渡槽的空敞地段，亦是寨子上、下两部衔接之处，形成生产、生活活动最为频繁的公共区域，这种空间中心的形成，不以居住建筑的高大雄伟貌取胜，而是以一种古老的取水方式在心理上紧紧地扣住全寨人心的情结表现出来。古往今来，防御、集散、议事、歌舞等事皆于此展开，亦可观照上、下寨中动静及山下一切态势，是视觉障碍最少的核心空间，亦是道路交汇中心，同时又起到一定制约住宅发展作用。

(图三——136)龙溪寨渡槽、水渠为中心的西侧面空间一览

(3)以道路和过街楼为中心的空间——河心坝寨

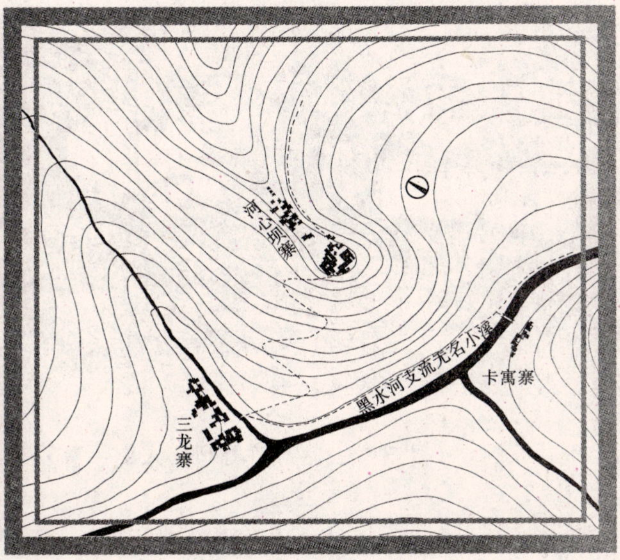

(图三——137)河心坝寨在山谷中的位置

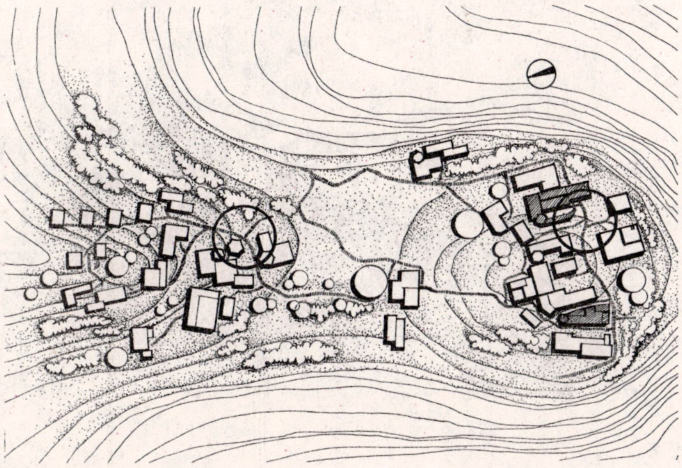

(图三——138)河心坝寨总平面及以道路为中心构成的民居组团

河心坝寨处于高半山地区，海拔3000米左右。寨置于一小台地的凸出边缘，背临山顶，易守难攻，左右开阔处有大片耕地和牧场，是古羌人进退有序的空间意识反映在选址立寨上的典型。也是通过道路连结各住宅形成的原始聚落。形态散而有聚，深层意蕴着古居西北草原时的帐幕分布格局。空间核心意识是呼应与顾盼，个体游而不离，又展示了整体的威慑力量。因此，就给道路的迂回环绕，空间穿插交叉带来了条件。而道路和防御、生产、生活、出寨、进寨、议事、玩耍等关系交融频繁者，便约定俗成地在那里形成中心空间。空间之貌首要是面迎开阔的河谷，以观察四面八方的动态，此应为古老防御的第一层次。第二层次体现在单体住宅独立作战相互支援的住宅屋顶空间上。因此，中心空间是羌人立体作战的转承点，所以空间中心的形成和历史紧密地联系在一起，由此形成了独特的空间面貌。

(图三——139)河心坝寨东侧一瞥

(图三——140)道路和住宅共同构成中心空间之一

(图三——141)寨中民居

(图三——142)寨中某宅透视之一

(图三——143)寨中某宅透视之二

(图三——144)寨旁某宅透视之一

(图三——145)寨旁某宅透视之二

以道路和过街楼为中心的空间——纳普寨

纳普寨垂直于等高线的寨中主干道犹如树干，从主干左右延伸出去的巷道如树枝，两者交叉处往往形成十字状中心空间。由于人口增加、防御等原因，有的人家利用道路上空架设房间，或堆放木柴、杂物，于是把原本开敞的道路分割成小段小段的半封闭门洞式过道，且不少就在十字路口旁边。于是这里的空间形态变得丰富起来，这就充分发挥出建筑作为文化的感召力，从而构成聚合力的作用，产生出特殊的空间气氛，不仅成为寨人频繁见面的地方，亦成为过路人休息的歇气处，更有力地控制民居向左右巷道发展。这种古老的有序空间规划意识，是形成中心空间的根本。

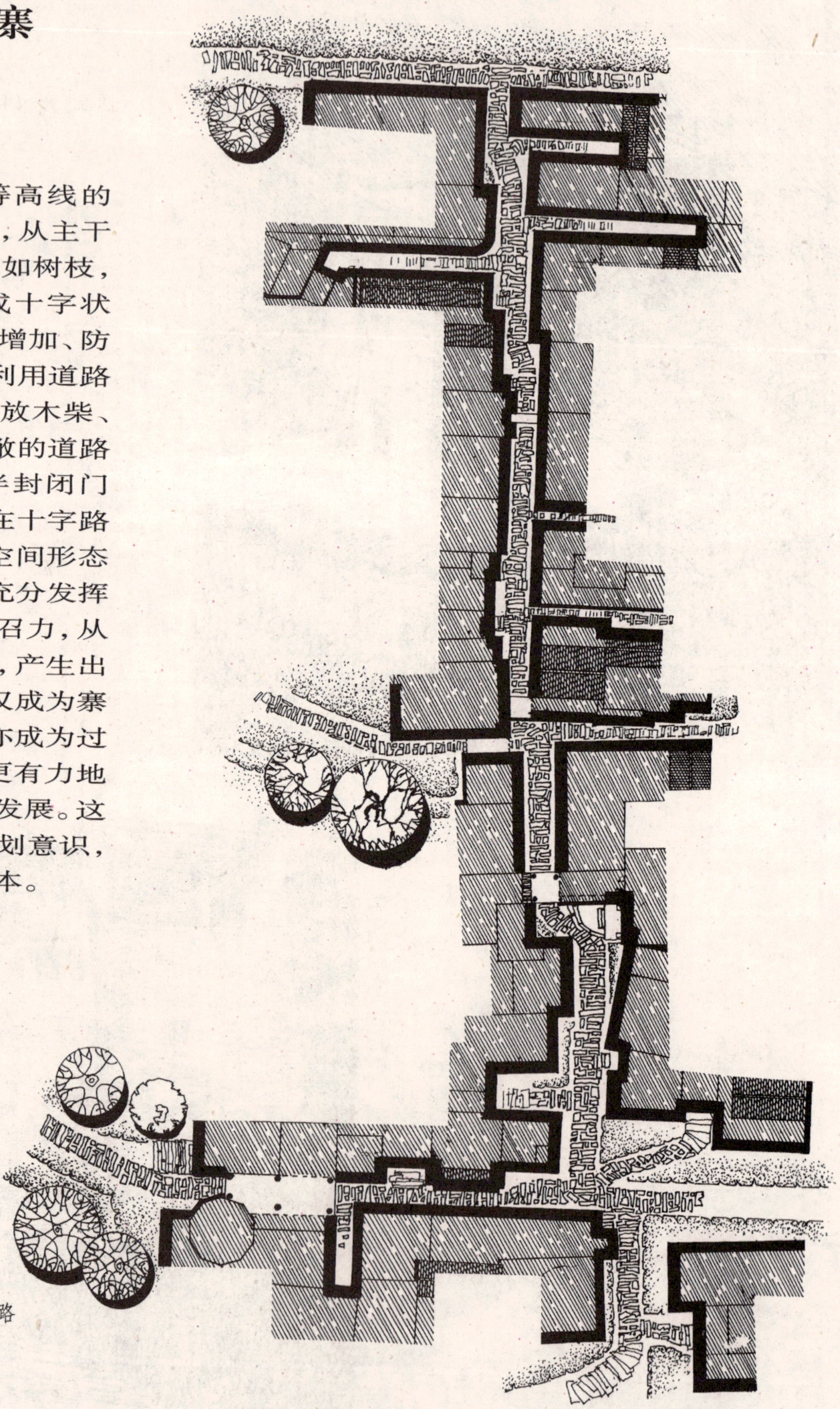

(图三——146)纳普寨道路树枝状格局示意

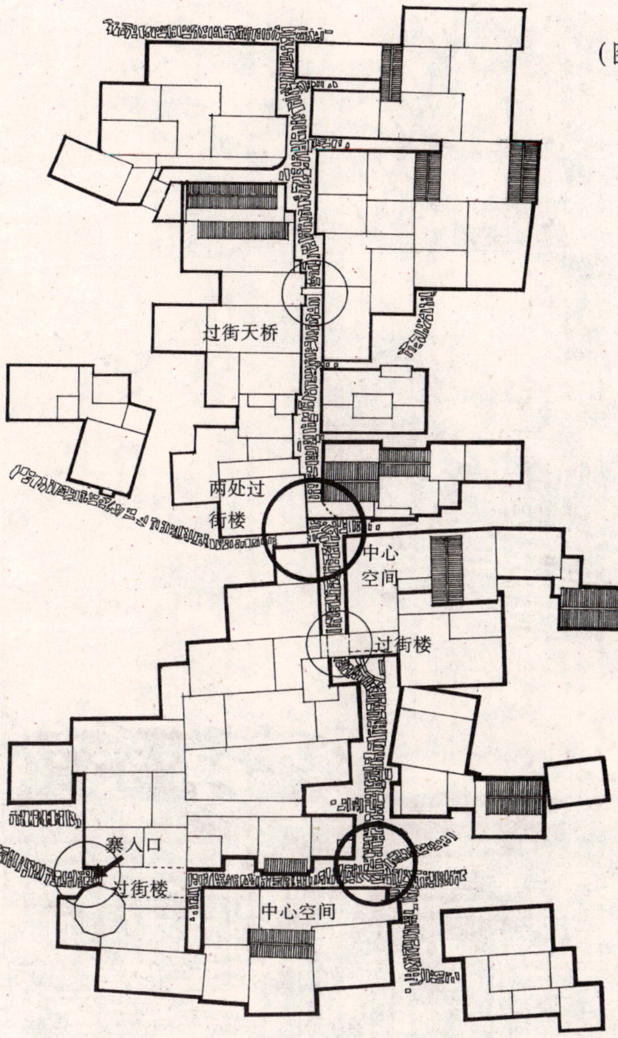

(图三——147)纳普寨中心空间及过街楼分布

各透视图位置

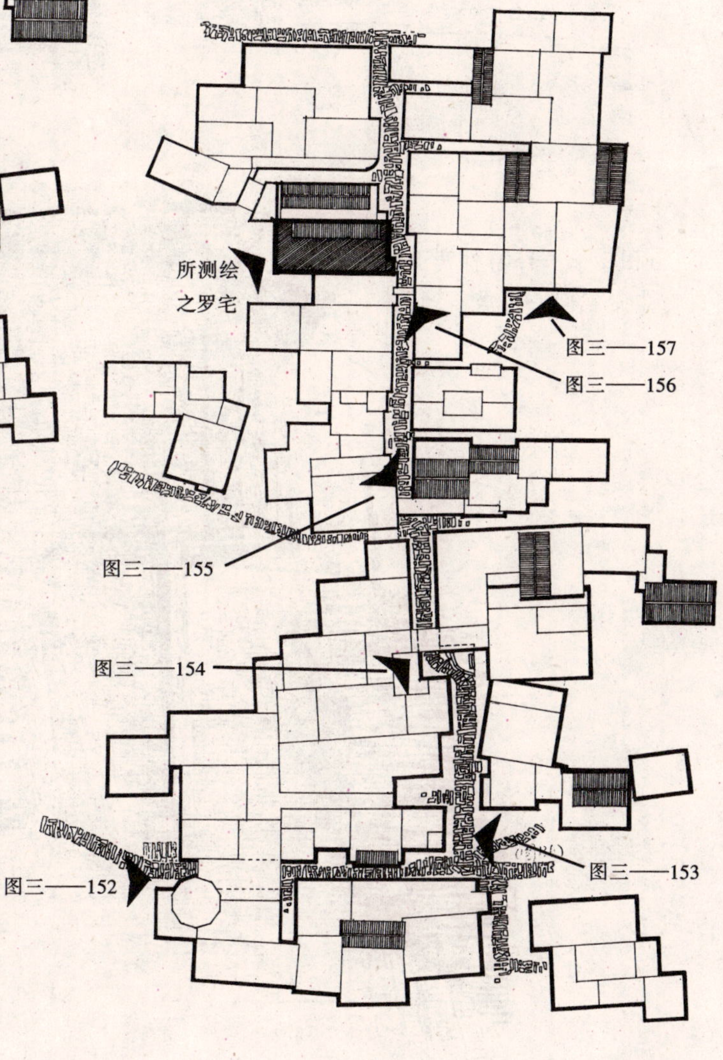

(图三——148)纳普寨各透视景点标识

(图三——149)
村寨入口过街楼

(图三——150)村寨下段
中心空间一民居

(图三——151)过街楼之一

(图三——152)过街楼之二

(图三——153)过街天桥

(图三——154)
寨旁民居一瞥

以道路和过街楼为中心的空间——老木卡寨

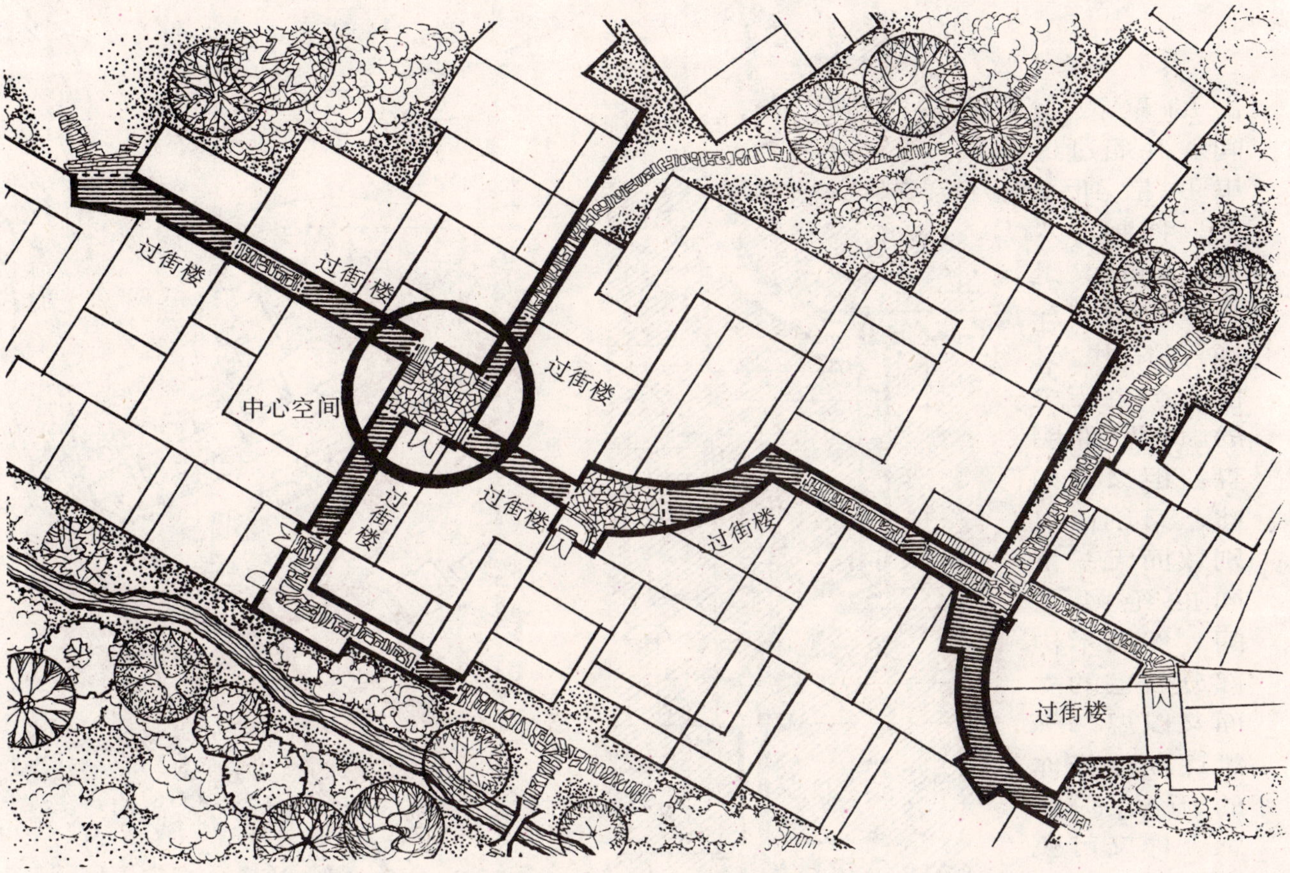

（图三——155）老木卡寨道路和过街楼中心空间平面示意图

老木卡寨由于地形的一陡坡一缓坡两种悬殊的高差，导致民居组团分别构筑在不同的地形上。亦同时形成上、下寨两部分。寨子悠久的历史和村寨发展渐而使下寨成为民居组团主要空间表现最为完善之处。实质上它包括除碉楼以外的羌寨任何一方面的空间构成。在此，若论中心空间形成，它不仅包括道路、过街楼二空间因素，还应包括水渠在内多者合一的空间构成。当然，个中民居是具有中心空间形成决定因素的。于此，可以判断，老木卡寨在整个羌民族村寨中，中心空间的人文色彩是最浓郁的，发育也是最成熟的，空间形象也是最具识别性的。

老木卡寨中心空间在下寨中部，它借用汉庭院天井四方之形，纳四个过街楼四条道路于一体。又挖暗渠从天井中斜穿过，而天井中民居木构部分的制作，充分展示本民族对阁楼的独特理解，粗犷中透露出汉文化的渗透。这就把中心空间往精湛方面大大提高了一步。然而三面石砌住宅墙体的高耸，四个过街楼“洞口”的汇聚，又使我们感到古老的防御意识在这里处处弥漫，又恰似一个召集人，同时又四处出

(图三——156)老木卡寨水渠、道路、过街楼、民居共同组成中心空间示意图

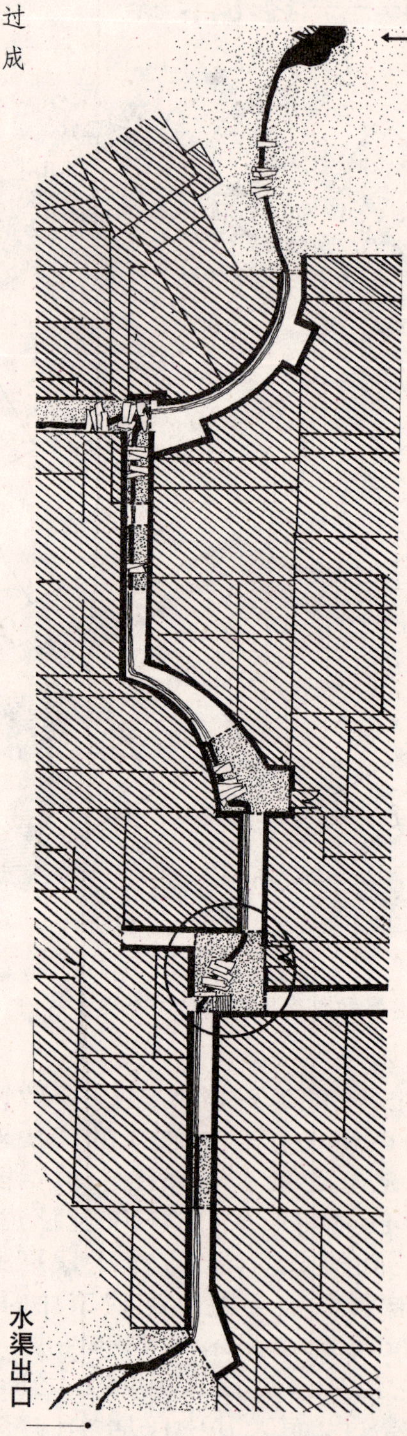

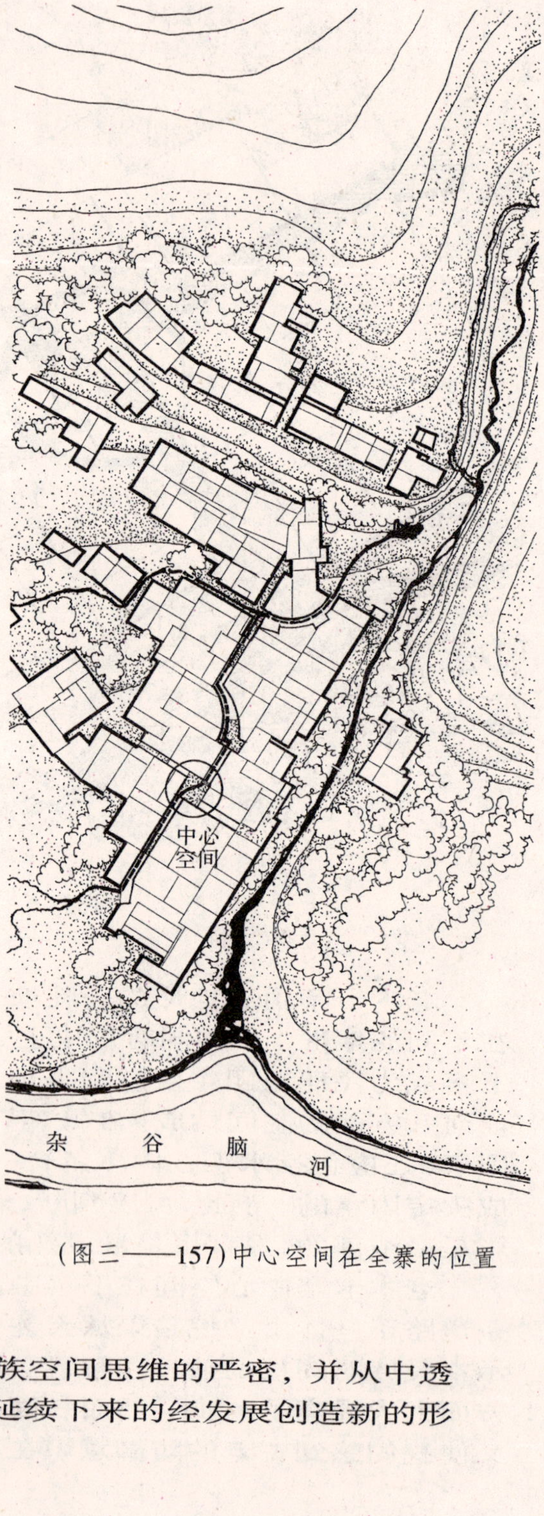

(图三——157)中心空间在全寨的位置

击的聚散空间。并通过这里扩散到全寨，控制着八方。同时又是一个诱敌“深桶”的陷井，又使人产生历史的威严和阴森。但又恰如此，又创造出别致而无一雷同的绝妙空间。然而木构部分住宅的立面又以温馨气氛逐渐冰释你的历史苍凉感。你又可获得一种蕴籍，一种安慰。故老木卡寨的中心空间形成和选址，民居规划诸项，绝非自由随意组合模式，其中心空间形态所散发出来的文化气息如此厚重而悠长，亦绝非一般庸匠所为。从这里我们可以看出一个民族空间思维的严密，并从中透溢出个体与整体，局部与大局之间，古老聚落延续下来的经发展创造新的形式在空间组合上的恰到好处的反映。

(图三——158)老木卡寨东侧仰视上寨

中心空间应该是具有文化含量的，而不是凡两路交叉成十字皆为中心空间。它不仅表现在功能上的实用，而且同是全寨百姓为之寄托、为之骄傲的心理中心空间。这就涉及到中心空间塑造的工艺性和本民族本寨人认同的审美性。

还有，“中心”不一定位置非在全寨平面的中心不可。任何村寨聚落都是时间和空间的对立统一体，亦即空间为动态的空间。因为人口要增加，人大要分家，还有寨内搬往寨外重造新房等等因素，都决定了中心空间位置的不确定性。正如古时老木卡的中心空间在坡上老寨旁一样。

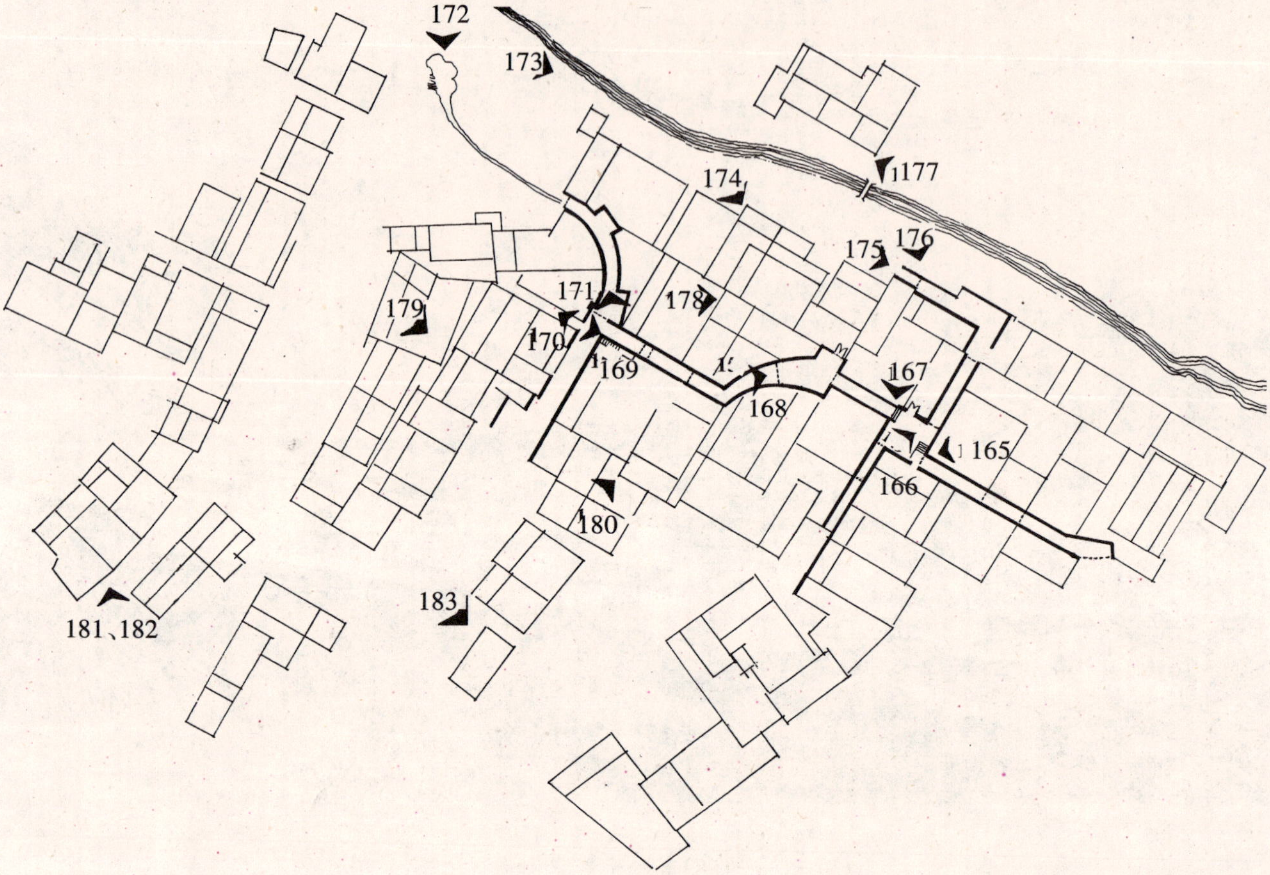

(图三——159)老木卡寨各透视景点标识索引

(图三——160)中心空间过街楼口

(图三——161)中心空间木构绣花楼

(图三——162)中心空间过街楼下巷道

(图三——163)通往中心空间的过街楼下

(图三——164)架在道路上的天桥和过街楼紧连

(图三——165)民居小巷

(图三——166) 水渠和过街楼下道路并行

(图三——167) 寨旁水渠泉水源头小景

(图三——168)寨旁小溪

(图三——169)寨中民居

(图三——170)寨中过街似棚台

(图三——171)畜圈小门

(图三——172)园圃小门

(图三——173)屋顶空间透视

(图三——174) 同作晒台和休闲场所的屋顶

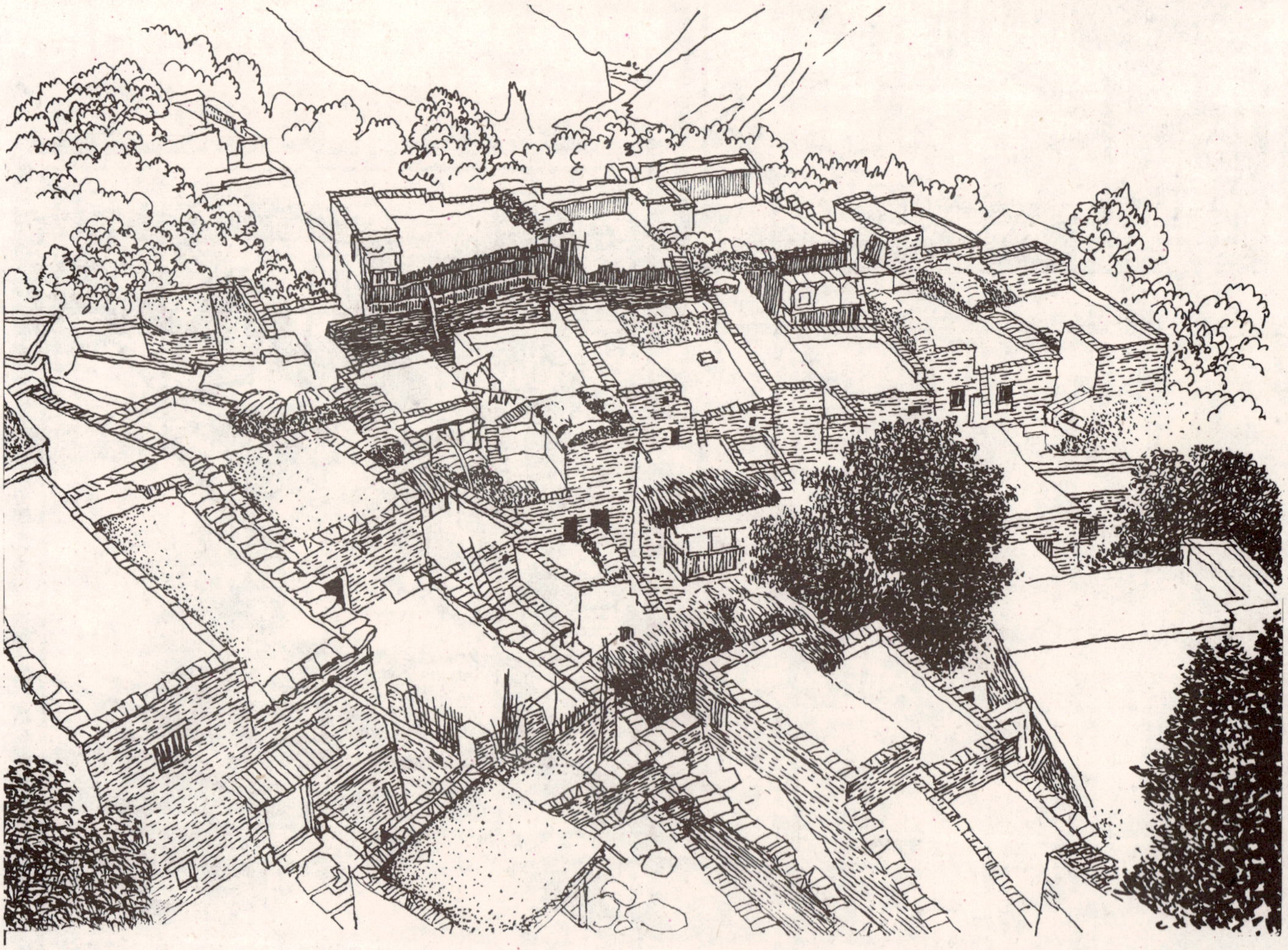

(图三——175)错落有致的下寨屋顶空间

(图三——176)上寨西侧民居之一

(图三——177)上寨西侧民居之二

(图三——178)寨中一民居门、道、梯组合

(图三——179)老木卡位置及环境写意图

(4)其它村寨空间实例——亚米笃寨

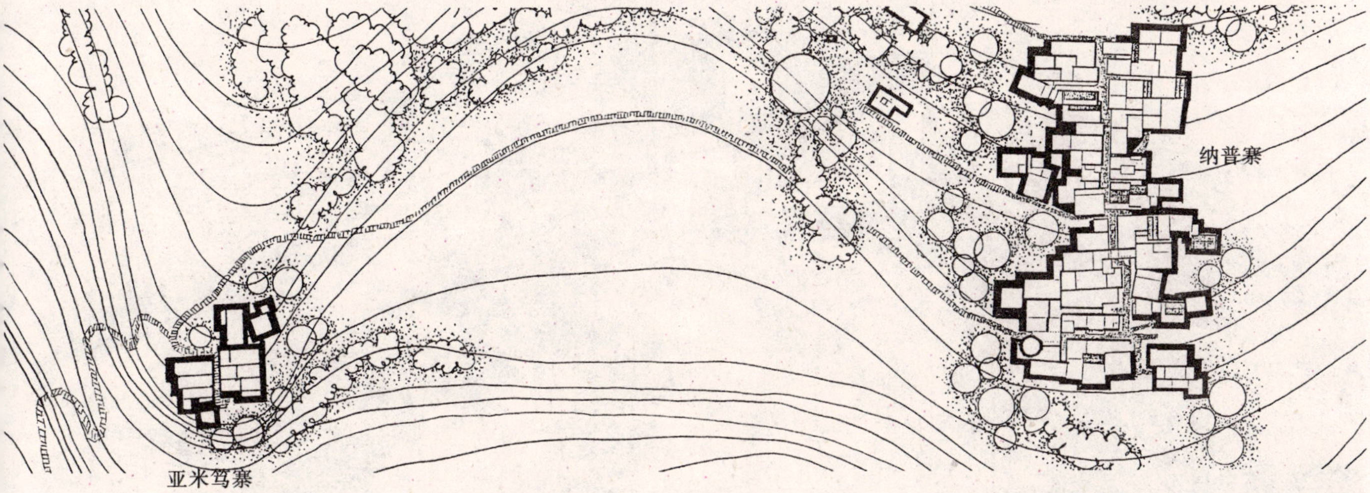

(图三——180)亚米笃寨和纳普寨之间布局关系

(图三——181)亚米笃寨总平面及寨中透视点

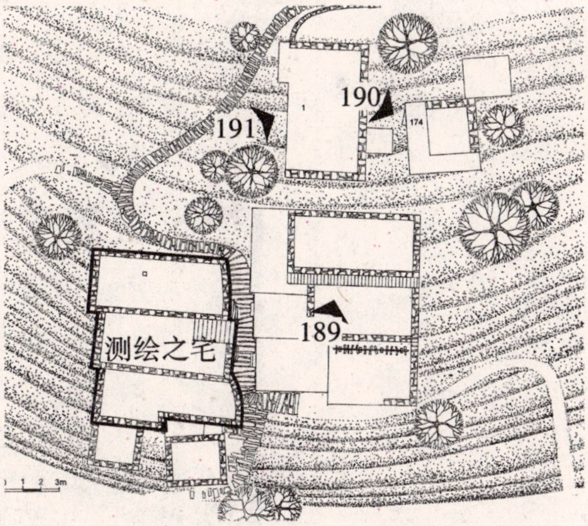

仅从平面上观察，似乎亚米笃寨和纳普寨之间呈现大小、主从空间关系，甚至于有亚米笃寨是纳普寨的前哨寨的感觉，尤其是亚米笃寨选址于道路必径之地悬岩绝壁上。这种村寨布局的空间现象，一方面反映出羌族村寨沉淀下来的、以防御为目的古典原始聚落意识；另一方面，又传导出不占耕地，宁可多费工时、材料、构筑难度大、生产生活不甚方便诸多建寨意识。因此，在居住空间的理解和应用上，逐渐从地面转移到屋顶，并在上面获得一家一块平展的晒台，以补充悬岩陡坡、室内采光等诸多不足。这种转移导致村寨民居相连的屋顶“第二地面”。因地制宜的结果使得某些村寨的中心空间明显地发生了转移，屋内除了吃、住、畜养之外，议事、待客、生产、玩耍等更多的和屋顶空间发生联系。时空关系的转移和重新分配，必然产生中心空间的变化。像此寨由于仅几户人家，尚无明显的中心空间形成，但俟形成大寨气候，亦同时会产生相应的中心空间。当然，由于各种原因，也许中心空间又会转移到地面。

(图三——182)悬岩上的亚米笃寨仰视

(图三——183)俯视分台构筑的屋顶空间

(图三——184) 某宅屋顶晒台与晒楼

(图三——185)某宅大门

(图三——186)民居透视

其它村寨空间实例——杨氏将军寨

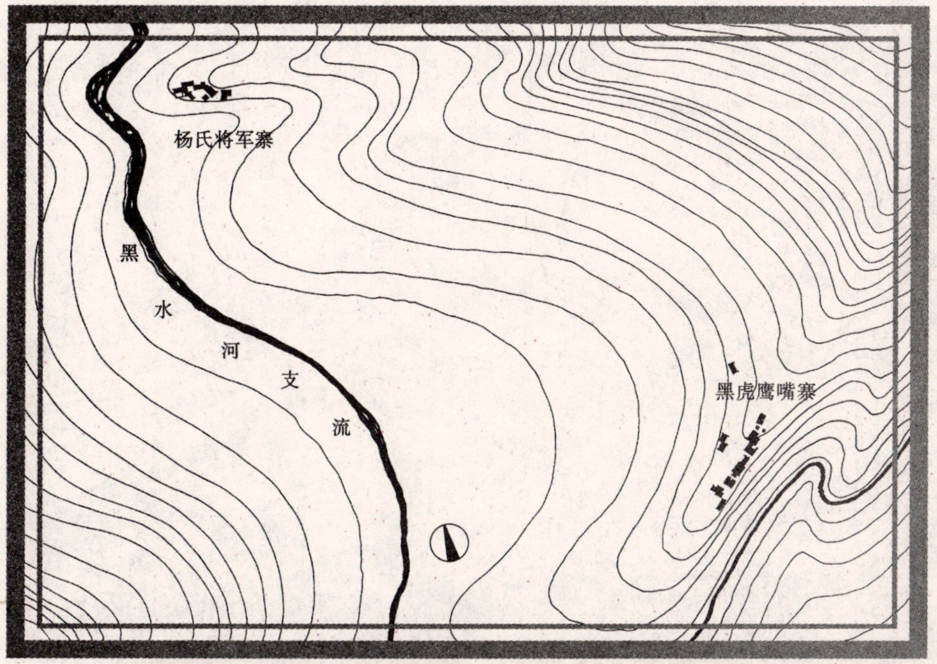

(图三——187) 杨氏将军寨和鹰嘴寨之间布局关系示意图

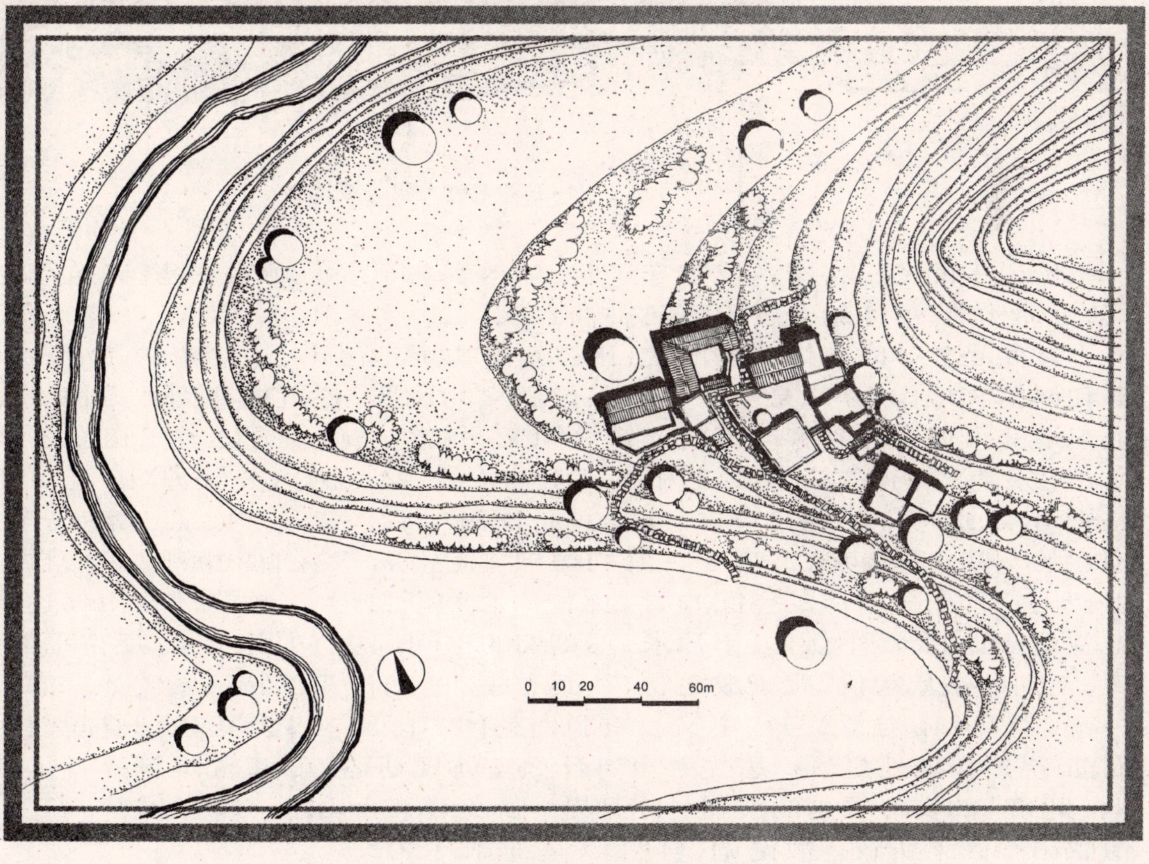

(图三——188) 杨氏将军寨总平面图

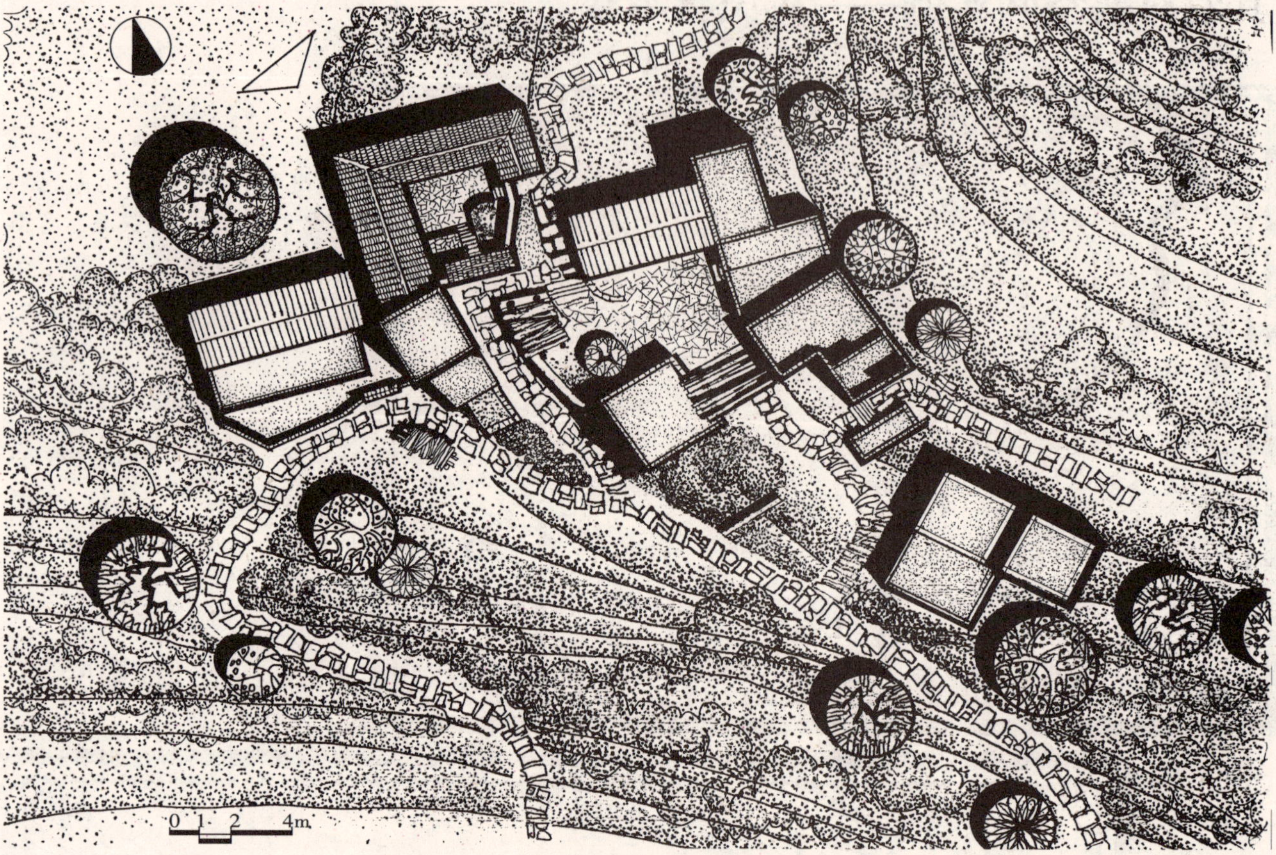

(图三——189)各宅空间组合概况

传说中的杨氏将军古代镇守于此，后得寨名至今。顾名观寨，建筑无论选址，布局，单体构造，群体组合皆不离防御轴心。

首先是整体防御体系的前哨：因选址于黑虎地区山谷，诸寨的前沿隘口，起着报警和前沿阵地作用。故最早住宅皆是带碉楼的民居。位置成四面八方视线焦点，又选址于地势最低的河谷旁。因此建筑之间无一般纯属经组合的成团相连之形貌，呈现的是较松散空间形态。目的是相互不阻挡视线，又兵力可分散进攻。还可相互支援，是进可攻、退可守的纯粹军事意图的空间构成。后兴建几户民居于寨旁，渐自完善成现在的空间格局，彻底改变了古老的防御空间格局。恰围绕古碉楼民居自由展开，又呈现出一种十分得体的空间布置。无论中心间渐自形成，或道路自由畅达，十分圆熟地叙述因地制宜、不做作、不强求、不萎缩的空间理想。如此一来，反得平面的疏密有致，空间的错落起伏，犹天成之状，杂而有序。空间形象的特征紧凑如一家，近看又是一寨，凝聚中有独立，自由中又没有脱离整体。区区一小寨可以把空间起伏转折，迂回曲 绕造得处处是景。事先并没有什么整体规划运筹，里面惟精粹者是“此时，此地，此事”的实事求是的民间朴素风范，以及对家乡山水一草一木，一石一土的真诚情感诸般因素所致。故谐调，自然，无丝毫雕琢之气。

(图三——190)杨氏将军寨透视

(图三——191)杨氏将军寨道路空间剖面

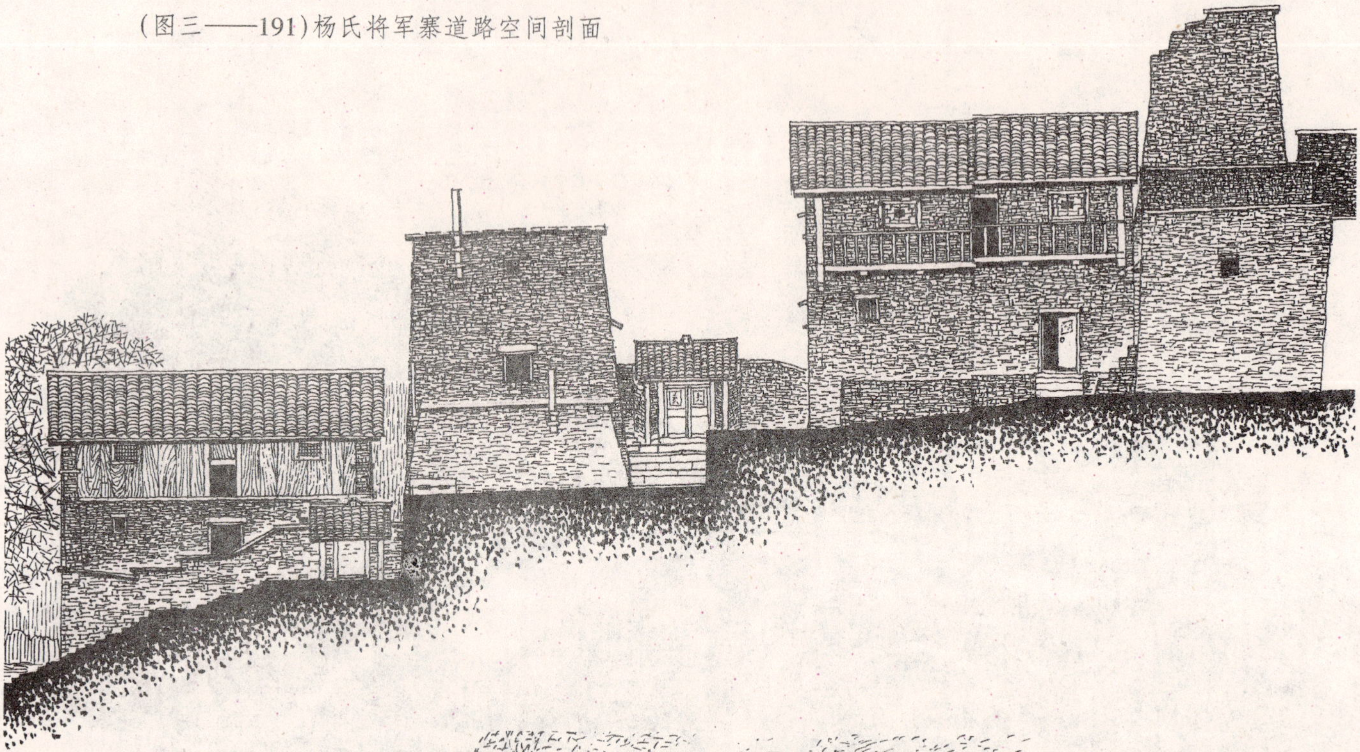

(图三——192)杨氏将军寨南侧透视

其它村寨空间实例——河西寨

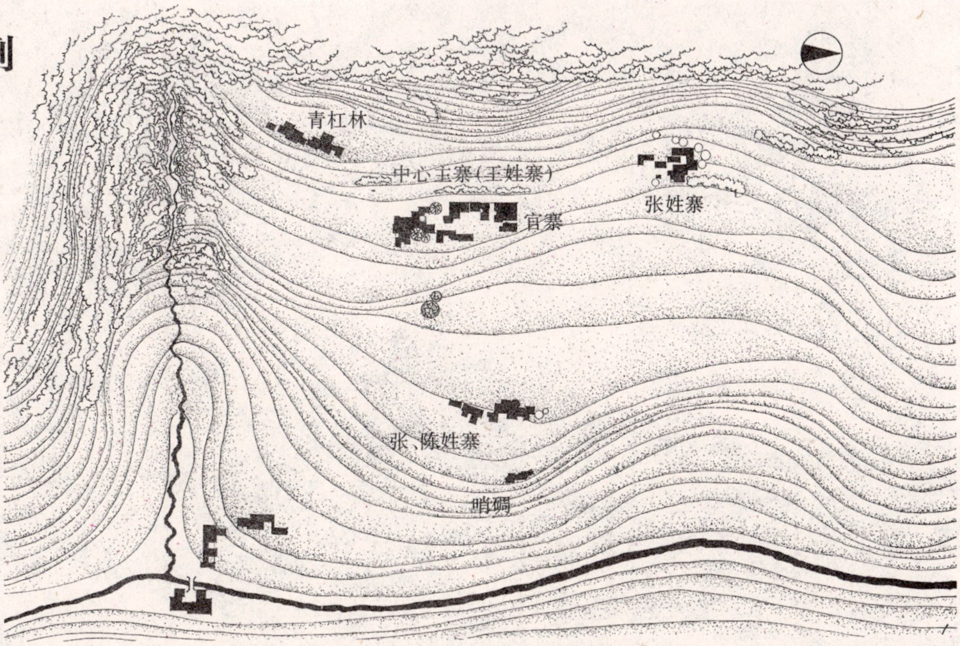

(图三——193)河西各寨总平面空间关系示意图

河西寨是河西各寨的总称。以黑水河一小支流切割小岭成河谷为界,其东为东山寨。河西寨选址的优越,又为古时羌族地区腹地的权利中心。整体空间格局均围绕设有官寨的中心主寨展开。核心意图是保卫官寨的整体防御布局设寨。因此,围绕主寨的三个寨子之间呈等距离的三角形状。而三个寨子与主寨之间距离又大致相等,于是主寨恰在三角平面的中心。这和睦一统的充满现代战术时空布局防御体系出现在数百年前的僻远大山少数民族地区,是非常惊人的防御空间现象。它是古典军事防御纵深层次发展的空间典型,又依稀透露出特定民族防御意识的延续。具体地讲,河谷防御为第一层次,上到台地及周围为第二防御层次。围绕主寨展开的战斗为第三层次。各家碉楼民居各自为战为第四层次。因此,空间布局、规划、营造皆为此实施。于是出现了相互间观照,信息传递十分完整的布寨设卡格局。把古老的羌民族防御思想推向了一个很高的境界。

它和岷江河谷、杂谷脑河谷村寨不同点是多寨组合的防御空间,而前者为一个村寨的民居组团在孤立的村寨内层层展开防御空间的组织和协调,以道路,过街楼、民居的紧密相连,抱成一团以抵御外敌。故进寨有些迷离,有进八阵图之感。而河西诸寨的多寨组合无需每个寨子内进行“巷战”,若要进行巷战,已是进入战斗的最后一个层次。因此,它依靠的是旷野之战这一古典空间形式。那么,作为一个部落也好,一个民族的分支也好,几姓联合的世居领域也好,惟集体的力量方显强大。因此,就必然出现有权利中心的头人居住空间存在,这里于是构成空间中心,其空间形态亦必然出现和一般住宅不同的地方,这就是官寨。而一个地方流行的民居样式往往成为共同认可的模式,亦同时延续下来,就像士兵穿统一的服装,这里则表现为从平面到空间大同小异的碉楼民居。

（图三——194）俯视河西官寨和下寨

（图三——195）河西寨剖面示意图

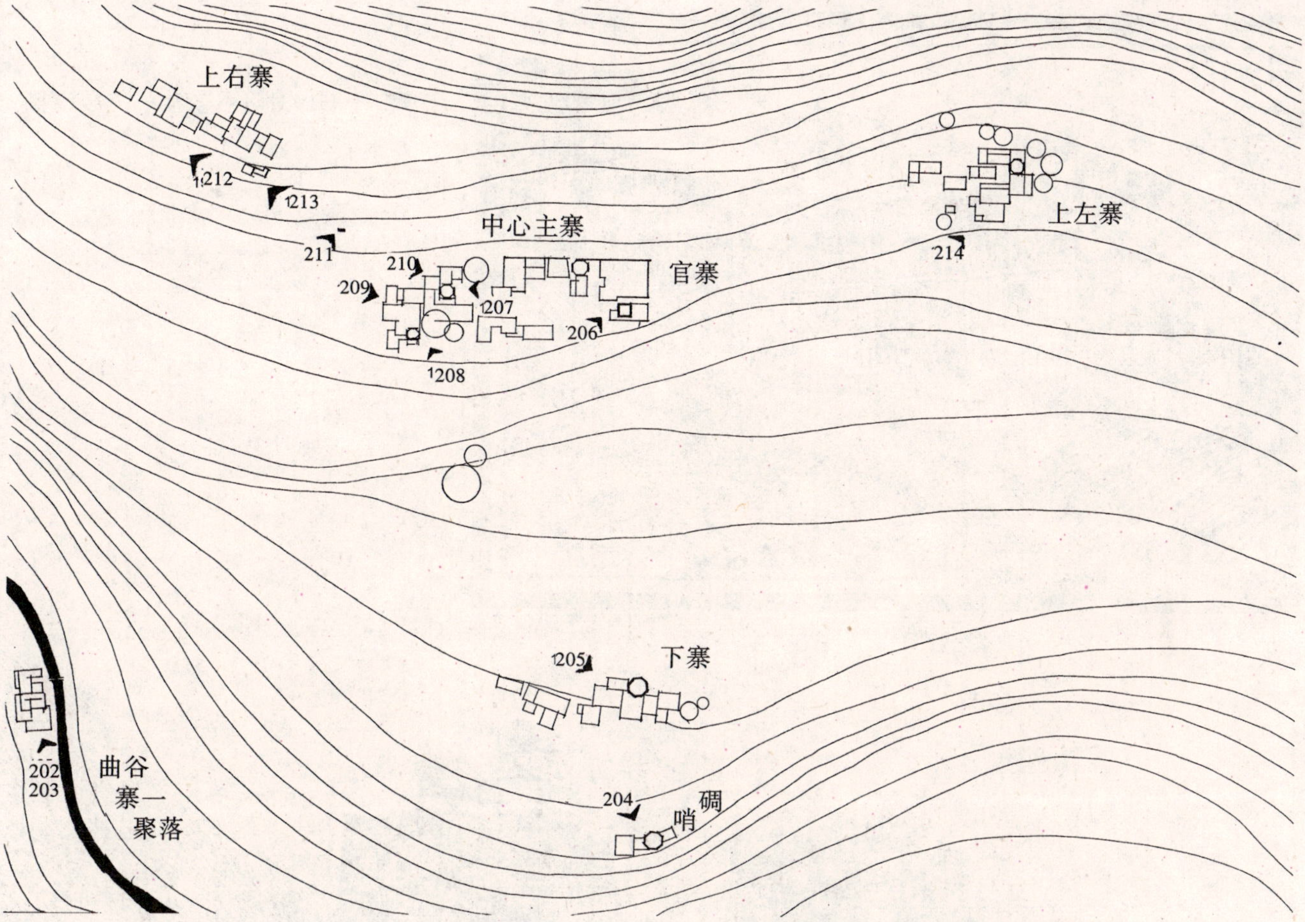

(图三——196)河西寨各透视点标识索引图

(图三——197)
河谷曲谷寨一
聚落俯视

(图三——198)河谷聚落一民居透视

(图三——199)处于河西各寨台地前沿的哨碉雄姿

(图三——200)河西下寨碉楼民居透视

(图三——201)官寨下方一碉楼民居透视

(图三——202)中心主寨民居组团空间一隅

(图三——203)中心主寨一碉楼民居透视之一

(图三——204)中心主寨一碉楼民居透视之二

(图三——205)中心主寨一民居

(图三——206）主寨与上右寨之间水井

(图三——207)上右寨透视

(图三——208)上右寨一碉楼民居透视

(图三——209)上左寨寨口

其它村寨空间实例
——和坪寨

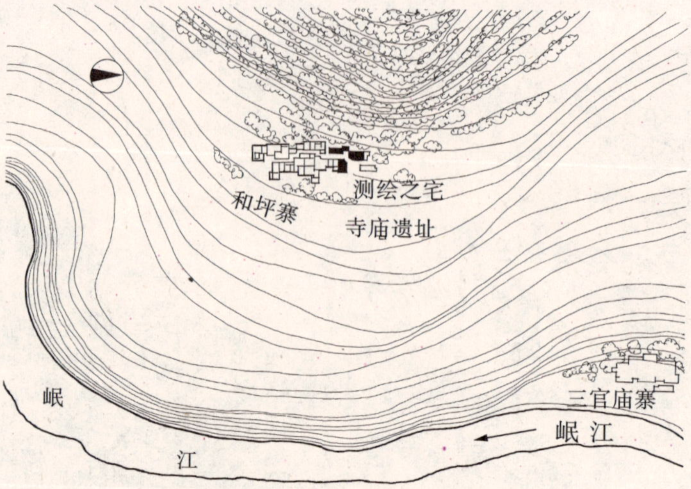

（图三——210）
和坪寨所处位置

处于半高山的和坪寨，下临岷江，后靠高山，是和汉族地区接近的羌族前沿村寨。由于地形陡峭，民居分布相对独立，聚落显得松散。村民间的联系除道路之外，多以屋顶平台以相互呼应。因此，村寨中心尚在形成之中。形成这样的状态：一个是山势太陡，二是寨下不远的岷江河谷有三官庙和绵虒两个遥遥在望的大型村镇。它不仅可满足心理较为充实之感，使得自己无偏远的孤独，且生活、生产全面和山下直接发生关系，似乎用不着再在本聚落之内着意形成一个什么中心，于是和坪寨民居就显得各自独立了。

（图三——211）和坪寨
鸟瞰写意图

(图三——212)寨中苏体刚宅透视

(图三——213)建在陡坡地上的民居

(图三——214)寨中民居局部一瞥

(图三——215)寨中有坡屋顶的民居

(图三——216)某宅楼道一角

(图三——218)通化寨形同街道的寨中干道

(图三——217)和主干道相连的过街楼

其它村寨空间实例
——通化寨(附:薛城、太平寨概况)

(图三——219)通化寨总平面示意

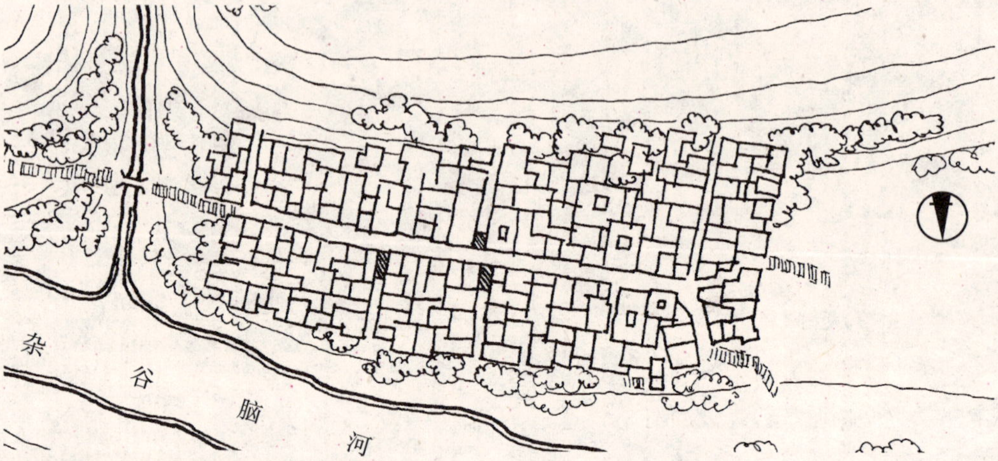

通化寨选址于杂谷脑河岸的官道旁。因此寨内道路有汉族场镇空间影响的端倪。道路较宽,石板铺就。有的人家似有前店后宅的意向,但"前店"多为主室,亦供奉香火于中轴线上,又谓之为堂屋。另外、道路还和引下山的溪水并行,这些都充满了浓郁的古村寨意趣。要说中心空间的话,倒是山溪入街的口子上,又和桥头接近,在那里往往村妇、小孩、老人会聚,或洗衣、淘菜,或戏水、玩耍,人气之旺往往伴随建筑于此,花样翻新。空间中心的形成亦顺之天然了。

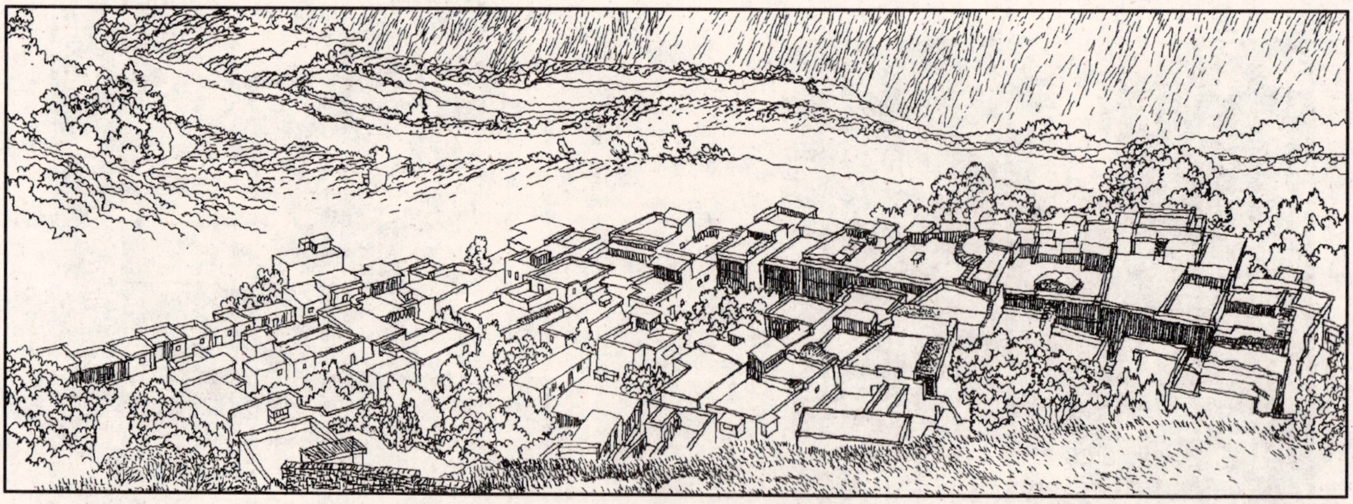

(图三——220)通化寨鸟瞰

(图三——221)通化寨形同街道的寨中干道

(图三——222) 和主干道相连的过街楼

(图三——223) 和主干道相连的过街楼

(图三——224)有的过街楼仅通往一户人家

(图三——225)
寨旁小桥

(图三——226)寨旁小道

薛城寨

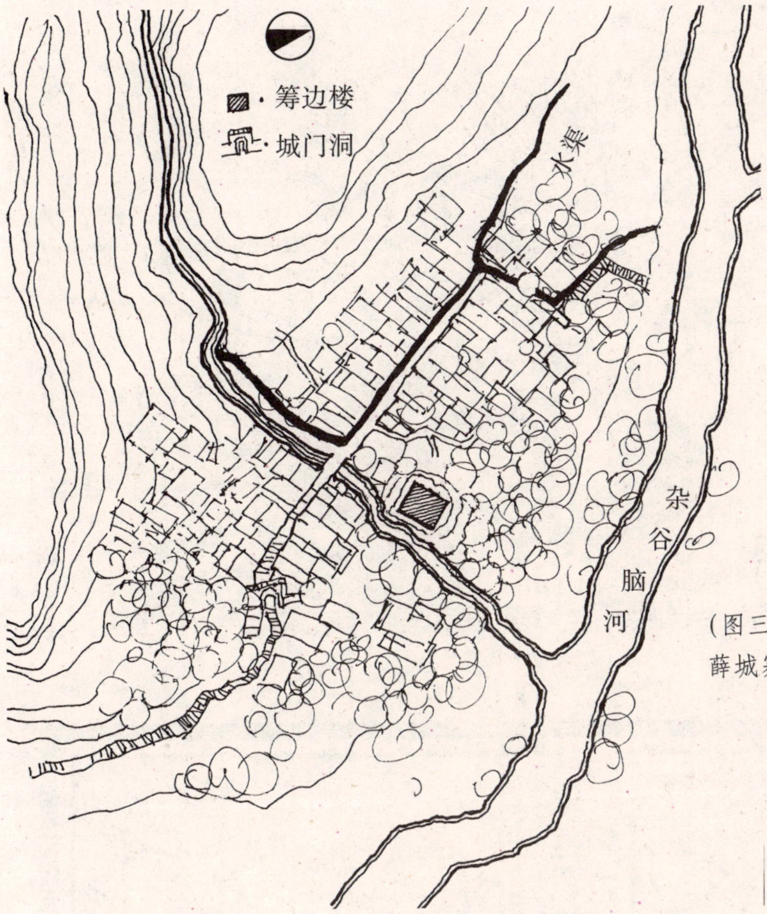

(图三——227)
薛城寨总平面示意图

太平寨

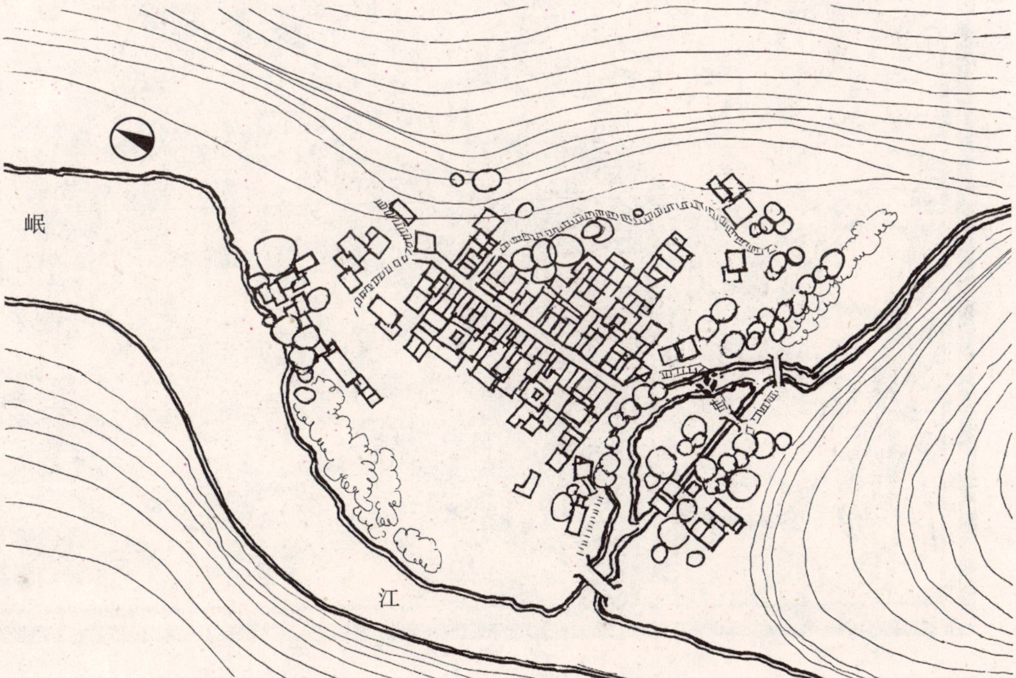

(图三——228)
太平寨总平面示意图

其它村寨空间实例——危关寨

著名的危关寨是由羌族地区进入藏族地区第二道险关。属于藏族村寨。但整体空间形态和住宅特征，多具羌族色彩。空间中心古时在村寨的上北部，后逐渐下移至官道旁。

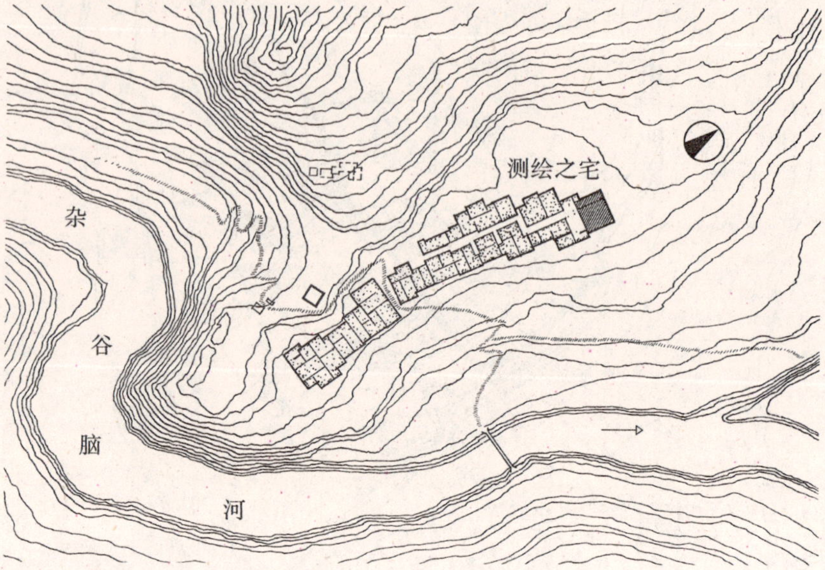

(图三——229)危关寨总平面示意图

(图三——230)危关寨及环境写意图

(图三——231) 危关寨东侧速写

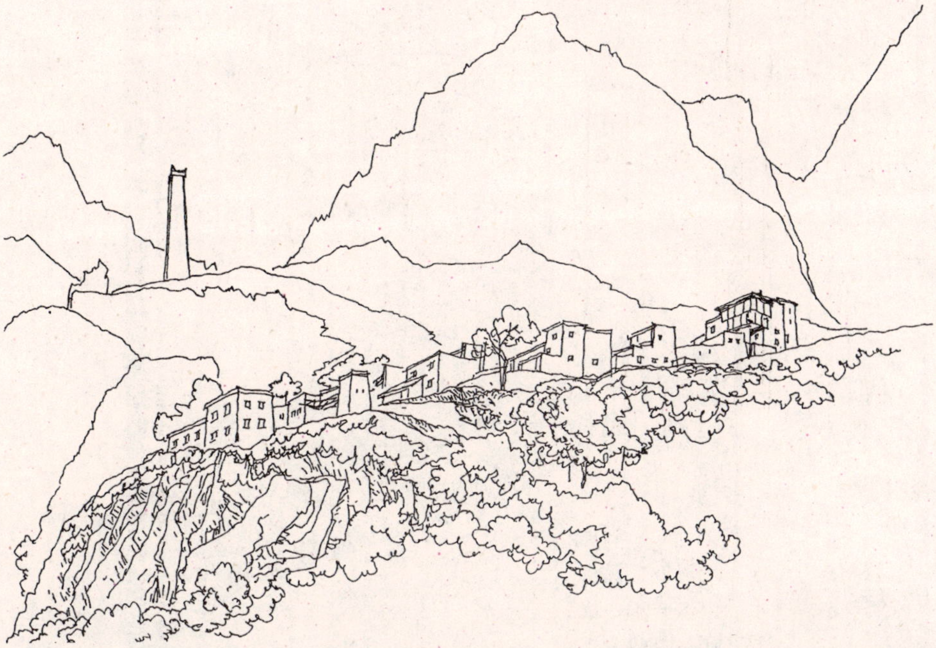

(图三——232)寨下横跨杂谷脑河上的索桥

(图三——233)危关碉楼雄姿

(图三——234)危关寨速写

官寨

一、官寨概论

元、明至清代，今四川省阿坝藏族羌族自治州境内实行土司制，以分封方式委任当地少数民族首领、酋豪充任地方官吏，对辖区进行统治，其头人谓之土司。土司之职，为世袭制。它是封建王朝对少数民族统治的一种方式。羌族地区土司制始于元代，兴于明代。时当地土官纷纷归降，如静州土官非车、陇木土官也真岳、希蓬土官蒲送等。土司制客观上密切了中央王朝和地方民族的关系，有助于各民族间的交往，从而促进了民族地区的开发。

二、官寨空间

土司制是中央王朝统治下产生的地方官吏制度。若从土司施行权利和居住的空间推测，能否在建筑上发现羌族土风味极浓的传统空间和汉族之间存在某些联系，或者它和一般羌族建筑究竟有一些什么不同的地方，它是如何从空间上充分体现它的权利和地位的？这就构成羌族建筑一类极特殊、极壮观、极复杂的空间体系——官寨建筑。然而，羌族地区内的官寨不独羌族所据，就是境内最大的官寨——汶川县涂禹山上的瓦寺宣慰司土司官寨，亦为藏人所建，又临近汉族地区。那么，它的空间会呈现一种什么样的形态？当然，更多的官寨是羌人建造的，但大多已经废毁得面目全非，甚至有的仅存遗址了。于是，为了较全面了解和剖析官寨这一极珍贵的建筑，我们以羌族地区仅存的三座官寨入手去挖掘整理它。

一、羌族腹心地域，茂县曲谷乡河西村王泰昌官寨。

二、羌族境内最大，但由藏族所建，又临近汉区的瓦寺土司官寨。

三、临近羌族地区的理县甘堡乡藏族桑梓侯（桑福田）官寨。

之所以以不同民族的建筑空间列出，一因它们是羌区官寨中的仅存。二因羌族地区历来为羌、汉、藏三种文化纠葛交融之地，素来你中有我，我中有你。又因建筑可一目了然，官寨体大量巨、空间殊有特色，摆在世界建筑之林中，实也耀人眼目。再则，除桑梓侯官寨临近羌族地区，建筑富含羌、汉建筑因素外，其它两座都在羌族地区内。

因此，三座官寨表现出涉及选址、规划、空间营造等等系列的不同特点和风貌。若说是一种类型，亦仅是官寨概念上的分类，并不涉及建筑上的分类。所以，某一官寨在建筑上不具普遍性。而具相对的独立性，空间形态呈现的是互不相同、互不影响的从里到外的独特的精神和形貌。

三、官寨与村寨

官寨不是孤立的空间现象。无论土司之衙署，土官的邸宅，因其存在的基础是人民，亦就离不开村寨的存在。所不同者，这些统治少数民族的官吏有主宰村寨的选址、布局的权利，以达到自身安全的目的。但各头领、豪酋有不同的经历、阅历，有悬殊的历史、社会、民族背景，甚至不同的地理、气候条件。因此，官寨与村寨之间的空间关系，又呈现出不同的格局。比如，茂县曲谷王泰昌官寨和各村寨之间呈现的是有着古羌人游牧时代的帐幕群散点布局的遗风。瓦寺土司官寨因居于山脊之上，有天然的陡坡悬崖构成防护，干脆纳村寨于一体，外围构筑城墙，使得村寨官寨融为一体。理县甘堡桑梓侯官寨，桑梓侯先祖为驻军，官寨又在大道旁，除住宅深受汉族文化影响之外，自我规范意识表现在不干扰寨中民众，选址于寨旁。寨主本身是军人，以防御抗击为职业，反而于建筑上疏于防御建构，同时又表现在和村寨关系上。

以上不同官寨的不同特点和村寨关系在空间的不同气氛，是因地制宜的结果。于是，由此带来了官寨与村寨空间关系的多样性和丰富性，在我们面前展开了幅幅空间不同的和自然紧密相连的空间形态，使人感到个中充满了富于想像力的创造性。然而又不是孤立的，它又透露出历史的延续、各民族文化的融会、自身的理解等等。

四、官寨实例

1. 王泰昌官寨(图四—1～16)

王泰昌官寨地处茂县西北部的崇山峻岭中，明代属杂谷安抚司管辖，时称“后番”，即今曲谷乡。从官寨和各村寨布局看，多有西北游牧时代帐幕分散布点组群的遗风。官寨估计建于清代中后期，今称河西寨。

河西诸寨辖四寨，呈三角形布局，官寨居于三角形中心，谓之中主寨。而官寨又在中主寨的北侧(参见“村寨空间”181图)。官寨占地约600平方米，平面呈方形。坐西朝东开门，但底层平面因分台构筑不完整，又为畜养空间，实则以二层坐北朝南为大门。进门即为深桶式天井。天井有梯道上三层，再由三层进房间上至以上各层。整幢建筑共6层，高约20米。二层天井中有排水口经暗沟直把积水引流自大门外，再经简槽排出。天井的高深除采光之外，尤如大烟囱，空气和烟尘由各房间集中于此上升出顶层扩散。因此，把主要活动空间的二层随时保持在空气较为良好状态。若仅以天井和朝向，大致的中轴对称布局即判为受到汉人住宅的影响是不足为凭的。因王泰昌先人王国栋虽为政府官员，常出入于汉区，受到汉文化影响，但从官寨空间看，其影响是很微弱的。因此，从官寨内部空间到外观、从石砌构筑到构件看，应为纯粹的羌族官寨建筑。而它展现的雄浑造型和当地一般三层的小体量民居殊为大异，是一种十分独特的庞大空间形态。可以看出，这是衙署和住宅的合二而一，是对传统羌族民居的延续和放大。它保持了传统主室和内设的火塘、中心柱等羌族固有布置，但又把房间放得很大，给公事、会议、住客以活动空间。

羌族建筑最宝贵之处是无法定形制，这就给造房主人和工匠，给每一个人带来了无边无际创造想象空间。若论空间上稳定的传统习惯，惟建房必须有主室，以维持家人活动中心，但并无全族统一尺度，即根据需要和可能全可大小长宽自定。至于其它空间，较稳定的也无非是底层畜养，二层居人，三层罩楼晒台的统一习惯。但这并不全是形制，形制首先反映在平面创造上。因此，羌族民居可谓一家一个平面，呈现十分丰富缤纷的平面布局大观。这自然又影响到官寨建筑的平面布局，造成官寨空间的多样化。所以羌族地区官寨，仅只外观造型就无一雷同者，里面当然就涉及内部平面的构思与设计。而王泰昌官寨地处羌族腹心之地，此地毗邻黑水藏族地区，羌民多与藏族交往，故受到藏族文化的影响较大。比如窗户的构作，就显得规范和严谨，尺度统一，和藏族民居开窗极为相近。内中透露出羌族上层人士深层思想在一定权力范围内追求统一法度的萌芽，同时又是权力在建筑上的表现。

由于建筑围护的石砌墙体均作收分处理，整体空间亦出现下宽上稍窄的现象。官寨空间尤显均衡与坚稳牢固。墙体下部剖面宽达90厘米，顶层女儿墙仅30厘米。这就呈现近乎城堡似的威严格局，加之选址接近高山顶峰的缓坡上，十分突出的空间地位亦昭示一种与众不同的主人身份。在内部结构上采取石砌与木构相结合的空间划割手法，石砌墙既分割主要空间又起承重作用。凡楔入石墙体的木梁，均取“5”数。如5寸，1尺5寸。这是汉族空间与结构少见的习惯尺寸，当地老乡言传，此5谐“武”，是羌人尚武精神至微的表现。由于有的房间跨度达8米，遵照羌民居的传统作法，皆立中心柱于房间中心,方柱直径 45 厘米。若嫌不够坚稳,亦立两柱于中心。另外,各层平面多出现不在同一水平面上的现象,高差又仅四五十与二三十厘米之间,犹如跃层,空间极具变化。这种习惯的产生,一是各空间建造时,时间有先后,并非一次性完成;二是承重上错开受力部位而成。凡有高差的地方是门是道,皆有木梯、石梯衔接。因此,每层空间扑朔迷离,起伏跌宕,非常神秘。所以,官寨整体空间亦可说是若干个单位空间的有机组合。由于每个单位的层数不同,不仅内部空间出现丰富的变化,各空间尺度全不相同,自然影响到外部空间错落。故出现非常别致的造型,同时又构成羌族官寨建筑的固有特色。

王泰昌官寨经历四代人之手,逐渐完善,作为曾是三龙乡、黑虎乡一带的经济、政治中心,同时又是羌语标准音点,虽为官寨,其房顶过去仍供砌白色石塔子 5 个,信守羌族白石神崇拜,又设姜子牙神(泰山石敢当)于大门左侧。河西群寨整体布局和官寨的独特建构,充分展示了特定地区民族建筑的特定环境和特定历史、社会背景,它们都会对建筑产生决定性的影响。

2. **瓦寺土司官寨**(图四—17 ~ 23)

明英宗正统六年(1441 年),茂、威、汶地区生事。明朝廷命琼布思六本统三千多士兵出藏进剿,后由其弟雍中罗洛思奉诏留驻汶川县之涂禹山,朝廷令其开荒驻牧,并颁宣慰司世袭土职,谓之"阃内土司",俗称瓦寺土司,是离内地最近的藏族聚居点。鸦片战争期间,瓦寺土司奉命征调藏、羌子弟,征战万里,与英军作战,在东南沿海建立了不朽的业绩。

几百年来,藏、羌、汉各族人民一起生活在这里,在宗教、习俗、语言诸多方面相互影响,相互认同,出现和睦团结的局面,这自然影响到建筑的融合与发展。因此,在选址、布局、建筑等方面,都使我们看到一个十分独特的藏、羌、汉建筑文化三者合一的空间格局与形态。

官寨选址在岷江西岸海拔 2000 多米的一山脊凸出部,和岷江相对高度在 1000 米以上,岷江在山下形成一曲回带状。这里正是汉族风水中朱雀一貌地形的至要,背后连绵起伏的群山由此逶迤层层远去,正是风水中龙脉结穴之处;左右山岭环护,恰此是中心,会意风水择地选址之"砂"。若以防御角度看,三面陡坡绝壁,高差 1000 多米,易守难攻。而左右延展的高半山耕地、牧场又提供了生产生活的基本生存条件,背后森林涵水的蓄量,保证高质量的生活用水。凡此种种,都保证了官寨选址的周密和优越。恰选址山脊东西向的地形又给官寨提供了坐西朝东的建筑布局,亦契合羌、藏同胞建筑选址面迎太阳的虔诚心理。因此，仅官寨选址就包涵了汉、藏、羌三民族的传统习惯的共同认可。单从地形地貌看，选址的慎重与严格，甚至于苛求，可谓用心良苦。

官寨在狭窄的山脊上展开布局，构成的平面亦成狭窄状，且中段又被地形制约随地形转折而转折。整个官寨统衙署和民居于一体，周围护以城墙，东向大门为砖石圆拱，于是形成城堡式空间形态，总占地 11025 平方米。因此，瓦寺土司官寨应为官寨与村寨统为一体的极特殊的封闭式空间组团，亦可谓“官民一体寨”。官寨坐西朝东，内分衙署、民居、碉楼与经楼四部分建筑。

衙署为明代至清代木构体系，四合院布局，占地 850 平方米。正堂单檐悬山木构屋顶，明间为抬梁式梁架，次间穿逗式梁架。面阔 5 间 16.5 米，进深 5 间 16 米，通高 8 米。后堂重檐悬山顶，穿逗式梁架，面阔 3 间 13 米，进深 5 间 13.5 米，通高 9 米。素面台基高 2 米，有 9 级石阶踏道。门厅为明代建筑，单檐歇山顶，抬梁式梁架，进深 2 间 6.2 米，面阔 6 间 19.5 米。左右厢房单檐悬山顶，穿逗式梁架，面阔 2 间 6 米，进深 2 间 5.8 米，通高 7.5 米。正堂及左右厢房为清代建筑。左右为陡峭坡地，前后为民居。前寨门距后寨门约 400 米，有主干道相通，两寨门高差约 20 米，上半部分即官寨，下半部分即民居。另外还有 4 个 12 米高的经楼，底边宽 6 米，方形，上有“宝顶盖”(歇山式屋顶)。碉楼立于官寨衙署内，今已毁，据传 9 丈 9 尺高，合 30 米左右，形如羌族村寨碉楼造型。除官寨墙体部分为木板之外，其它都是石砌墙。官寨用水由 3 里外开渠引来，水质优良。渠与道路平行，贯穿全寨，十分方便。

由此我们看到一个融汉、藏、羌三民族建筑特点的空间形态于整个官寨。它通过石砌这一羌族固有建筑特色，统一着各具体空间。汉、藏、羌三民族建筑特点十分和谐相聚一寨，呈现一种文化交融十分独特但并不怪异的人文景观和空间组团现象，这在国内官式建筑与乡土建筑的亲合上，在各民族文化的碰撞上是十分罕见的空间实例。出现这种现象，有深厚的历史、社会基础。建筑作为可视的物质形态出现，仅集中反映了这些背景而已。比如，这支远征藏军驻牧于此后，首先和当地羌族土著结成婚姻关系，生产生活息息相关。原来的羌族成为藏族土司属民后，渐渐在宗教上、感情上亦和藏族认同，如羌人死后请喇嘛念经超度，羌寨内建乩仙庙的同时也建念经楼，丧事吹奏的唢呐调至今还含有喇嘛念经调等等。所以，瓦寺土司官寨从整体到局部，从选址到空间营造，都是和当地当时的物质与精神形态同步发展而不是孤立的。

3. 桑梓侯官寨(图四—24~36)

桑梓侯为藏族,居理县甘堡寨,置寨于杂谷脑河岸。寨址选于临近羌族地区的大道旁,村寨建筑深受羌、汉文化影响。自汶川岷江与杂谷脑河交汇处起,沿杂谷脑河谷直至杂谷脑镇,在长达60多公里的河谷地带,形成了藏、羌、汉三民族文化交融长廊,而其中之建筑亦不过是这种融会的缩影而已。

甘堡寨自乾隆十七年置甘堡屯,乾隆五十一年驻正额屯兵325名。民国28年(1929年),桑梓侯先辈桑福田任守备辖28寨,屯兵650兵,为土屯武装守备所,谓之土官。守备所在即今之桑梓侯官寨。元、明至清代,今阿坝州内实行土司制,以分封方式委任当地少数民族首领、豪酋充任地方官吏,对辖区实行统治。很明显,几百年的汉文化影响,尤其对临近汉族地区的少数民族来说,其影响的力度,幅度远远大于边远及腹心地区。也许这就是为什么越往阿坝州纵深地走,越往高山深涧走,汉文化影响越小的原因。因此,居于官道旁又距汉区近的甘堡桑梓侯寨在建筑上必然要反映出这种影响。

官寨选址于村寨东南角,坐西朝东,宅平面成方形,为明显的中轴对称布局。里面无不充斥着汉衙署公堂讲究严正公允光明正大一类不偏不倚的内涵,桑宅遵循这一做法,亦是遵照清廷历来讲究官式之作有区别于民间之作,不可混淆以正视听的建筑规矩及营造方式。因此,公堂摆在正中核心地位。左右厢房或为客房、过厅,前面则为杂役差室。居住部分全摆在后面,基本上保留了藏族传统平面布局,但又处处有羌、汉文化糅合其间,比如主室和羌族主室布置并无本质上的区别:有中心柱、火塘和神位形成对角轴线,沿神位两边安排组合柜架,火塘上有炕兼烟道直通顶屋晒台排气排烟,不同是炕架的大型与精致是一般家庭中罕见的。再有公堂后面两层挑廊重叠组合是羌族及汉族所没有的作法,而在挑廊后的房间安置小姐楼同样为羌、汉罕见,因其正处于轴线之中后,是汉族神位所在。最为考究的是右后侧书楼及走廊的装饰,两者吸收了汉族耕读为本的儒化遗风,在读书楼的前廊上作些圆拱廊柱联系,透溢出儒雅之气。有趣的是顶层晒台,作为土官的藏族官寨之宅,按藏族传统住宅习惯,既不种庄稼要收放粮食,且顶层本应作为经楼。然而桑宅顶层却按照羌族住宅作法,犹如羌农家收放庄稼的空间,一阴一阳,半封闭中露出开敞晒台,又出现一种民间味。所以桑宅之妙可谓高度融合藏、羌、汉三族的空间理想、作法与构造。但造型并没有什么不妥不顺眼的地方,相反,却感生动别致,十分亲切而富于创造性。由于桑宅从平面到空间构造都由民居改造而来,故丝毫没有官寨的威严的外观，充其量体量稍大而已，或正立面木构部分多一些讲究而已。

桑宅占地约650平方米。按汉族尺度，面宽9丈，进深8丈，高(加基础)6丈。9与8、6数皆为传统建宅吉祥之数，很容易被藏、羌建宅接受。另外在住宅内部的层高上各不一致，也属一种因地制宜的特色空间，比如主室常有烟火，则加高净空；右侧书楼则上下共四层，目的是增加底层半地下状态以作密室；中间房间作家人卧室，然要保证小姐楼的风雅，又增加层高，压缩底顶作为过道的高度。这样在外观上又出现中高两边低的对称平衡面貌，突出了和一般民居不同的造型特点，更强调了有别于一般的官寨形象。因此，“桑家衙门”以自己独特的空间形态，融藏、羌、汉民族建筑文化于一体，充分表达了特定地区特定建筑的特定气氛，是非常难能可贵的空间实例。

官寨实例

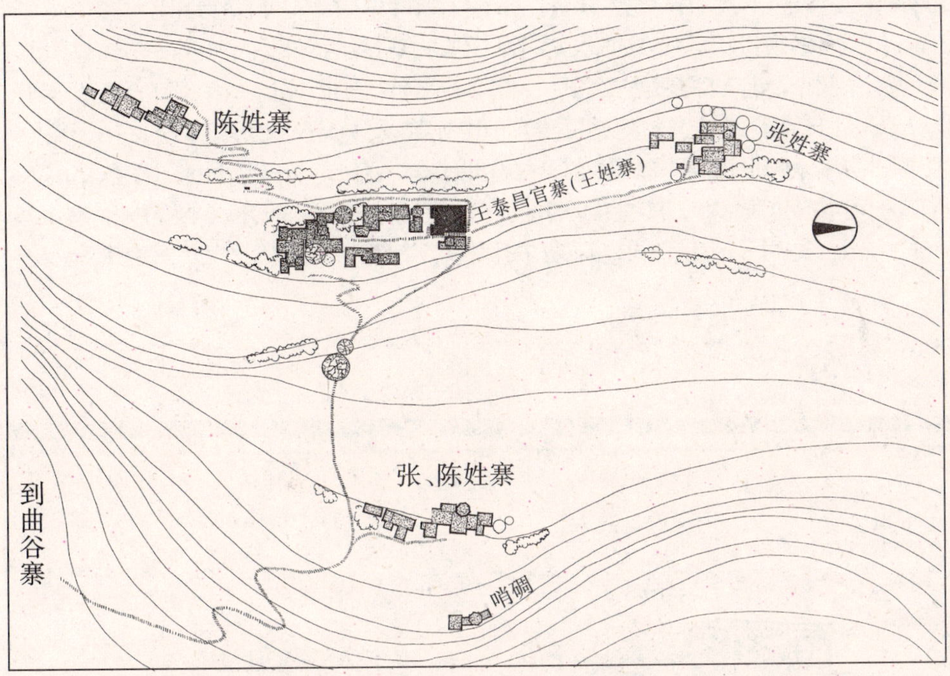

(图四——1)王泰昌官寨在河西各寨中的位置图

王泰昌官寨

王泰昌官寨虽然是由民居发展而来，但明显有不同于其他羌民居地方。①体量较大。②以主室为核心，先建一幢，后围绕其再建右侧，右后侧等房，逐渐完善。时间跨度各说不一。估计至少50年以上。③逐渐完善中有明确的构思设计核心。即最终形成

(图四——2)河西各寨与王泰昌官寨空间关系

有深桶式中庭（天井）的城堡建筑。④由于整体各部建造时间有先后，因此在各层，尤其是二层出现了平面高低不平情况。⑤进入各楼层的楼梯为天井内唯一上楼通道，各层围绕天井的木构壁、栏杆、走廊等恐受了一些汉族作法影响。然又有与石砌的镶嵌错落。木构趣味反得对比得到充分发挥。空间气氛大异于汉族四合院的浅、宽、亮等特点。汉族四合院是一种地面水平状态下的幽深。王宅却是垂直状态的森严，衙署的韵味十足。⑥房间特别宽大，其中议事办公室达60平方米（今作卧室），是一般民居所没有的。王宅土改时分胜利果实为农民所得后，后代又以3000元人民币购回。

（图四——3）王泰昌官寨透视

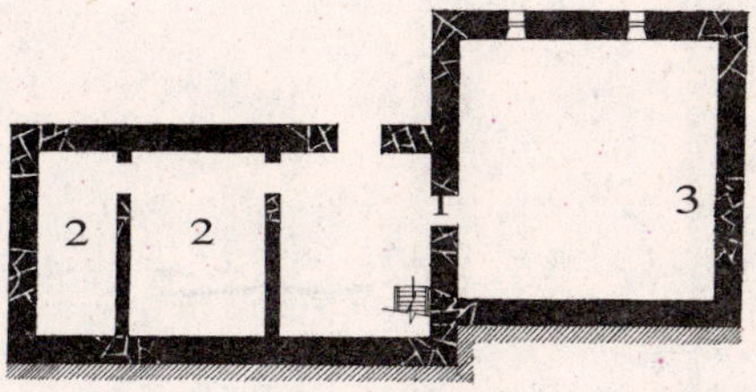

(图四——4)王寨一层平面

1. 底层东大门
2. 畜养
3. 畜养柴禾堆放

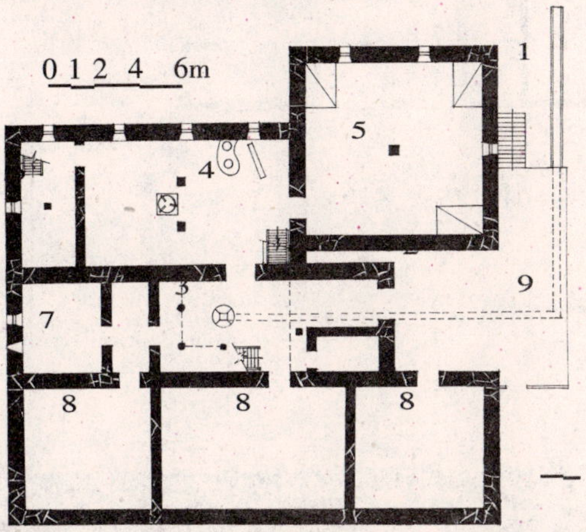

(图四——5)王寨二层平面

1. 一层南侧石梯
2. 南大门
3. 天井及水井
4. 主室
5. 议事办公室
6. 密室
7. 密室
8. 卧室
9. 地下排水沟

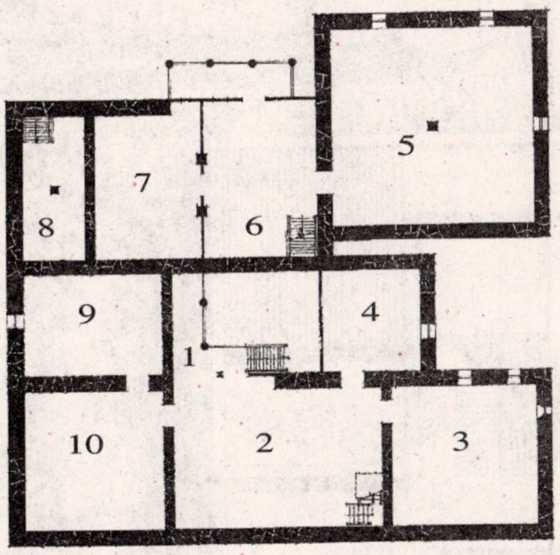

(图四——6)王寨三层平面

1. 楼廊
2. 过路厅
3. 卧室
4. 书楼
5. 卧室
6. 绣花楼
7. 卧室
8. 密室
9. 卧室
10. 卧室

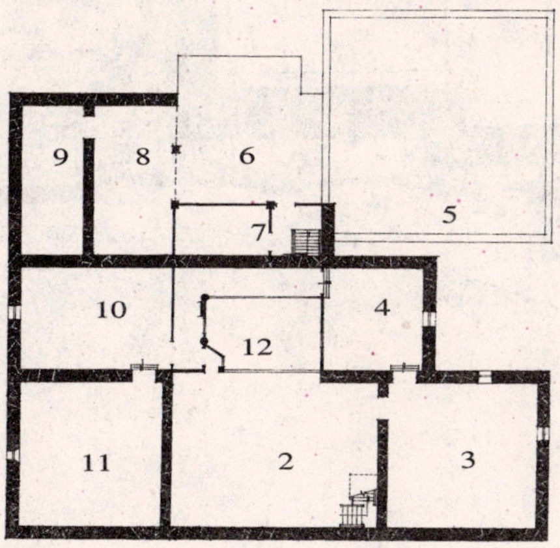

(图四——7)王寨四层平面

1. 楼廊
2. 过路厅兼储藏室
3. 卧室
4. 书楼
5. 晒台
6. 晒台
7. 储藏室
8. 储藏室
9. 储藏室
10. 卧室
11. 卧室
12. 天井上室

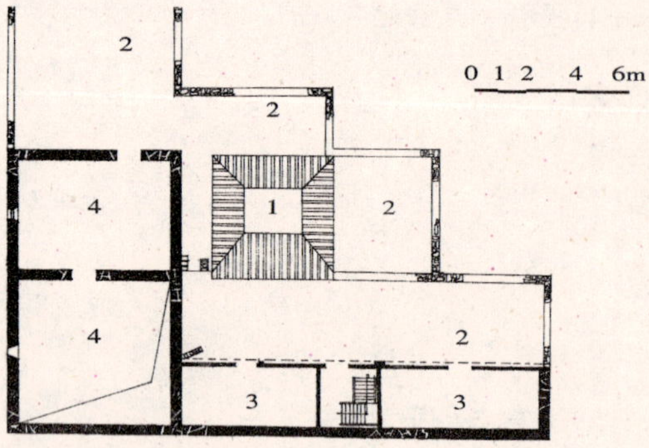

(图四——8)王寨五层平面

1. 天井上空　3. 罩楼
2. 晒台　4. 储藏

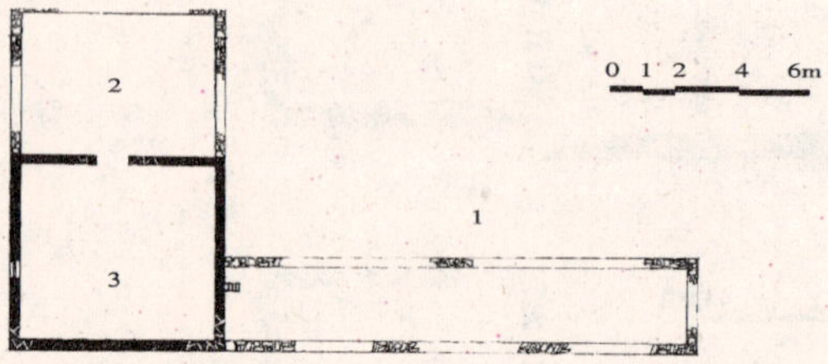

(图四——9)王寨六层平面

1. 晒台　3. 储藏
2. 屋顶

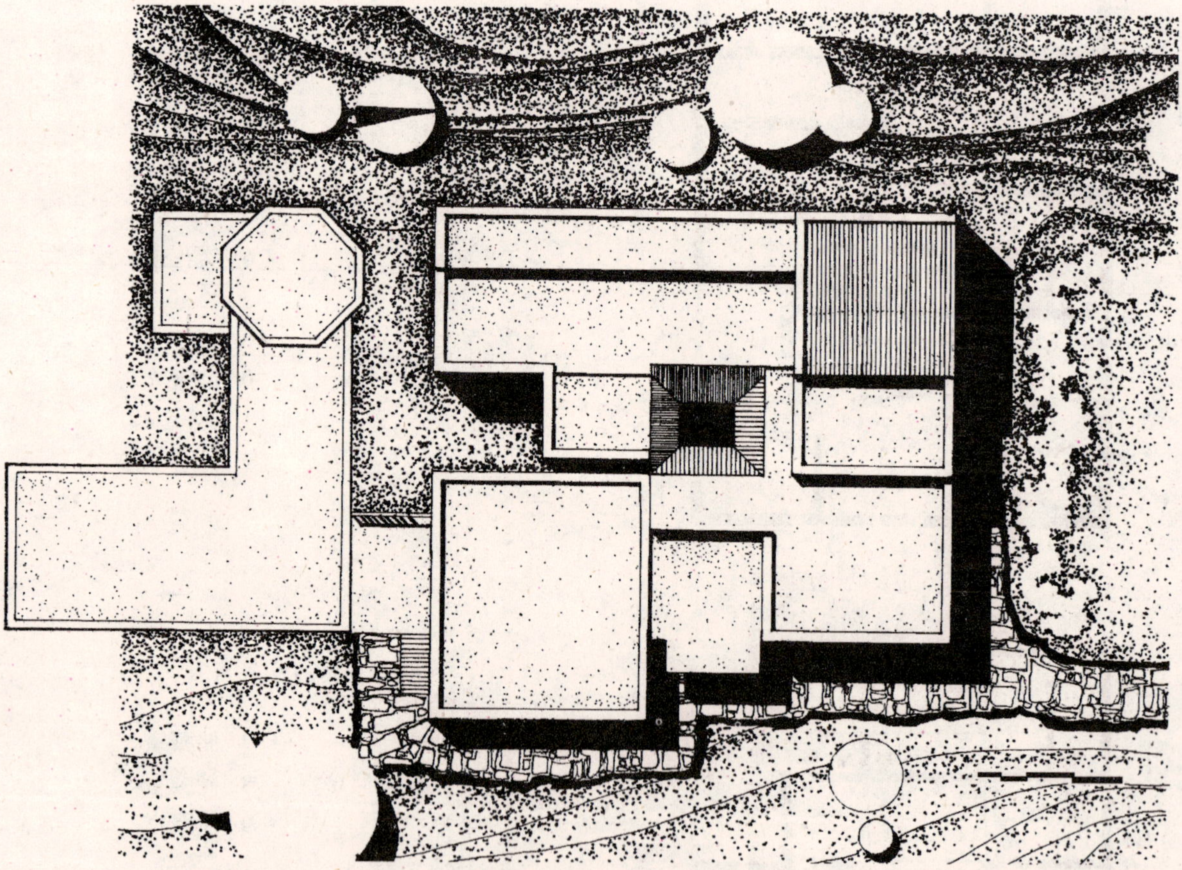

(图四——10)王寨总平面

(图四——11)王寨东立面

(图四——12)王寨南立面

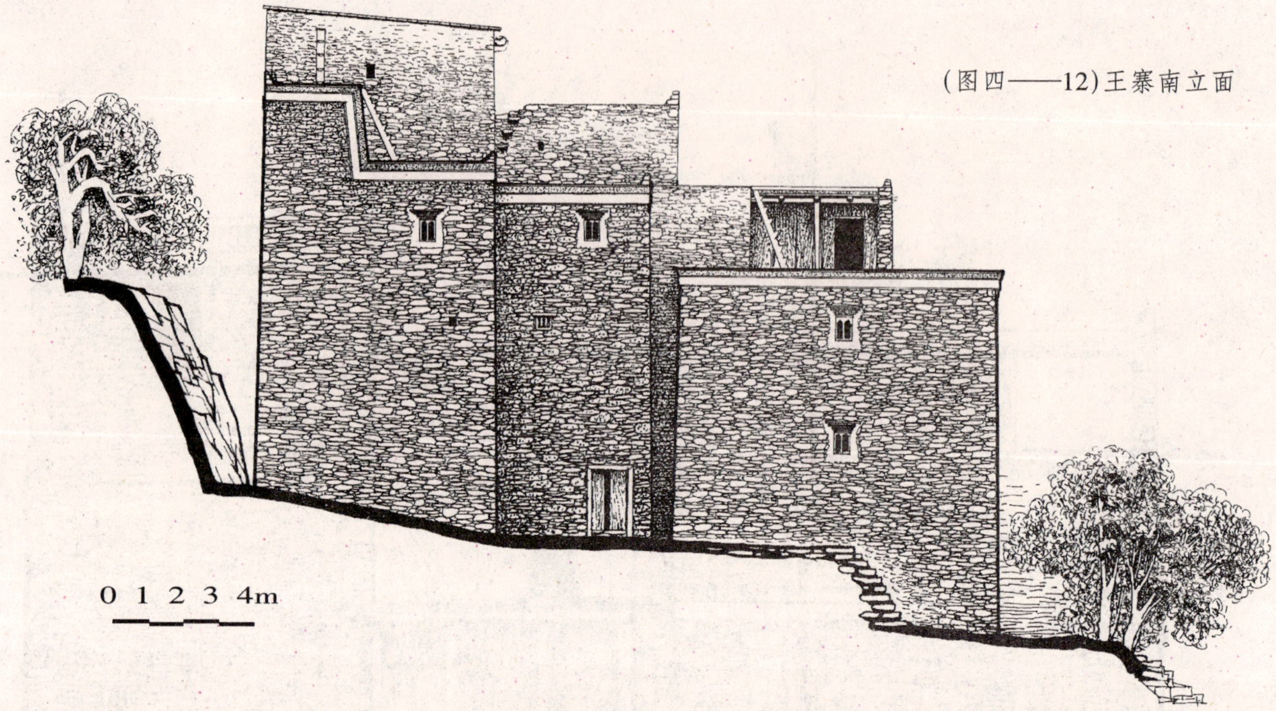

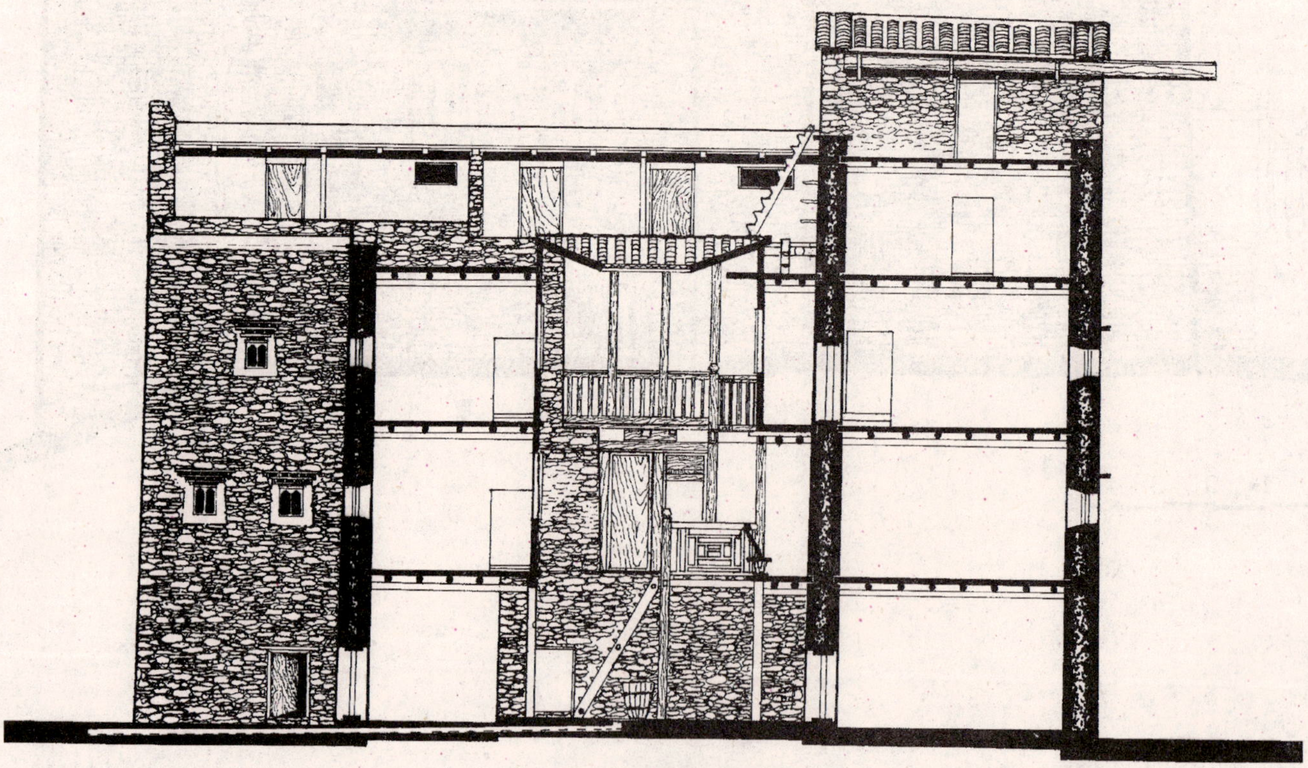

(图四——13)王寨剖面(一)

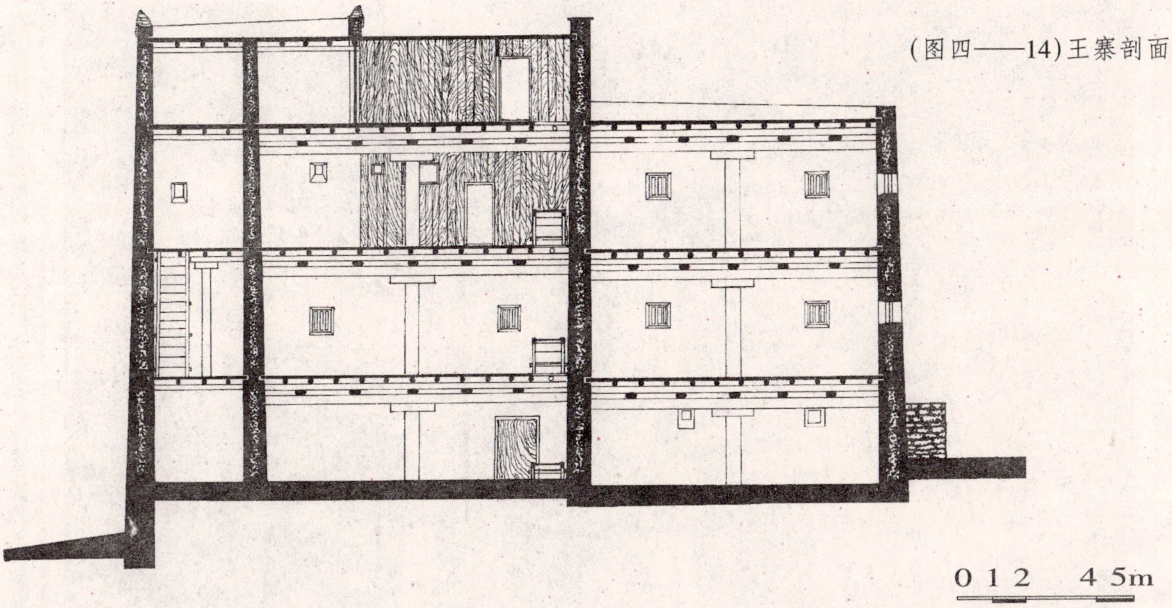

(图四——14)王寨剖面(二)

(图四——15)王寨周围环境(前为一碉楼民居)

(图四——16)王寨天井透视

瓦寺土司官寨

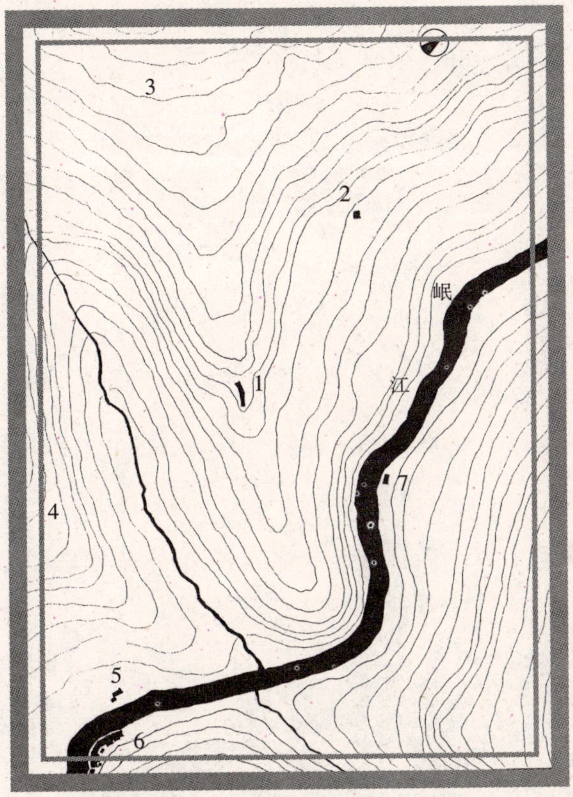

(图四——17)瓦寺土司官寨在岷江的位置示意图

1. 瓦寺土司官寨
2. 小茅坪
3. 雪隆包雪山
4. 和坪寨
5. 三官庙寨
6. 绵虒寨
7. 玉龙寨

瓦寺土司官寨选址还有一个独特地方，即选址的山脊，为雪山雪隆包的延伸段。雪隆包海拔5313米，一年大部时间积雪不化，官寨背靠雪山，明显有恋祖情结的宗教意图存在。因为官寨主人来自雪域西藏。

官寨内道路以一条主干贯通全寨，两旁住宅由此排列，从官寨门楣刻有“薰南”二字的南门进来，道路直通衙署大门。然后绕行七弯八拐，进入官寨建筑核心区域。而所有旁门小道皆由干道统筹，尤显通畅和利于管理。再有水由山后引入寨中，到中段核心区域和道路平行或交错，时隐时现，汩汩有声，又充满了一般山野村寨的情趣。

1. 衙署　4. 居民区　7. 官寨寨门
2. 祠堂　5. 经楼　8. 原衙署大门
3. 居民区　6. 碉楼　9. 官寨后门

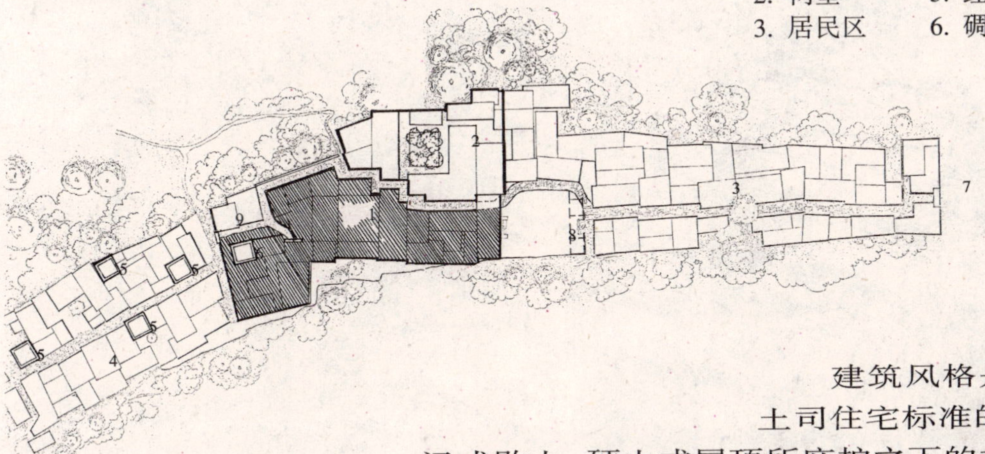

(图四——18)瓦寺土司官寨平面布局

建筑风格是全木结构的衙署，土司住宅标准的垂花门，部分住宅汉式歇山，硬山式屋顶所庇护之下的木构世界。又寨内民居瓦屋顶与石砌瓦顶住宅相互组成一色。再歇山顶(宝顶盖)的经楼，石砌碉楼构成高耸空间。三者最后被城墙团团所围。形成南、西一前一后出口。现存西门，宽1.7米，高4米，城墙厚0.4米。西段残垣长约55米。墙体最高处(城门段)5.15米。另有新衙门城，门高3.2米，宽2.6米，墙高4.2米，厚0.9米。南墙长28米，北墙长50米，高均为4米，厚1米。

(图四——19)瓦寺土司官寨鸟瞰

(图四——20)瓦寺土司官寨北侧面示意图

(图四——21)瓦寺土司官寨寨门一览

(图四——22)瓦寺土司官寨环境

(图四——23)瓦寺土司官寨南门剖面示意

桑梓侯官寨

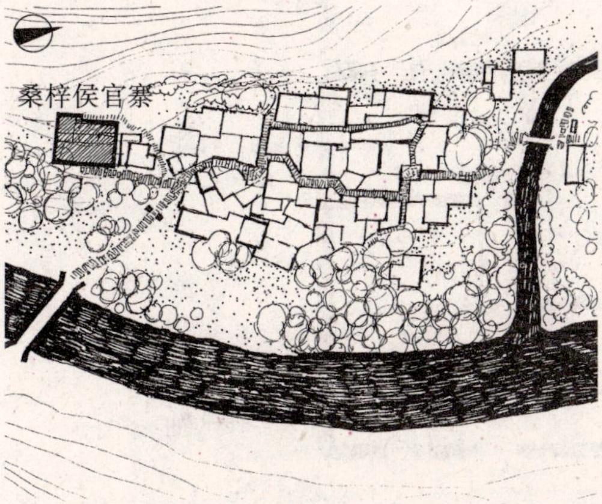

(图四——24)桑梓侯官寨在甘堡寨的位置

官寨有许多局部小构是很有特色的。进门有天桥式挑廊，如衙署大门。接着十多步石阶夹于两役室之间，如临公堂两旁的衙役。而公堂在上非仰视不可，则可造成心理上的敬畏与威严。上到公堂却有木构平顶横向走廊由此分流于两侧，又增加了些迷离与神秘。

还有窗作的多样（参阅图四——29），包括藏、羌、汉多式作法融为一宅，在立面上犹如窗作展览，无形中增加了立面的丰富性。

(图四——25)桑梓侯官寨透视

(图四——26)
桑宅底层平面

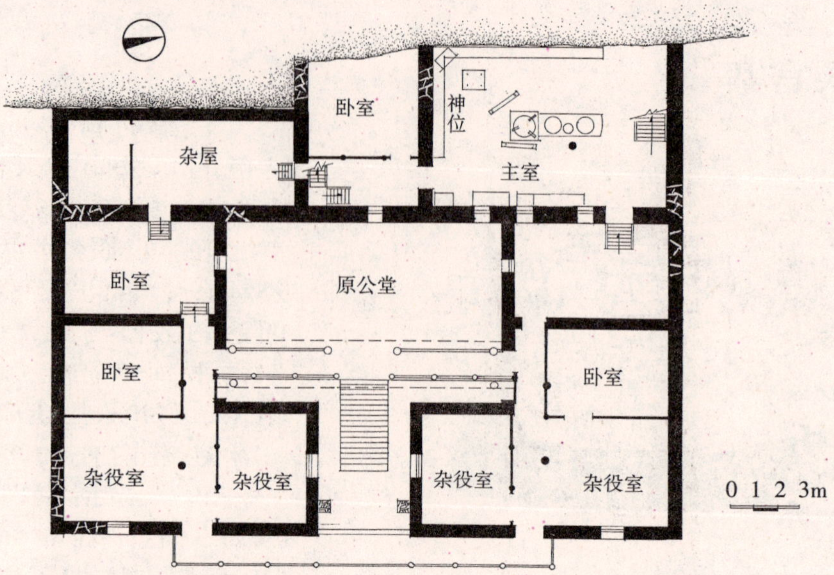

(图四——27)
桑宅二层平面

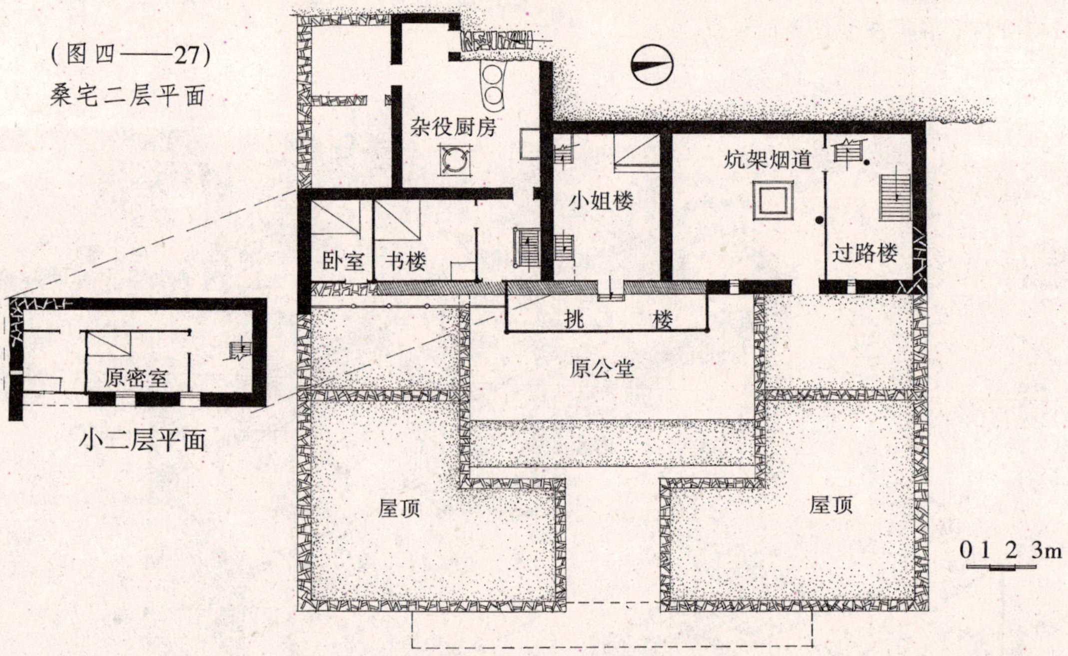

(图四——28)
桑宅三层平面

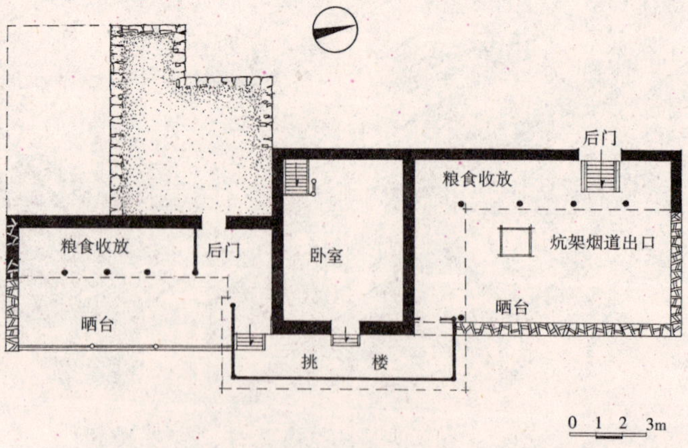

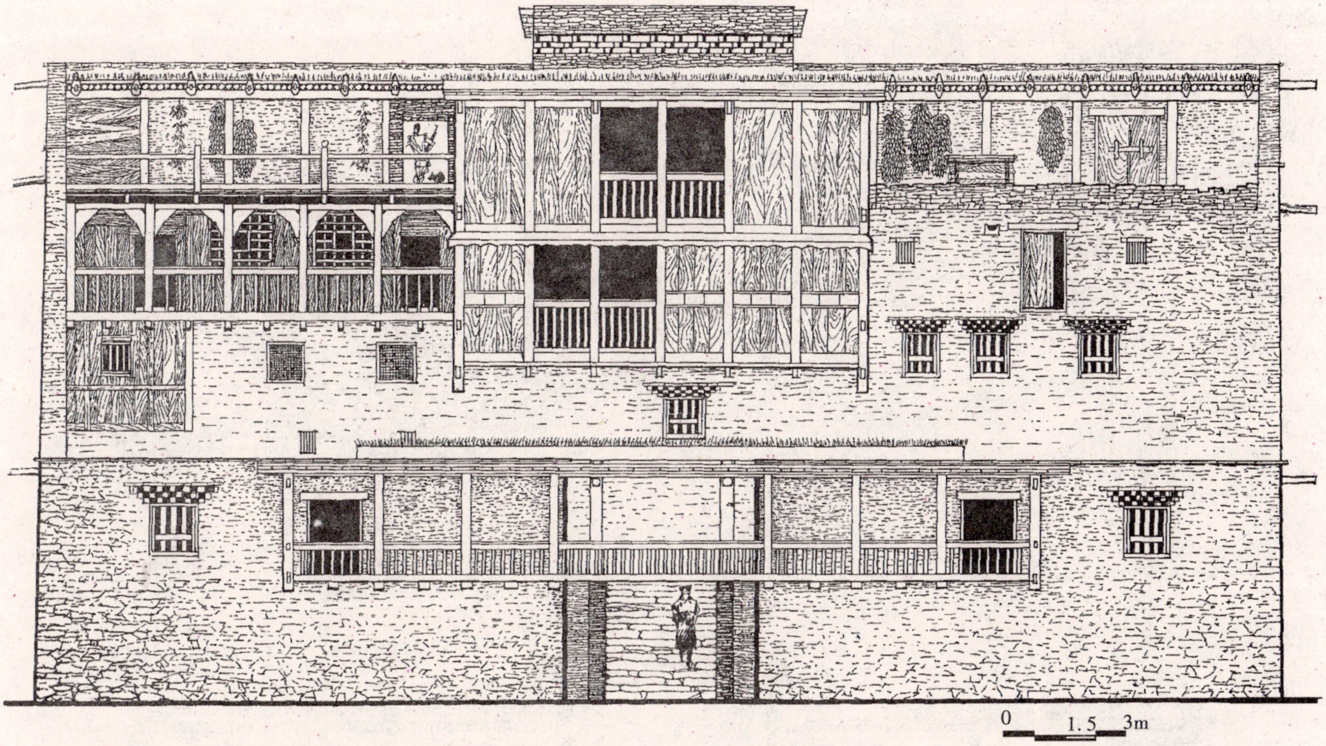

(图四——29)桑宅正立面图(东侧)

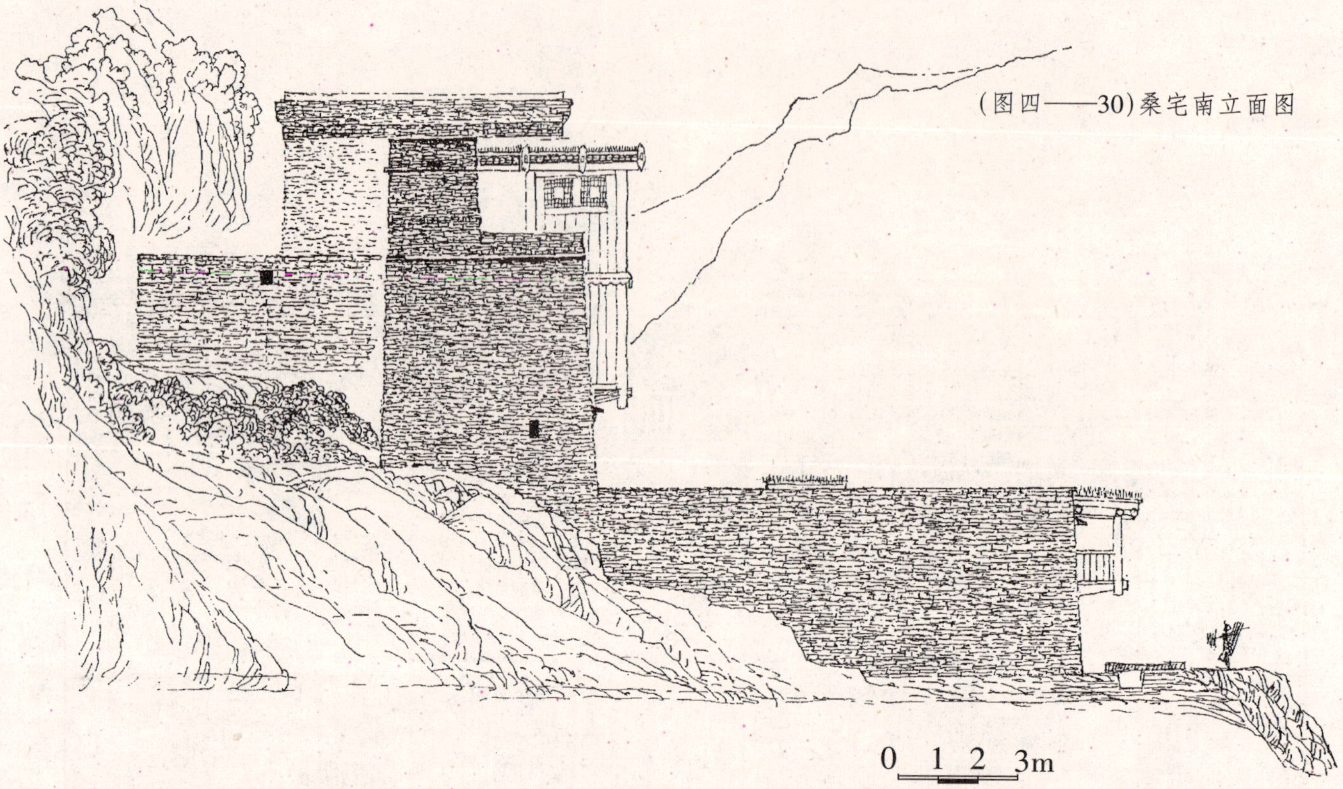

(图四——30)桑宅南立面图

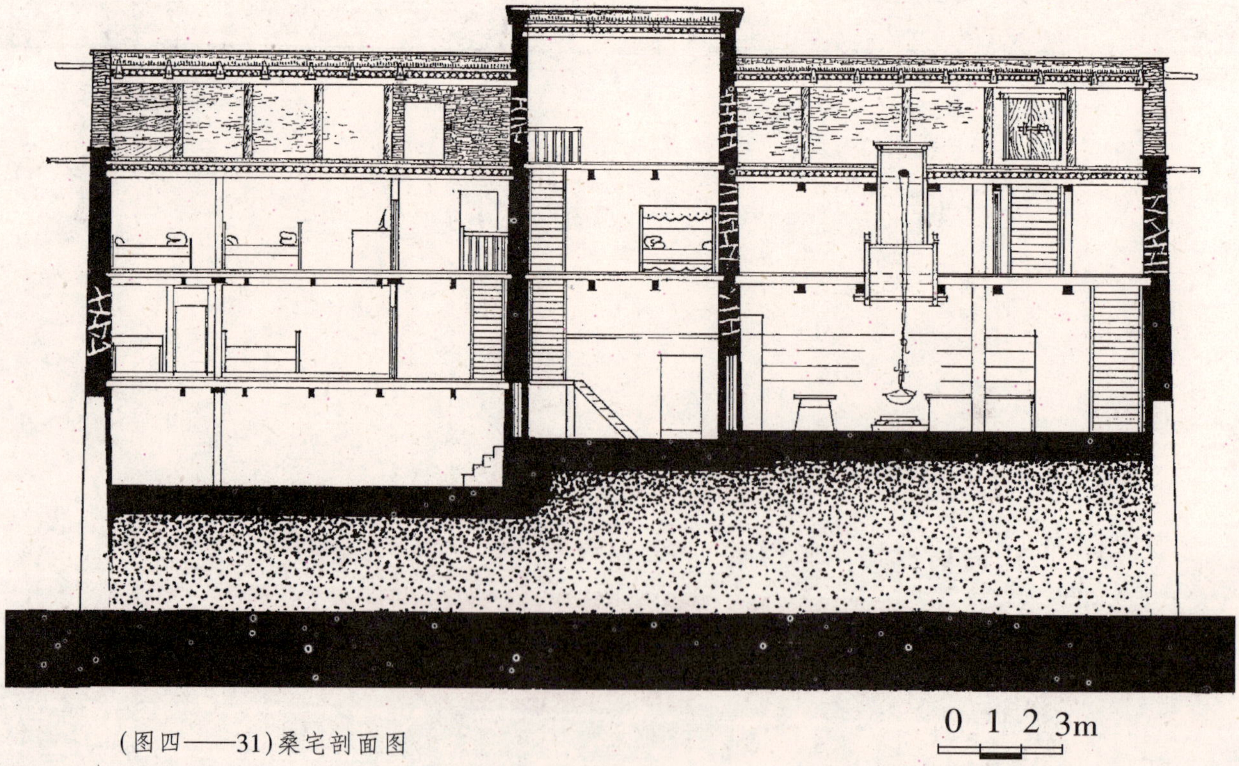

(图四——31)桑宅剖面图

(图四——32)书楼走廊透视

(图四——33)北侧晒台透视

(图四——34)桑宅窗户透视

(图四——35)主室内神位组架陈设

(图四——36)主室炕架烟道透视

碉楼

一、碉楼概论

根据四川阿坝藏族羌族自治州内的文物普查：全州13县中，除红原、若尔盖、南坪3县外，其他10县都有碉楼，尤以马尔康、汶、理、茂4县居多，4县中就有3县为羌族聚居地区。因此，单从数量上而言，羌族碉楼无疑是阿坝州内碉楼最集中的区域。

碉楼的发生和发展，有着不同的说法。一种观点认为，西北羌人汉代沿岷江河谷南下，而汉文化又溯岷江北上，在岷江这条各民族频繁交汇、活动剧烈的大走廊里，战争不可避免，导至了碉楼的发生。

另一种观点则认为：碉楼的发生跟羌人宗教有直接关系，并涉及释比(又名“许”，汉区叫端公)在其中的重要作用。释比为羌族中精神领袖，自然对建筑规划、设计、营造有绝对的解释权。他认为万物有灵，碉楼(或谓邛笼)是“天宫”，而白石神最灵，那么垒砌碉楼和建房仅是祭放白石的工序和仪式。白石又常以五块分别代表天、山、寨、女、山神保护五神。而碉楼之高可以把诸神抬举到距天最近的地方，犹如通天云梯、通天之道，通过它以寄托释比的宗教情感和想象，并以下宽上窄收分的锥状形体，投射到天宇之中，那里正是天神、火神、太阳神所在的境地。

还有现代羌人解释为是汉人“镇风水”在羌寨的翻版一说。

再有一种观点认为：羌人汉代还没有来到岷江河谷以前，那里的土著冉駹人就已有建碉楼的历史。“两千年以前，《后汉书·西南夷传》描述的冉駹人‘依山居止，垒石为室，高者至十余丈’的‘邛笼’，即今羌语，碉楼之意”。(《羌族史》)

无论什么观点，在今羌族聚居区内遗存的大量碉楼中，作为一种极特殊的空间形态，它在中国乃至世界范围的本土建筑中，以不可替代的历史、科技、艺术价值昭示人类，展示着独特的空间创造和极不寻常的文化发展。其密度、广度、空间、营造、宗教性等亦是世界罕见的。因此，讨论碉楼必然超越建筑本身，只有这样，才能把其建筑侧面也说清楚。

这里，我们又必须把羌族碉楼摆在藏族碉楼和四川汉族碉楼中略作一比较。藏族碉楼多与官寨共生，形体高大，建造严谨，最高者马尔康白赊碉通高43.2米，一般的都在30米以上，形态充满强大经济为后盾的官式色彩和宗教气氛。而羌族碉楼多为民间建造，通高多在30米以下，且形多类杂。构筑相对粗糙，但生动别致，变化有致，充满民间创造风格。羌族碉楼的设计特点优于前者，造型特色亦明显突出于前者，若有相当财力，羌族砌筑技艺建造50米上下高度的碉楼应是可能的。汉族碉楼和羌族碉楼应为完全不同的文化背景产生，是截然不同两种建筑体系的空间表现。

二、碉楼空间

碉楼空间内外形态跟其分布地区直接相关，大致分为茂县、杂谷脑河下游、羌锋地区三类。

茂县地区以黑虎、三龙、曲谷等乡为羌族碉楼最具原始特色地区。平面有四、六、八角多形，内或圆或方或六边、八边，内外均有收分。顶部为平顶，通体成锥体，边长（3～6米）不等，全为石砌，通高在20米上下，底墙厚在0.7米～1米之间。分公共、隘口、私家碉楼多类。内部全为墙体承重木构分层空间，多者13层，少者3～4层，有圆木锯状楼梯上下。外观雄浑古朴，坚固沉稳。外墙面多以凹面内收弧线形成锥状“乾棱子”造型。是适应地震多发区的独特构造，经受了1933年叠溪7.8级大地震检验。

杂谷脑河下游地区碉楼花样翻新。突出的特点有：1. 以方形平面呈整体方锥形居多。2. 出现土泥夯筑墙体，有高达20多米的布瓦寨群碉。3. 顶端普遍呈椅子形造型。4. 最高的碉楼一二层有木挑枋从墙体中挑出，以搁置木板构成了望台。布瓦泥碉顶部还用斗拱挑承檐口等等。其直接受到民居屋顶影响，在防御中讲究审美需要，是此地区碉楼空间一大发展。

羌锋一带包括草坡藏羌混居地区，因其接近汉区，除目前所见羌锋寨碉楼为正宗羌族碉楼外，草坡一带诸如码头碉，不仅体宽胖大，顶部亦采用汉族两坡水悬山屋面，风格气韵走形较大，亦是汉羌两族文化碰撞的一星火花。

三、碉楼与村寨

由于羌族碉楼存在着单独的碉楼和与民居结合在一起的碉楼两种空间形态，因此，必然涉及各自的功能以及和村寨在规划上的不同作用。

单独的碉楼往往属于公共性质的，分设在一寨或几寨的隘口险关咽喉之地。它像寨子的眼睛，起了望和向各寨通风报信作用，同时又具有前哨防御功能，姑且称之为哨碉。这种碉楼数量不等，视具体情况和环境而定。比如黑虎各寨均要通过一河谷咽喉狭窄险要之地，然后进入开阔的黑虎地区。那么碉楼选址则必须是山内各寨视觉均能所及的位置，然后以烟火或声响等方式告之，作好迎击犯敌的准备。所以，原有哨碉立于河谷咽喉之处，即今杨氏将军寨是由哨碉逐渐组群发展而来。（参见《空间实例》黑虎寨和杨氏将军寨）曲谷河西群寨地处半高山台地，三面环山，前有陡坡高临河谷。河谷是犯敌必经之地，于是在陡坡边沿的观察河谷视觉最好位置单独设立巨型哨碉，而此碉恰又是山上各寨均可俯视的选址。（参见《空间实例》河西寨）类似之碉还有布瓦山顶龙山寨石碉等。选址和汉风水塔有相似之处，但功能迥然不同，全为观察敌情所至。这类碉楼虽然在空间上和村寨空间不发生直接关系，但表现形式和汉风水塔在心理联系上有一定相似之处，只不过一个是“文”，一个是“武”而已。或者说一个是发展，另一个是生存。这种空间现象直接影响村寨选址和寨内民居布局。最基本点则表现在任何居住建筑的出现，均不允许有障碍物阻挡其与公共碉楼在视觉上的可见性。因此，我们分析现存在的黑虎鹰嘴寨民居为什么不错落而一字沿山脊展开布局，其最根本原因即是相互之间不阻碍视线所至。通观羌寨凡设立哨碉者，可谓无一例外。这就为村寨及民居选址和等高线的关系注入了新的内涵。

另一类单独的碉楼是立于寨中或四周恰当位置者。和前者不同的是，此类碉楼不仅作了望观察之用，同时又是犯敌入寨后寨人共同躲避和防御之所。村寨居民数量、财力、环境，决定碉楼的多少。布瓦寨曾经多达48个碉楼，而羌锋寨仅一个碉楼。山岭叠嶂之地，碉楼高一尺，视野宽数里，因此又决定了碉楼高度的不同，故碉高无一雷同者，全视具体地形、环境而定，这是羌寨众多单独碉楼为什么高度不一致的根本原因。此类立于寨中或寨子四周的碉楼，在空间形态上和民居距离较近，在村寨整体空间上产生一种壁垒森严的威武雄壮气氛。又由于起伏错落的高差，墙体各立面大小不同的组合，石泥材料及工艺的粗犷，又呈现出一种悲壮的原始苍迈之美。而前者，因哨碉离村寨有较远的距离，空间与村寨亲合较疏远，但作为空间分布层次，亦是空间形态的次序组合之谓。

四、碉楼与民居

如果把碉楼与村寨关系中的单独碉楼比喻成空间形态中的第一道防御层次的话，那么，作为碉楼发展的更深层次则是碉楼与民居直接在空间上亲和，出现另一类空间形态，即碉楼民居。因此，亦可谓村寨防御体系中的第二道防御层次。这就在一些地区的村寨中出现家家有碉楼，一个地区或一个村寨碉楼与民居皆不同的碉楼民居大观。尤其茂县地区，有的村寨不仅有公共哨碉，进入村寨又家家有私碉，且各寨碉楼与民居皆有不同作法及形态的建筑特色。（参见碉楼民居实例）

碉楼民居发达地区集中在茂县曲谷、三龙、黑虎、赤不苏、维城等黑水河流域各乡各寨，即羌族文化纯度最高核心区域，散见于杂谷脑河下游流域各寨，反而罕见于松、茂、汶、灌岷江河谷官道附近村寨。是否历来官道驻有汉兵弹压，羌民慑于淫威，防御建筑已失去意义？还是汉化程度较高，渐自消失了固有的建筑文化特色？何故如此，是很值得思考的现象。此说明任何空间现象绝不是偶然的，在其背后定然存在历史、社会等等影响因素。

碉楼与民居空间上的亲和，理应是羌族向封建农业经济发展在建筑上的注脚。如果还留有公共防御碉楼同时存在于村寨的话，则是封建农奴制度并存的社会背景。因此，碉楼民居现象又在某种程度上反映出小农经济在维护农奴制度一统天下的同时又必须自保的空间发展。显然这些是初级阶段的萌芽状态。亦不可能像成熟的汉族封建制度一样，会对建筑作出严格的形制规范。恰如此，就给羌族碉楼民居在空间创造上带来了毫无制约的平面创造。因此，羌族民居与碉楼的亲和上出现了非常不平凡的、每幢住宅均不同的平面。这种平面意识虽然主要是在维护主宅与碉楼平面的前提下，其它诸如卧室、畜养、杂物间显得比较随意。然而，正是这种层次明晰的主次平面构成，给空间组合造成了大小、疏密、紧松、开合、明暗等等美妙的空间气氛。这也是很值得深思的空间现象。

五、碉楼结构、构造

碉楼基本上是墙承重结构体系，无论是石砌或者土夯墙碉楼。由于内空间跨度极少超过 5 米者，一般都在 4 米左右。因此，各层楼和楼顶的梁两端，都穿搁在墙上，使楼内荷载都由内外墙负担。由于墙身极高，自重、承重都大，自然加厚墙基，形成收分，以至有的碉楼顶只有簸箕大面积。羌族地区为地震多发区，墙身的防震处理至为重要，为了稳固，必须加厚基脚，基墙一体，逐层收分，增加转角。墙脚下入地下的深度，以见硬底（即坚硬的石头及硬泥）为准。但羌地多陡坡，也有的碉楼在背后一面墙身的处理上不下基脚，比如羌锋寨碉楼就是把后墙身直接砌在石底盘上的，而其它三面仍需下脚。在收分上，往往碉楼下半部分收分多一些，上半部收分少一些。这种分段收分作法可降低重心，增加稳定性。所以从外观上看碉楼，感到轮廓线不是直线即因此理。为了进一步达到稳定目的，在茂县一带的碉楼，平面外轮廓还形成凹面似内收孤线，这就在各墙面产生变更方向的转角，也就是各墙面相交处角变得尖锐，羌人谓之“乾棱子”，无论四、六、八角碉楼，都有此状。这种平面极类似帐幕边缘之形，是否有古羌游牧时代遗下的情结，尚可作些推测联想。

碉楼一般采取分层构筑法，石砌与土夯都如此。当砌筑一层后，便搁梁置桴放楼板，然后进行第二层，再层层加高。每加一层要间隙一段时间，待其整体全干之后方可进行上一层的砌筑。原因在下层若是湿土润泥，或石泥尚未粘合牢固，那么，无法承重压力，上下层必然坍塌。所以有的碉楼或住宅要砌多年方可竣工。碉楼顶的构造各地略有差别，但和当地住宅屋顶的作法相同，目的是遮漏防雨。程序是大梁上加小梁或劈柴，再加树枝或竹枝，上铺高山耐寒硬草（龙胆草之类），再铺含沙土层并拍打磨光，形成一面倾斜散水坡，凿墙穿眼接简槽挑出以排水。

碉楼顶层一般还开楼梯孔道上顶，亦有加木盖甚至薄石片的。因川西北少雨，亦常全开着。各层上下多用圆木锯齿状楼梯。极个别的底层不开门，从二层开门加梯上下。待人上去之后，抽梯上楼，以防不测。

六、碉楼实例（图五—1～16）

1. 茂县地区

河西寨碉楼（图五—1）

在前面村寨等章节中，对河西哨碉已有过叙述。作为羌族核心地区最古老形态的碉楼应在河西、黑虎一带。河西碉楼有四角、六角、八角多式，碉楼民居多于公共碉楼数量。皆造型生动，体态庞大。十分讲究楼顶白石装饰，有顶部围绕碉楼砌一圈白石，犹如一条白色带子；有垒放白石于顶端者等多种祭祀形式和建筑结合。尤感精致之状不同于其它地区。

河西的两个哨碉间有高墙联系，门从围墙间开，从而形成城堡式防御形态，是羌族碉楼不多见的空间组合。

黑虎寨碉楼（图五—2）

黑虎寨碉楼虽然都在底层，甚至二、三层有门或打通一壁墙体和住宅内空间相通，形成了碉楼民居。但它的高耸、雄壮犹如独立的建筑。也有四角、六角、八角多式。砌筑技艺精湛，高者达 30 米左右。且各家无统一形制约束，平面、高矮、造型、开窗、选址、布局等亦无一律模式，由此反而构成村寨空间的高低错落，呈现十分壮观的景象。

2. 杂谷脑河下游地区

桃坪寨碉楼(图五—3)

以桃坪寨碉楼为典型的杂谷脑河下游一带村寨中的碉楼，出现了在碉楼顶层“破顶挑台”的作法，这就在羌族碉楼文化上赋予了新的内涵。(作法见图六 91～103，同时参见民居部分陈仕名宅)

布瓦寨碉楼(图五—4～6)

布瓦寨居于杂谷脑河与岷江交汇北面的高半山上。原寨中共 48 个碉楼，其中石砌碉楼 12 个，土夯碉楼 36 个，均系清代所建。分布在东西长 200 米、南北宽 150 米的寨子四周，其中东部一座高 20 米，底边长 4.5 米，墙厚 0.75 米。现仅存 3 个土碉。除了土夯为羌族地区仅见之外，有些作法也是独到的。第一是“下脚”，基础用石头可下至 5～6 米深，犹如地下石砌墙，不过是实心，嵌缝填土，务必牢实，高出地面约数十厘米或五六米即可夯筑土墙体。第二是顶端有的在墙外四周作披檐，以防水淋墙体，且有出檐。檐下斜撑采用汉族“顶花牙飞”(斗拱)作法。四角悬吊风铃。有的碉楼顶与民居顶作法相同，略有倾斜。此和相距仅 15 公里的桃坪寨碉楼顶的作法殊多不同，但着力在碉楼顶端部分变幻花样是一致的。

羌锋寨碉楼(图五—7)

碉楼高 29 米，平面方形，底边长 5.6 米，墙厚 65 厘米。基本造型略同布瓦寨泥、石碉楼，是杂谷脑河下游和岷江交汇地带较为流行样式。

桃坪寨公共碉楼(图五—8～11)

桃坪寨仅存的另一座公共碉楼在空间形态上基本上和羌锋、布瓦碉楼相同，这说明了此地区仍有较统一的空间模式。

桃坪寨陈仕名(宅)碉楼顶端两层出挑结构。(图五—9)

陈宅为碉楼民居中碉楼与民居空间亲合之最初形态。结构上两者是分离的，之间仅有木板搭桥疏通(见碉楼民居陈仕名宅)。但碉楼顶端两层出现有楼桴挑出以在上面铺板置栏成台的结构。又在顶层削去一半围墙，使外型成椅子形。有文物专家认为是明代作法。

桃坪寨陈仕名宅碉楼顶层复原图(图四—10)

顶层有枋挑出(或桴)，在上面形成挑台以作了望、观察之用。同时在前面民居顶层的罩楼顶上亦可作祭祀天神之用。杀牛(羊)祭天，挂其于挑枋之下。展示距天之近的虔诚。

桃坪寨陈仕名宅碉楼剖面。(图五—11)

陈仕名宅碉楼分8层，层高互不相同，视需要而定，在二层有道与门搭桥相通。进入碉楼内部必须从屋中穿过，故极隐密，为私家碉楼。通体有收分，各层木构均依赖墙体承重，有的梁上搭桴再搁楼板，多数仅梁上搁板。各层均有了望孔或窗户。第七层正面开窗并同作门用。人由此进出挑台，似嫌稍局促，但隐有窗门一体古风。

危关碉楼剖面示意及部分羌族碉楼入口形式(图五—12)

危关碉楼古为驻军所在，为安全起见，底层根本就不开门，人搭梯由二层外进出上下。其门犹如窗，待人上去之后，收梯入二层，以防万一。这种方式还影响到有的村寨民居，即是常见有的住宅二层外墙忽然有门，其理当可由此源出。比如桑梓侯官寨正立面之墙体开门便是一例。入口形式还有其它办法，详见图。

羌族碉楼平面形式之一(四角) (图五—13)

羌族碉楼平面形式之二(六角) (图五—14)

羌族碉楼平面形式之三(八角) (图五—15)

羌族地区碉楼归结起来不外乎六种平面形式，但细致分辨亦不过三种，即四角四边，六角六边，八角八边。聪明的羌民在此基础上为了加强底边抗震承重的稳定性和压力，在各边的中点凸出一个转折点，各点相连又使外边轮廓形成凹面弧线。因此，所谓有的八角碉，实则内部仅有四角，外轮廓也仅是中部凸出一点，形成象征性的角度，即“乾棱子”而已。但真正的内、外均等分的六角、八角也有。那么若在六角碉每边中点再塑一角，则成十二角碉了。但少见十六角碉，即八角碉边长一分为二者。不过在八角碉对称面错开再在中点塑角者，亦又构成十二角碉。所以，羌族常言碉楼中有十二角者即为此型。

各多角碉楼生硬的边缘直线变成了柔和的弧线，形体圆润，不仅美观多了，亦增强了抗风能力。

3. 草坡地区碉楼

草坡寨码头碉(图五—16)

汶川县草坡地区是汉、羌、藏三族交界边缘区域，历史上因接近灌县(今都江堰市)汉区，受汉文化影响较重。建筑流露出三族混合特点，尤民居极富特色。此地区仅有的几座碉楼出现汉式碉楼木结构歇山式屋顶和两坡水悬山屋顶，内用抬梁构架，体量较之羌族其它地区的碉楼为宽大，比如草坡乡码头碉楼通高8.1米，面阔三间9.6米，进深三间7.6米。其平面与空间概念已非同纯粹羌族建筑血缘了，但其在羌族境内，石砌工艺、选址均有羌人传统遗风，故特录之。

(图五——1)河西寨哨碉

在前面村寨等章节中对河西哨碉已有过叙述。作为羌族核心地区最古老形态的碉楼应在河西、黑虎等一带。河西碉楼有四角、六角、八角多式。碉楼民居多于公共碉楼，造型生动，体态庞大，十分讲究楼顶白石装饰，有顶部绕砌一圈白石，有垒砌白石多种祭祀形式和建筑结合，尤感碉楼精致之状不同于其他地区。

河西哨碉二个，有高围墙联系二者之间均成城堡式防御形态，是羌族地区不多见的碉楼组合。

黑虎碉楼虽然在底层，甚至二、三层有门或打通一壁墙体和住宅内空间相通，形成了碉楼民居，但它的碉楼之高，形体雄伟，犹如独立的建筑。也分有四角、六角、八角多式。垒砌精湛，高者到30米左右，且各家无统一形制约束，平面、高矮、造型、开窗、选址布局等亦无一律模式。此反倒构成村寨空间的高低错落，呈现十分壮观景象。

(图五——2)黑虎寨碉楼

(图五——3)桃坪寨石砌碉楼

桃坪寨碉楼在顶端削去一半，一半全开敞，一半半封闭。并在面迎河谷的开阔面及边墙插挑枋，挑枋上再铺设木板。形成可围绕顶层外四面的挑台。这种作法目前仅发现于杂谷脑河谷地区。其作用据羌民讲，一是利于观察，二是为了祭祀。但空间形象是极为奇特的。

布瓦寨同在杂谷脑河谷之旁，虽然是土夯碉楼，但顶端作法仍有的削去一半。甚至作法还比桃坪碉楼精致。

(图五——4)布瓦寨土夯碉楼

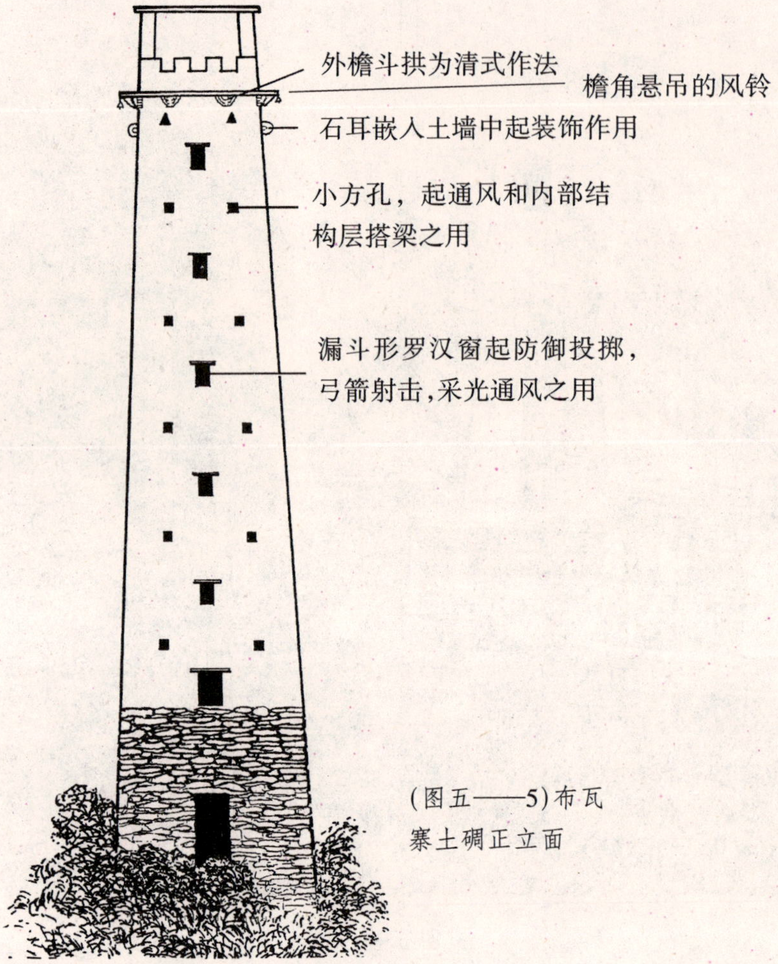

(图五——5)布瓦寨土碉正立面

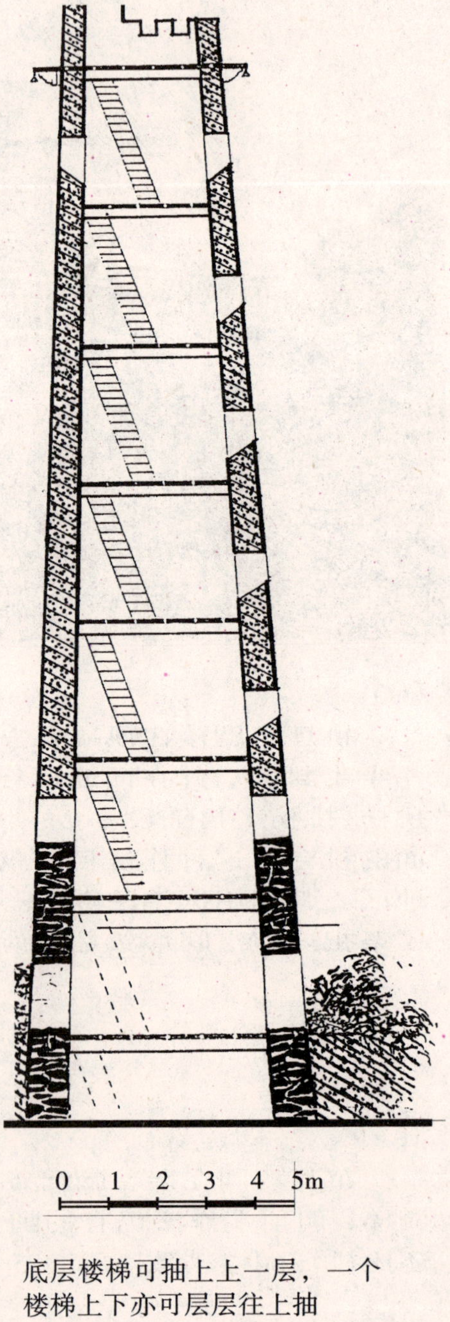

(图五——6)布瓦寨土碉剖面

底层楼梯可抽上上一层，一个楼梯上下亦可层层往上抽

布瓦寨土夯碉楼顶部各有各的不同作法，包括平顶椅子顶及四面出檐多式。考古界认为有的始建于明代，但多数建于清代。布瓦之所以不用石片砌筑，原因主要是村寨周围少石材，此和民居全部土夯是一致的，由于该寨距汶川县城较近，可俯视城中民居，受汉文化影响较重，故在碉楼顶端讲究装饰，并巧用斗拱、风铃之类，使得碉楼更具风采。

(图五——7)羌锋寨公共碉楼

(图五——8)桃坪寨碉楼

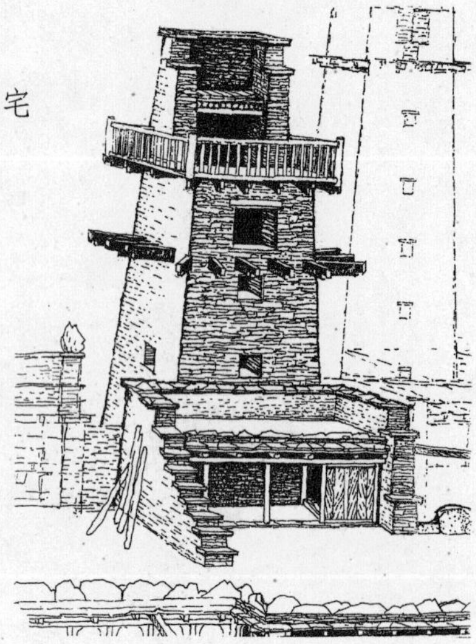

(图五——10) 桃坪寨陈仕名宅碉楼顶部分复原图

(图五——9)桃坪寨陈仕名宅碉楼顶端两层挑台结构

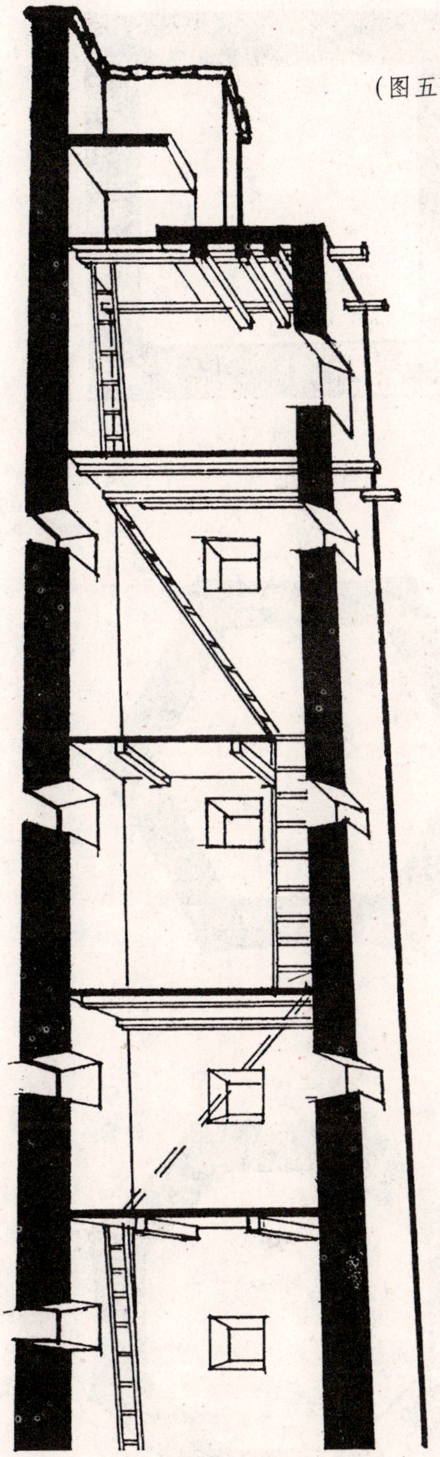

(图五——11)桃坪寨陈仕名宅碉楼剖面

危关碉楼（参见图三——234～239）为关隘防御性碉楼，里面要驻兵，施放狼烟报警，关键是底层的防御功能要好。它有两个特点是突出的，一是门开在二层，于是二层窗、门合为一体，目的是人由底层外爬梯上二层，随即抽梯入二层内，再继续由此梯再上三层，既所谓一个楼梯爬上顶；二是底层为防范敌人破墙或火攻，在底层内用石头将内空间填满，这也是碉楼中罕见的作法。

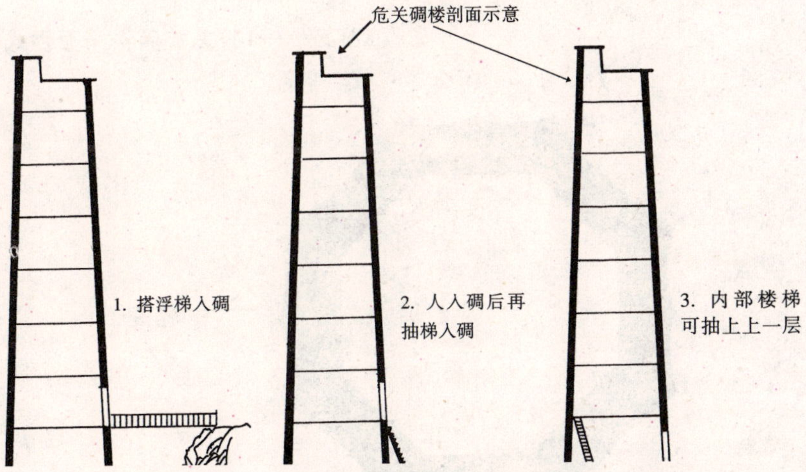

(图五——12)危关碉楼剖面示意及部分羌族碉楼入口形式

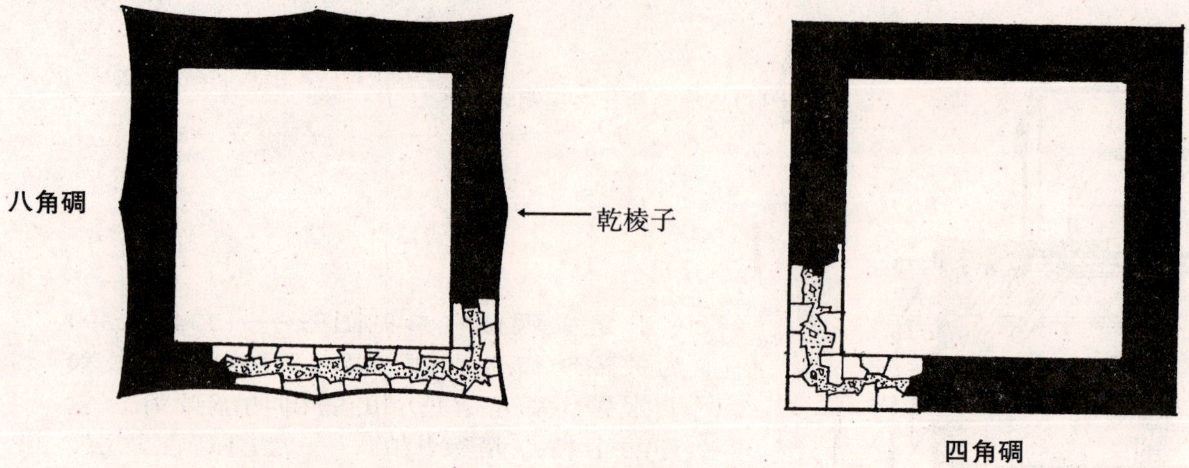

(图五——13)羌族碉楼平面形式之一

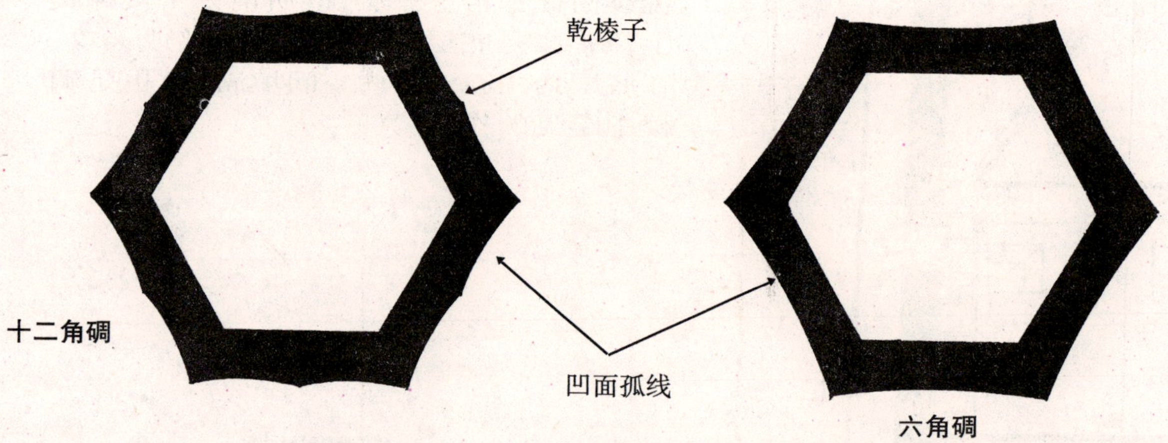

(图五——14)羌族碉楼平面形式之二

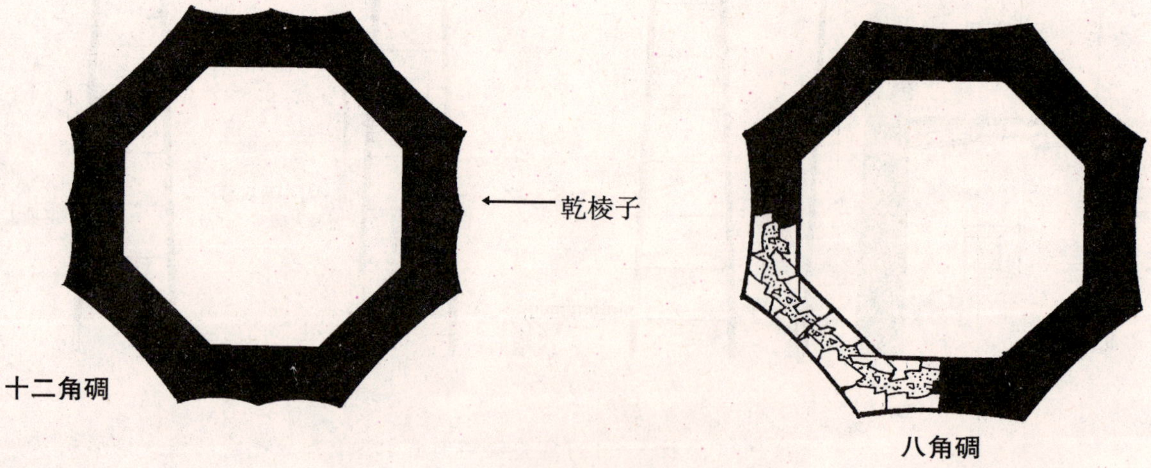

(图五——15)羌族碉楼平面形式之三

（图五——16）草坡乡码头碉楼

草坡乡地处汶川县，较接近汉区。因此碉楼顶端出现两坡式瓦顶。这是和当地民居顶部瓦顶与平顶晒台相结合的模式一致的。原因是一则此地区雨量较多，二则古已有之，是传统作法和气候的统一。

民居

一、民居概论

羌族民居，历代为人赞颂，或为典籍或为流传，曰“邛笼”曰“碉房”曰“板屋”，均不同程度触及民居概貌。然多底层畜养、二层住人、三层罩楼、晒台一言蔽之，尚还鲜见大面积分地区分类型全面调查测绘的研究成果面世。今著者或率学生、或单兵、或携家人数十次穿梭于数十个村寨，调查民居实例上百，测绘数十，历时八年，亦仅敢言大致了解羌民族数千年历史在民居上的反映。其因在越深入下去，越感到这个民族浩瀚深邃的建筑文化处处扑朔迷离，对任何一点一滴的空间现象略加追究，即刻不能自圆其说。叹为观止之余，亦仅能言一孔之见以飨读者。

羌族民居无论量与质都是羌族建筑体系中分量最重者，自当为羌族建筑核心。它的发生和发展，不仅涉及汉代南迁岷江上游河谷的西北羌人，亦涉及汉以前世居此地的土著冉駹人，还有理县境内唐代东迁的白苟羌人及汶川绵虒一带唐以后从草地迁入的白兰羌人，上述二系出于西羌，同源异流而后又合流，方才基本形成现代羌族人口构成的格局。明末清初“湖广填四川”又有不少汉人融入羌民族之中，他们带去了汉文化，亦在空间上对羌民居产生不同程度影响。任何建筑的发生发展皆由人作，不同文化背景的人亦产生不同的建筑。因此，人口构成应是分析羌族建筑的主脉和纲领。

汉武帝以前，岷江上游世居土著冉駹人，时遇西北河湟地区羌人被迫南迁，其中一支自称“尔玛”的羌人来到岷江上游，时间约在西汉中期，这就是今日羌族的直系先民。当时冉駹人（戈基人）和羌人相处尚好，羌人“帐幕架在河边上，牛羊牲口放坝上……羌人牧畜满圈栏”，是一派和睦气氛。随着人口与畜牧业的发展，双方发生旷日持久的大战，后冉駹人败走，“尔玛”羌人占据了岷江上游地区。部分留下的冉駹人和羌人融会，逐渐改变了“逐水草而居”的游牧生活。羌人学会了冉駹人用片石砌房垒碉的技术，又学会了农耕并转而定居。这就直接导致由羊毛帐幕居住形态转变成“垒石为室”的石砌住宅形态。在这漫长的过程中，羌人又把帐幕的空间构造、空间情结融会在冉駹人的石砌居室中。这便是我们前述“羌族建筑历史”中提到的“中心柱”、“乾棱子”以及主室和帐幕空间的结合。

一个民族由游牧帐幕居住形态转变为农业定居居住形态，必然面临居室空间功能划分问题。然而作为中国人特有的恋旧情愫，总是设法在新的形态上延续糅进过去的习惯形态。因此，在羌族民居中我们看到有一间房间内，什么东西都集中在那里，厨灶、火塘、神位、组柜，最重要的是还有中心柱就在这房间内。这个空间气氛与帐幕之室何其相似，后来人们称之为“主室”。人们似乎还像游牧时代一样多在主室中活动，非常忽略其它空间的作用，从而导致这些空间的使用率较低，故而出现这些房间，少开窗甚至不开窗，陈设太少等等情形。

岷江上游民族的融会还有一支不可忽略的力量就是汉族，尤其明清两次全国移民四川，均有汉人进入羌区。加之羌族有“招郎上门”的入赘习俗，许多汉人成为羌人家的上门女婿，这就给住宅注入了不少汉文化因素，比如，中轴对称、神位居中、垂花木构门、甚至“泰山石敢当”等民居文化。但这些文化因素只是丰富羌族民居的文化含量，在空间上没有触动根本。但有一点值得注意，汉人的强权统治迫使羌人联系紧密以自保，促使分散状态聚而合之。因此，明代以来聚落渐趋强化。并导致村寨系列的空间孕育发展，诸如选址、道路、水系、中心空间布局等等。

当然，汉人进入羌区远早于明清时代，拟列式如下（以岷江上游地区为范围）：

●汉武帝前——先有土著冉駹人。

●汉武帝中——冉駹人大部分被赶走，部分融入羌人。

●汉代——汉人渐入，羌人亦到汉区做工。

●唐代——汉人驻兵与吐蕃对峙二百年。

●明、清——大量汉人涌入。

以上列式无非是想说明羌族到达岷江上游后的两千年内一直不断地与其他民族交往，亦必然影响到居住形态。

二、民居空间

羌人来到今羌族地区之前为游牧生存方式，居住在帐幕之中。来到岷江上游河谷一带后，逐渐以石砌之室取而代之。在建屋过程中，充当羌族精神领袖的是释比（许）（汉人叫端公或巫师）。在释比经卷《巴》中，有一段唱诵：“羌人自古造邛笼，砌屋垒石半山间，高山平坝都发展，羌人自古聪明传。”这里面把羌民居选址高山、半山、平坝作了分布归纳，亦同时在空间营建上提供了可资剖析的契机，尤其为我们解释何以“底层畜圈，二层住人，三层晒台”的空间模式流行羌族地区的重要原因提供了线索。

岷江上游河谷皆高山峡谷，平坝极少，耕地牧场亦分布斜陡坡地上。若考虑生产第一的需要，建筑回旋局限很大，若再加上防御、生活因素，则更加制约了建筑空间发展。因此，羌民居空间发生唯临坡傍岩为最佳的选择。是羌人定居农业又不舍割爱畜牧生活，两者都得顾全的空间形式。

羌民居底层最初由临近河谷的干栏式支撑柱网空间发展而来，无论西北天水一带，还是岷江河谷，远古都有“阪屋”存在。史学家考证，阪屋即板屋，就是干栏建筑。那时作为底层的空间是不具使用功能的，亦像现在临江河的干栏底层一样，多废弃或堆放不值钱的东西。应该说，西北羌人来到岷江上游后，促进了底层空间的完善，一是加大加宽了空间对于牲畜的容量，二是由于天气寒冷多风封闭了底层墙体四围。封闭墙体既强化了承重能力，反过来又支持了二层、三层的空间发展。而取之不尽的片石和粘合力极强的泥土又提供了材料条件。当时岷江两岸山上密布大片原始森林（现在临近山顶高山仍有不少原始林或次生林），羌人弃木构民居不建，而选择了石砌民居，尤其是底层的发展，恐怕应为冉駹人和羌人融合的结果，是相互生产发展的互补完善。这也许是为什么平坝和高山台地也还充分保留底层空间的原因，当然这仅是揣测。因为那里地势建房用不着“依山居止”，全可直接使用底层为主要家人活动空间。所以，又可说半山、高半山居民原来都居住在河谷地区，后来慢慢移居去的，并带去了河谷居住空间形式。

无论何种地形地势的羌民居，多为三层空间，其起始源头为河谷地带，渐自发展到半山、高半山，个中自有土著冉駹人原因，又有南迁羌人的原因。

作为主要活动空间的二层，直接受到底层平面的制约。游牧时期的羌人惟一的居住空间和平面，只有帐幕内一室。那么面对比原来宽大得多的石砌二层空间，如何分割、组织，这就使我们看到了现在二层主室既有帐幕内空间的特色，又有农业文明空间特色的综合气氛，它的核心便是火塘。火塘置于室内起源于帐幕，居帐幕圆形平面之中，四周便于取暖。后宗教意识和农业文明的宗法伦理结合，使火塘赋于了文化内涵，有了轴线依托，火塘四周有了辈份排定，有了与神位香火同一轴线的贯穿一线，因此也同时具有了支配主室空间的核心作用。用主室空间意识来分割二层空间，显然其它空间就缺乏一种根据和传承，也就产生一种茫然和随意。于是产生了主室较大较讲究，其它空间采光、通风、放置物件、长宽太窄等诸多不畅地方。不过，恰此又保留了原始帐幕空间延续。而其它自由的平面与空间气氛，则有意无意地给人十分兴奋的空间感受。它的主次关系反而显得富于层次和节奏。约束中弥漫着的不约束原始自由空间享受，是现代人返祖意识的绝妙体验。故二层空间成为游牧时代向农业时代过渡的空间产物的浓缩，又使我们看到山外封建制度强加在民居上的千年不变仪轨的呆滞和僵化。恰居大山之中，封建统治鞭长莫及，反倒保留了一段历史的空间见证，因此，二层空间是羌民居文化的核心。

羌民居的顶层空间是极具想像力的。首先是在兼具遮风避雨保暖功能平台上，同时又建了一间半封闭小屋。小屋划出小部分空间作联系顶层与二层的楼道，其余大部分作堆放未干粮食的暂存处。于是顶层就有了开敞晒粮食的平台，又有半开敞的小屋。小屋名罩楼，通过它使封闭与开敞之间形成了空间过渡，这就促成了空间组合的完整性和递进的自然性。在外空间整体形象的正面、侧面均出现了造型的变化，而不仅仅是一个方盒子般的单调了。

有学者认为顶层罩楼是受到藏族经楼的影响，但也有河谷地带文化发达的村寨中，顶层受汉文化影响，改部分罩楼空间作书楼的。笔者认为这些都不足以证实罩楼的产生。罩楼的产生恐怕直接来自羌民族或冉駹人生产生活的实际需要，原因是收获的半干半湿的粮食需要有一个暂时存放的地方，以利于随时在晒台上曝晒，全干之后再下二层久存。再次，二、三层楼道之间开口较大，需要搭一个小楼棚遮风雨。所以罩楼应是“小楼棚”发展而来，其中，部分地方可能借鉴了藏族经楼形式，但仍有大量的羌民居顶层并无罩楼，仅是上顶层的楼道出口搭了一个楼棚而已。

羌民居外空间突出鲜明的个性受到历代人士赞颂。民居大学者刘致平认为“略似西洋建筑”，“甚为壮观”。这种空间效果由选址的“依山居止”和高有三层或更多的层数造成，是“一种防御性的碉堡式住宅”。更由于其底层后墙多依附原生岩而产生的穴居气氛，底层承重墙干栏空间的发展，内空间帐幕遗制的延续，中华建筑起源“三原色”于此共同调配出一种独特的空间形态。

三、民居结构

羌民居以泥、石、木混合结构为主，围护墙和内部木柱承重。承重作法大致分为三类。

一．空间跨度在2丈左右者，直接将梁搁在石砌墙上，梁端进墙讲究“5”数，或5寸，或4.5寸，尤以茂县一带最典型。此类用料甚为粗壮，径约尺许，圆木稍加刨制即可铺设，形成楼层后再砌墙直到屋顶。

二．进深3丈2尺(10.66米)者，由4根柱头排列组成，其中两柱靠墙柱距丈许(3～4米)，另两柱形成中心二柱。若进深在2丈1尺者，则以3根柱子排列，也是两柱靠墙，另产生中心一柱。此种作法实则是墙、柱共同承重，其柱支撑主梁，梁上再横铺楼桴。

三．在汶川以东一带，有墙体与内部木构框架分离者，石砌墙仅起安全防护作用，内部采用汉民居穿逗木构。石墙好处在于扶正穿逗易歪斜的毛病，施工可一次性完成。

民居结构直接与空间划割有关系。有支撑柱的空间往往是主室，即一般俗称的“堂屋”，故特别宽大，往往占据住宅的2/3空间。居室和杂屋间较忽略，开间较小，布置随意，或石砌隔断，或木板隔断，均视具体情况而定。层高一般8.5尺(2.8米)到丈许，亦无定制。

羌民居结构受“5”数影响甚大，似如汉族民居受“6、8、9”数的影响。其理何在，众言仅吉祥之数。比如前述梁端搁进墙内5寸或4.5寸，又门高5尺5寸或5尺7寸5分，门宽3尺5寸等，还有净高8尺5寸，三层罩楼6尺5寸，甚至墙体从底层到顶端的厚度随收分亦紧紧扣住各层也必须有5数，如底层墙厚2尺5寸，二层2尺5分，三层1尺8寸5分等。自然这是一个惟独羌民族才有的建宅现象。但民居平面上尚还没有类似约束，何以舍平面而求其它必须有“5”数约束，谜底尚待人们去破译。

风俗习惯也是对结构产生影响的因素，表现得突出的是屋顶作法。比如多数羌民居顶层晒台亦同作屋顶，四周有女儿墙或片石嵌边再加罩楼。排水利用屋顶略加斜倾形成散水坡、引水流向墙边开洞，外接简槽导水。而岷江河谷一带有的屋顶利用墙体承重，把梁全搁在墙上并有程度不同的出檐，但屋顶材料选择及结构大同小异。一般而言，皆先以圆木排列作梁，再铺柴块、长竿杂木、树枝、小竹、麦草、耐寒枯草，最后在上面加片石、黄泥，拍打坚实之后，即告完成。因而屋顶形成石泥木厚厚的结构层，厚者可达60厘米左右。这也对承重墙体的厚度提出相应的要求，故有的底层墙厚可达到1米。

值得重视的是，底层墙靠山一面往往利用原生岩坡作“墙体”，因此选址时尤注重底层靠山一面岩坡基础的坚硬程度，以及从二层主要活动空间进出的方便性，因为大门基本上都开在二层。所以，多数羌民居靠山一面的墙体是从二层开始砌筑，更有甚者几乎全利用屋后原生岩坡的，仅屋顶晒台上的罩楼后墙体才开始砌筑，并直接在墙上开后门，以利于生产、生活的方便。

四、民居习俗

羌人建宅亦同时是独立门户的仪式，即结婚另立门户的开始。

一般二三年前动手备料、备钱、酒、肉、物。由巫师（端公）择期选日（诸如是否老人死后已三年，是否本命年，是否农历单日子，凡本命年、单日子皆不宜建房等），然后选址。通用准则为“门对青山，坟对仓”，个中受汉族阳宅风水看地习俗影响，故住宅以门向为准尤朝东方阳山之地为佳，尔后确定室内神位方才有了依据。屋基之始必须为农历双日，下基脚时先杀红公鸡或以牛、羊血祭祀，血淋基石之上，由巫师或掌墨师说些吉祥的话，即挖沟填石。随之火炮齐鸣，众人砌墙开始。

上梁典礼更为隆重，亦由巫师把握日子，吉日方可上梁。典礼多由母舅主持。包有银子、茶叶、大米的纸包，由木匠在主梁上凿孔放入，红布挂大梁两端，梁中画太极图，两边对称写上“荣华富贵、金玉满堂”之类的汉字。然后用供品敬祭鲁班，木匠念念有词：“供奉洪州鲁班智德，尊神相位，君亲同至，彩木蓝帮，师祖师爷，齐天大圣，师傅如在眼前。”念毕木匠大喊：“起梁，先起东方后起西方。”于是站在屋架上的小伙子们用力将系上绳子的大梁拉上去。如此即完成住宅框架的建构。

头一年往往仅一、二层，若经济拮据，亦就仅此便完成了住宅建造，这也是我们看到不少仅一、二层的羌民居的原因之一。若要继续往上加层则需第二年方可。

前面谈到羌民居建造过程中，释比（许）起着规划师、建筑师的作用。释比经卷中有《巴》、有《若细》段落专门对于建房的叙述，虽然只是一个总则。比如《若细》中唱诵：“分村村重村，分城开四方，分房房重房，分屋分罩楼，罩楼分罩圈，罩圈分神位，神位供诸神，神位上面皆白石，家家须供木比塔。”笔者认为此仅为羌族建筑发展中的过程总结，而羌族建筑发生时并无巫师在起规划与建筑作用。当然，巫师的作用后来显著了，也就起到了制约建筑等方面的相关作用。

羌族为泛神信仰民族，故内外空间无处不是神，尤其各地民居更是供奉多种不同之神。如汶川羌民居屋顶常供五神——以白石象征天、地、山、娘娘、老爷。理县是为九神——天、地、开路、山、建筑、祖宗、天门、工艺、地藏、保护诸神。茂县若干神——角角、房顶塔、天、地、林、火、羊、中柱、工匠、妇女、祖先等神。上述仅为一般现象，各地各家信神增减无定，亦有发展。到当代，牛头作为祭祀与白石共同供奉屋顶有之。拿羌锋寨而言，不少人家于屋顶种植仙人掌科植物，并置于轴线之上，以崇拜它寒旱仍苍翠的秉性。总之，羌民居屋顶部分为空间最丰富的地方，充满多姿多彩的羌族文化，客观上又起着美化空间的作用。

汉族民居文化对羌民居影响最深者，恐为大门。羌族常言"千斤的龙门，四两的屋基"，故汶川、理县一带民居因距汉区较近，稍有财力的人家均按北方垂花门仿制，且多出自清式营造，并于门前左侧安放"泰山石敢当"。而仅就"泰山石敢当"言，几乎遍及所有羌族村寨，远比垂花门弥漫的地区宽得多，它和门神相偕同行，成为汉族民居文化侵入羌民居文化领域的排头兵。所以羌民居龙门(垂花门)在一些地方无论形制，甚至构件、图案皆和汉民居垂花门无异，原因似乎是门的作用与象征，尤门神秦叔宝、尉迟恭正义之神喻意，为国人共同崇尚所至而极易被羌族接受，亦反映憎恨邪恶为各民族共同天性。当然，汉式门的借鉴还处于局部性质，而不可能以其改造羌民居全部，比如，门不可能和主室内神位形成轴线等。

五、民居细部、装饰(图六—1～75)

1. 门(图六—1～31)

羌民居门，可谓丰富多彩，五花八门，说千千不同，亦不过分。显然，它和其它空间诸如平面、窗格亦无一律是相一致的，显示了各宅的空间与文化个性。当然，里面也有共同规律性的东西可寻，比如垂花门的样式大同小异不易产生更大的变形，部分地方住宅用宽大的单扇门为局部流行样式。茂县一带门的长、宽尺寸，尾数总要带"5"数等。但这些规律性的东西应视为羌族渐自进入农业社会在民居上的零星规范，是逐渐向规律发展在规范数量上的积累，如果积累到了一定阶段，必然导致质的飞跃，即产生规律。但是如果羌族民居产生犹如汉族四合院形制的一统格局，即产生羌族家家相同的民居样式，那将是一种空间发展可怕的倒退，是保守的"质"的飞跃。故文化往往不与经济同步，由此可证。因此，以艺术角度审视，羌民居门的发展实在是了不起的空间创造，其材料、技术诸问题都居于从属地位了。

垂花门

羌民居垂花门集中在杂谷脑河下游和汶川岷江下游段区域。显然是距汉区较近，受汉民居影响所至。从部分保留完好的形制看，虽没有严格按清代法式建造，原因是住宅主体尺度发生了变化，本地亦无约束营造法式的机制和公众舆论基础，仅多为本地匠人去汉区务工回家后的意向仿制，或汉工匠“跑滩”羌区的“活路”之作。但不少门作极神似清代典型的垂花门，因此其与石砌墙体结合一起显得刚柔相济，别具风采，尤局部构造，诸如吊柱、雀替之类仿制技艺精湛，与汉式毫无区别，十分乱真。更多的是利用本地石片材料改制瓦、柱，变小尺度，一切皆因地制宜，极亲切宜人，不事喧哗。

清改土归流反映在民居上的影响变化，首数宅门，它和羌俗“千斤的龙门”观念极易合拍，故影响从门始，亦是必然。但这并不真正代表羌民居门作传统，而只是部分范围流行样式。更多的羌宅之门呈显的是极其自由、极其随意的作法，分布的地区以茂县羌区为主。在垂花门流行地区亦间夹大量个性极强的门作。因此，垂花门并不真正代表羌民居门作主流，仅为汉民居文化影响而已。

一般民居之门

羌民居门的称谓无汉民居确定统一的称谓，汉民居门可叫垂花门(四川叫龙门或朝门)。而羌民称门亦直呼其为门，或大门、二门。但门无定制，仅茂县一带门的尺寸尾数出现“5”数约束，如门高5尺5寸，宽3尺8寸5等。羌民居门向即代表住宅朝向，少数也有大门以正朝向，而进出却以另外方向，造成错觉以为人必从此门进出，实际长闭不用，这和有的碉楼及住宅开窗似乎有异曲同工之妙。比如楼本五层，从外面看，开窗却有六层或七层，以造成外界分不清里面的实际空间划分情况。原因恐怕还是与古老的防御意识有关。如果再联系室内空间划割大小不均，又多密室、多门的状况分析，实则羌民居即为从外到里一个立体的独立防御体系，各寨内民居之间又有暗道暗门衔接相通，更构成一寨整体防御空间网络。因此，万般门为首，一切防御皆从门开始。拿这个观点观察羌民居门作，门的布局，应该说除了住宅门服从固有的习尚、风俗、宗教外，极大程度还在于生存考虑。那么，所谓一般之门则体现出坚固、牢实的实用原则。因此出现了官寨门和一般民宅之门，在尺度上都不甚宽大，除门框、门用粗厚木材之外，几乎全在石砌墙体垒砌之中。缩小易毁坏的木材及门尺度，亦等于减少坏破的程度，加强防御的强度。但从关锁用的门栓，木钥匙的防盗、防御功能看，全在“防君子”的象征之用。所以具有优良民风的羌宅之门有着内外有别的潜在两种功能，显得十分优美。

理县、汶川县及河谷一带喜用垂花门，除汉民居文化影响之外，与这一带气候比茂县和一些高山地区要温和一些有关，因此，密封性能较差的垂花门方才为这一带羌民所接受。所以，高山地区能保留原始风貌的门作，也就与河谷地区存在不同的文化、气候条件背景，所出现的门则主要考虑安全，防风保暖，而审美性、宗教性、风俗性等，在形制结构本身则反映就少了。不少门作仍出现门凳、门簪、门神、门联及旁立“泰山石敢当”等汉民居文化，这些东西均不对实实在在的安全、防寒保暖构成负担，更不破坏传统实用形制。因此，大多数羌民居门可谓“随心所欲”而作，反倒出现多样性的外观，这是其他民族少见的。但随意性不等于否定“千斤的龙门”观点，而是从内涵上、实质上强化着这种观点。

另外值得一提的是，至今，羌族仍保留着十分原始、实用、朴素的木钥匙和木锁等门的配属设施。有的门栓门外任何人都可以开启，完全是“门概念”的一种完善。区区小构足可见羌民族的善良、厚道的优美民风，非常值得称道。

2. **窗**(图六—32—50)

据有关专家考证，羌民居最早的窗是用树藤、油竹、树枝做成各形，再用搅拌的黄泥与麻线混合糊上，叫篱笆窗。随着时代的前进和住宅的日渐完善，亦对通风、采光、防御提出更多的要求。但各地具体情况不同，窗的形式亦出现多种多样的作法，归纳起来大致有如下几种。

斗窗

斗窗羌语叫“黑斯模”，剖面如斗，多设置于住宅二层灶房(或曰主室、厨房)的墙中上端，有一根圆而细的木棍正撑放于窗孔中，看上去如斗形，故称斗窗。特点是内大外小，光线适度，坚固实用，冬暖夏凉，可遮风雨，避烟尘。斗窗尺度一般是上边长 20 厘米、下边长 24 厘米、宽 18 厘米。窗底长 72 厘米、宽 54 厘米，高 72 厘米。若置于房的东边墙体上，太阳升起，犹如舞台上的追光（锥光），不断变幻角度，整个主室内充满温和、祥瑞又神秘的气氛。

升窗

升窗又叫天窗，羌语叫“勒古”。“升”有二意，一是位置在屋顶晒台，相对“下”与“降”而言，有上升意思；二是“升”为过去量粮食的一种器具，十升合一斗，其形口宽底稍小。羌民居升窗合二意于一体，取名十分贴切。

升窗特点和内大外小的斗窗作法相似，只是中间无横框。一般置于二楼火塘侧上房背偏东或靠西的位置。它是用树枝黄泥或四块片石相连接，高于房背面 5～9 厘米，外围大体见方边长 33 厘米，内径见方边长 66 厘米。既采光排烟，又可防雨雪大量飘入室内，还可根据从天窗中照射进屋的光线移动位置判断时辰。

羊角窗与牛肋窗

羊角窗一般安在住宅的第三层罩楼的木板或油竹篱笆上，是专门用来为储藏粮油通风排尘的。羌人在用油竹篱笆作窗时，将油竹弯成羊角形窗孔，或在木板上锯成羊角形作为装饰窗，故称羊角窗。牛肋窗和羊角窗的位置、构造、用途相似，只是窗形如牛肋，羌人称“索窝人格”。不同的是牛肋窗既可砌在墙上，又可用梳弓锯锯在木板上安装。牛肋窗的优点是光亮足、透气畅。

地窗与花窗

地窗又叫“印门”，一般建在住宅的二层楼上。其形为一方小孔，边长约24厘米，呈“印”字形，是专门用于倒垃圾的窗口。平时用木盖或石板盖严，不作多用。最普遍的还是各种花窗，但都是仿汉民居窗作。

3. 室内布置、家具及室外景观（图六—51～75）

主室

主室俗称堂屋，是羌民最重要的活动空间。由于具备多种功能，亦决定了布置的多样性。他们的饮食、宗教活动、议事、休闲、待客等差不多都集中于此。因此，形成了以火塘为中心的主室布置格局。

火塘

火塘起源在前面一些章节都有叙述。它是一个非常优美、丰富的文化载体。仅就各地不同作法，亦难一一详述。大致可分石作和木作两类。但都为正方框围，置铁或铜三角架支撑同质圆圈，重达30～100市斤左右。由于历来羌族视火塘为神圣，禁忌多多，比如不准跨越火塘、吐痰塘内、脚踏边框 、倒水塘内、三角架不能移动、手触，不准在上面烤鞋袜衣物等不洁之物，以及不能在火塘边捉虱子、擦鼻涕之类。因此火塘总是比较清洁，周围摆放矮凳，火塘上有的还置围栏，围栏上安放活动桌面。火塘上空吊挂烧水煮饭用的铁锅铜壶，内配木瓢铜勺，上置可以升降的挂钩吊圈。若旁边有汉式灶头者，还在上面点松明、向日葵秆、油竹等可照明物。

由于火塘通常在主室轴线交汇中心，又具有神崇拜的内涵，更是室内活动中心的中心。因此，其位置实际起到支配整个主室陈设物的核心作用，它和中心柱相辉映，主宰了主室的家具诸物布局。

神位

在主室空间另一个具影响力的物件是角角神位，它和火塘同处于对角轴线之上，是羌民居中主要供奉的家神，起镇邪的保护神作用。它来源于羌族神话英雄人物，后来人们在火塘上方轴线端顶上，即屋角的位置立神位以祭祀。羌民逐渐将神位仿效组合木柜形象，并缩小汉庙宇式建筑尺寸和装饰，两者组合一起，再加上羌族民间木匠、纸扎、画匠的工艺表现，于是出现了空间位置神位形象极为特殊的角角神位。这是国内外十分罕见的室内布置，它同是羌民居内最具审美价值的物件。有的人家还从神位左右延伸发展组合物架、物柜，犹如现代居室家具，显得很有气派。火塘不是羌族才有，而角角神仅羌族才有。因此，角角神也是羌民居室内布置最具特色部分。

一些受汉族影响的地区，以角角神兼容神龛、香案等一并供奉“天地君亲师”牌位。更有开门主室中部，以对称轴线仿效汉民居堂屋空间划分，设香火于堂屋正中上方，同书“天地君亲师”诸字。其各种造型无一定规范，追求祥和、欢快、热闹气氛为宗旨，也呈现不同的神位布置及神位形象。

家具及室外景观

主室内家具主要有壁架、桌凳、椅子、米柜等。在无水磨的高山村寨中，一些人家自备石磨。在靠墙方便的地方用四块大石板镶嵌成长方形水缸，并有山涧水经简槽引渡进屋中入缸。至于锄头、镰刀、纺锤、斧头、猎刀等亦常挂置墙上或柜架上，尤显亦农亦猎亦牧的传统生活生产方式及丰采。

值得补充的是：与室内布置相呼应，内外不可分的家庭副业设施，比如屋檐下的成排蜂桶，屋边的蜂房，女儿墙上垒砌摆满的金灿灿的苞谷（玉米），罩楼里挂满的红海椒和山货干杂，均有力而优美地烘托出羌民居石砌建筑的独特丰韵。虽然这些东西不是民居建筑本身，却是对羌民居文化不可缺少的修饰，它和民居周围的自然环境一道，共同营建了古老的羌族建筑文化。所以缺乏环境的民居应是不完善的文化种类。尤其是居住理想若不顾及环境的配置，其建筑将是干巴巴而索然无味的。

六、民居构造与技艺(图六—76～89)

屋顶晒台、楼面(图六—76～79)

羌民居屋顶晒台大致有两种，一是有女儿墙的晒台，一是无女儿墙的晒台。有女儿墙的晒台往往在檐口处理上保持和墙面同一垂直面，屋顶于是无出檐，排水即在晒台，作法上形成微微倾斜面，使雨水向斜面低处流去，这样形成的散水坡最低处，即是凿洞衔接向外排水简槽的地方。简槽又名枧槽，是圆木对剖挖槽成“凹”字形的一种古老排水方式。另外在女儿墙上铺设薄石板，一是起防雨保护墙体作用，又可以在上面堆放羌族地区主产的玉米。没有出檐的住宅，亦多石砌墙体，羌区少雨，石砌墙体全能承受雨水的冲刷。还有一种起女儿墙作用的作法是，在屋顶晒台边檐加木制防护，用细竹、葛藤、薄木板编织护墙，或者略垂直安放石板排列成墙，远看成锯齿状。

无女儿墙的晒台同作散水坡，在岷江河谷地带为多，多见于土夯墙的民居，是为了加长出檐以护墙体免遭雨水冲刷。石砌墙民居有出檐，可于檐下置蜂桶、搁放杂物等。

屋顶构造材料和程序，各地大同小异，以就地取材为便。一般是在墙上搁置横梁，讲究一点的梁上置圆木（藏人叫搁栅）。中距 20～40 厘米不等。椽子之上铺满密实大块木材（把树干树枝破成块状），木材上再铺野油竹、细树枝，其上再抹稀泥或泥浆，有的地方两者之间还间以高寒山区坚硬的野枯草，诸如还魂草、龙胆草之类，以加大承受抗泥沙渗透密度。稀泥层厚约 1～2 厘米。此时一般要间隔一夜时间，以让其粘合，渗透密实。第二天才继续在稀泥之上填干泥粗土约 15～20 厘米，再加拍打。若作楼面，干泥要少而薄，屋顶则较厚。通体之平面用木板刮平，再均匀地铺满约 2 厘米的细砂土或粘性细砂混合土，用打板逐一拍实，即告成功。羌民居屋顶构筑程序从下到上，材料由粗到细，屋顶细砂密枝，结构松软，稍有裂缝，即刻被砂土补合。所以还未发现屋顶晒台出现裂缝者。

楼面除上述外，另一类是木梁木地板。

檐部（图六—80～84）

过去械斗和严寒风沙频繁，住宅稍有可焚毁的地方及缝隙，皆对安全不利，故石砌墙极少见梁枋出头者。然为保护土墙体不致雨水冲刷，故土墙民居多有出檐，但出檐很短，能起到少雨地区排除有限的“屋檐水”即可。就是如此，多数人家仍在檐下安置枧槽，把屋面雨水集中排出墙外，目的是既可防雨水腐败檐口拦泥板、椽头等木质物，如罩楼安置枧槽，也可防罩楼檐水滴下冲坏晒台面。

在岷江和杂谷脑河流域村寨，住宅檐口还普遍采用一种叫横环的构件反扣在檐口上，并从中加楔子或榫头打入椽头，起到保护檐口作用。有的横环像废弃的木犁、枷担，其状如弓样式较多。一排排地护着檐口，又有一种装饰作用，非常美观。它还可作护墙用。

总之，檐部构造各地样式很多，是屋顶内部构造的反映，只是为排水所需而加置了出檐的拦泥板、木枋、石板、粘土等。

梁柱构造

羌民居分墙承重和梁柱承重两大体系，以墙承重体系为主。但就是墙承重一类构造中，其空间跨度较大，诸如4～5米以上者，多以中心柱和梁的结合形成羌民居局部梁柱构造特殊现象。这种现象的历史、文化原因在前面诸多章节已有叙述。就承重关系而言，它是墙承重的补充和完善，以至于出现二柱、四柱居中支撑梁架的发展。

梁柱承重体系多在岷江流域羌区下段，即羌锋、和坪等寨。民居底层柱高约2.5米左右，楼层高2.3～2.5米。柱径视承重体的份量而定，多则30厘米，少则20厘米不等。一般不作柱基，石片墙承重楼层中无通柱，分层立柱。梁柱承重体系受汉民居构造影响甚重，柱距多为2.4米。梁的断面约为15×20厘米，梁上椽子多用圆木，梁柱结合方式多为穿逗式。

技艺

墙的砌筑分石砌和土夯，两者皆为羌人独到的传统技艺，其特点是：一、不用任何工具可获得墙体的垂直和收分状态。二、碉楼砌筑可视高度分段收分，以降低重心。三、土夯墙体和石砌墙体一样，在36平方米以内的底层平面上可建造20米以上的高耸建筑。四、外墙面都可获得平整的外观。五、传统的石片砌筑技艺延伸到都江堰保坎，成都平原井壁的卵石垒砌。六、把墙体的承重发挥得淋漓尽致，不仅承重楼层屋顶，亦承重阁楼、挑廊、挑台、过街楼等。七、充分发挥相邻墙体共同承重作用，和其他人家的墙体协调形成多形式的承重体。八、利用片石形状塑造装饰、窗口等。九、临近藏区的石砌住宅，砌墙采取四角生起的办法，即在砌片石墙时将横缝两头升高，中间稍低，加上墙身外侧有收分，使墙和四角重心略偏向室内，以达到整体牢固安定的目的。

七、民居类型、实例(图六—90～300)

在本书二章“羌族建筑历史”中，笔者对羌族民居的发生、发展、历史沿革作了一些推测和判断。并把羌族民居分成三大类型，即是碉楼民居（碉房）、一般石砌民居（邛笼）、坡顶板屋（阪屋）。

这种分法一是对古籍中各种不同说法的归类，二是笔者对羌民居多年考察、数百例阅历、数十例不同地区民居的实地实例测绘得出的结论。羌民居浩瀚，数十例实测、千百之阅历仍苍海一粟，故此结论乃一孔之见。当然，客观存在的空间现象是第一位的。从大量的羌民居考察、调研中，笔者认为惟此分类法方可与事实、与古籍吻合。

值得一提的是对羌民居还有一种普遍的称谓叫“庄房”。

庄房无具体分类，是对羌民居的泛称。这种称谓有相对官寨住宅两者的成分，但实质上隐含为农奴主、封建地主而耕种的庄客、庄户之住宅的意义，故官寨形同庄园。

1. 碉楼民居（碉房）（图六—90～151）

碉楼民居是以空间作为依据划分的住宅类型，因此，空间特征和形态是划分的惟一标准，即住宅和碉楼有直接的空间关系。再则，它是私家性质的，为家人所建家人享用。不同的是碉楼和住宅原本功能截然迥异的两种形态在不同地区空间上的亲和程度不同。比如，在杂谷脑河下游河谷地区的碉楼民居中，碉楼和住宅多分开建造，但两者靠得很近。约在一米左右于二层（即主要层）有过道相通（图六 90 乙），以形成两种空间形态惟一的亲和点，而其它诸如墙体、瓦不挨边，此类碉楼民居分布多在杂谷脑河两岸台地上。然而在两岸高半山台地上的碉楼民居中，碉楼和住宅相距则稍远、多则 3 米，少则 2 米，且无墙围和住宅连接，似互不相干，但确又是其私家碉楼。原因是高半山地区有敌来犯，早已有信息反馈于寨中，若犯敌进寨还需相当时间，慢慢进入碉楼中躲避则时间上宽绰有余，故用不着把碉楼和住宅靠得太近或以门道相通，布瓦寨即有此类形态典型。

完全把碉楼融入住宅者，多集中在黑水河流域（图 90、丙），此为碉楼民居空间概念纯度最高的地方，也是碉楼民居数量最集中的区域。原因是此地历来为统治者多次征剿的重点，又是内部械斗频繁之地。碉楼融入住宅之中，不仅体现了防御的纵深层次，还体现了各家自保的防御意识。于此产生了各种不同的、极具空间想像力的若干碉楼民居平面创造和空间组合，是羌族碉楼民居类型中的精华部分。

综上，羌族碉楼民居实质上又分成了三种空间模式，即：甲、碉楼与住宅分开型，乙、碉楼与住宅有过道相连型，丙、碉楼融入住宅之中型。

碉楼民居实例

桃坪寨陈仕名宅（图六—91～104）

陈宅为桃坪寨形成之初几户人家之一，住宅兴建估计在明末清初。桃坪古称“桃朱坪”，为通往大、小金川古驿站。从附近挖掘出土的大量双耳罐看，在这片冲积而成的坡地上，至少汉代就有相当发达的农耕作业及文化。

陈宅居于寨中心位置，外空间呈阶梯状，以各层晒台形成“梯面”，外墙石砌并承重各层木构。北后面有碉楼和住宅在二层相通，但相距约有 1 米左右，中搭石板成通道。住宅四层，碉楼七层。平面呈狭长方形。内部空间组合随意，以方便为宜。

由于宽度有限，则尽量纵向发展，从而获得两个晒台，此于羌民居中是不多见的。在和碉楼的空间联系上，虽没有把碉楼纳入住宅之中，但相距极近。空间保持独立，但碉楼有明显的私家归属感，加之二层相通，尤感组合别具一格。在木构系统中，于二层入口处形成过街楼，有精湛汉式花窗、吊柱仿制，内部楼道加花栏杆，可以看出汉民居文化的介入。碉楼顶层及六层，从置梁处向外伸出挑枋，于其上搁置木板，形成两层出挑的挑台，更是目前羌寨中罕见的现象。可能受汉阁楼重檐的影响，但理解极为独特，别作观察了望之用，是融会中的创造。这种碉楼和民居配置一起，尤古风弥漫。另外在木构外观上多有若干雕琢，均被羌风大气改造，和石砌粗犷互补，达到十分完美的境界。

布瓦寨龙宅、陈宅(图六—105～109)

龙、陈二宅和一般羌民居不同之处是仅二层，即羌民居中的平房。它和大量石砌民居中的平房共同构成除三层之外的一种类型。因其不具羌民居的典型性而常被人忽略，实则它恐怕是羌民居中最具原始色彩部分。

龙、陈二宅碉楼和住宅与寨中其它大部分民居一样，均为土夯墙体构造。碉楼土夯可高达20多米，住宅反倒仅为平房，高不过5～6米，里面恐怕与寨子选址在较斜缓坡地，建房用地回旋余地较大有关系。另外，碉楼的多层空间被充分利用以储藏，亦等于取代了住宅三层的作用，若住宅再建三层，无疑是劳民伤财的多此之举。所以布瓦寨碉楼曾多达48个，战时防御，闲时储藏粮物，一举两得。这里是羌寨中碉楼民居最多的村寨之一，原因即为充分利用各空间功能使用的时间差，物尽其用，取长补短，互为完善。故羌碉楼民居中，惟布瓦寨别具一格。即土夯为特色之一，住宅仅二层为特色之二。

河心坝寨陶宅、杨宅(图六—110～126)

茂县三龙地区是碉楼民居建造发达地区之一，尤杨宅（图六—119～126)最为典型。

杨宅把碉楼和住宅融为一体，高度封闭一、二、三层中，城堡式的严密使内部空间已经查觉不出碉楼和住宅的区别。各层空间组合的随意性，内部楼面、梯子、中柱、家具等变化的不拘形式、高低错落，使空间从平面到立面调整得又原始又合理，又古朴又丰富，充满浓郁的真率美和古典美。尤其顶层（四层）各平面的起伏中，又连续出现封闭、半封闭、开敞空间序列，使碉楼、罩楼廊子、晒台、小书楼组合在一层之中，从下三层的幽暗气氛中上来，大有豁然开朗又韵味无穷的空间变化之美，所以它又是空间使用和身心调剂的补充。也许此立意构思全在偶得，然而追求空间享受应为人类天性之共同，故这种构思绝然是智慧的表现。故真率亦最富跨时空性、超前性。所以无论平面、立面、内部空间都使人感到杨宅的现代感特殊创新感。虽碉楼拆出上几层，但恰到好处。

陶宅则表现为另一种追求：围墙置楼廊，加楼栏凭院坝，破封闭出开敞，是改造而来的羌民居发展。但是它还是保留了绝大多数古典成分：主室与碉楼在二层相通，其碉楼有两面墙体已成为住宅不可分割部分，并承重楼面和屋顶。主室碉楼墙面不仅活跃了平面，又以立面丰富了空间，从卧室摆在横向一列加楼道串通看，功能分区已相当明晰。

黑虎寨王甲宅，王乙宅，王丙宅、余宅(图六—127～148)

通观羌碉楼在民居中的位置，几乎都是设置在大门的左侧，这和“泰山石敢当”必须摆在大门前的左侧同理，同有避邪之为。羌人视犯敌为祸害为邪物，与“石敢当”位置同为左侧。如果事前有地形造成不便置左侧者，亦设置于主室之后于正中或略偏左。所以羌人对碉楼的重视远远高于汉人。汉人民居中的碉楼是绝对不允许在堂屋香火之后的，它被作为家丁宅舍，仅保护主人住宅而已。而羌人的泛神信仰可把碉楼的保护职责神化，故虽位置的确定十分讲究，但若受地形限制，又表现出一定的随意性，不受中轴线的约束。

黑虎寨是碉楼民居最完善地区之一，特点亦是把碉楼融入民居之中，某种意义上言，是住宅围绕碉楼修建。黑虎寨碉楼民居不仅量大而且质高，原因是历代统治者视黑虎羌民反抗最烈，因此征剿亦最烈，羌民为自保被迫纳碉楼与民居为一体。因此，从平面角度言，碉楼、住宅布局协调而自然。可以看出此类民居经几百年发展，平面关系已相当稳定成熟，因此也就必然影响整体空间格局。各层与碉楼的空间疏通，与顶层晒台之间的相互利用，如何处理无战事时与生产生活的作用等等，均有细致入微的空间考虑，结构处理，绝无“临时抱佛脚”的空间匆忙构成之感。如此，碉楼与民居都纳入功能分区的归类使用，表现在底层多畜养牲畜、柴草堆放，二层为主室、起居、卧室、细软存放，三层粮食、肉食储藏。已不像其它地区无战事时弃置碉楼一旁的现象。碉楼民居成熟形制已磨合到位。

黑虎寨碉楼民居组群还有一个特点是“松散”，相互间距离较远，独立成体。这就更加要求个体空间的坚固性和防御的周密性。这也是造成碉楼民居成熟的原因之一。

像黑虎寨碉楼民居发达的地区还有曲谷乡诸寨，以及赤不苏、维城等乡，但均从属于黑水河流域地区，即羌族核心区域。

2. 一般石砌民居(邛笼)(图六—152～251)

严格意义讲上,“石砌民居”这个概念是不太准确的,因为碉楼民居是石砌,人字坡屋顶的板屋围护墙身也多是石砌。但碉楼民居有碉楼明显不同的空间组合,板屋亦有坡屋顶的显著空间特征。因此,这里采用“一般石砌民居”分法以区别于前两者。

所谓一般石砌民居,即古代称之为“邛笼”者。古人称其高二三丈,尺度是没有错的。但这一类石砌民居的高度实质上差别是很大的。楼层在二层与五层之间,高度在4米与20米幅度内。古人谓之二三丈者即是石砌民居数量最多者,最普遍者,所以其判断是具实际意义的,虽然他们无法顾及特殊性。

如果对一般石砌民居以楼层多少作为标准分类型,那么就会出现以下几种情况:

三层石砌民居,占多数。

三层以上石砌民居,少数。

三层以下石砌民居,少数。

综上三类型,才是真正构成了羌民居中石砌(包括土筑)民居的全部。

土筑民居分布在以布瓦寨为重点的少部分村寨中。除墙体材料不同之外,其它概然一致,故不作详述。

一般石砌民居实例

老木卡寨杨宅、余宅(图六—152—168)

老木卡寨杨(道发)宅为寨中历史最古老住宅,建于明末清初,因此住宅的选址、布局最能反映出三四百年前羌人的居住意识。住宅依山而建,底层二层利用原生岩靠山一面不作石砌墙,三层起始作墙体。显然,主要活动空间的二层都一直依附岩壁的作法,在羌民居中也是不多见的。住宅因此直上四层,造成东面墙高几近20米,算得上羌民居中的高楼。由于地形狭长、坡陡,迫使平面亦变得狭长。为进出方便,在二层南北向各开一门,以南向为大门,是为防北风的侵袭。同时又给四层上的晒台提供了面迎东方、利于曝晒粮食的条件,这种选址为羌宅习惯阳山朝向的一般规律,亦是十分科学的。

余宅建造年代为本世纪五六十年代。但可以看出仍遵循古老的选址意识,依山傍水、大门朝南,晒台面迎东方,底层畜养。不同的是设置火塘的房间变成客厅,并和厨房分开,里面多了一层现代主客有别,空间功能不同则划割不同的意识。

桃坪寨杨布先宅、周宅、杨甲宅、杨乙宅。(图六—169～189)

任何一类住宅内外空间现状，皆准确地记录着历史的轨迹和社会的变化，记录着宅主的来历及其与本地文化的亲和关系。杨布先宅和一般羌人住宅大不同之处是堂屋三门八扇作法。这里面明显存在汉民居中轴意识的支配，且中门正对香火神位，这也是羌民居主室布局中罕见的。后经笔者启发，年近八十的杨布先老人实说情由，道出了住宅现状的必然。杨实为汉人，清中叶"湖广填四川"，其先祖与一余姓老汉两人先落户彭县，转而到羌区桃坪寨上方通化寨对面叫烂河坝处垦殖。烂河坝又名拉弯寨，杨先祖在此仅一辈人即引妻上下桃坪寨落业，并立字辈之首，字辈歌词："赵春正庭先，文光布登天，开国崇柏枝，万福朝永川"，杨布先排辈第八。故大约两百年左右时，杨氏先祖开始在杨宅今址建宅。清中叶是汉民居最讲究营造法式的时期，故杨宅在羌寨中出现中轴格局，出现对称堂屋大门亦见怪不怪了。问题在于杨宅是不是羌族民居的风格，答复是肯定的。

首先是整幢住宅主体从平面到空间，从营造到材料皆与一般羌族住宅无异，仅是局部为强调自己的民族特征而作了些展示。但杨宅身处羌人区域环境，又与羌人通婚，因此，杨宅更多的吸收羌宅的作法应是合情理的，所以杨宅灵魂应是羌民居的。不过主人毕竟是汉人，因此在平面、空间组合诸方面仍出现了一些别有洞天的地方，比如堂屋代替主室，火塘就和厨房同一空间而另择屋子，火塘与神位自然变得无关，且各信各的神，堂屋空间很小；二是头道门进来面迎一道侧门，侧门进去又有三道门于一仅一平方米的"四门共一道"空间，这是极为罕见的作法，估计是为防御而设置；三是底层地下有暗渠通过，并设密室多间；四是整个平面"不成方圆"，稀奇古怪，是陆续完善住宅、不断增建房屋的结果，等等。就是如此，主人仍不忘建一个书楼于道路上空，以志不忘"耕读为本"的祖训。所以杨布先宅把多种功能的空间融为一体，不计划割组合规矩，反倒出现了一种扑朔迷离的空间气氛，是"得来全不费功夫"的天成之作。加之各层不时大间套小间，不时跃层跌宕起伏，更让人体验到个性于此得到极大的张伐，尤其是向往自由的个性在空间上得到非常满足的极致，这是很不容易达到的一种空间效果。由于空间创造自由度、想像力发挥到极限。所以，艺术上也是超前的。这正是建筑作为艺术往往不与经济发展同步的现象，也是马克思早已预言并证实的艺术规律。

通观桃坪寨周宅、杨甲宅、杨乙宅，从平面到空间的最初构想到完善，各宅多多少少都有类似杨布先宅的作法，整体而论，均为羌民居中殊有特色者。再重述归纳即为：充分发挥宅主自由度极高的创造个性，只意向认可空间的一致性，不计较尺度的统一性，没有文字记载下来的建宅规范，仅用石头去完善美妙的空间理想。（桃坪寨诸宅位置请参阅图六—91）

通化寨张宅（图六—190～193）

通化寨是羌寨向场镇发展的一类空间模式，地处古代通往藏区的官道中，大路从寨中通过。或因有汉人来此经商，或因羌人临街而居兼营小买卖，于是导致路旁住宅出现尚未发育健全的前店后宅或民居。因此，张宅平面出现有强烈中轴对称的倾向，但又不像汉民居店后留天井留厢房的作法，而是全封闭于一体，并在宅侧开两道入口，把全宅疏通。但从正门进来却不能直通全宅，并在底层分成三段似有些不便，估计仍为安全着眼。但内部空间作法奇特，各层高低错落，木结构用料豪华，做工羌汉风格参差交融。空间变化神秘莫测，尤其二层表现得淋漓尽致。亦可说是羌民居理解和吸收汉民居文化的又一例佳构。故重二层亦是羌民居根源之所在。

郭竹铺寨董宅（图六—194～197）

董宅为寨中最古老住宅。空间兴趣集中在木构楼道的制作上，并把此构纳入主屋中，似有以楼道、栏杆之变化美化主室意向。又将火塘厨灶诸多设施统于一室，故显得主室特别庞杂。但居室木构雅致古朴，有以窗代门可跨越入晒台的“门窗一体”进出口，至为古老。从住宅风化程度及董氏族传资料看，此宅历史在三百年以上是可能的。另外，底层与二层之间的地势高差利用自然，毫无坡地之感，空间过渡生动顺畅，不觉生硬。

龙溪寨彭、王、余、周、耿诸宅（图六—198～212）

龙溪寨五宅中，出现王、余、周三宅主室和厨房分开现象。当然，这种现象不是龙溪寨才有，其它村寨也有主室与厨房分开的事实。这种现象说明：一、各村寨的民居在建造年代上出现了明显的区别，年代越久远的民居，主室多与厨房共一室。二、财力较好、文化较高的宅主的宽大民居中，习尚分开空间使用。三、部分老宅主人渐自对室内空间进行改造，加隔断分出两部分。四、解放后建的新宅，注重以火塘屋作为待客的首选落脚点，自有了客厅的内涵，因此，两者分开提高了空间划割的文明程度。总之，随着时代的发展，民居的空间使用亦随着功能不同，空间组合亦发生变化，变得更加合理和方便。

龙溪寨最古老的住宅应为（图六—211～212）耿宅，它代表了整个寨子最先民居主人建房的基本意识，即在防御和生产生活全得保障的情况下，首先沿山脊的顶端展开选址。在地形无可改变的情况下，虽然按传统分台构筑三层空间，但仍想方设法增设大门以朝东方，而住宅实质上多坐北向南。前面曾叙述过羌人忌讳向南朝向，原因是东方是太阳升起的地方，太阳是“天神”。太阳是一切原始宗教信仰民族在自然崇拜上必须首先祭奉的，因为有了太阳方才有了人类的一切。所以几乎羌民居古制中大门朝东，已成为太阳崇拜的象征。这和清代汉宅风水选址坐北朝南或朝西南几乎成定律一样，是不易改变的。

龙溪寨因南北向山脊无法使住宅都以东西向选址，但以大门或头道龙门以修正方向，应是合符羌人泛神信仰的宗旨的。

克枯寨杨宅、张宅(图六—213～224)

克枯寨民居在内部空间组合上出现和绝大多数羌民居不同的空间面貌，杨、张二宅是其中的典型。它的首要特征是在住宅的中部形成类似汉四合院天井的中庭，并有明显的中轴对称格局出现；神位居中，正后方为主室，有对应汉宅堂屋的位置和用意，然把神位摆在天井。主室的中间墙上，位置相当于汉堂屋的门口，但把天井当成堂屋，却又是神位的传统正确位置，因此，天井又是堂屋。若把堂屋看成是天井，那么，正后位的主室恰又是堂屋。这种理解汉四合院空间的朴素作法，在中国民居体系中是独树一帜的。与此同时，左右还有对称的酷似厢房的配置。更有甚者，三层在天井之上形成内向回廊，此貌似川西汉民居中的“走马转角楼”。惟精彩者，一切模仿最后又全部被屋顶平台复盖，仅留出羌民居传统的天窗以排烟和采光及空气流通。于是外空间整体形貌又回复到羌民居固有的形态上来，即是说汉民居文化已融会在羌民居文化之中。

在羌民居体系中，克枯寨民居是追求合院制格局特征最完善的，也是形制比较统一的村寨。但还充分保留分台构筑、顶层封闭、罩楼依然的传统特色，若仅从外观上分析是不易判断出内部空间变化的。

另外还有“院窝”空间特色，有如单元式布局。一道进去是左右两家。“道”即院窝，道上空封闭，如巷道，是最原始的公共空间，也是很值得研究的现象，有点邻里的意味。

纳普寨罗宅(图六—225～229)

罗宅宅主是红四方面军流落伤员，后入赘此家。因宅主木匠出身，建筑上局部作了不少改动，其深层涵括汉文化对羌民居的影响。首先把主室一分为二，在神位下设置香案，供奉“天地君亲师”位。另加隔断，把有火塘的房间变小以减少热量散发，使小屋显得更暖和。同时卧室围绕主室展开，以依托有神位的主室求得心理上的慰藉。然后开一小门道通往阴台。阴台即半封闭空间，是改造最成功的地方，犹如汉民居中的檐廊延长，这是羌民居中极少见到的现象。该宅主的后代是文化站站长，他利用底层原宽大的畜养间，把牲畜转移宅外，打扫干净，用其光线的幽暗作电影放映室，亦是个别空间特殊改变使用功能的例子。

汉文化对羌民居文化的影响的途径是多方面的，上述汉族入赘羌寨人家，也是重要的方式之一。

亚米笃寨易宅、谢宅(图六—230—238)

亚米笃寨易、谢二宅有诸多作法与众不同：一、门朝北方。但主要是由于门对面诸宅和易、谢二宅相对峙形成宽不过3米左右的窄巷，对面诸宅高耸的墙体犹如挡风屏障，严寒北风于此已无作用，故门朝北开。但获得了大面积向东的晒台。

二、易、谢二宅间隔之墙共同使用，缘于亚米笃寨、纳普寨等地区诸寨习尚不事石砌墙兼具承重功能，墙体仅作围护和承重部分屋顶作用。

三、内部承重采用柱网排列法，和岷江下流至羌锋等寨不同是：古老的干栏作法更加深化，更加和羌建筑石砌固有传统结合在一起。如果不从内部剖析承重体系从外观上是看不出这一特点的。

四、由于内部木构体系，产生了像谢宅宽达13米、进深约15米的大屋，且不同功能分区、空间变化均在大屋中进行，隔断划割皆用木柱木板。即是说，谢宅仅一大屋，木构空间被石砌墙体紧紧包围。

五、这种一层多用的二层空间在羌民居体系中，惟纳普寨、亚米笃寨一带表现得最充分。此不能不使人联想到古羌人在西北游牧时代帐幕一室多用的古制。而此地区为岷江在茂县境内一支流的末端，封闭的环境为外来文化难以企及，所以保留古风应是可能的。再则这一带历来战乱较少，罕见防御性质的碉楼存在，也为木构的发展造成机会。

六、当然，所有羌民族均有极强的防御意识。只不过像亚米笃寨之类的寨子则表现在村寨选址及民居组团的整体防御形态上。亚米笃寨选址于一绝壁顶端，不到10户人家分成两排，中留一窄巷，犯敌进寨，层层打击，进入窄巷再施以擂木流石。其防御层次是显而易见的。

七、过去山上原始森林里丰富的木材也是促成民居内部木构发达的原因之一。

黑虎寨陈宅、河西寨王(贵全)新宅(图六—239～242)

黑虎寨是以碉楼民居著称的村寨，但有个别老宅并没有设置碉楼。

河西寨王宅是近年才建的新宅，仿汉式三开间作法。内部亦设天井，有堂屋。空间划分有不少新意，但又有不少独特理解，比如天井。它的发展，我们可以对照前面若干老宅作些比较。

危关寨张宅(图六—243～250)

危关寨是理县临近羌族地区的藏族村寨。我们把寨中最早的住宅纳入本章，目的是和羌民居作一对比，意在能看出藏、羌民居间的相互影响和区别。

寨子兴起于清乾隆年间，为关隘驻军所建，故张宅宽大的各层，可能是驻军寝室。而体量之大，位置居村寨制高点等，均为一般农家所不能。亦和杂谷脑上游一带藏族民居，从内到外出入很大。故张宅既有官寨特点，又糅合了某些藏民居特色，比如有经楼作念经之用，有重叠的两层挑楼，下层挑楼为厕所等，均是羌民居所没有的空间特点。然而，在有专门的经楼之外，又在有火塘的房间特设置了角角神位，且位置和火塘同在对角轴线上，这又是羌族固有的主室格局。还有石砌技艺的作法上亦可看出出自羌族工匠之手等等。尤其是一屋同设经楼和角角神位，则可推断清代驻关士兵中兼有藏、羌两族之属，以供其宗教信仰之用，这是很少见的现象。因此，张宅既不像官寨(无公堂之类)，也不像一般藏、羌民居。说是兵营，又充满了民居气氛。后为藏族张姓居住，现在已废弃。

在藏、羌两族交界地区，各自的空间形态、作法甚至细小的构件、图饰等方面会构成相互影响，这和汉、羌交界地区同理。作这样的比较，使人更容易把握住谁是真正的羌族民居。

3、坡顶板屋(阪屋)(图六—251～300)

在前述“羌族建筑历史”一章中，对板屋土屋，即坡顶板屋作了一些讨论。

坡顶板屋和干栏建筑有着直接关系，其最显著特征是石砌墙的立面之上，或全部或局部有坡屋面的屋顶复盖，或为“人”字顶，或为单面。上面或为小青瓦或为薄石板材。外空间面貌和平顶石砌住宅的区别一目了然。然而在内部空间上，必须有相应的穿逗木构作为架以和外部坡屋顶相联系者，方为坡顶板屋之谓。而板屋之“板”，亦可言柱枋之间之木质壁板，以及内部作隔断之木墙板。

更多的现象是：一座羌民居不是整体都在坡顶屋面的复盖之下，而是以部分有所复盖。有的一半空间复盖，有的仅罩楼复盖，有的两平顶房中间夹一坡顶房，有的只有偏厦有所复盖。但前面讲了，本质的意义是内部必须是木构框架或若干木柱作为支撑，方为坡顶板屋的完整概念，而不在乎复盖的坡顶面积和位置。

产生坡顶板屋的根本原因是气候。从《寰宇记》记载"威茂古冉駹地……亦有板屋土屋者，自汶川北东皆有……"的描述看，所谓"东"者，即今绵虒乡一带，包括羌锋寨、和坪寨等寨、草坡乡各寨，甚至瓦寺土司官寨。这一地带是年降雨量1300毫米的温湿气候带和年降雨量仅500毫米的干旱河谷地带的过渡地区。其间距离仅数十公里。上述各乡正在这一范围之中，年降雨量在1000毫米左右。因此任何砂泥铺作的屋面，仅1～2%的散水坡斜度，都是经不起大雨、多雨天气冲刷的，惟倾斜度较大的坡顶方可适应这一气候特点，所以"汶川以东"有坡顶板屋为自古以来的建筑现象。当然，这一带海拔在700～1000米之间的河谷，气候比较温和，也用不着全平顶，厚屋面封顶保暖，也是原因之一。

另外"威茂冉駹"地之"威"即指汶川，"茂"即今之茂县。在今茂县岷江支流偏远地方还可发现羌石砌住宅中的干栏现象，即外墙围护仍是石砌墙，但不承重，内部却木柱排列，形成穿逗框架，一派干栏遗风。然而屋顶则是平顶，亦是雨少原因，逐渐变成更保暖的平台顶，比如永和乡诸寨民居即是如此。各地也还散落保留坡顶遗迹，已不作居住之用了。

坡顶板屋在古代亦有"阪屋"之说。巴蜀史论家谭继和先生言："阪屋就是干栏。"《诗·小戎》"毛传"也言羌族地区之板屋为"西戎板屋"，板通阪，亦为阪屋。

坡顶板屋外空间形态因其上半部分有小青瓦复盖或石片材复盖，多有受汉族瓦屋顶影响之说，但这种影响是很有限度的，原因是任何影响被接受皆因本地有相同相似的自然、文化条件方能被认可，如外来文化带来不适不悦则影响不复存在。

在平面的关系上，坡顶板屋与一般石砌住宅并无本质的区别，以二层或一层的主要活动层看，主屋仍居于支配地位，内布置火塘、神位，有突出的中心支撑柱现象，是家人活动中心。若以各层空间的功能分配上看，底层畜养，二层主室、卧室、厨房、储藏为主，顶层仍以晒台罩楼为特点。最显著的区别在罩楼顶变成坡面，或改制成阁楼，阁楼还设置房间，这是和平顶罩楼使用上的一点区别。当然，结构上，多数罩楼不依附石砌墙承重，或全部或部分自立木构框架，这一点和平顶罩楼立在顶层、结构全依赖于下面各层区别甚大。所以，坡顶板屋的整体空间形态具有汉区木构瓦屋民居向羌区全石砌民居过渡的浓郁色彩，故一般认为受汉式建筑影响就顺理成章了。当然此是表层的认识。

坡顶板屋实例

羌锋寨汪（清土）、汪（清发）、汪（清云）三宅。（图六—252～265）

汪家三宅同居一寨，典型地反映出石砌和木构坡顶二者相结合的全寨民居形式。三宅同时又反映出宅主对居住空间形式的不同理解和表现。

汪清土宅依山傍岩而建，室内在分台得基础的传统择地手法上，重点追求主室的完美宽大。并充分完善中心四柱作为支撑屋顶的承重，分散了墙体承重屋顶对于梁的负担。这种主室平面的追求，是典型的羌民居古典模式，在羌族地区的村寨中皆能发现，比如亚米笃寨谢宅、黑虎寨王丙宅等。中心四柱起源于帐幕游牧时代的中心一柱，即我们现在看到的大部分羌民居仍存在的“中柱神”。它的发展是再而中心二柱，最后中心四柱。有建筑史论家断言：中心一柱帐幕最后又发展成攒尖顶的木构汉式形式，帐幕二柱发展成庑殿式结构，帐幕四柱即为“三开间”之始，为合院制的最原始基础。可见中心四柱不仅是汉合院制度的始祖，又揭示了羌民居发展的历程和主室空间衍变轨迹。所以，这是非常了不起的建筑活化石。尤其是它遍布羌族地区，更佐证了该族早期为游牧民族并来自西北的历史。在到达岷江河谷之后，滨水而居，渐与土著冉駹人结合，把那里的干栏特点、坡顶作法融会一体，形成了今日之形貌。在这个过程之中，相互融入的多少，各自固有的建筑特色的保留程度各有侧重，因此，产生了不同于其它地区羌民居但又与其有内在本质联系的一类空间特点的“坡顶板屋”式民居样式。汪清土宅融入干栏特点不多，仅坡顶罩楼和底层有干栏构造的点滴形貌。然而它是完善了这一融会的。

汪清发宅则从外到内一目了然地展示了坡顶板屋固有特色，是石砌和干栏结合发育最完善住宅。这一著名的住宅有一个背景，即其祖上一直是木匠，故家中供有工匠（鲁班）神。现宅主汪清发亦继承祖业。因此，在干栏和坡顶及其它木构的结合上，在选址、朝向、内部构造工艺等方面的技艺和应用上，都显得极为圆熟。同时揭示了一个真理，作为文化的建筑，它发展的成熟是和建筑者的文化素质相一致的。木匠作为羌族中文化素质较高的成员，他定然会在建筑上充分显示这种素质。所以汪家祖上不仅是本寨山后文星阁的建造者，又是同样样式的绵虒乡文星阁的建造者。

汪清发宅不仅保留了外墙石砌围护主室、中心柱、晒台等羌民居传统特色，又重点在主室展开干栏遗风的木构穿逗、瓦屋人字顶作法。还在入口利用斜坡支撑起干栏式吊脚楼，并在龙门（垂花门）的朝向上，歪斜以校正正对东方方位。因此，汪清发宅外空间通过内部和结构的支配，表现出丰富的轮廓变化，出现了转折和错落有致的大面小面，垂直面斜面，开敞面封闭面，石质面木质面等多形多质的交叉变化。所以产生了很有魅力的建筑空间感染力。

汪清云宅又是以另外一种理解去完善坡顶板屋的。最显著之处是追求中轴对称作法，里面不仅受汉民居影响，还直接受到四合院的形式影响。不过其美妙之处在于把传统地道的二层羌石砌住宅作为正房（堂屋）的布局，是很有幽默感的。这是把本民族住宅奉为至上、正宗而表现出的地位感，是一种对本民族文化的笃信和执著。因此，万变不离其宗，整体表现出的气氛应仍是羌族固有的，虽然除正房之外都是坡顶瓦面。

综上三宅，虽同为坡顶板屋一个概念，却出现不同的内涵。于此可推想羌锋寨几十户住宅在大的建筑风格统一的前提下，出现一宅一个形式的面貌。从创造角度而言，空间发展是这个民族极具辉煌的文化。

和坪寨苏（体光）宅、苏（体刚）宅、郭（清安）三宅（图六—266～282）

和坪寨地处岷江北岸半山腰上，和羌锋寨直线距离约3000米左右。一个山上，一个河谷，但同属一个气候环境，一个文化圈中。三宅反映出来的空间特征和羌锋寨同属一类坡顶板屋形式。

苏体光宅是石砌围护墙内全面追求干栏柱网的空间形式，但柱网以中心四柱为核心而展开。表面的外空间仅出现东西向顶层瓦屋面，但内部却全部木构承重，是和羌锋寨汪清发宅同一种模式。特色是东向木阁楼和晒台形成跃层，虽高差几步楼梯，却使半封闭、有栏杆的阁楼呈现儒雅的气氛。因其东向岷江河谷，显然有居高临下，俯瞰山河，抒展胸怀，眺望风景的美好追求在内。坡顶板屋向文化内涵丰富的层次拓进，是羌民居在农业文明成熟前提下的一种自然延伸。空间虽小，却底蕴厚大。

苏体刚宅外空间的庞杂似乎给人无序之感，那是因为外墙头、晒台堆满了稼禾杂枝的缘故，但它却产生了极具绘画感的不规则变化。若从建筑平面分析，该宅在主室的确定之后，围绕主室作多功能空间的发展，一表现在前左和后面二层的木构空间的建造，此举主要为粮食收获后的储藏；二是右侧出现打铁的手工作坊，为防火起见特安置在底层，靠原生岩壁，独开侧门。这些措施使空间分配趋于合理。作坊独开门道又利于对外加工铁器人员之间的交流，不至于影响家人的生活与安宁。所以苏宅平面之策划是用心良苦的。

郭清安宅最能烘托小康气氛的农家住宅。精采之处表现在：一、大龙门进去向左为二龙门，龙门间距仅五六米，龙门制作精湛又不碍大气之势，十分生动浑厚。向右有小门进园圃（自留地），成排蜂桶组列棚屋之下，四季蔬菜果木流红滴翠，一派欣欣向荣景象。这种形似前庭的空间，作为向宅内、宅外转折的处理，又不同于四面皆房的天井内庭气氛，给人强烈的宽容、心理缓冲的节奏感受，有着不同于一般非野外即封闭的断然感。这种儒雅之气构成的山野雅舍的情调又和两龙门木构瓦面的垂花门烘托直接相关，山野之趣则有石砌墙，外加蔬果园圃的空间环境陪衬，故生成了此番情趣。第二个特点是从二龙门进宅内，即为一通往各空间的枢纽：左可进厨房、上罩楼晒台，右可下底层畜圈、去阁楼。构思核心显然是将一切纷繁之生产、生活活动于主室之外进行，从而保证主室及卧室的安静。第三，在顶层的左后方安排年轻人的卧室，其宽大的晒台成为年轻人的活动场所，同时又不妨碍农忙时庄稼的收晒。

虽然上述三点没有直接涉及坡顶板屋的叙述，但实质上宅主建房之初绝然有坡顶板屋如何与石砌结构的结合来完善平面与空间的组合构思的。如果没有内部木构体系的给予空间分割的方便，显然空间不会出现如此多变而卓有情趣的气氛。没有木质柱、板、壁的色彩与温暖感觉，也不易营造起儒雅氛围的。所以坡顶板屋之理不定乎惟结构是崇，应是多方面的。

桃坪寨张（国清）宅（图六—283～288）

张宅建国前为川主庙，后为高山针头寨，张国清迁移居住至今。

该川主庙由早先民居“舍宅为寺”而来。故张宅的气氛多有四合院意向构思，不完善之中我行我素，弥漫着临水傍山而居的山间闲舍韵致。最引人瞩目的是木构干栏厢房，因其吊脚旁悬溪流，和前厅主室的形、体、色的对比，成为此舍建筑上核心空间表现。这是坡顶板屋的又一种特色。

寺庙利用吊脚楼的空间变化，利用木构特有的形色面貌，镶嵌在石砌空间之中，里面不仅有视木质材料为高贵的因素，因其置于寺庙卧室之用，亦有对于人的珍重；且同时又把木构干栏看成寺庙空间具有不同于当地石砌空间的一种别致，或者说一种艺术，并以此达到吸引香客、信徒的作用。作为泛神信仰民族大有“干栏神”的隐喻于其中。所以，我们看到张国清宅干栏支撑柱并没有落下河岸以真正在功能上解决“滨水而居”的问题，而是移退数尺在并无水患的小溪岸上立柱建房。又同时使人感到坡顶板屋是对祖先遗制的崇拜和祭祀。

杨氏将军寨何宅(图六—289～294)

黑虎寨有瓦屋顶的新宅(图六—295～296)

上面两宅都是近年新建之宅，两宅同居一乡，一个山下，一个山上，遥遥相望。且不约而同选择了坡顶青瓦，一全复盖住宅，一仅作罩楼的屋面。

黑虎乡地处羌族核心地区，即黑水河流域之深山，历史上黑虎寨老宅虽多有碉楼民居，但碉楼民居中和石砌民居中均有坡顶板屋糅合在一起，所以何宅与另一新宅可看成是此一制度的延续。不过像何乡长宅屋面全面追求汉式合院的硬山式作法，且形成庭院意趣，仿效内向回廊，从而形成天井的“三合院”空间形态者，在羌族地区老宅中是绝无仅有的，而新宅中也属罕见的现象。但是，从内部空间的划分和功能上看，从墙体石砌上看，仍弥漫着羌族固有的传统观念。因为何宅仅是一种现象上的模仿，没有吸取汉式合院的灵魂，即中轴对称、伦理秩序等，更不可能在营造法则尺度上去深究汉民居合院制的来龙去脉。但这是继承过程中借鉴的发展，是一种真诚的融会，故从整体到局部皆无做作之虞，空间形态、内部气氛、石木构造等等方面，皆优美朴素、大方、实用。尤其解决了采光问题，加之院内花草盛艳，黄玉米红辣椒成堆成串，住宅呈现欣欣向荣景象。

黑虎寨某新宅，与何乡长宅大同小异，仅是屋顶坡面面积大小区别。

草坡乡张宅(图六—297～300)

草坡地区和羌锋、和坪等寨同处一气候带，自然环境相同，地处岷江羌族地区最东南端的一条支流内。那里藏、羌两族混居，民居面貌和纯羌区又有所不同。

张宅为藏族民居，因自然、人文环境都发生了变化，所以和纯粹藏民居，和理县危关，黑水县临近羌族地区的藏民居都有着微妙区别，呈现的是惟此地区特有的风貌和形态。草坡乡民居与绵虒乡羌族民居更为亲近、更为融恰，但感到外观透露出的灵魂，仍是藏族的，虽然在屋顶作法上都采用了人字坡顶，但仍有些地方不同。首先是住宅的前半部分采用穿逗全木结构，有大面积的板壁取代了石砌墙体，似乎更接近汉族民居木构体，这和羌族坡顶板屋几乎都是石砌墙围护在外观上就出现面积量的区别，但它留下后半部分石砌墙以和汉族全木构大有不同。就是说它区别于羌民居，又区别于汉民居，有着自己独特的风貌，但又融会了羌、汉民居的特色。

在平面上，前半部分明显追求中轴对称格局，但信仰不同，则破汉神位为门道，直通向传统主室。在主室供奉羌族角角神，于此又可见多样统一的特殊环境在平面上的反映。

草坡乡有大量的藏族住宅都遵循这一原则，尤其是外观体积均庞大丰富，形态十分别致，充满迷人的空间感染力和表现力。因此，构成了此地区特有的民居风貌，是独特民居形态集中分布小范围地区，是非常难得的民居奇观。张宅仅是其中一例而已，选取它作为例子，无非是和羌民居作一对比，以强调羌族和附近民族在建筑上的亲缘关系及相互影响。

民居细部、装饰——门

垂花门

(图六——1)郭竹铺寨董宅垂花门透视

(图六——2)郭竹铺寨董宅垂花门立面

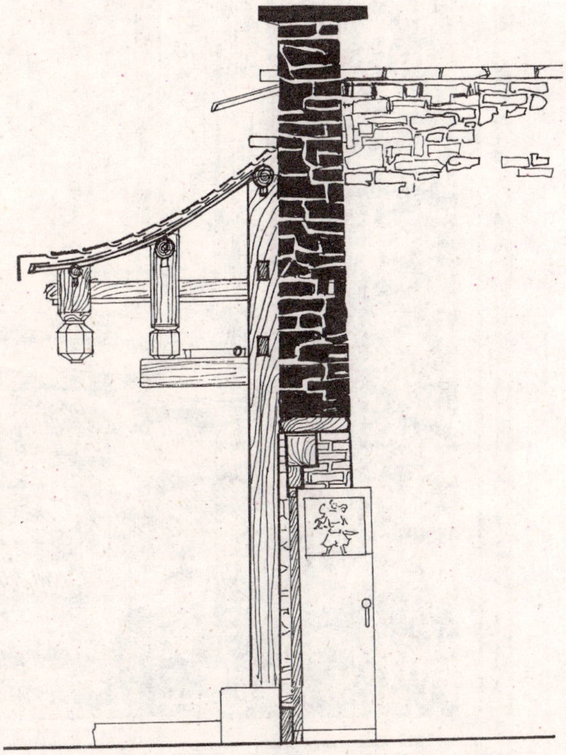

(图六——3)郭竹铺寨董宅垂花门剖面

(图六——4)和坪寨郭宅垂花门透视

(图六——5) 和坪寨
苏宅垂花门透视

(图六——6)羌锋寨某宅垂花门透视

(图六——7)羌锋寨汪宅垂花门透视

(图六——8)纳普寨罗宅垂花门之变形

(图六——9)杨氏将军寨何宅现代改作之门

(图六——10)杨氏将军寨何宅门之后向

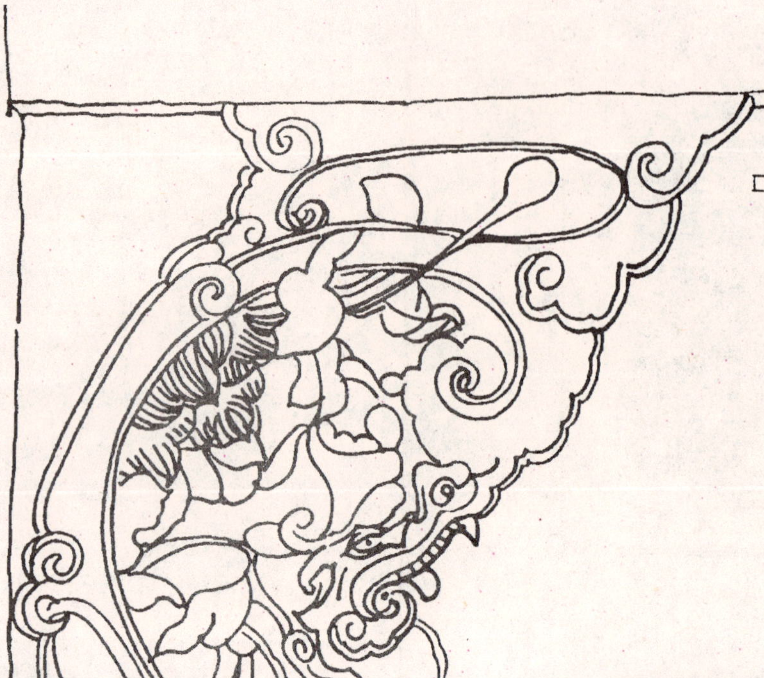
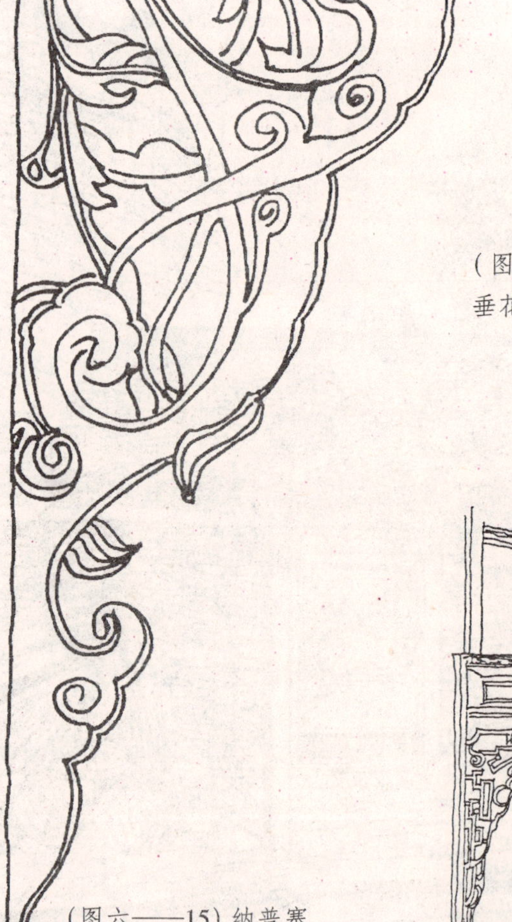

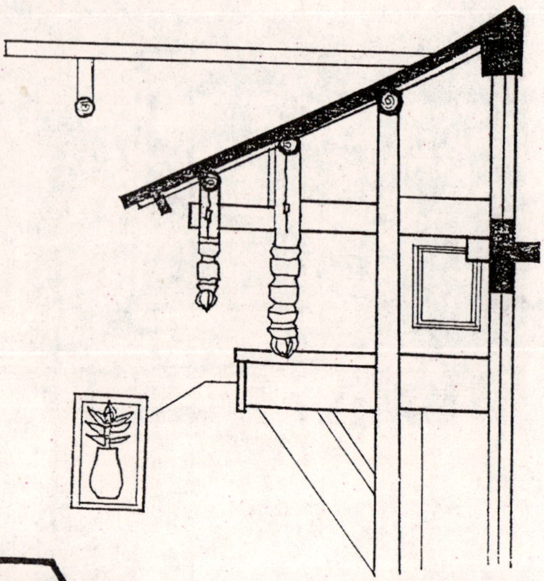

(图六——11) 东门口寨
某宅垂花门细部剖面

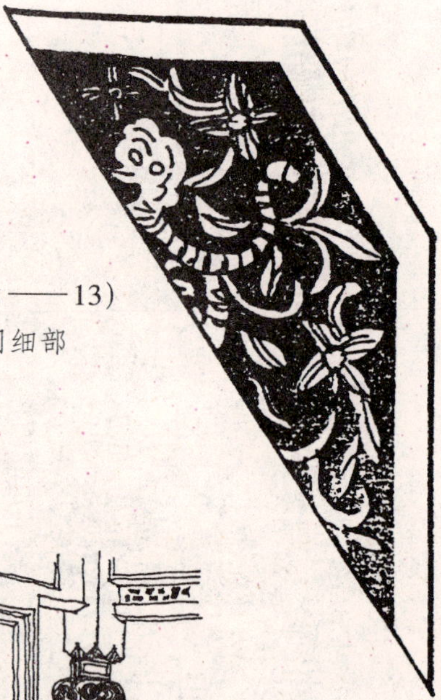

(图六——13)
垂花门细部

大门　　垂花细部
(已充分地反映出汉化迹象)

(图六——12) 东门口
寨陈宅垂花门细部

(图六——15) 纳普寨
某宅垂花门细部花饰

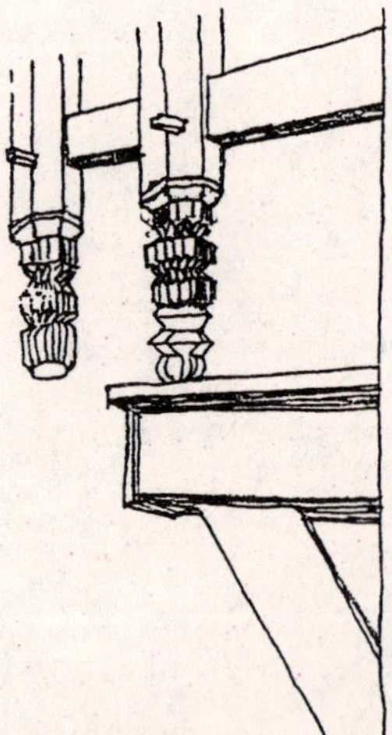

(图六——14)
羌锋寨王太顺
宅垂花门细部

一般民居之门

(图六——16) 亚米笃寨谢宅门作

凡单扇门的作法，均为传统锁钥相配套，或左或右，亦有方石孔于门侧中部，以利于门的启闭。老宅之门几乎全为此法。另门上方有石板排成滴水檐，起防水渗湿门木构作用。

官寨大门在另一方向，(东大门)实为虚设，在底层，光线暗淡，而二门为家人出入主要入口，又较隐敝，故作法不甚讲究，和一般民居无异，亦无官寨门的气派，估计跟防御有关。

(图六——17)
王泰昌官寨侧门

（图六——18）鹰嘴寨王宅大门透视

王宅建在高半山台地上，无天然岩坡和二层相连，故搭棚砌梯从主室外开门亦方便为宗旨。其底层为畜养之用，人禽分道，至为清楚。

（图六——19）过街楼上住宅之门

过街楼在有的老寨甚为宽大，后由于人丁繁衍而住人，开门亦很随意。故有的门就搭建在过街楼上空。

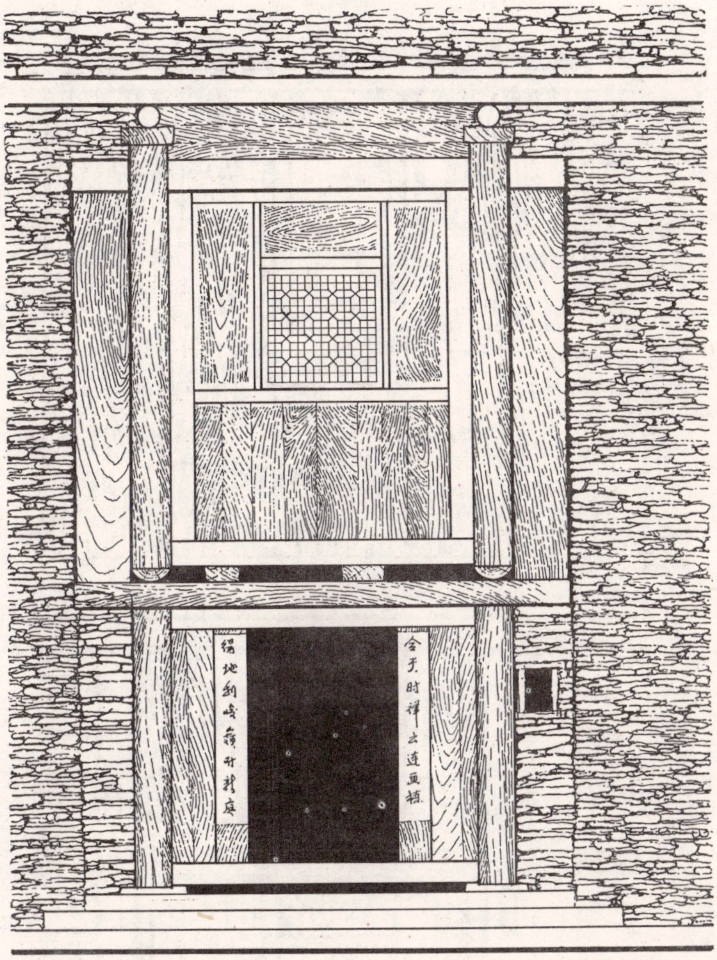

(图六——20)亚米笃寨易宅门窗一体立面图

这是很别致的门窗一体作法，充满丰富的想像力。木作对称中寻求二者原为一体的渊源，又于石砌中，大显粗犷中的精细。

(图六——21)寻常民居门

(图六——22)老木卡寨某宅挑廊下门作

从挑廊下接檐延伸形成门楼，是因地制宜别具风采的门作方法。如何利用空间、如何方便为统一宗旨，其中没有任何规范意识约束，伸出之檐虽有垂花门的借鉴，但利用得十分朴素，门虽破败，极具个性，非常优美、实用。

(图六——23)单扇门正立面

羌民居各地均有单扇门的作法，利于传统门锁的关启。但门神亦贴对称两张。

(图六——24)过街楼形成的"隧道"
前后无处不是门

(图六——25)过街楼口上上下下皆是门

（图六——26）羌锋寨一居民因临近汉区门寻求对称作法

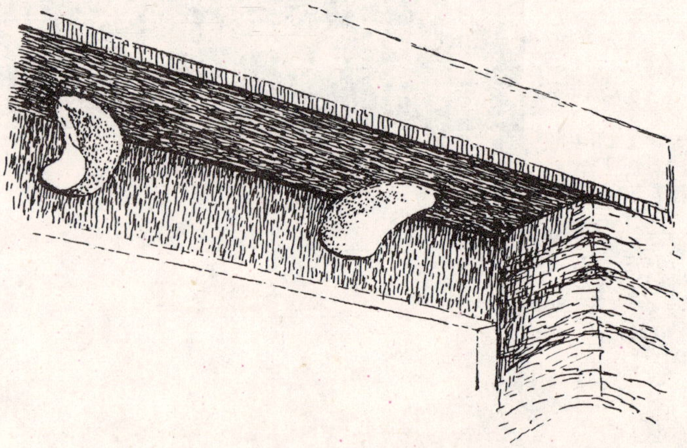

（图六——27）郭竹寨某宅羊角形门簪

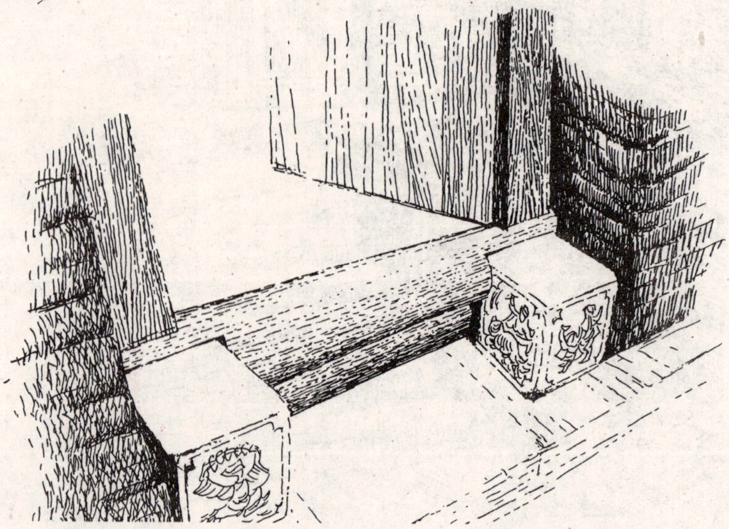

（图六——28）郭竹铺寨某宅石作门凳

(图六——29)羌民居门栓一组

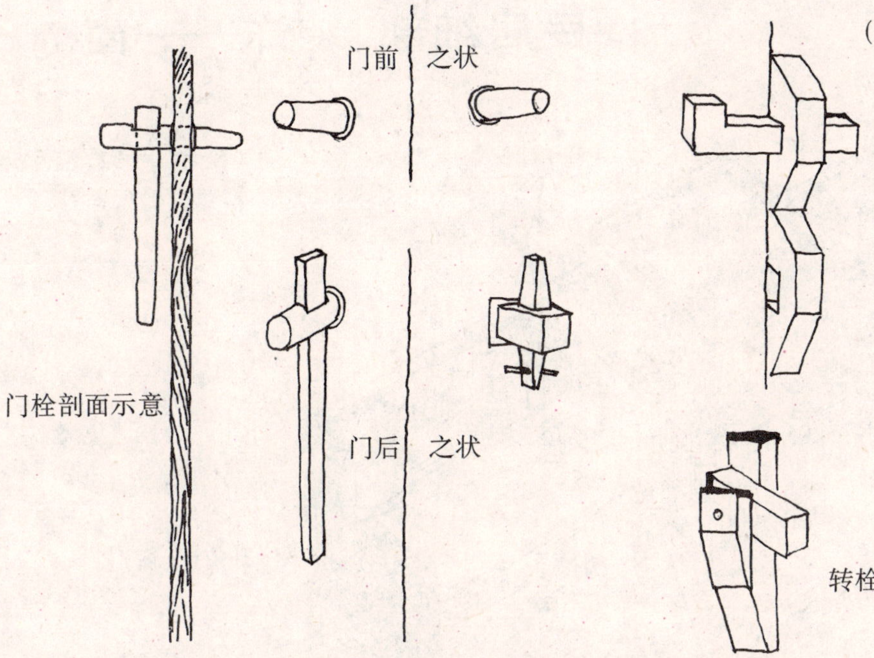

门栓
锁钥

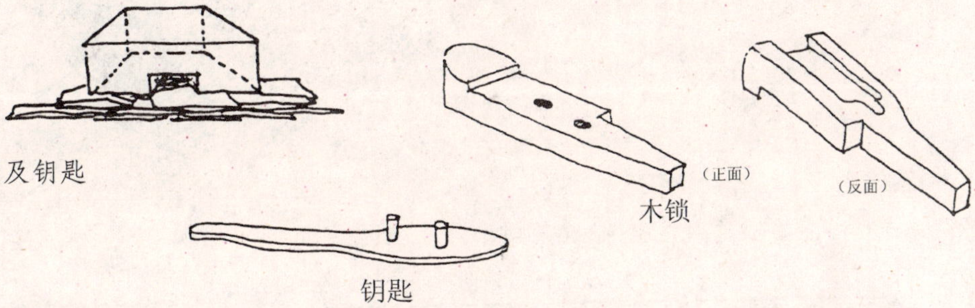

(图六——30)羌族木锁及钥匙

(图六——31)克枯寨杨宅锁钥结构

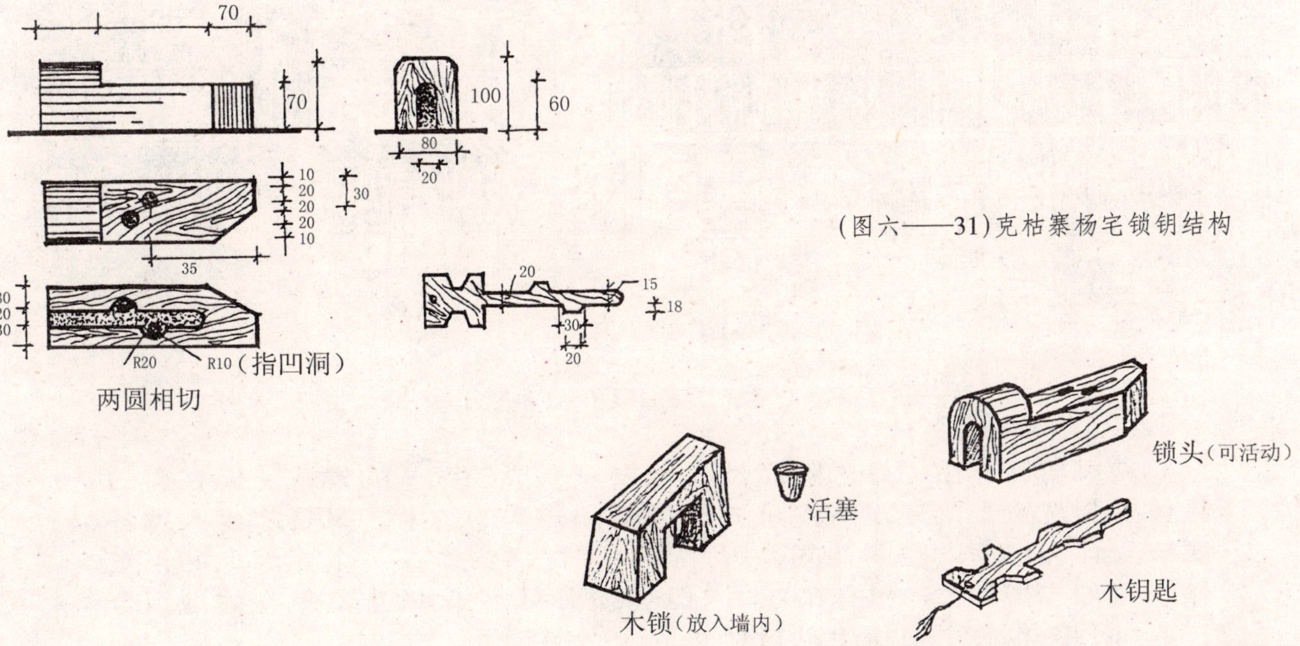

民居细部、装饰——窗

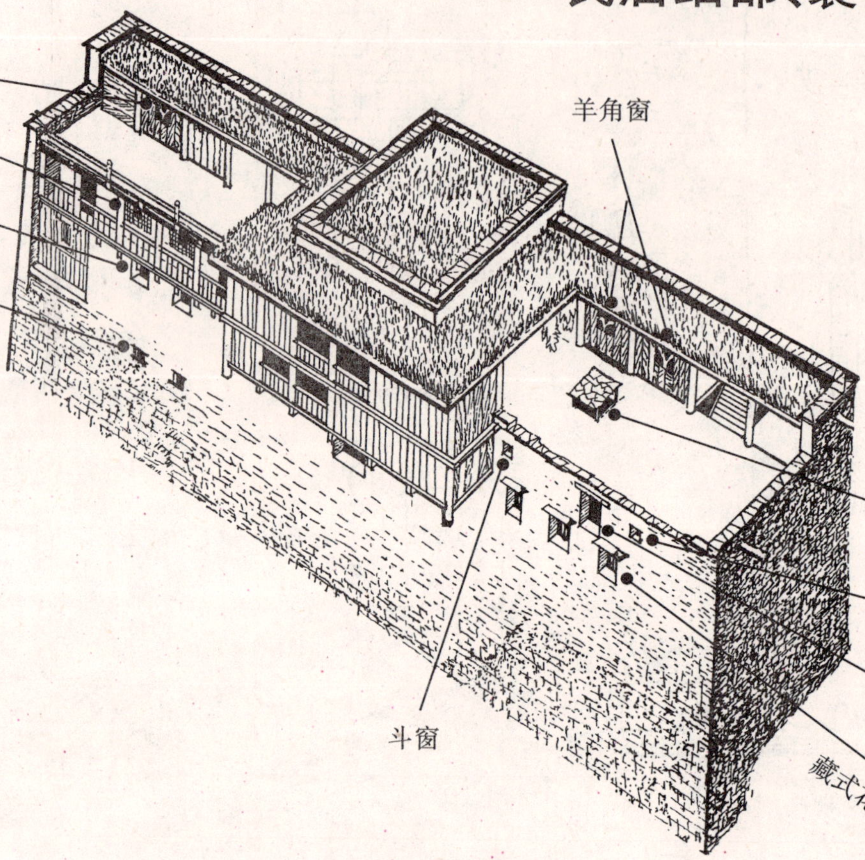

（图六——32）羌民居窗作各部位置图

（图六——33）羌民居窗作正立面位置图示（和图六——32相对照）

羌民居窗作由原始的随意性，渐之发展成较统一的模式。但在窗的具体安装位置上尚还没有发现统一尺度和样式的约束，只是产生大致各层该安什么样窗的空间认同。因此显得羌民居窗作在一个立面上的丰富性。这种丰富性没有整体的统一，但它和平面、空间的丰富呈整体地组合一起，因此，也就更显得生动自然。

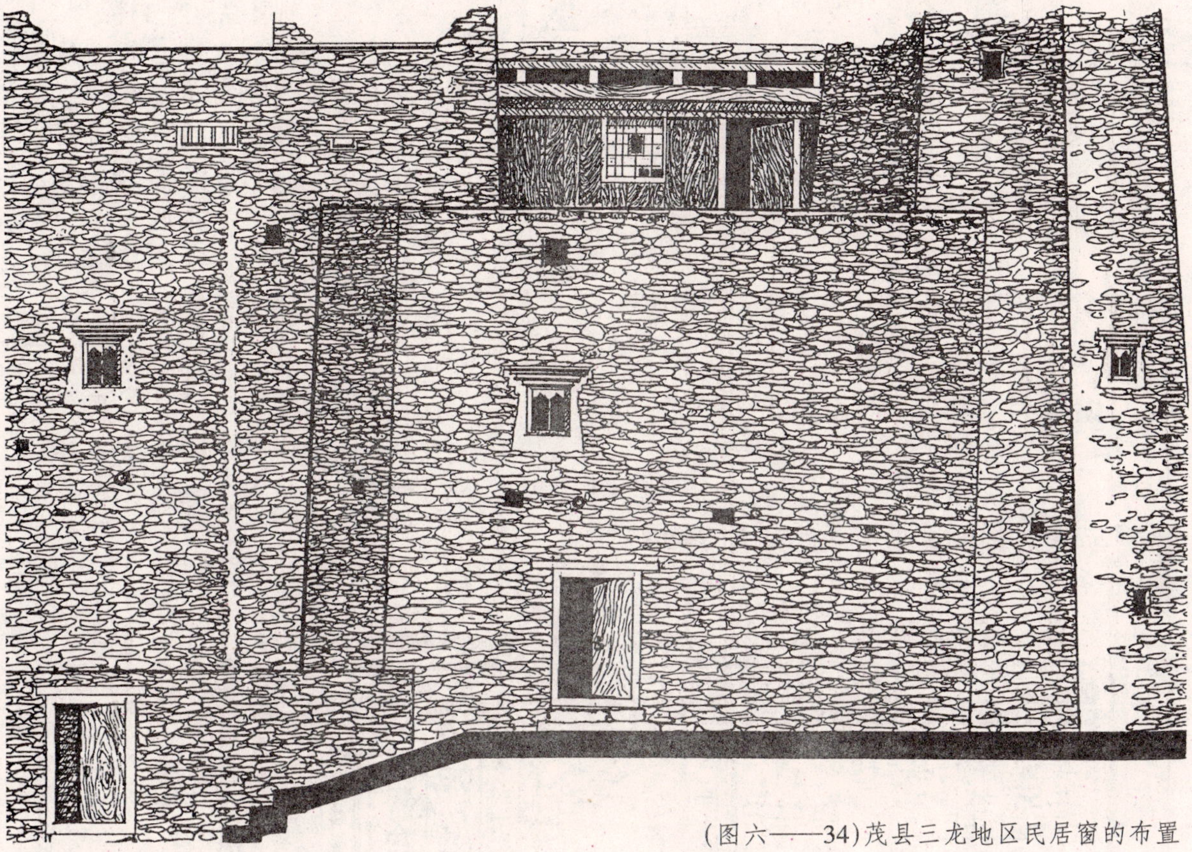

(图六——34)茂县三龙地区民居窗的布置

原始斗窗有的内部亦无木质窗框，上下仅用石板或糊黄泥。中撑一根小木柱亦为象征意义，不起支撑力作用。

斗窗剖面

斗窗外观

(图六——35)斗窗作法示意

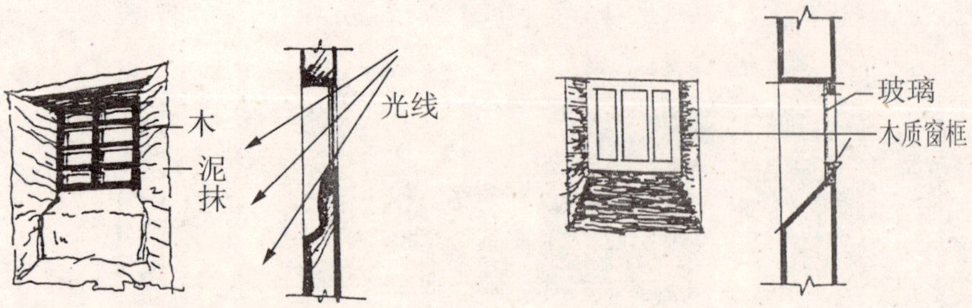

(图六——36)斗窗现代的变化

过去由于械斗、气候等原因，斗窗较小。现代斗窗增大采光，可安玻璃阻隔风寒。有的作窗扇又可解决空气流通问题。窗户作法向更完善方向发展。

富裕人家的升窗，同时和炕架组成多用途的空间，用于排烟，烘炕粮食、储存腊肉，实则成为利用火塘余热的一个烘烤房。若是以封闭体控制热能，则削弱了采光作用。所以更多的升窗下，多为不封闭的炕架。

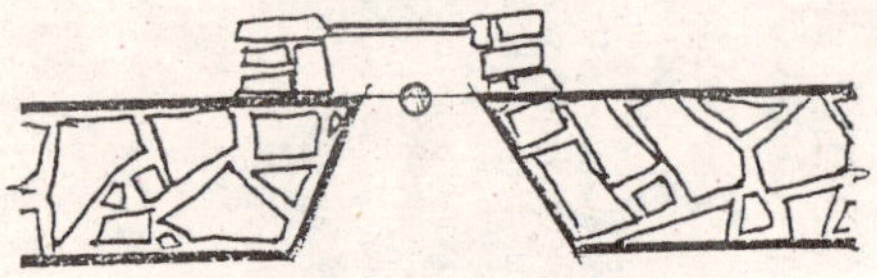

一般人家升窗大样

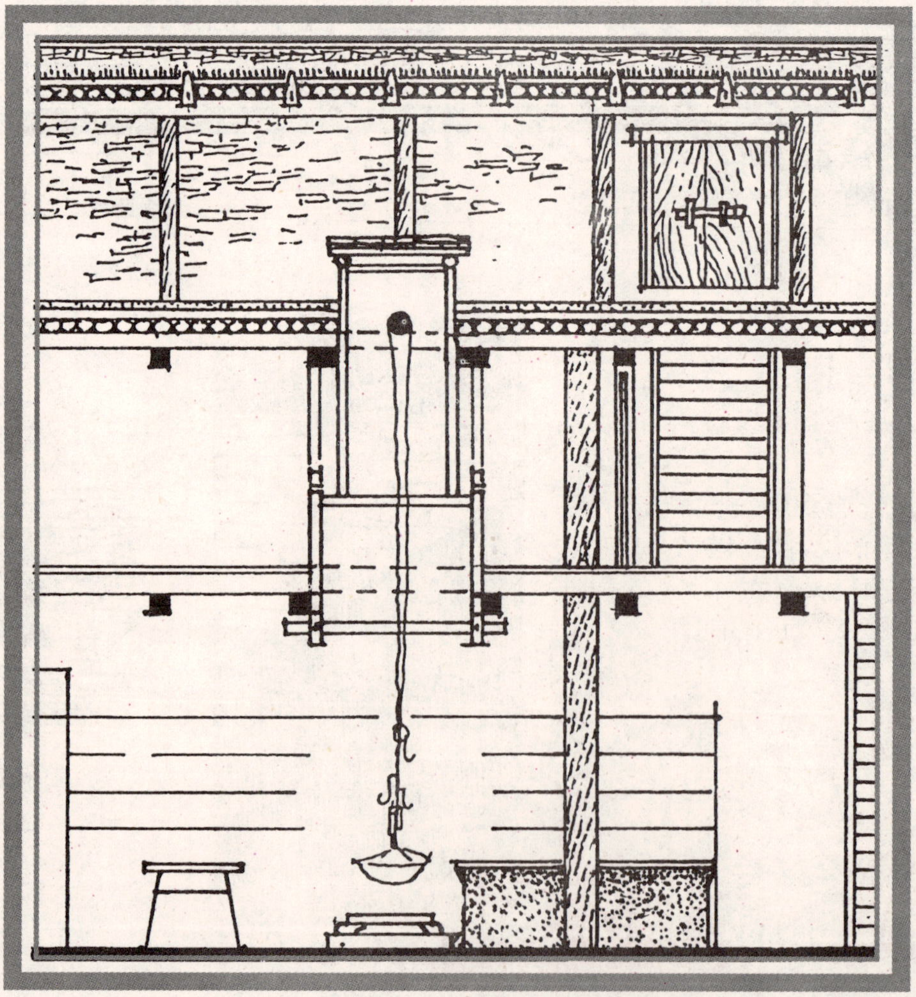

(图六——37)升窗(天窗)与炕架关系

(图六——38)开窗、炕架、火圹三位一体透视

(图六——41)同在壁上的牛肋窗和小窗洞

(图六——39)羊角窗一瞥

(图六——40)十字窗一瞥

十字窗实质上和羊角窗有异曲同工之妙，只是多在石砌墙体上出现，少在木板上安装。

(图六——42)整木板上锯成的牛肋窗

(图六——43)窗中花窗

花窗据考是汉民居文化传入羌地区后，再融入羌民居的窗作之中的一种发展。本图窗中之窗形象地说明花窗是怎样和羌民居窗作在开始时的结合情况。这种结合同时又告之人们，汉民居文化影响的过程和羌人接受汉文化的初期理解，并不是全盘照搬、原封不动地将汉窗安装在羌民居墙上。因为汉族地区气候、社会、建筑条件绝然不同。所以，羌民居花窗虽有汉文化色彩，但同时也极具本民族情趣。

追求窗的中轴对称组合，也是汉文化影响部分，不独一个单体窗作。

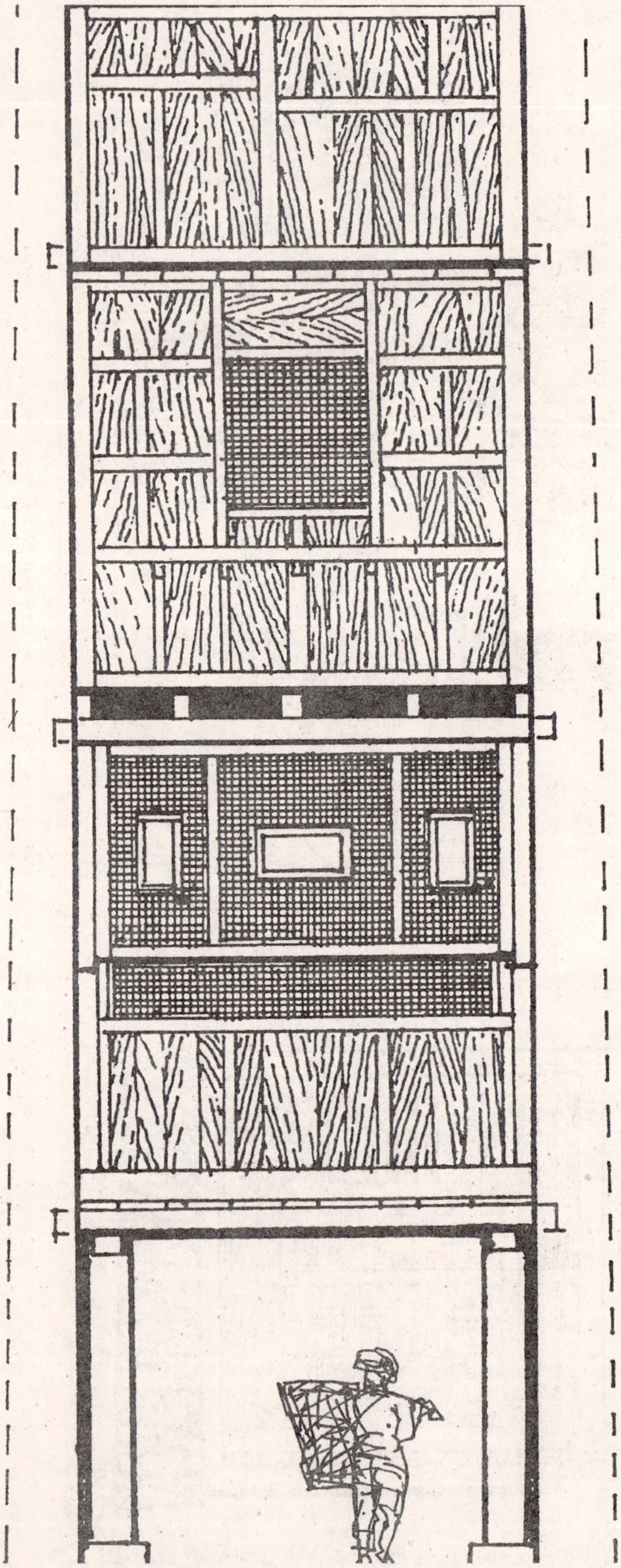

(图六——44)过街楼上民居花窗组合

(图六——45)桃坪寨陈宅花窗

羌民居窗作从一个小口的采光、通风，到全木结构的精湛审美意趣，反差非常大。里面反映出个体文化素质、经济状况的差异。此况亦同其他民族。但一经纳入自己的行为，在神韵上体现出本民族丰采。此窗作即为一例。

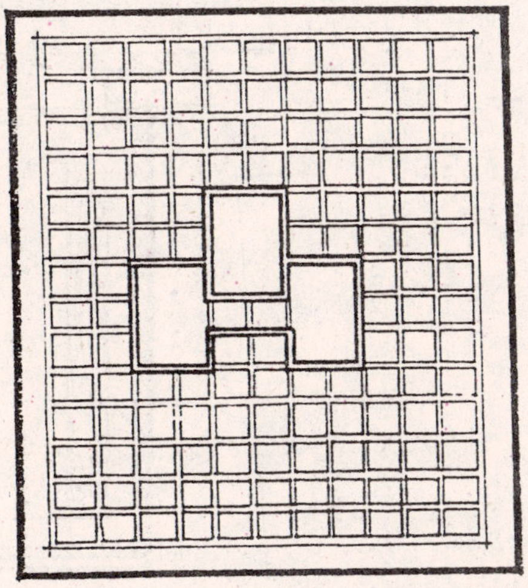

(图六——46)龙溪寨王宅花窗细部

临近藏族地区的民居窗作受到藏民居文化影响，是客观存在于局部构作的。但个中又在窗框中装羌牛肋式，汉花窗内窗者也有之。说明亦有改造。尤其是窗的上方似椽子的小方木条分三层，层层挑出的作法，远看很有斗拱的神韵，既实用又美观。有的还在椽子头做花装饰，又在窗檐下周围涂上一圈白灰，使窗形象显得生动而惹眼。

(图六——47)临近藏族地区窗作

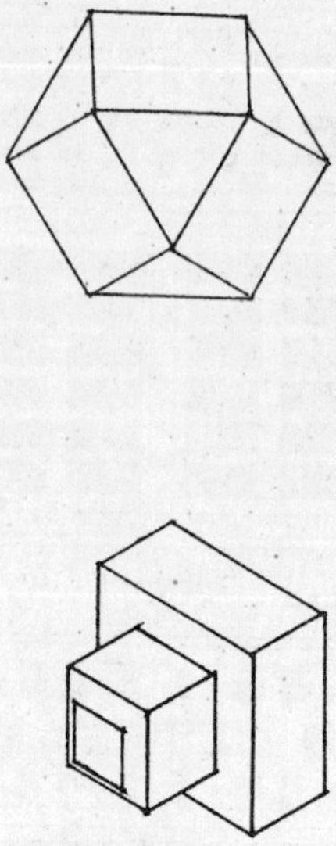
(图六——50)椽头花饰二则

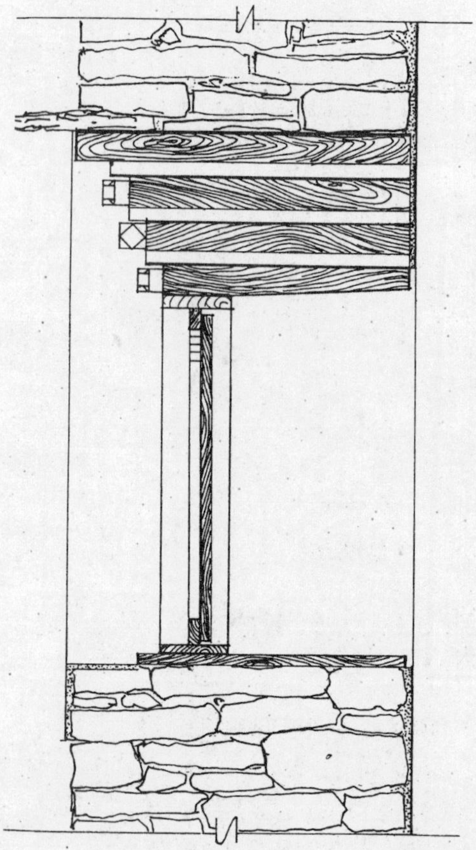
(图六——48)藏式窗剖面

(图六——49)藏式窗正立面

民居细部、装饰——室内布置、家具

主 室

1. 火塘
2. 灶头
3. 中心柱
4. 角角神
5. 厨、壁架
6. 水缸
7. 下底层楼道
8. 上三层楼道
9. 碉楼入口
10. 上碉楼三层独木梯

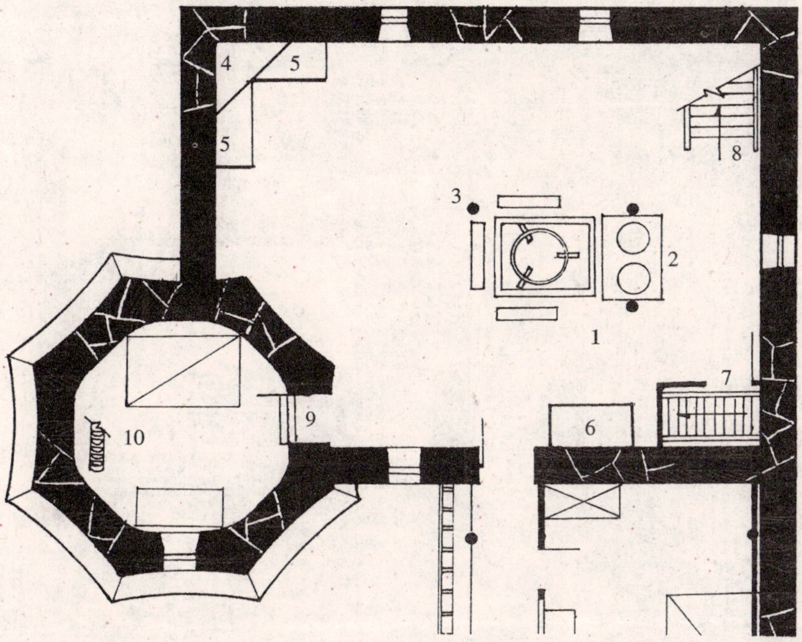

(图六——51)碉楼民居主室内布置概况平面(三龙乡陶宅)

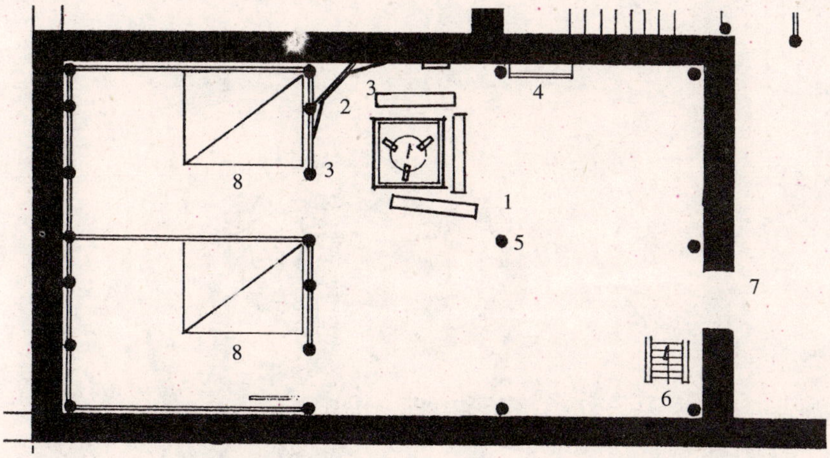

1. 火塘
2. 角角神
3. 羌族先人神
4. 工匠神(鲁班)
5. 中柱神
6. 上楼梯道
7. 厨房
8. 内房圈

(图六——52)一般民居主室内布置概况平面(羌锋寨汪宅)

(图六——53)三龙乡陶宅主室透视

火　塘

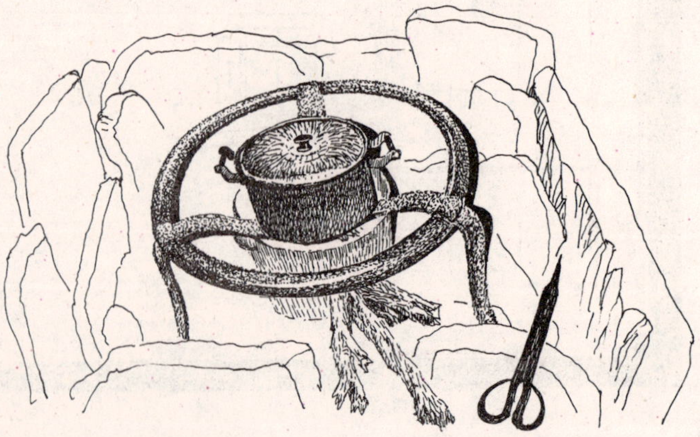

(图六——54)用石板匡护的火塘
(老木卡杨宅)

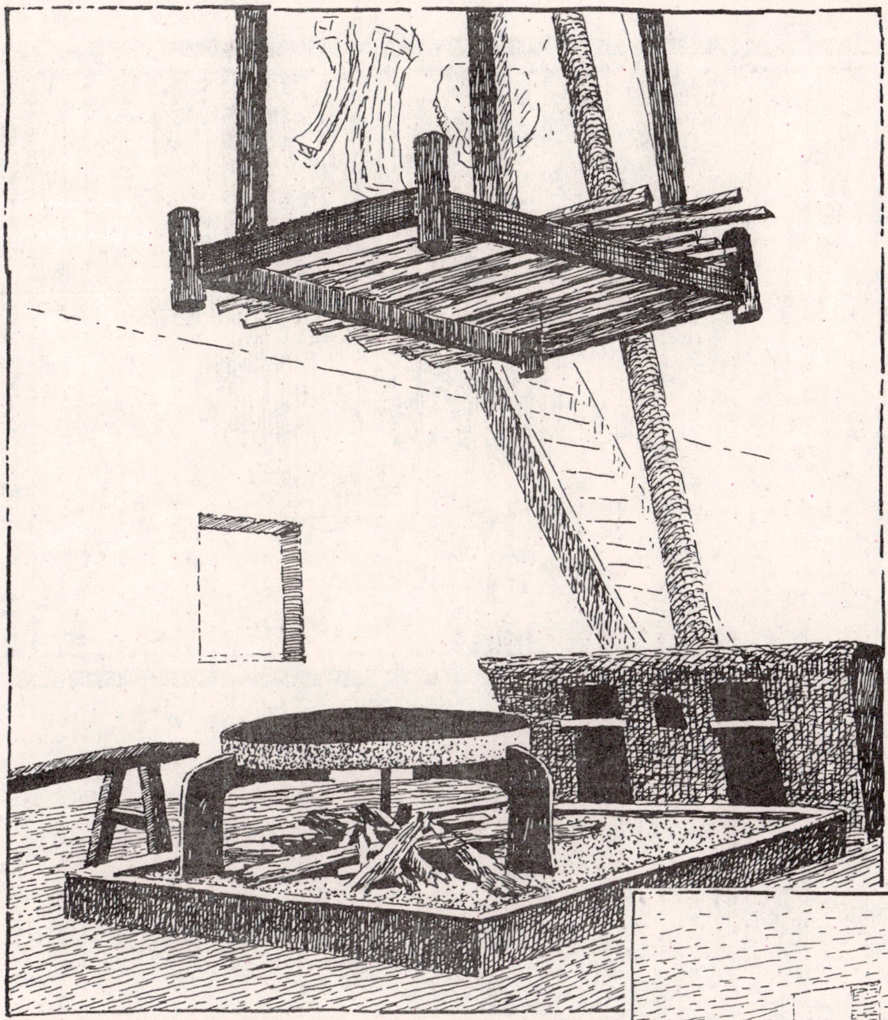

(图六——55)火塘与炕架透视(三龙寨陶宅)

(图六——56) 用木材质匡护的火塘(三龙寨杨宅)

(图六——57) 安有围栏(火塘架架)的火塘(通化寨张宅)

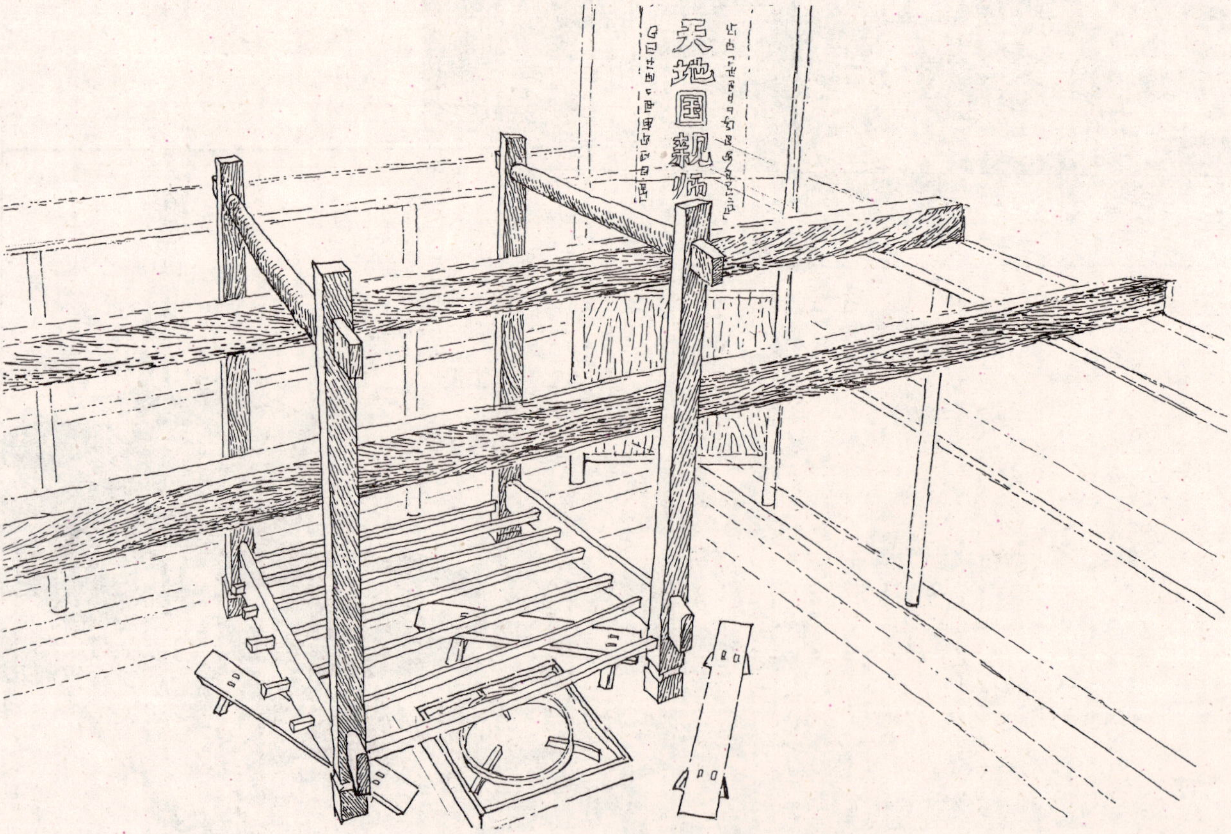

(图六——58)一般人家炕架(老木卡余宅)

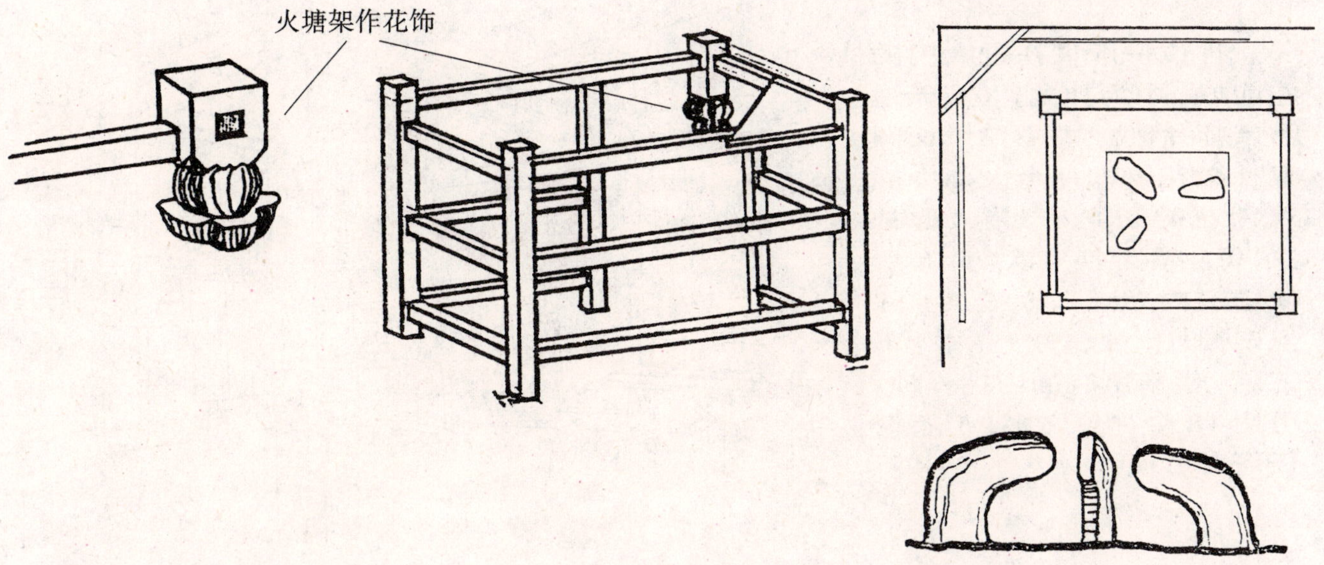

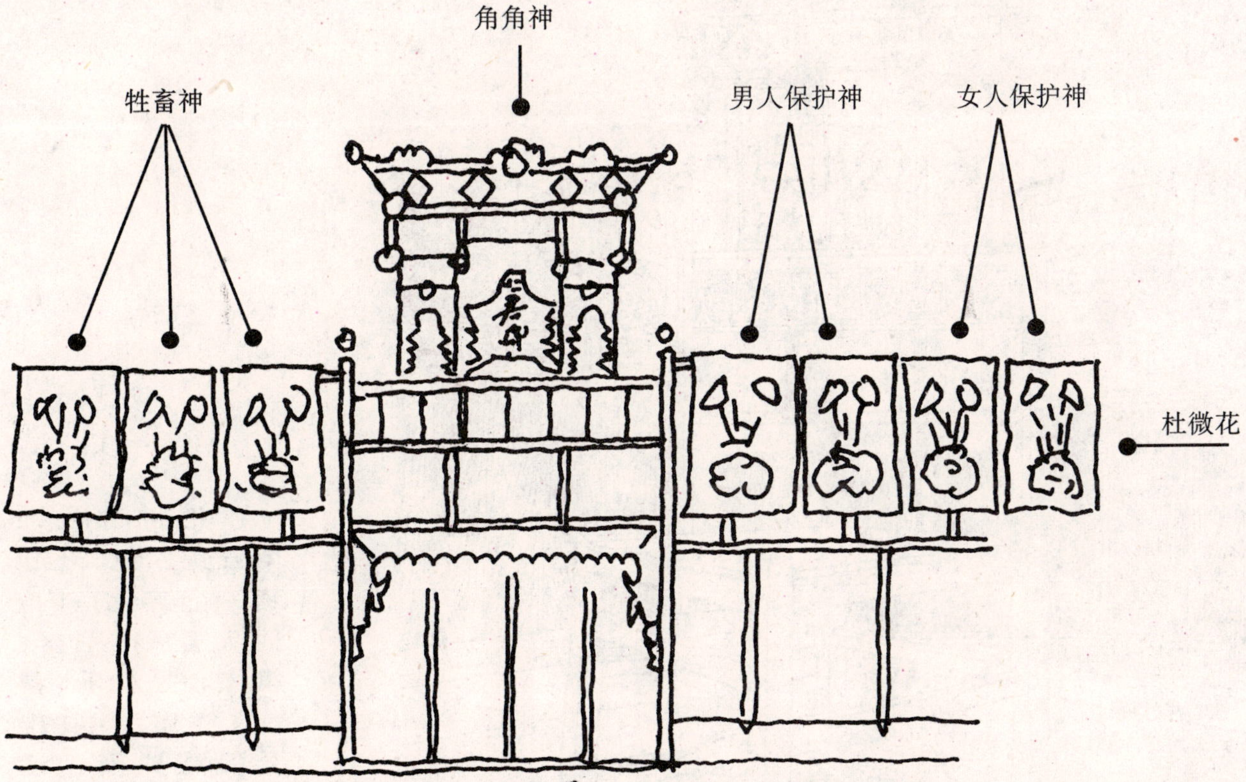

(图六——60)羌锋寨汪青发宅角角神(家神)及供奉诸神概况
神位平面参见(图六——51、52)

神位一般设在进大门的左前方，中为神龛，立“天地君亲师”牌位。左右贴纸面图案杜微花（即一个大鼎中插着莲花的图案），羌人称神衣，每年春节换一次。此布置使主室内充满宗教气氛。除上四神外，神龛分上、中、下三层，供奉所有的内神外神，可达 18 个神位之多，但不树任何有形偶像。

(图六——61)羌锋汪宅角角神位与主室空间关系

把神位装饰得五颜六色，还起到一个美化室内、活跃气氛作用。气氛核心是欢乐、喜气、祥和，烘托出羌民族热爱生活的质朴气质。

(图六——62)羌锋寨汪宅神位与火塘在对角轴线上

角角神是羌族信仰中主要的家神，各地均有叹为观止的神位作法，不是一、二幅图就能概括的民间工艺大观。但有一点是普遍存在的，就是大量使用“羊角”外形弧线，这种弧线让人无时无刻都意识到一种图腾的存在。

(图六——63）和坪寨苏宅角角神装饰

(图六——64)纳普寨罗宅角角神外观

(图六——65)老木卡寨杨宅主室角角神和壁架关系

不少人家融角角神于实用的组柜组架之中。柜架除存放物品之处,喻有祈物品丰满之意。故不少小件物品堆满架上而琳琅满目。有的人家还在上面着意摆设,流露出相当的审美意识。亦是一种气氛的烘托。

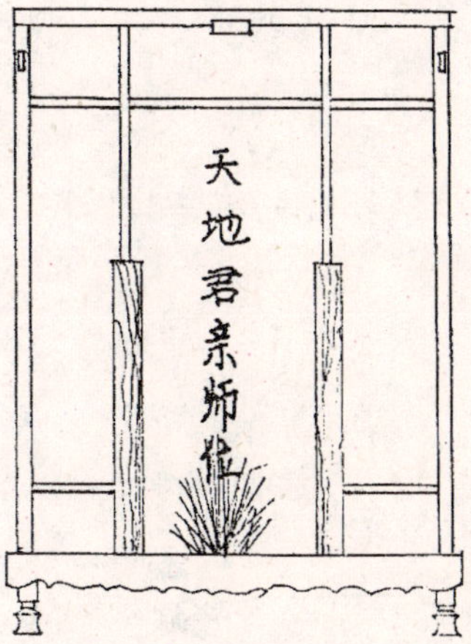

汉族香火设置在堂屋中轴之上，羌人神位亦多置于主室轴线上。有的高可接近楼梁，宽可占据房间整个墙壁，特点就是宽大。似乎汉人本身在神位的大小上也无规范尺度，神位大小全凭主人审美素质、习惯确定。因此羌人把汉神位放大，显得豪放、旷达，也是一种民族素质的体现。本图神位大小合适，十分合体。还有“天地君亲师”中“君”几乎都被“国”字取代。

(图六——66)东门口寨吴宅神位(香火)

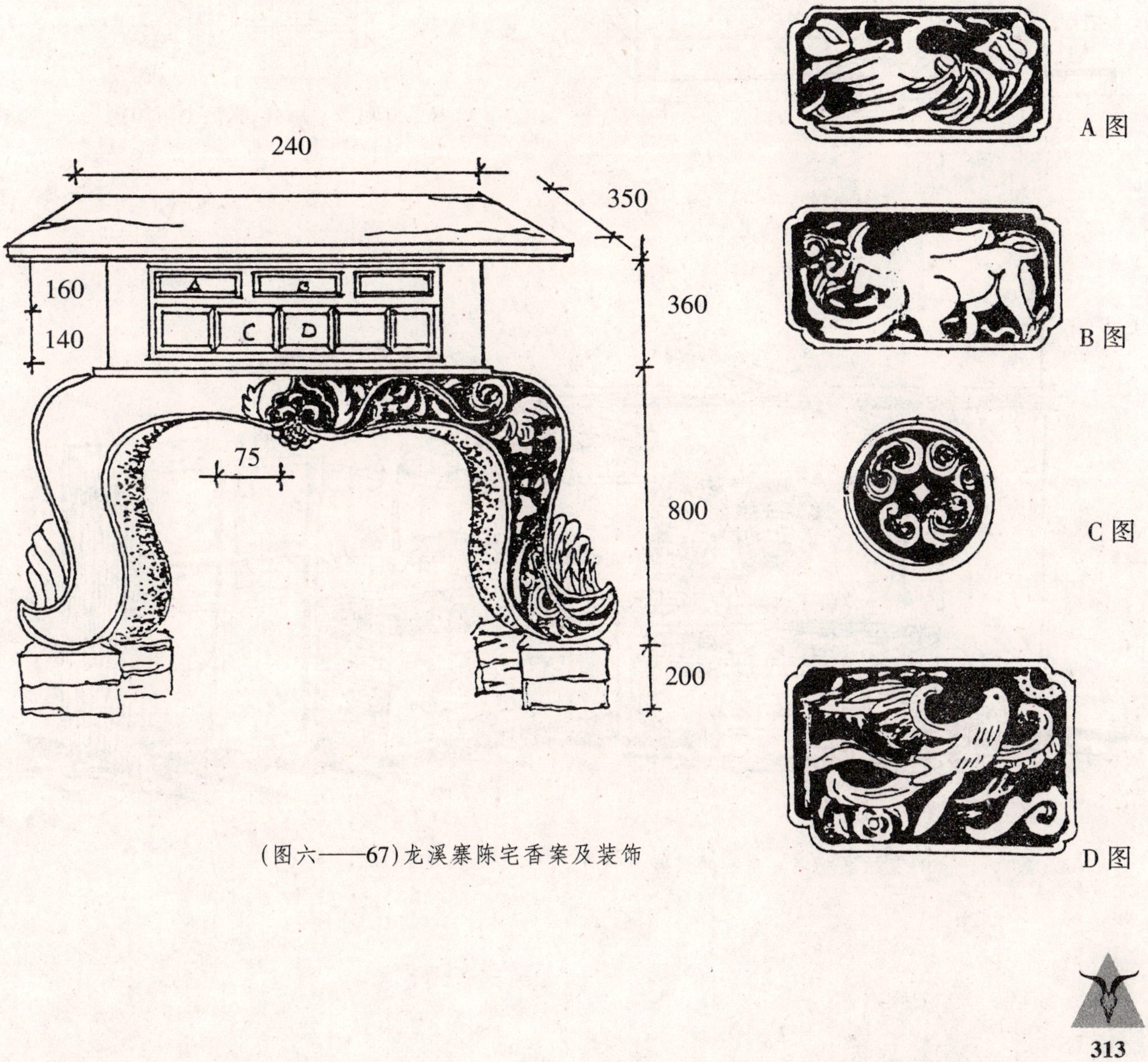

(图六——67)龙溪寨陈宅香案及装饰

家具及室内外景观

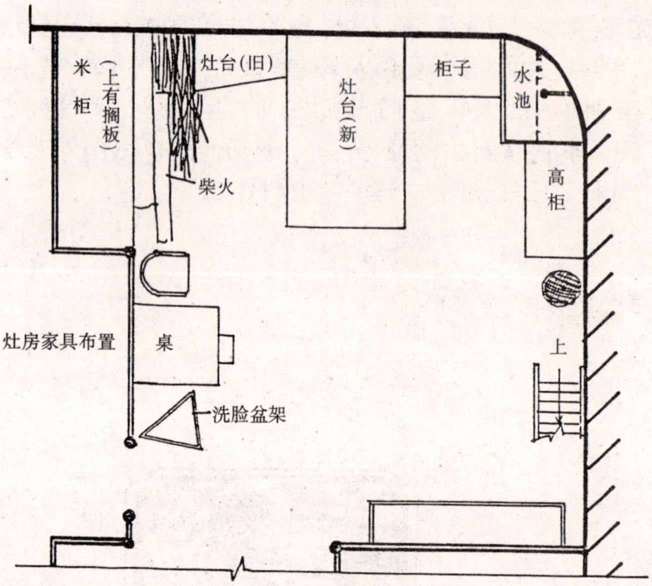

(图六——68）克枯寨杨宅灶房家具布置平面图

火塘上方吃饭。用具、铁链上可吊锅烧水

(图六——69)克枯寨杨宅灶房一角透视

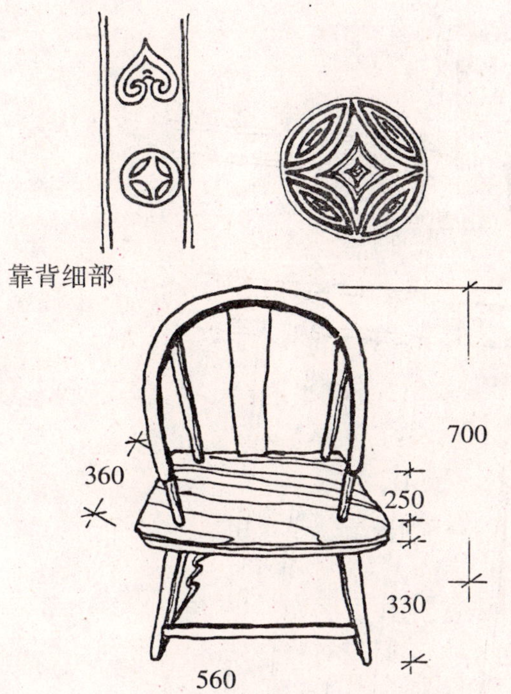

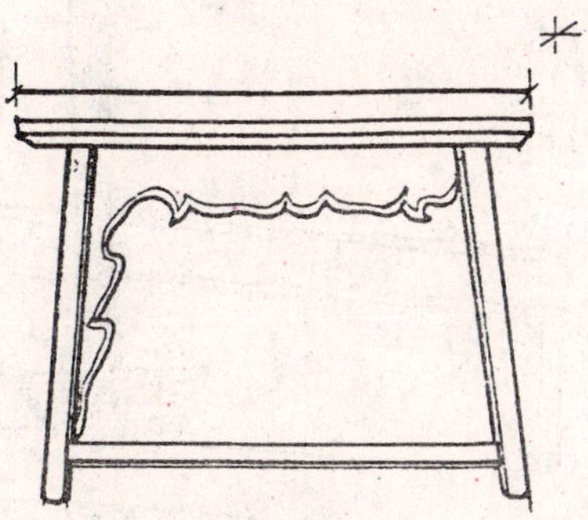

(图六——70)羌锋寨汪宅椅子、桌子细部

(图六——71)器物、用具

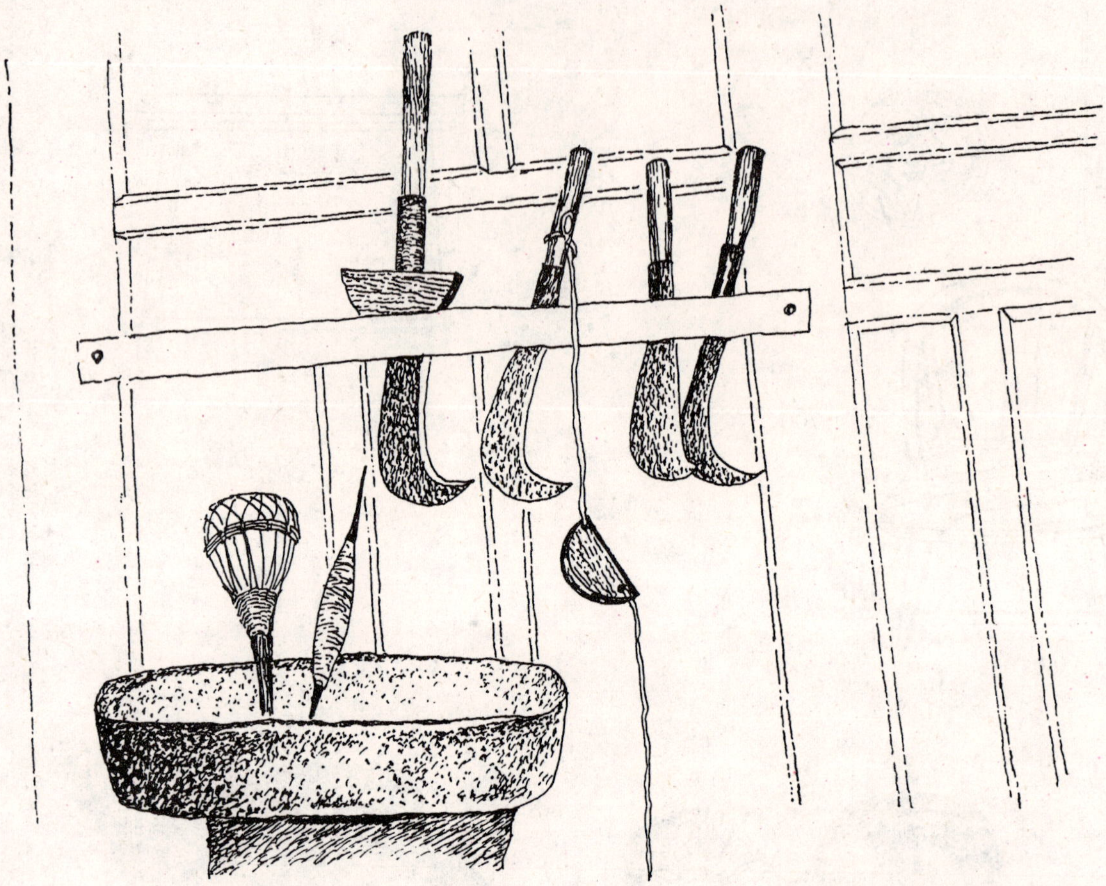

(图六——72)纺垂、镰刀

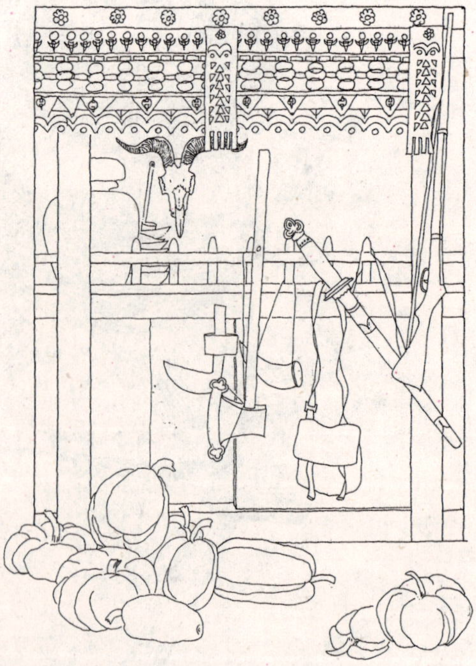

(图六——73)甘堡寨桑宅壁架装饰

(图六——74)和坪寨苏宅罩楼串挂玉米

(图六——75)和坪寨周宅宅外蜂房

民居构造与技艺

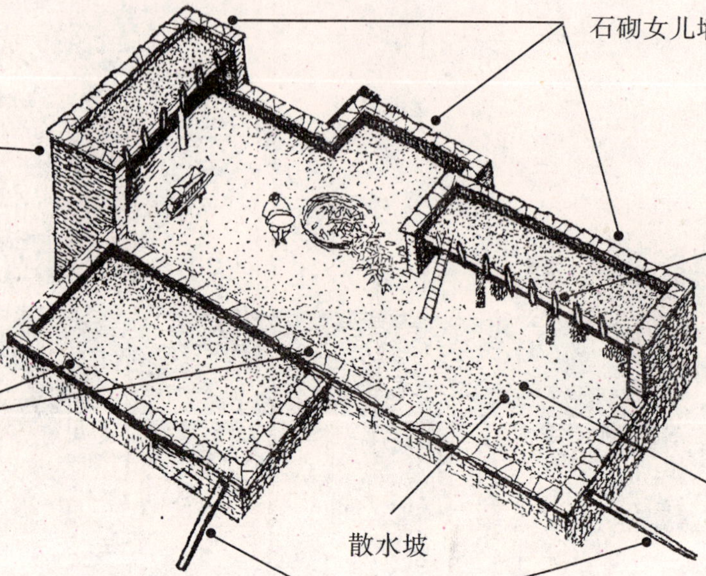

(图六——76) 屋顶构造示意
(老木卡寨余宅)

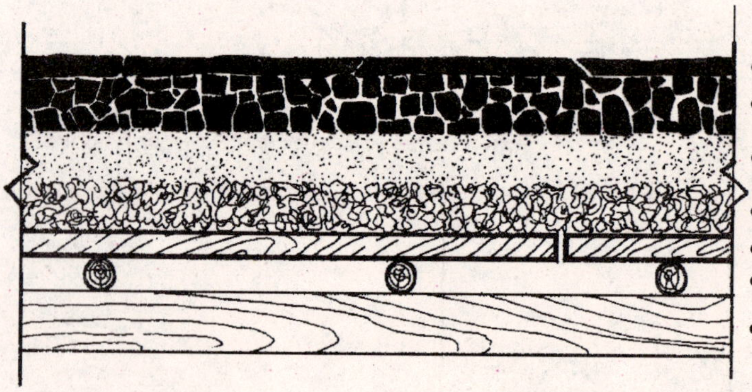

(图六——77) 住宅屋顶构造之一

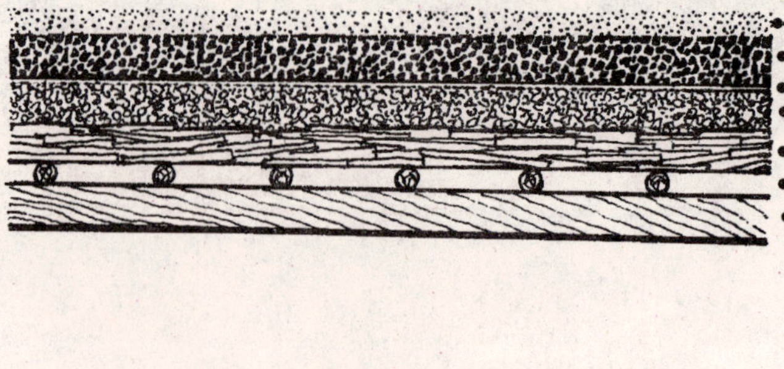

(图六——78)羌住宅屋顶构造之二

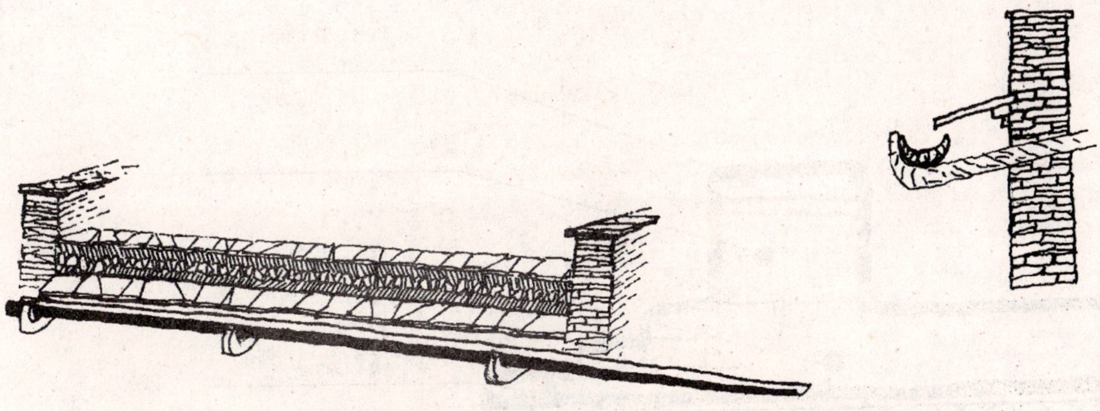

(图六——80)有女儿墙的檐部及筒槽构造

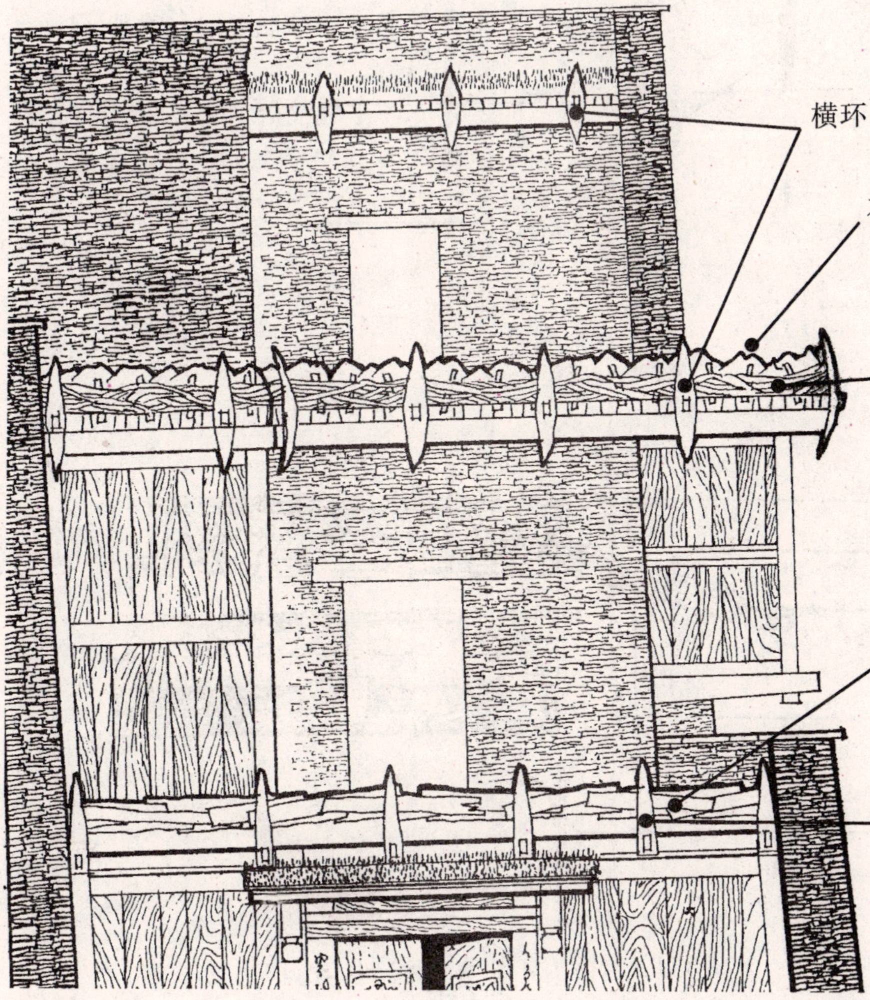

(图六——79)
老木卡寨杨宅屋
顶晒台置墙法

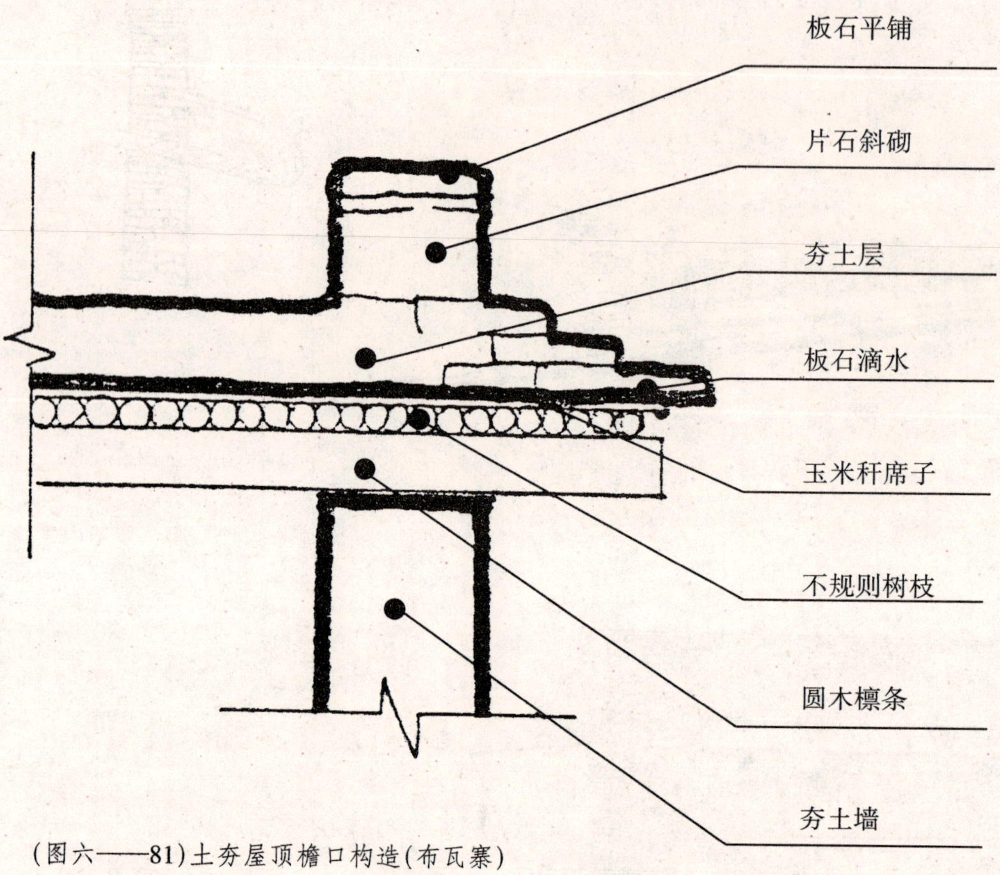

(图六——81)土夯屋顶檐口构造(布瓦寨)

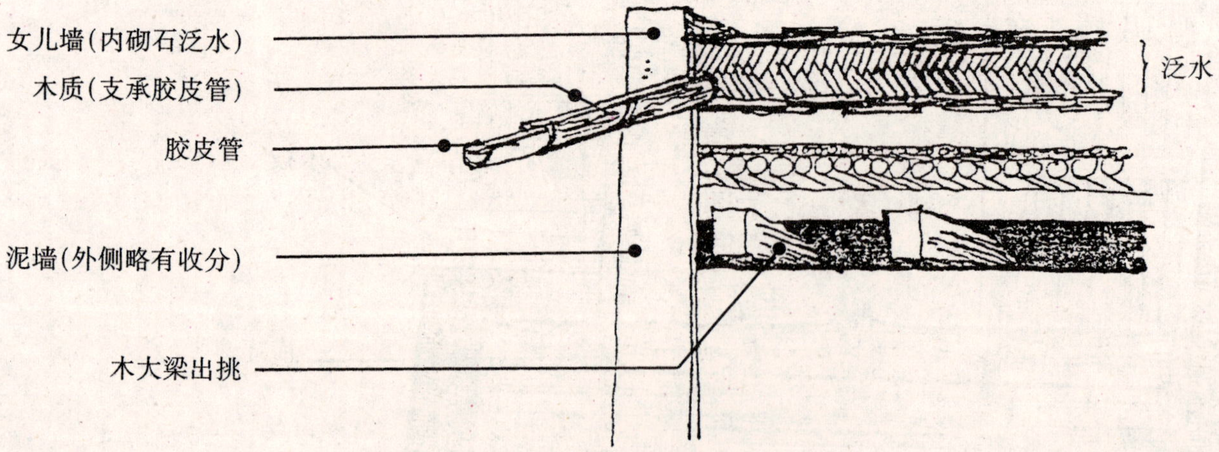

(图六——82)石砌屋顶檐口构造(通化寨)

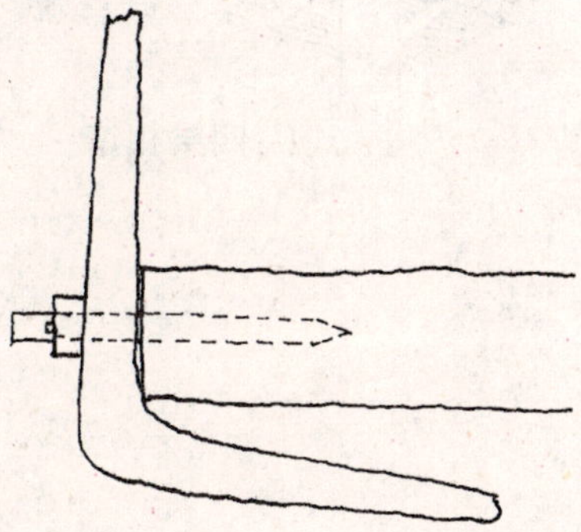

(图六——83)甘堡寨桑宅屋檐横环透视及剖面

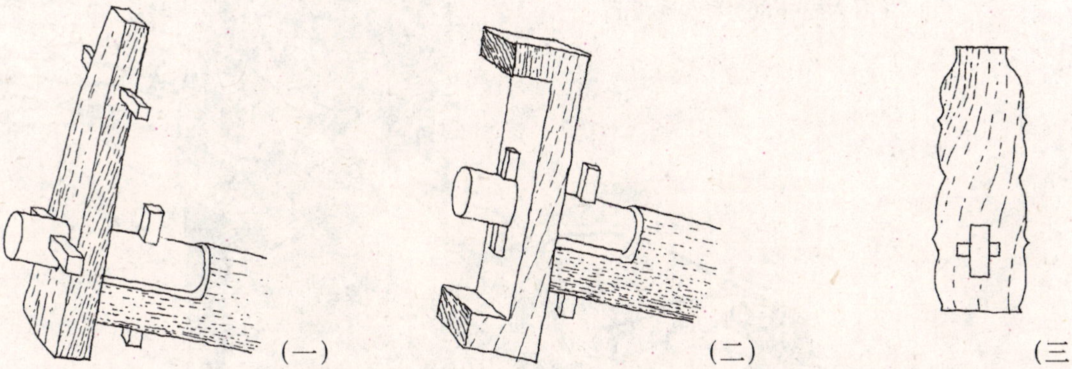

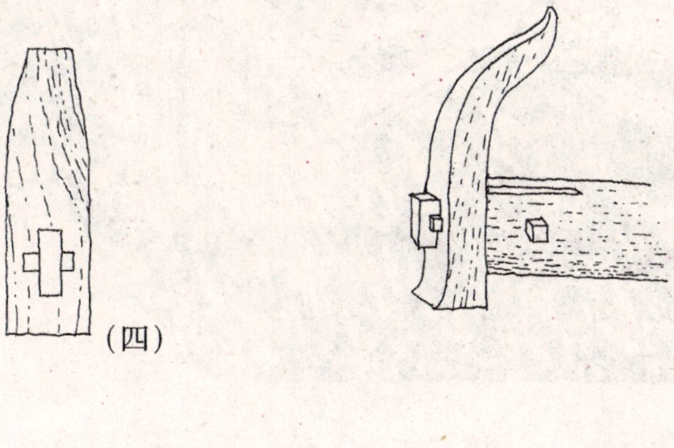

(图六——84)横环样式举例五种

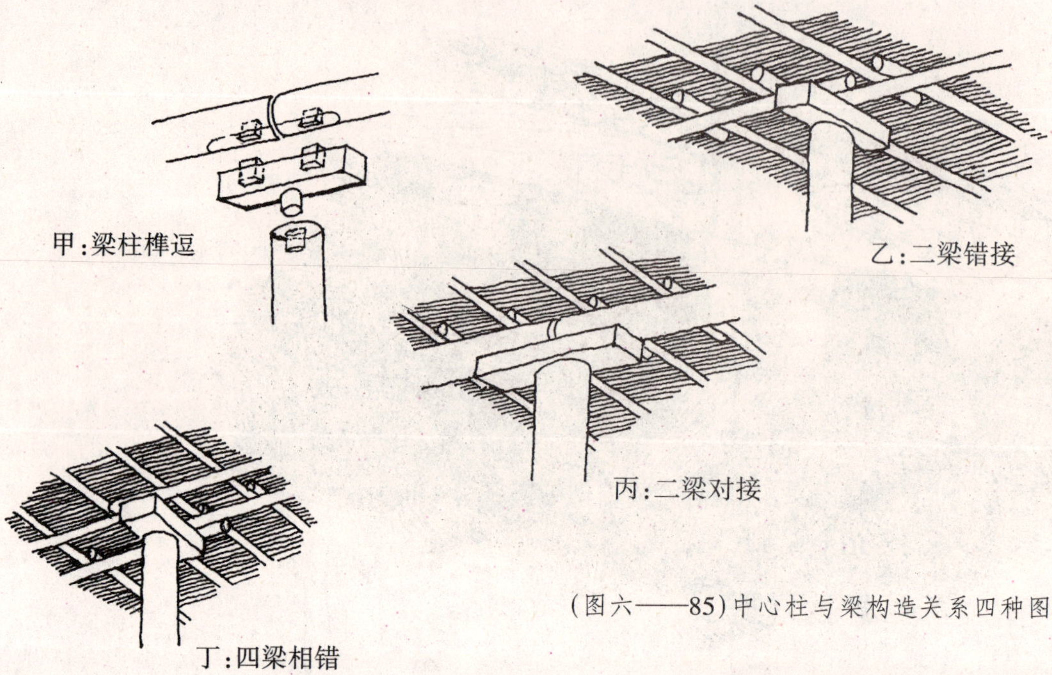

(图六——85)中心柱与梁构造关系四种图示

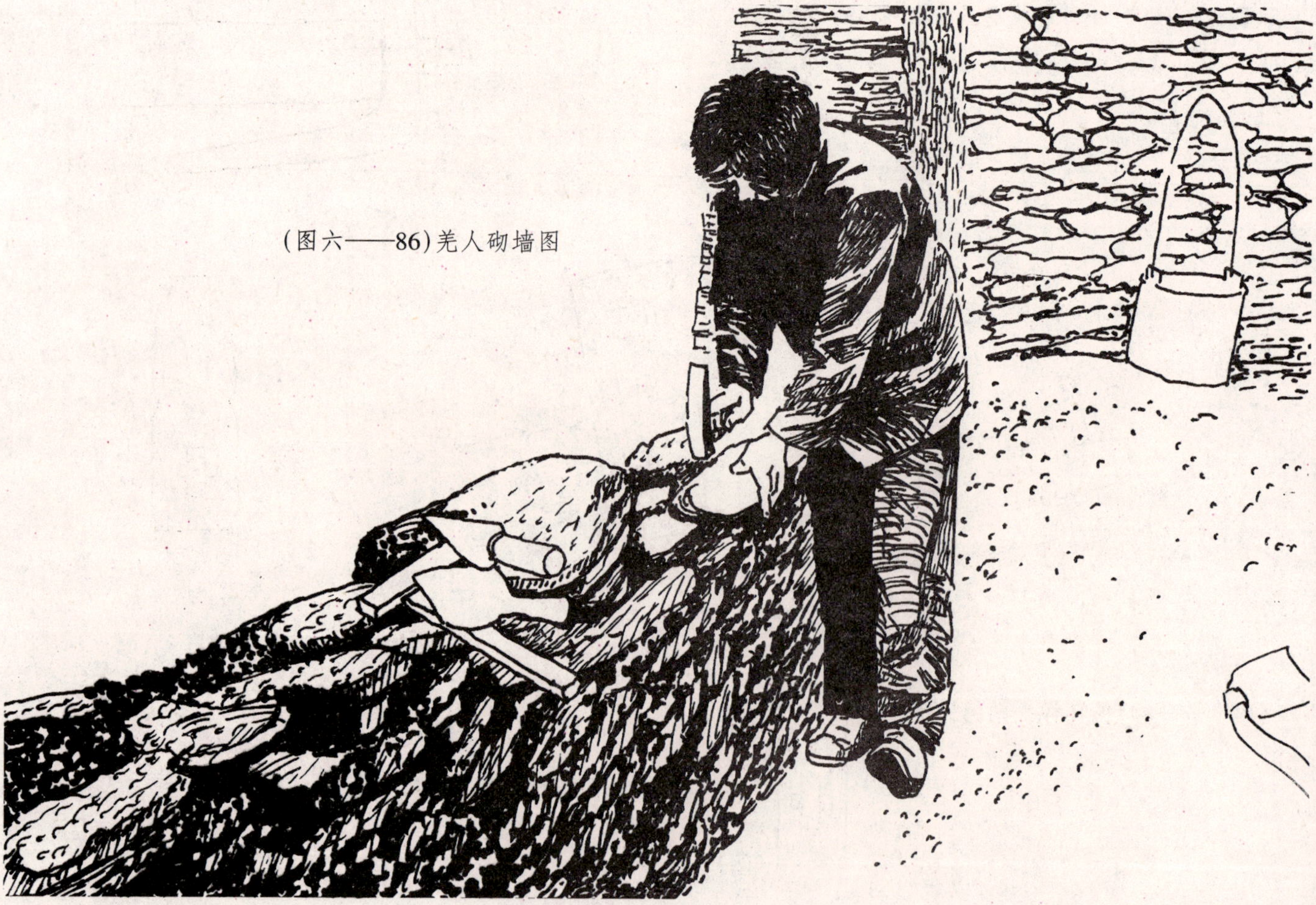

(图六——86)羌人砌墙图

(图六——87) 用圆木挑
出墙外承重廊台

(图六——88)穿墙挑枋承重阁楼

(图六——89)利用边角增大顶层面积

碉楼民居实例

碉楼民居平面类型

(图六——90)碉楼与住宅空间亲和衍变

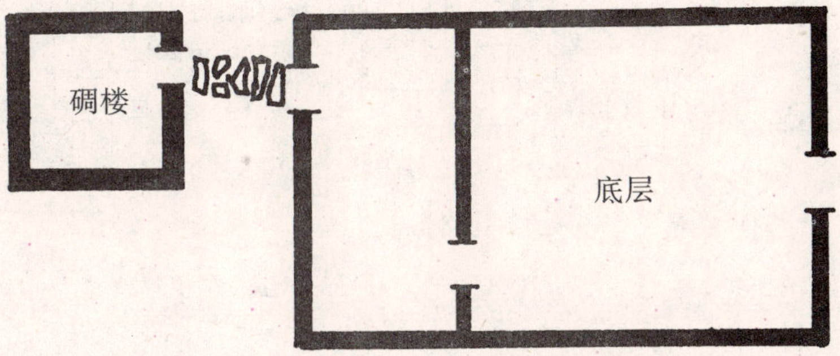

甲、碉楼与住宅分开类型

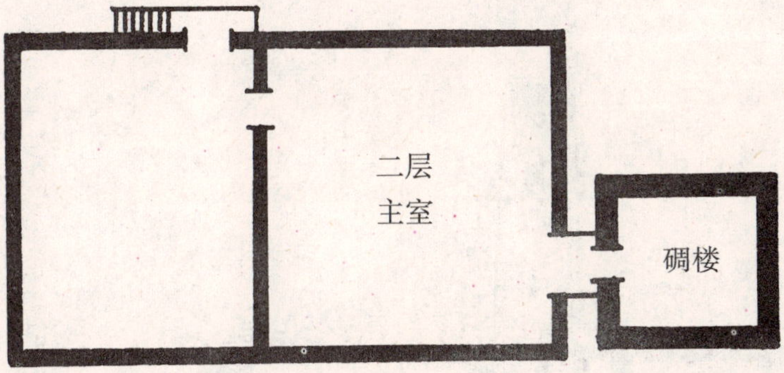

乙、碉楼与住宅二层有过道相通类型

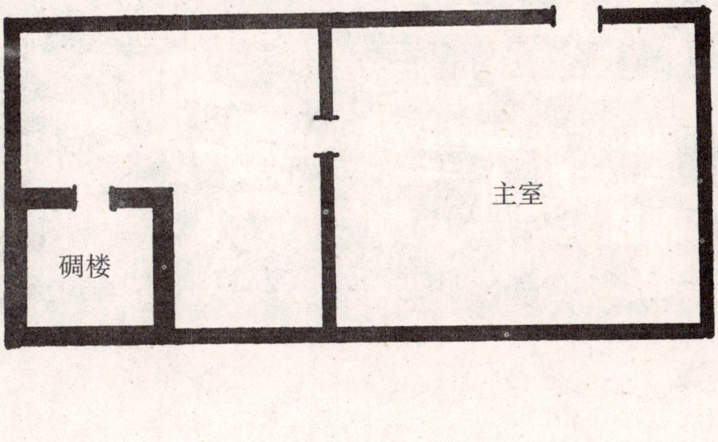

丙、碉楼融入住宅之中类型

桃坪寨陈仕名宅

1. 陈仕名宅
2. 杨布先宅
3. 周宅
4. 陈宅
5. 老川主庙
6. 杨宅

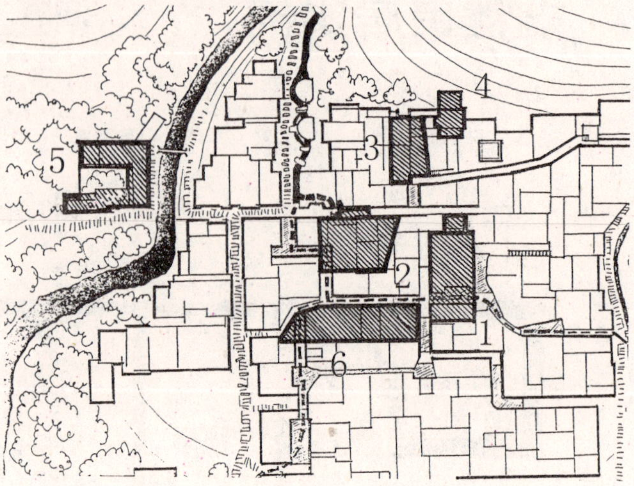

(图六——91)陈仕名宅在桃坪寨中位置

(图六——92)桃坪寨围绕碉楼民居组团透视

(图六——93)桃坪寨陈仕名宅透视

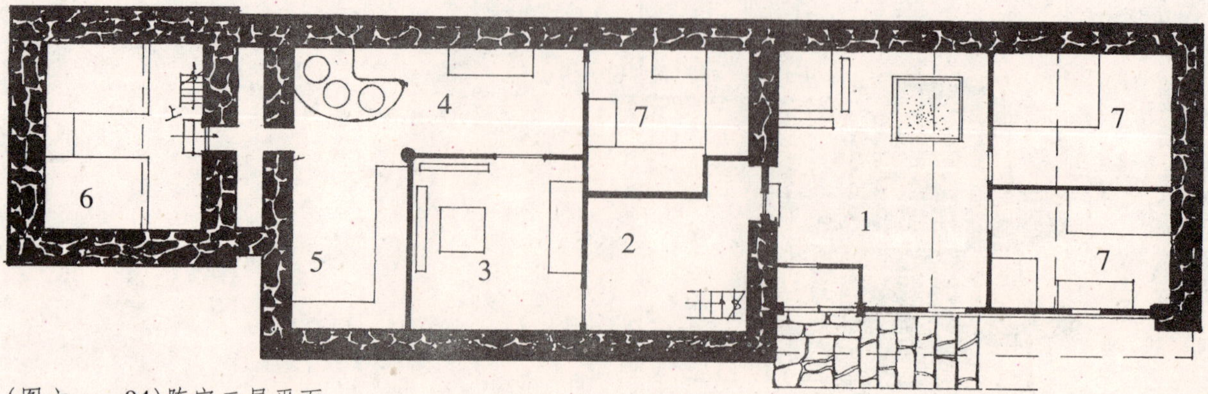

(图六——94)陈宅二层平面

1. 门厅兼待客室
2. 过路屋
3. 主室
4. 灶房
5. 储藏室
6. 碉楼
7. 卧室

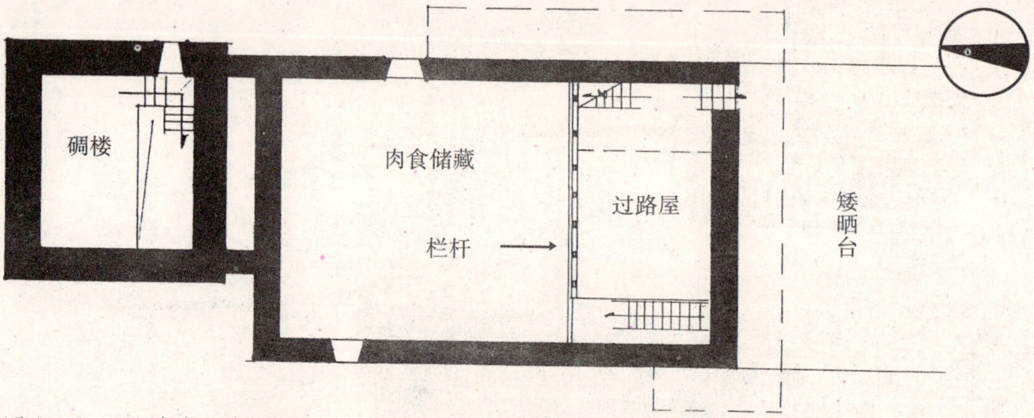

(图六——95)陈宅三层平面

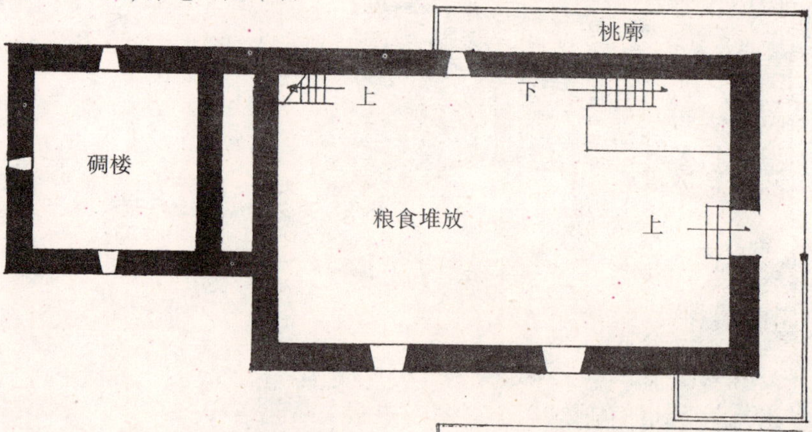

(图六——96)陈宅四层平面

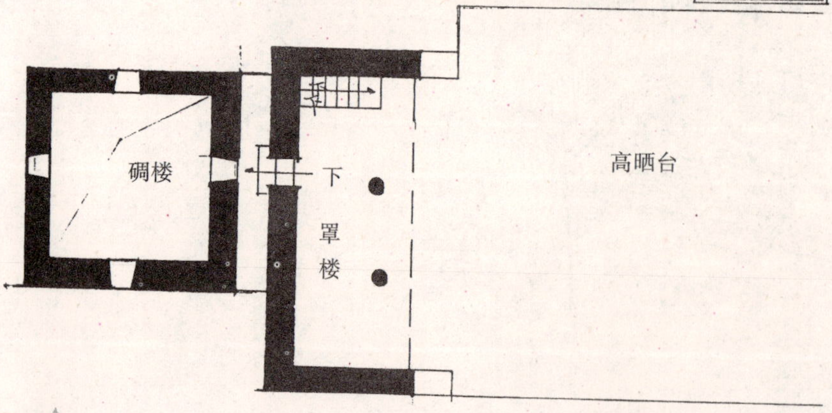

(图六——97)陈宅五层平面

(图六——98)
陈宅大门入口
空间透视

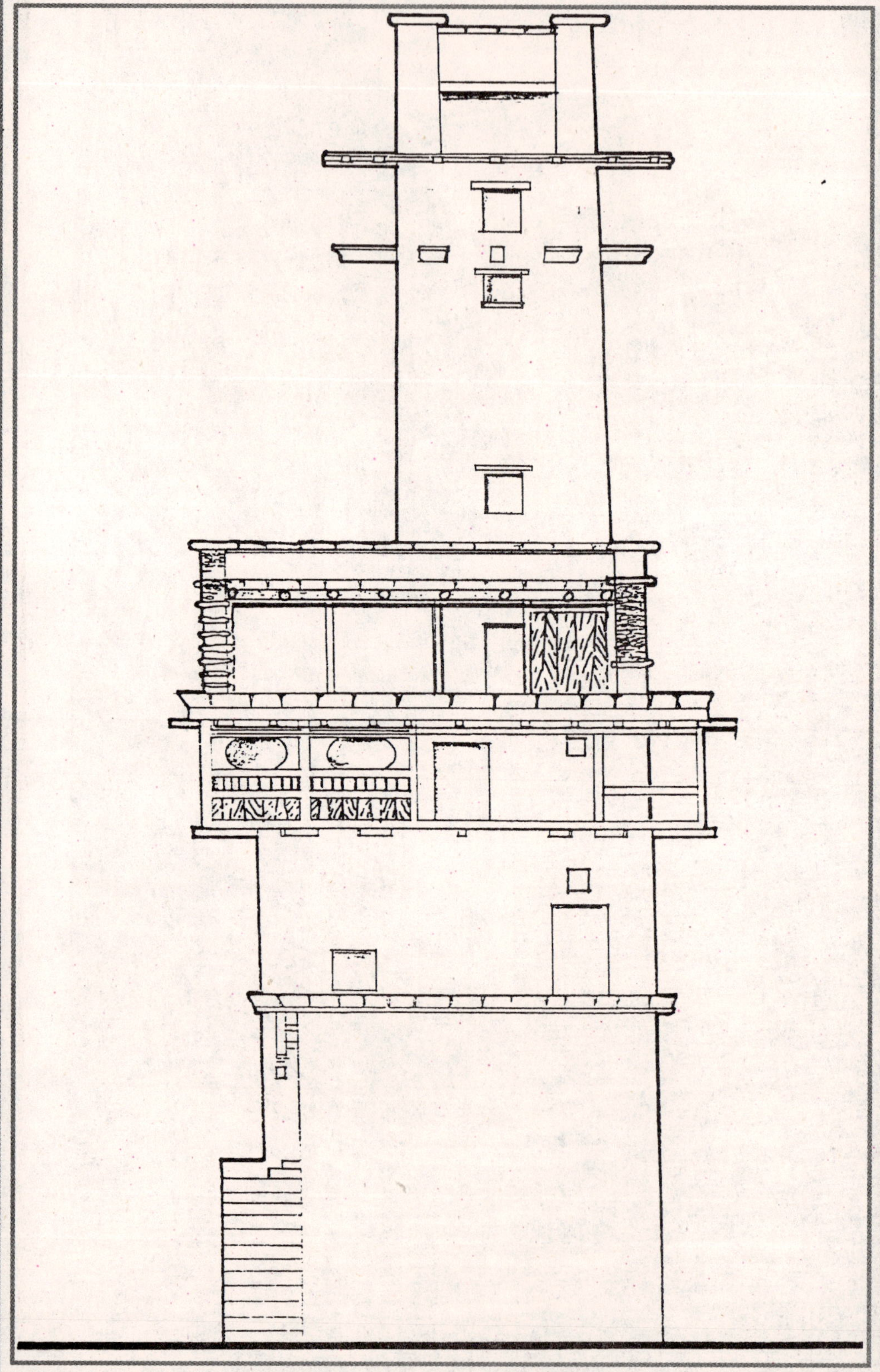

(图六——99)陈宅南立面图

(图六——100)陈宅剖面图

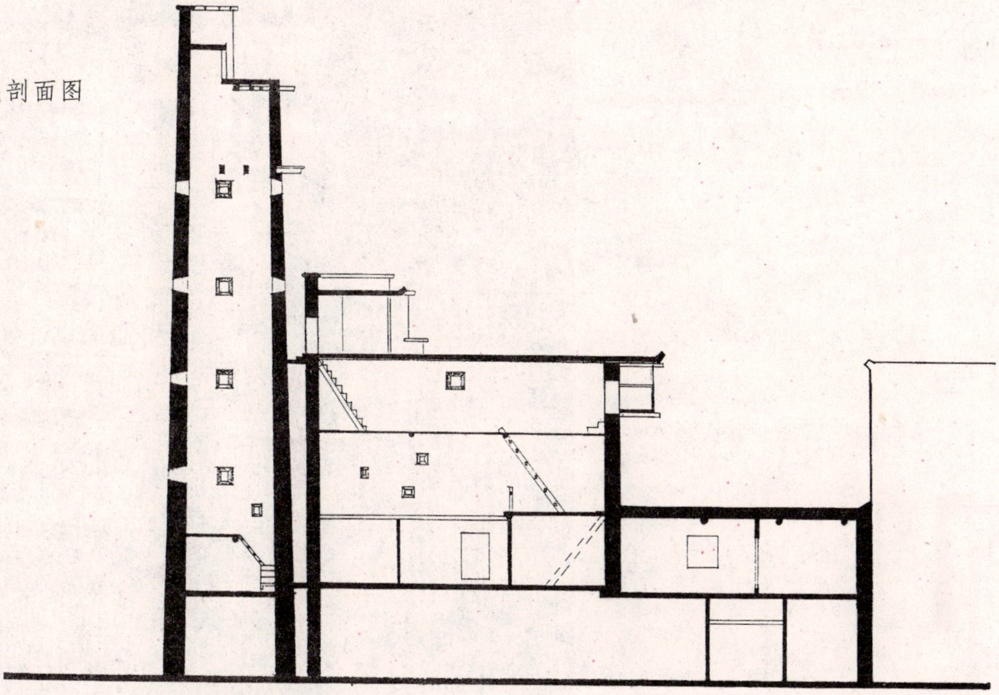

(图六——101)陈宅西立面图

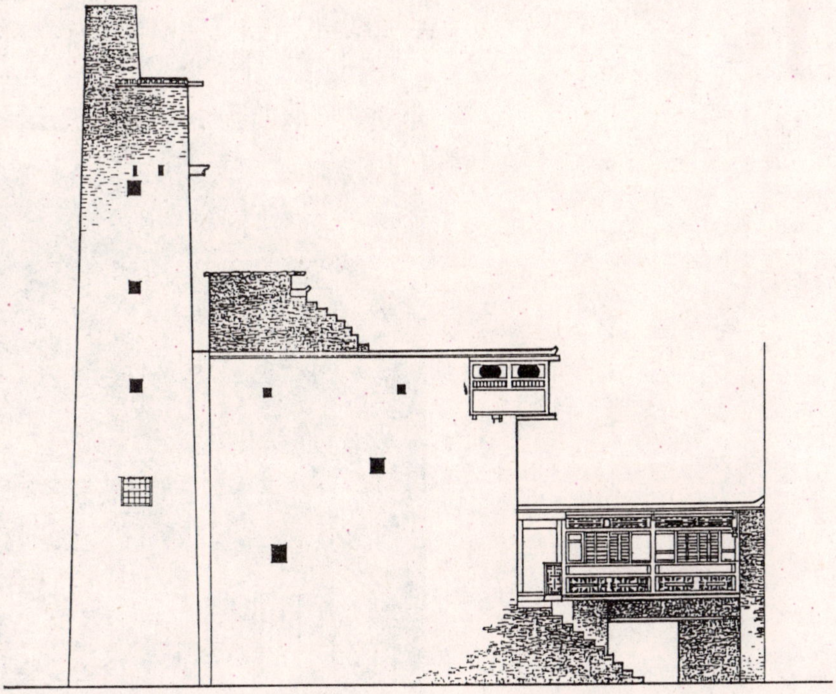

（图六——102）陈宅大门外透视

(图六——103)陈宅入口正立面图

(图六——104) 陈宅
碉楼西侧与邻居空间

布瓦寨龙宅

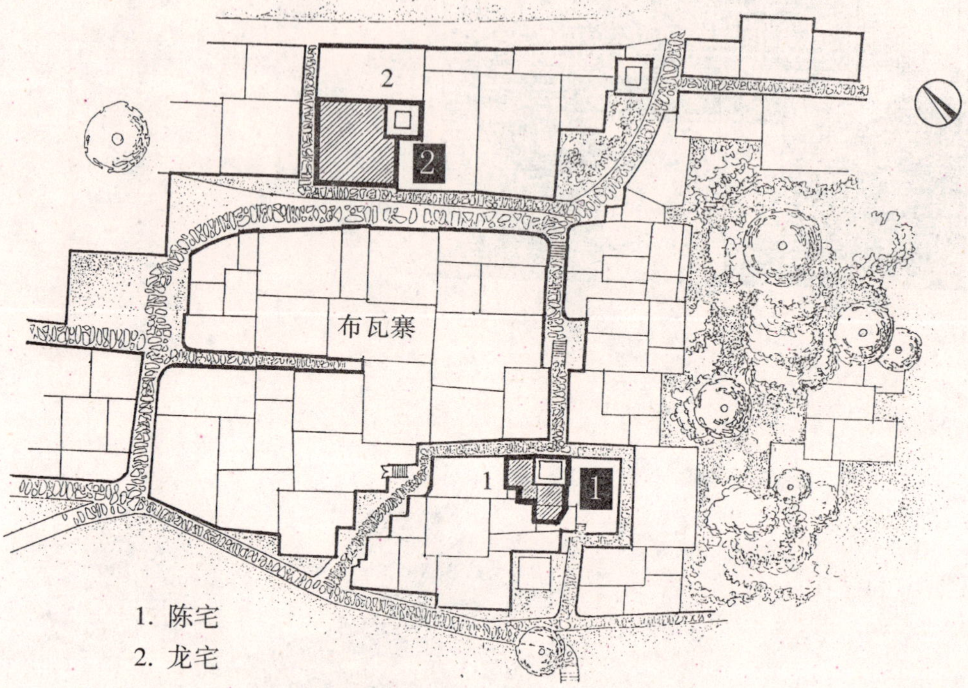

(图六——105)龙宅在布瓦寨中位置

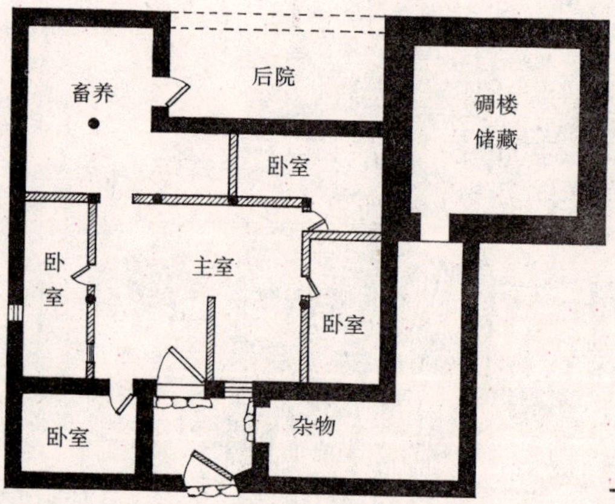

(图六——106)布瓦寨龙宅一层平面

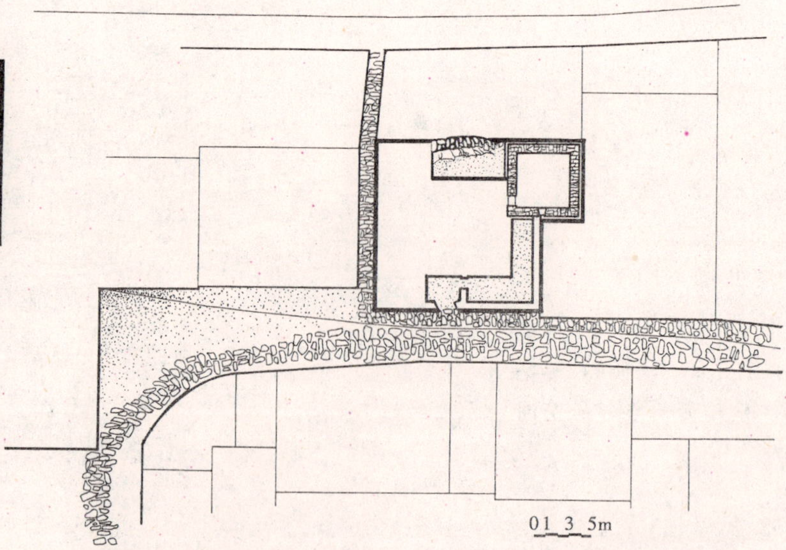

(图六——107)布瓦寨龙宅屋顶平面

布瓦寨陈宅

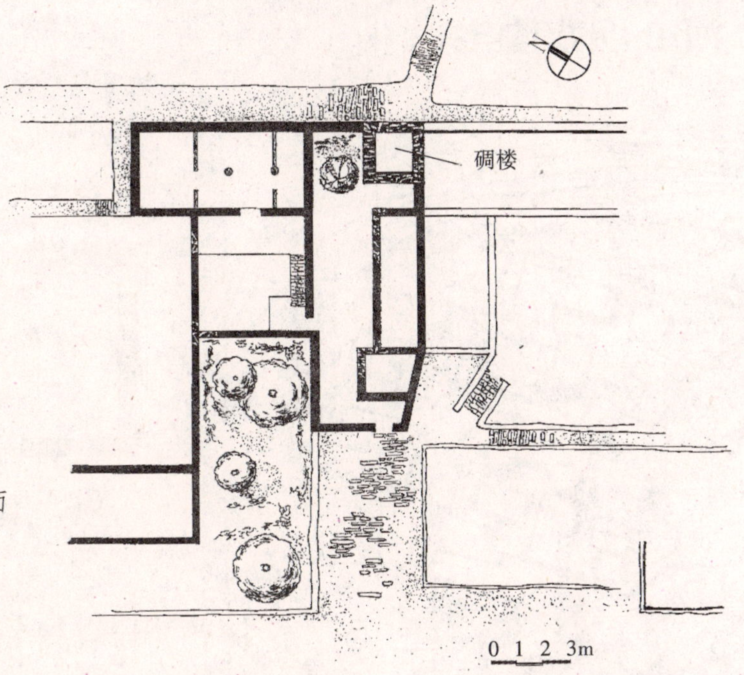

(图六——108)布瓦寨陈宅总平面

(图六——109)布瓦寨陈宅入口透视

河心坝寨陶宅

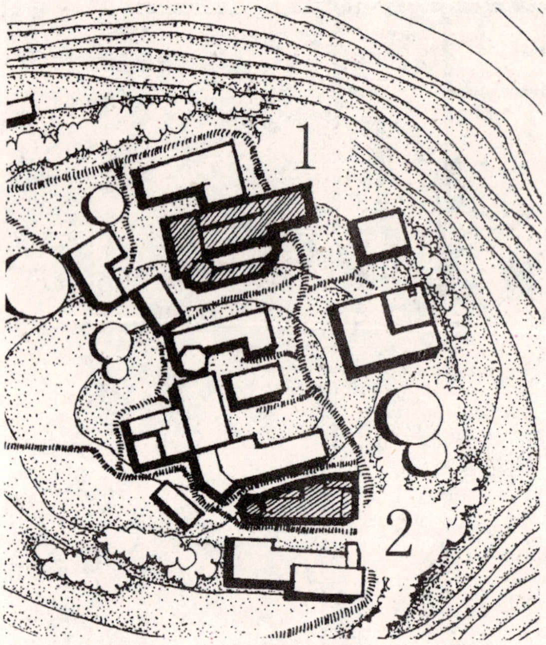

1. 陶宅　2. 杨宅

（图六——110）陶（楹青）宅杨（松余）宅在河心坝寨的位置

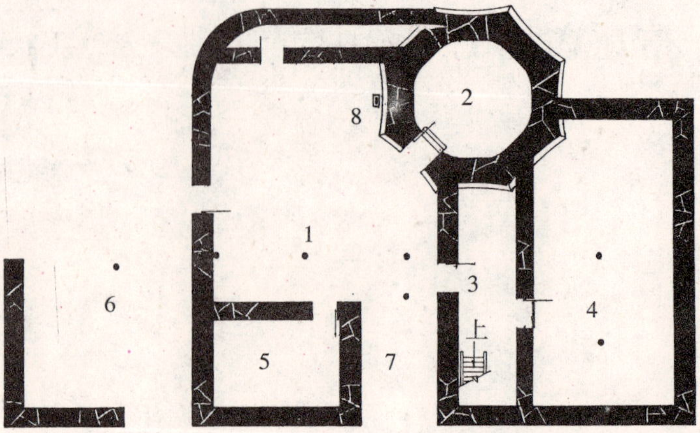

（图六——111）河心坝寨陶宅底层平面

1. 院坝
2. 牛圈
3. 巷道
4. 猪圈
5. 杂屋（生产工具堆放）
6. 过街楼下
7. 后门到菜园
8. 石敢当位置

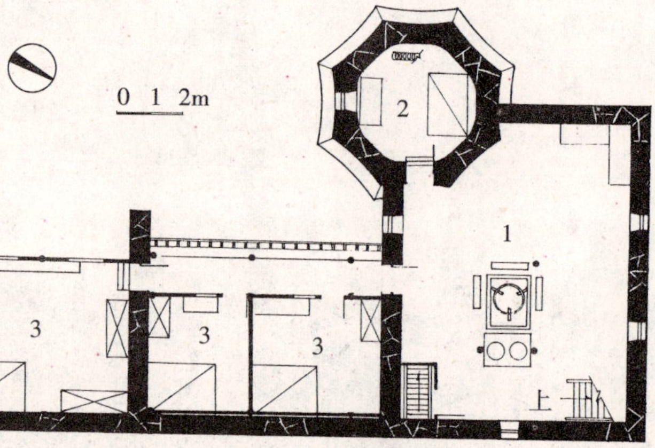

（图六——112）河心坝寨陶宅二层平面

1. 主室
2. 碉楼兼卧室
3. 卧室

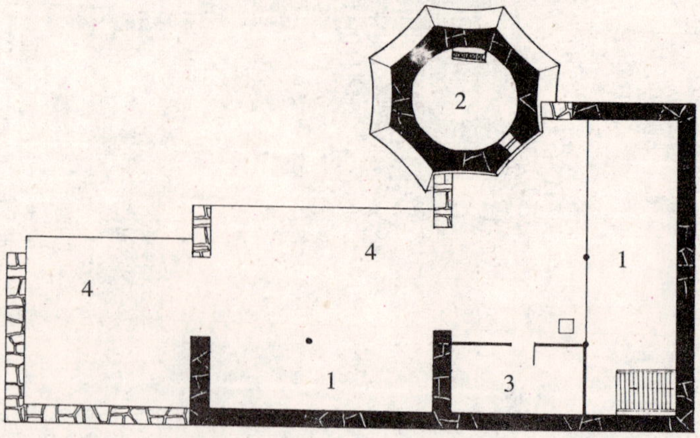

（图六——113）河心坝寨陶宅三层平面

1. 罩楼　3. 楼道屋
2. 碉楼　4. 晒台

(图六——114)河心坝寨陶宅西立面

(图六——115)河心坝寨陶宅剖面一

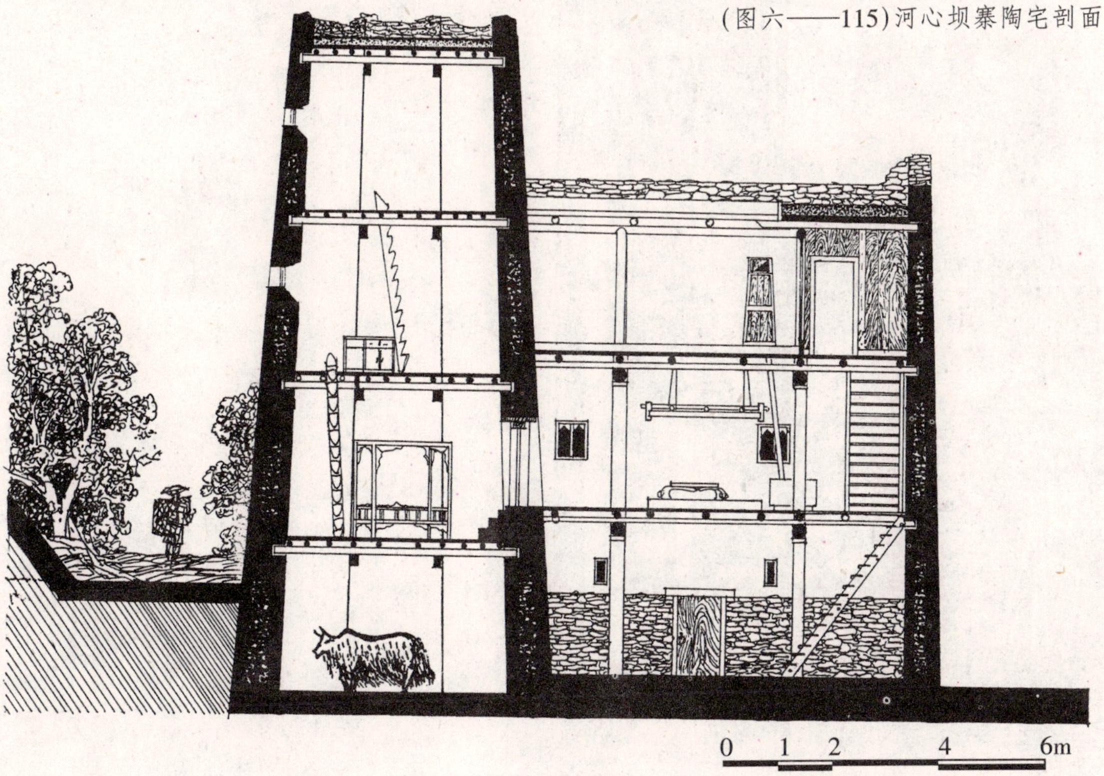

(图六——116)河心坝寨陶宅剖面二

(图六——117)河心坝寨陶宅院坝一瞥

(图六——118)河心坝寨陶宅透视

河心坝寨杨宅

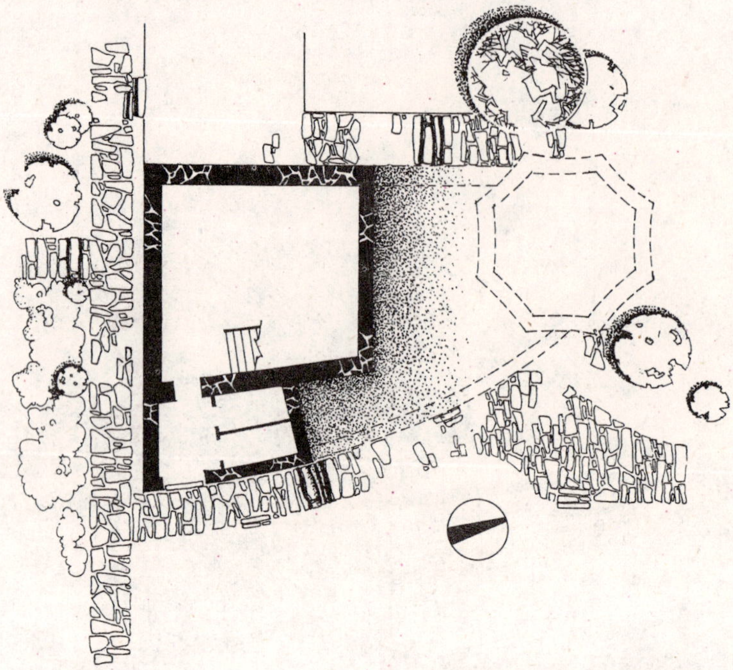

(图六——119) 河心坝寨杨宅总平面(兼底层)

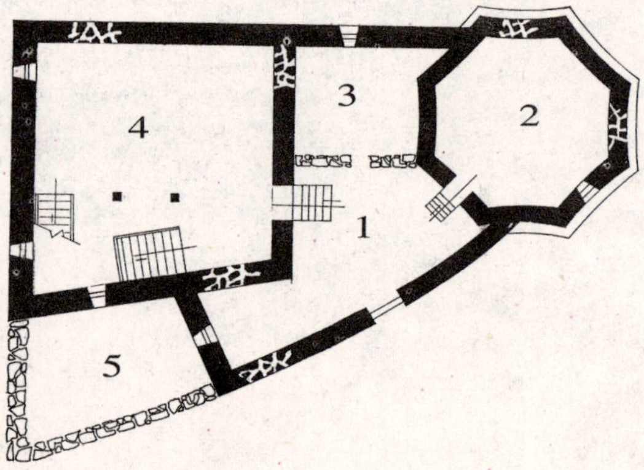

(图六——120)河心坝寨杨宅二层平面

1. 过路屋(兼生产工具堆放)
2. 碉楼(杂物)
3. 猪圈
4. 杂物柴草
5. 厕所屋顶

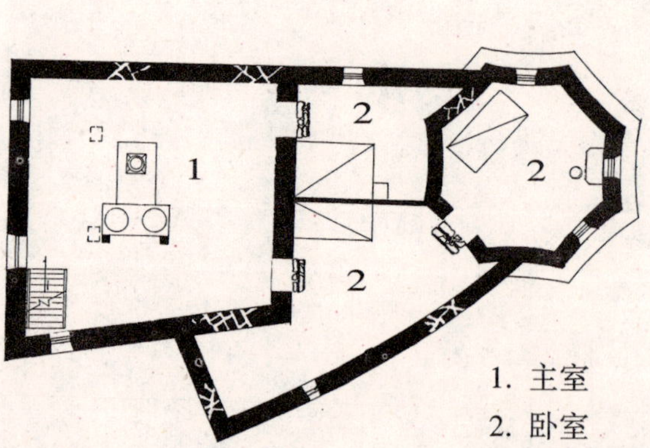

1. 主室
2. 卧室

(图六——121)河心坝寨杨宅三层平面

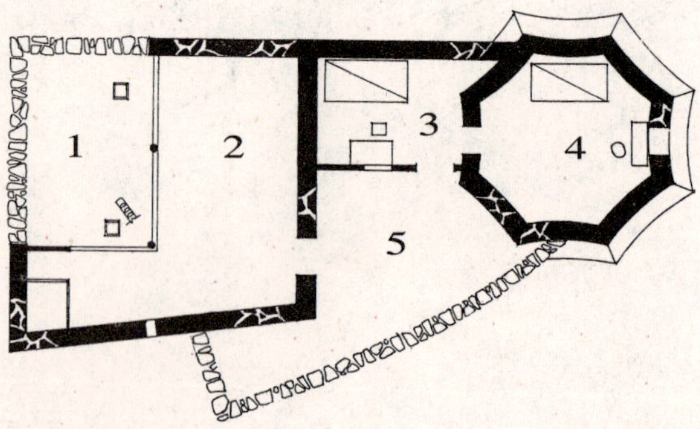

1. 有天窗的小晒台
2. 半封闭廊子
3. 青年卧室
4. 青年书楼
5. 晒台

(图六——122)河心坝寨四层平面

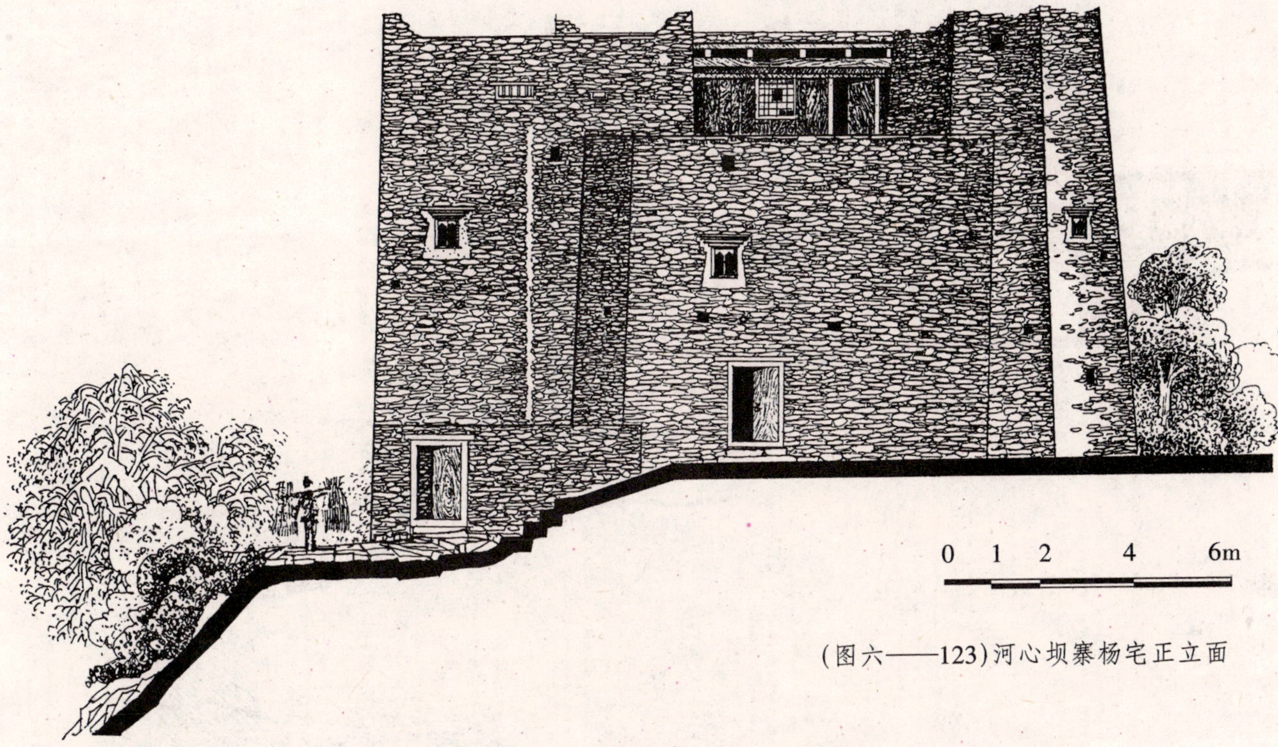

(图六——123)河心坝寨杨宅正立面

(图六——124)河心坝寨杨宅南立面

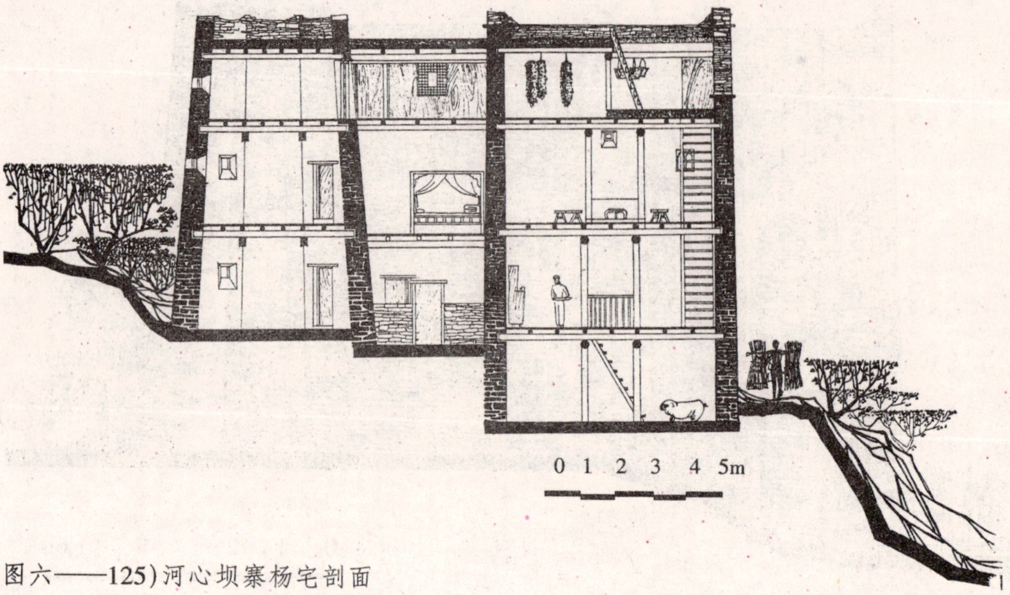

(图六——125)河心坝寨杨宅剖面

(图六——126)河心坝寨杨宅透视

黑虎寨各宅

1. 王甲宅　　4. 王丙宅
2. 王乙宅　　5. 陈宅
3. 余宅

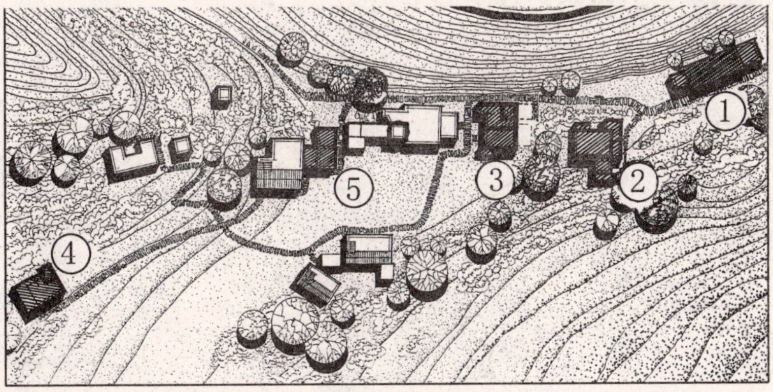

(图六——127)黑虎寨所测各宅位置

(图六——128)黑虎寨各宅空间关系

(图六——129)
黑虎寨各宅透视

黑虎寨王甲宅

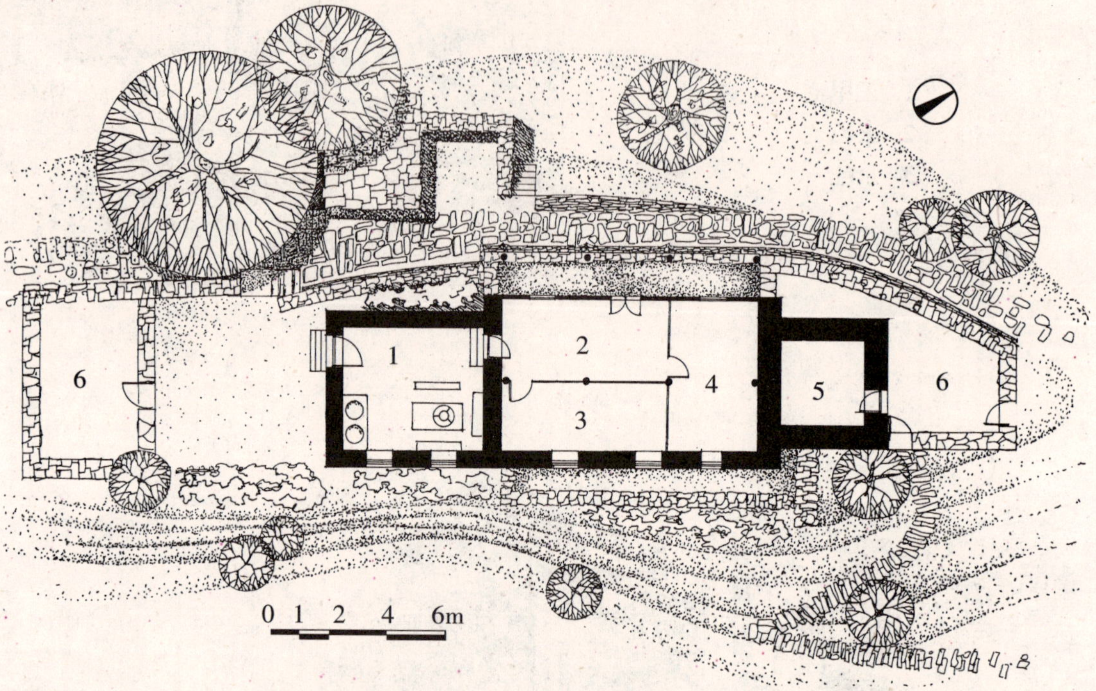

1. 主室
2. 3. 4. 卧室
5. 杂物
6. 畜养

(图六——130)黑虎寨王甲宅总平面

(图六——131)黑虎寨王甲宅西立面

(图六——132)黑虎寨王甲宅东立面

黑虎寨王乙宅

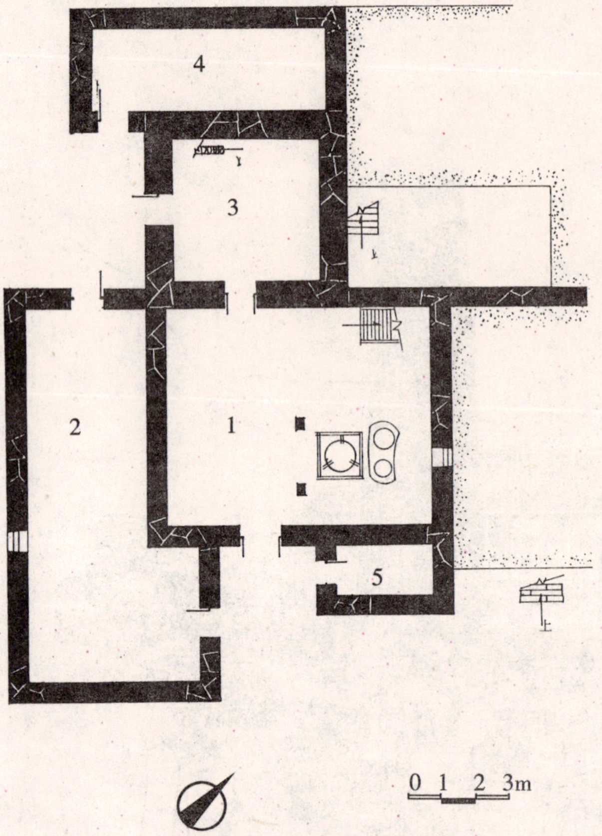

(图六——133) 黑虎寨王乙宅一层平面

1. 主室
2. 畜养
3. 碉楼(杂物)
4. 鸡圈
5. 厕所

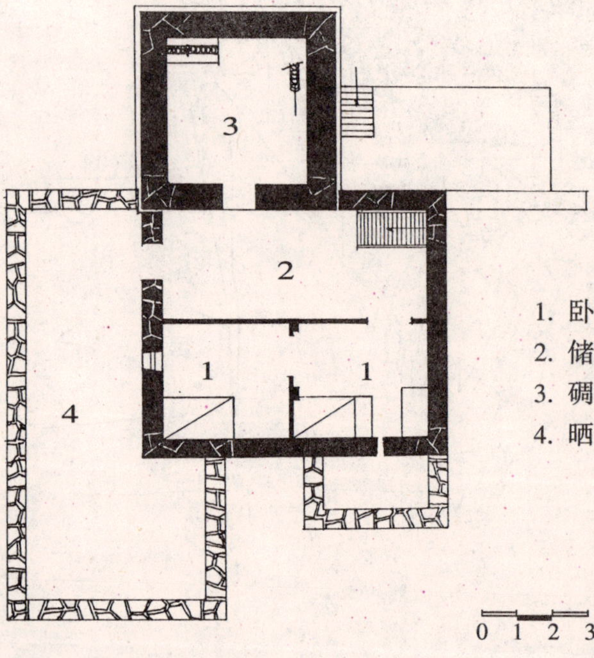

1. 卧室
2. 储藏
3. 碉楼储藏
4. 晒台

(图六——134)黑虎寨王乙宅二层平面

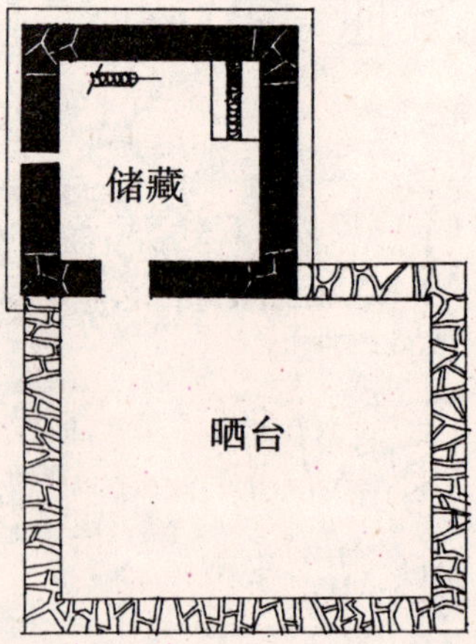

(图六——135)黑虎寨王乙宅三层平面

(图六——136）黑虎寨王乙宅透视

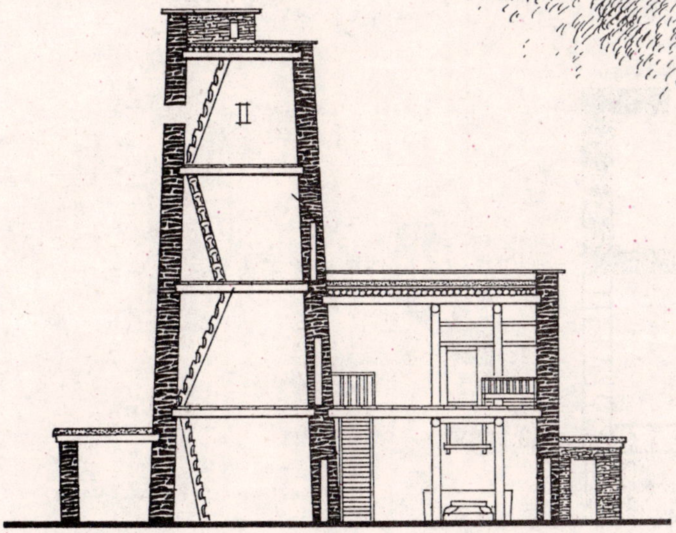

(图六——137)黑虎寨王乙宅剖面

黑虎寨王丙宅

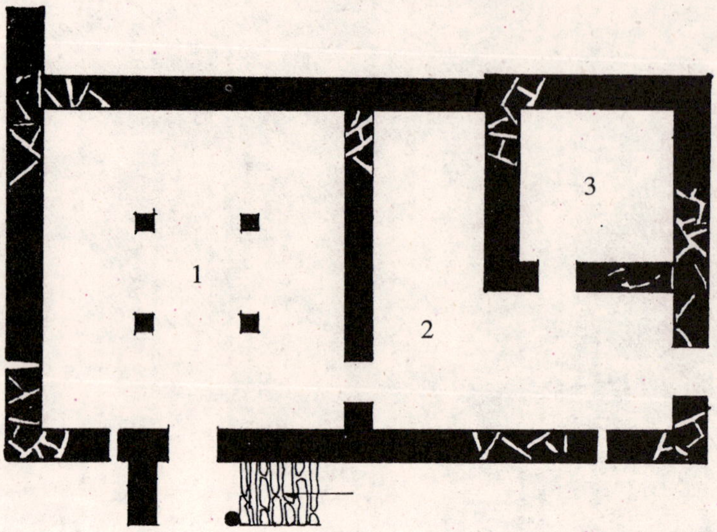

（图六——138）黑虎寨王丙宅一层平面

1. 畜养
2. 工具堆放
3. 杂物

（图六——139）黑虎寨王丙宅二层平面

1. 主室
2. 3. 卧室
4. 挑楼

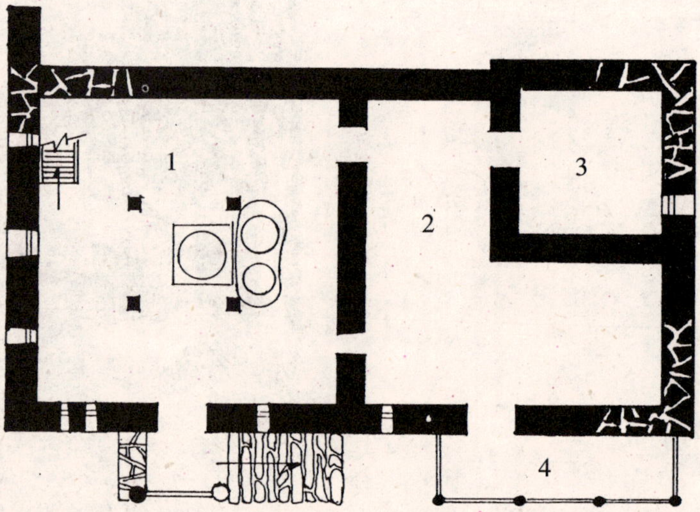

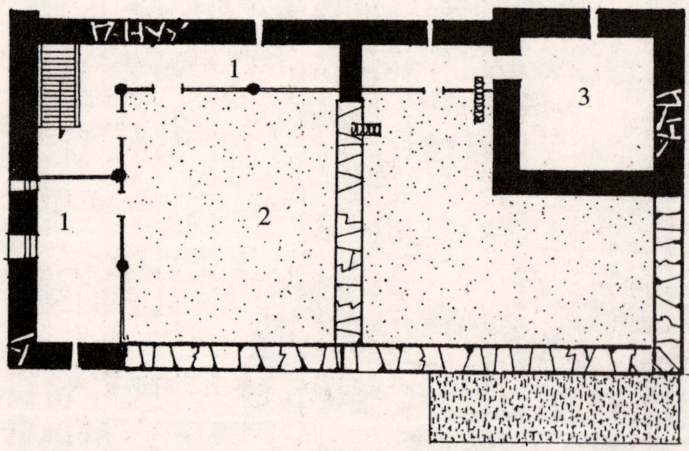

（图六——140）黑虎寨王丙宅三层平面

1. 储藏
2. 晒台
3. 储藏

(图六——141)黑虎寨王丙宅正立面

(图六——142)黑虎寨王丙宅透视之一

(图六——143)黑虎寨王丙宅透视之二

黑虎寨余宅

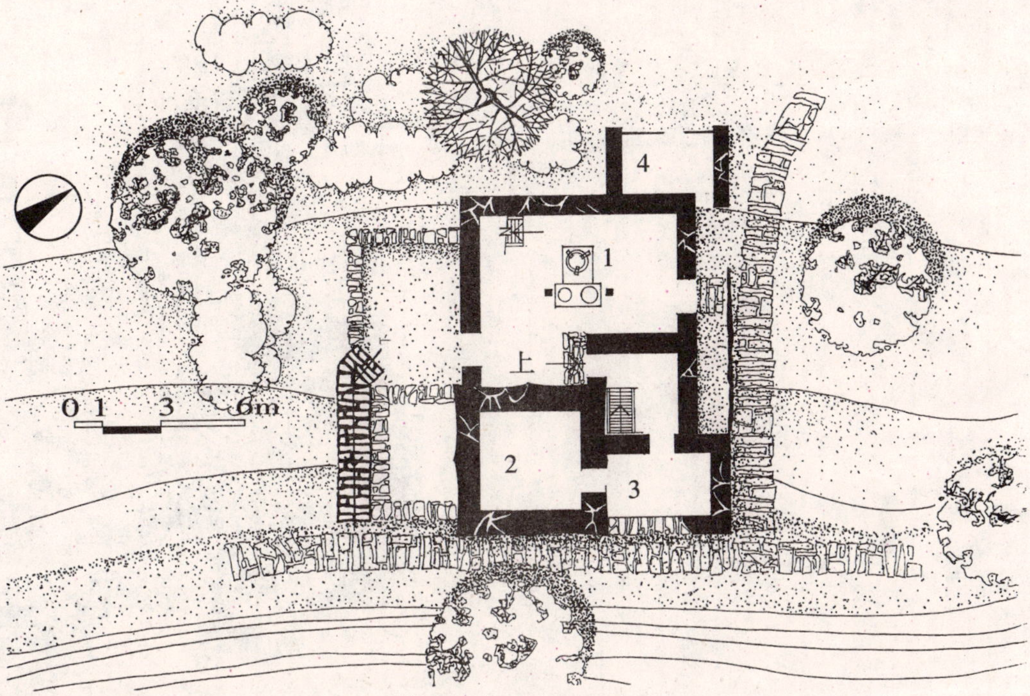

1. 主室
2. 碉楼(兼畜养)
3. 杂物
4. 厕所

(图六——144)黑虎寨余宅总平面

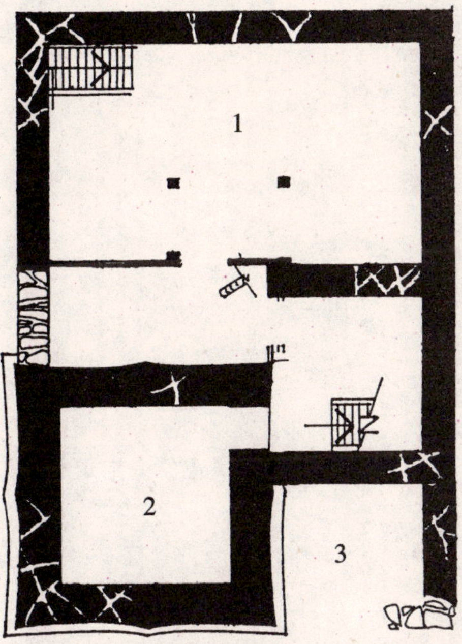

1. 卧室
2. 卧室
3. 杂物

(图六——145)黑虎寨余宅二层平面

1. 杂物
2. 晒台

(图六——146)黑虎寨余宅三层平面

(图六——147)黑虎寨余宅正立面

(图六——148)黑虎寨余宅透视

其他各寨碉楼民居

(图六——149)河西寨碉楼民居之一

(图六——150)河西寨碉楼民居之二

(图六——151)河西寨碉楼民居之三

一般石砌民居实例

(图六——152) 羌族一般三层石砌民居

(图六——153)羌族三层以上石砌民居(五层图示)

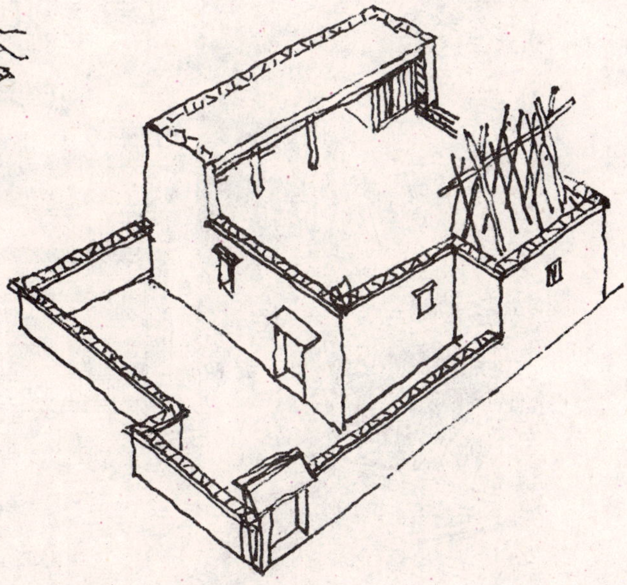

(图六——154)羌族三层以下石砌民居

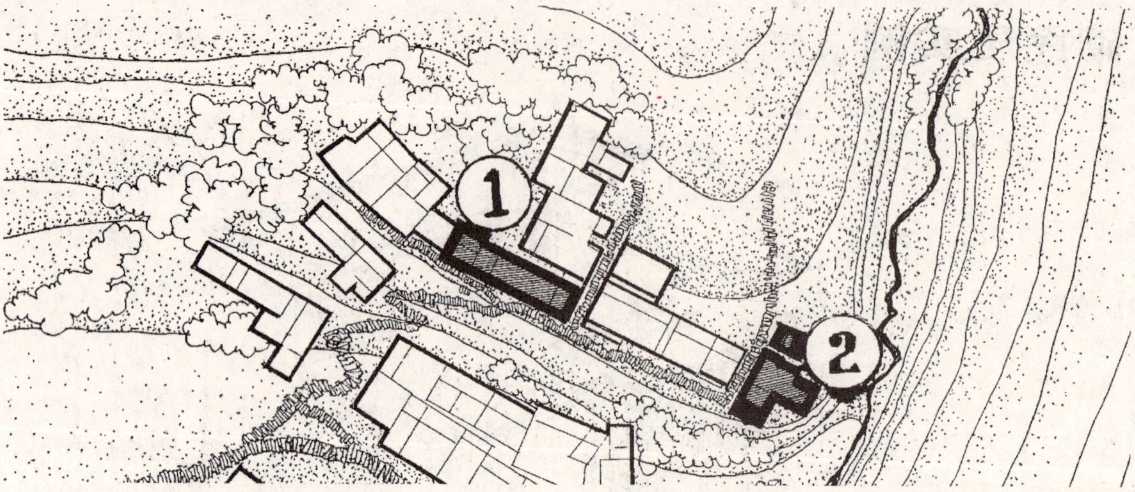

(图六——155)老木卡寨杨、余二宅位置

1. 杨(道发)宅
2. 余(文翠)宅

老木卡寨杨宅

(图六——156)老木卡寨杨宅与环境关系

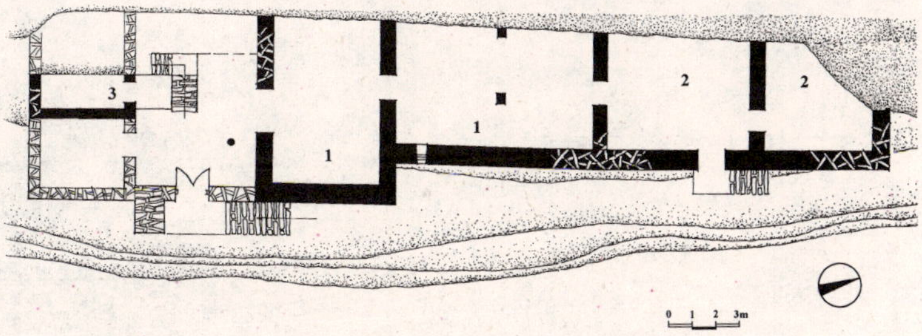

(图六——157)老木卡寨杨宅一层平面

1. 牛圈 2. 猪圈 3. 鸡圈

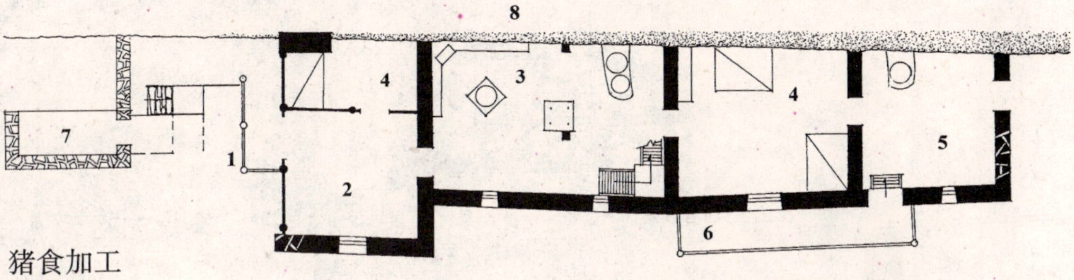

(图六——158)老木卡寨杨宅二层平面

1. 门廊入口
2. 门厅
3. 主室
4. 卧室
5. 猪食加工
6. 挑楼
7. 鸡圈
8. 岩壁

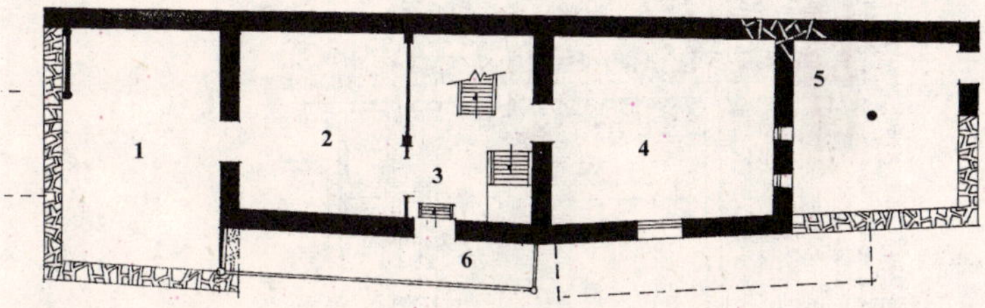

(图六——159)老木卡寨杨宅三层平面

1. 书楼
2. 粮食储藏
3. 过路楼
4. 肉食存放与柴禾
5. 罩楼
6. 挑楼

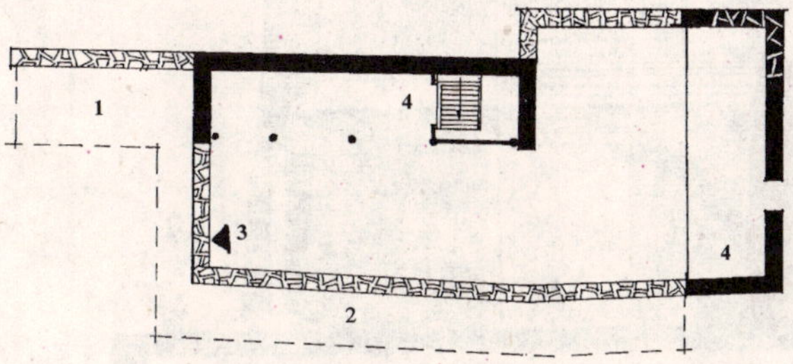

(图六——160)老木卡寨杨宅四层平面

1. 书楼屋顶
2. 晒台出檐
3. 晒台下墙体
4. 罩楼

（图六——161）老木卡寨杨宅东立面

（图六——162）老木卡寨杨宅南立面

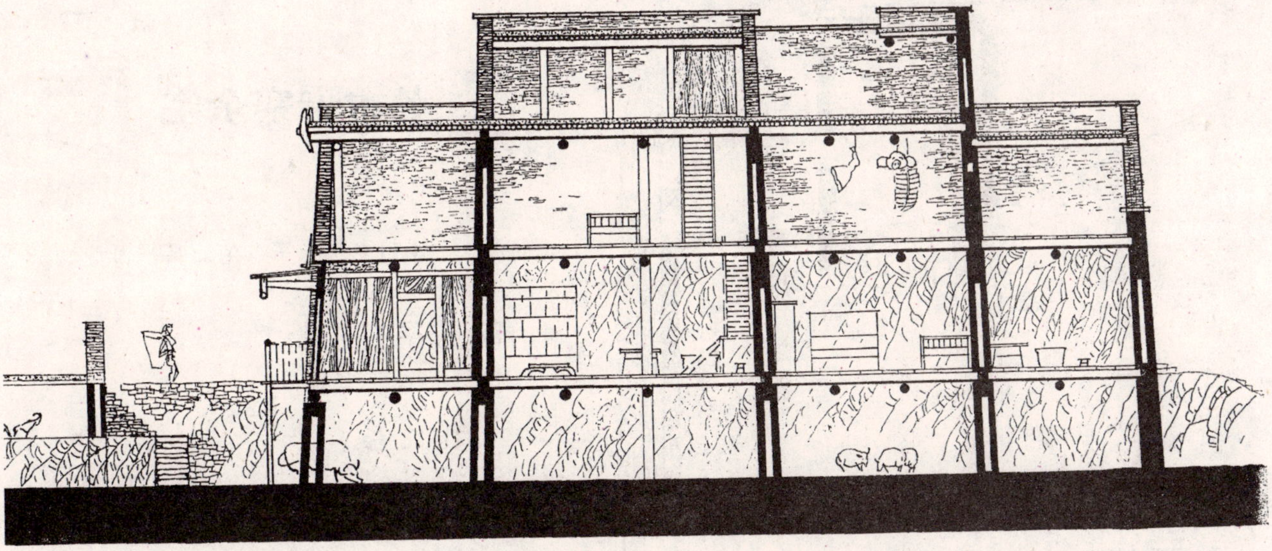

(图六——163)老木卡寨杨宅剖面

(图六——164)
老木卡寨杨宅透视

老木卡寨余宅

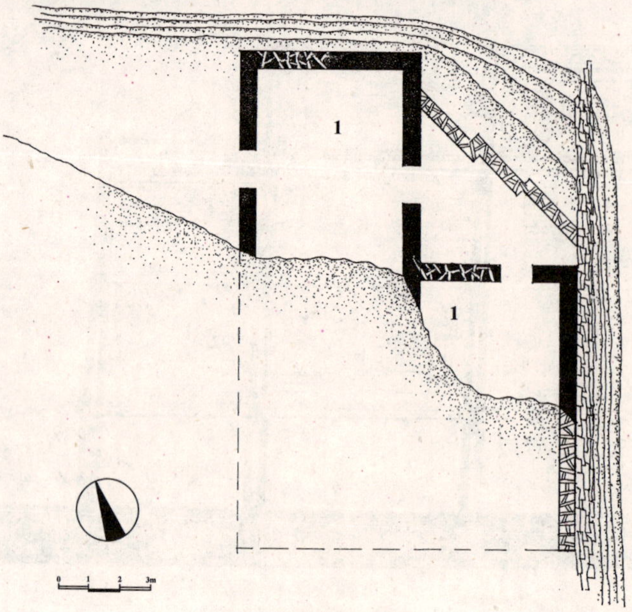

(图六——165)老木卡寨余宅底层平面

1. 畜养(冬季)

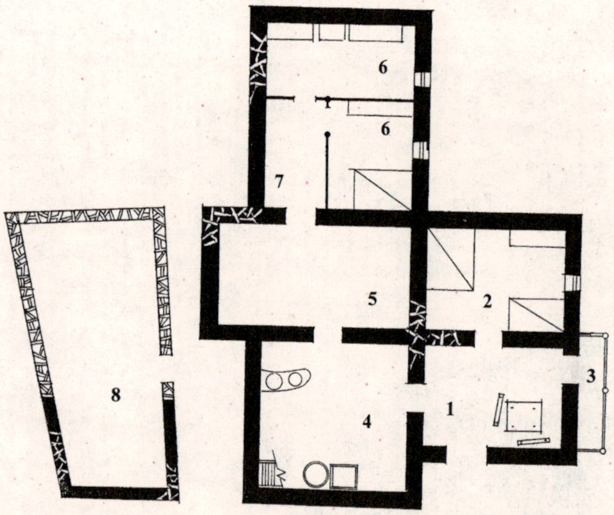

(图六——166)老木卡寨余宅二层

1. 客厅
2. 卧室
3. 挑楼
4. 灶房
5. 粮食加工
6. 卧室
7. 过路屋
8. 畜圈(春、夏、秋季)

(图六——167)老木卡寨余宅三层平面

1. 晒台　　2. 罩楼

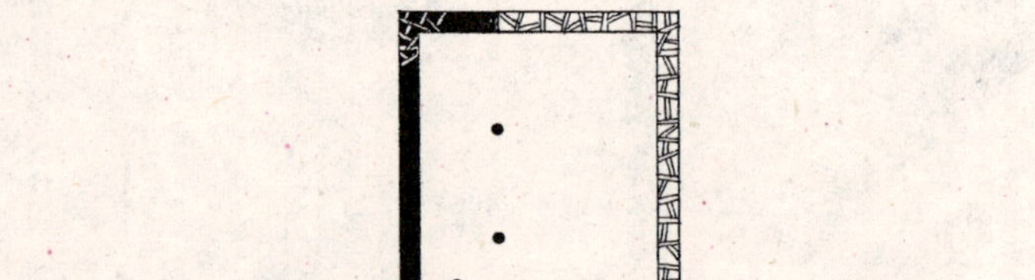

(图六——168)老木卡寨余宅鸟瞰

桃坪寨杨(布先)宅

(图六——169)桃坪寨杨布先宅底层平面

1. 头道龙门(入口)
2. 中心四柱架屋
3. 畜养
4. 支撑火圹石礅
5. 密室
6. 过街楼
7. 地下暗渠
8. 大路

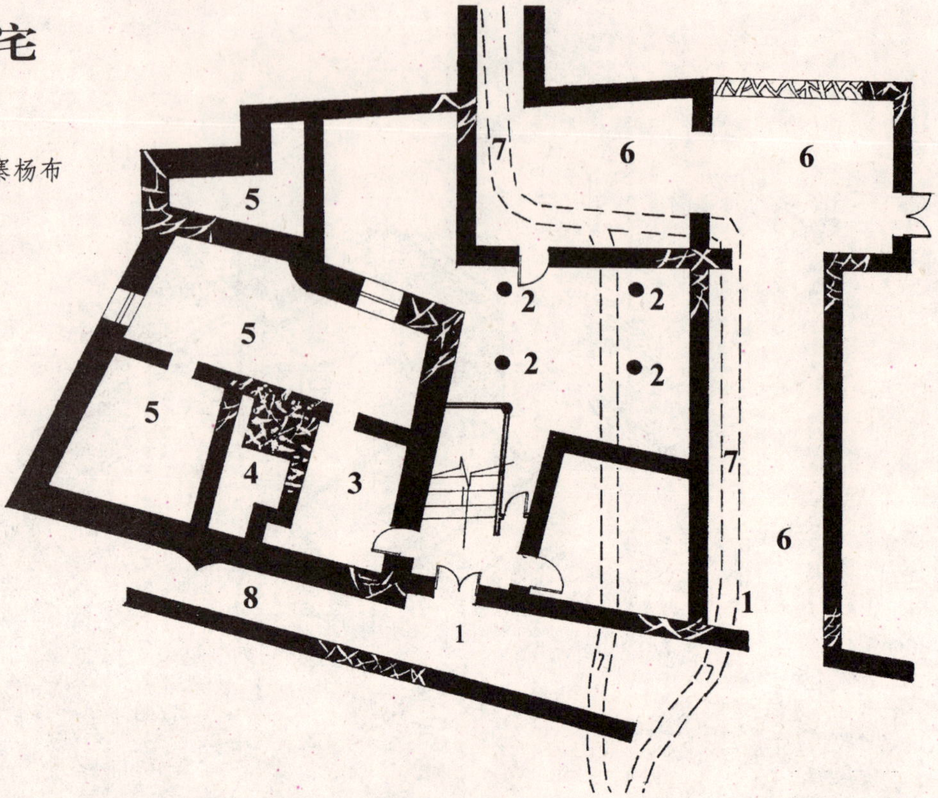

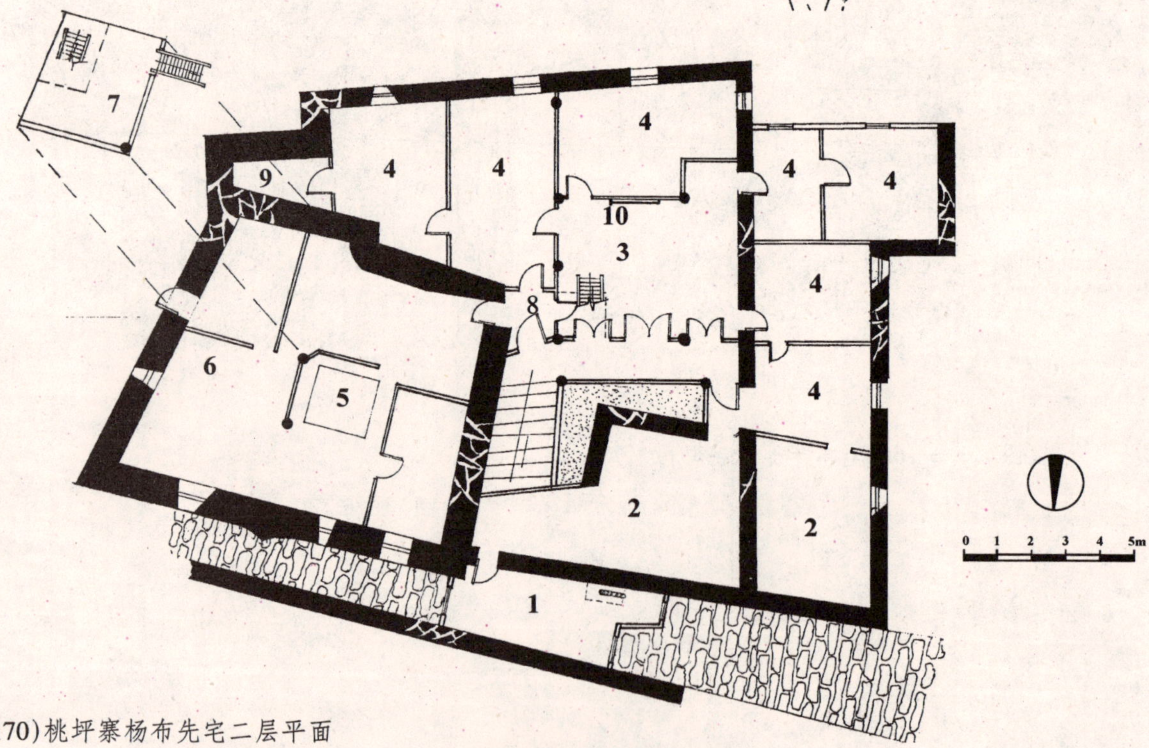

(图六——170)桃坪寨杨布先宅二层平面

1. 过街楼　2. 书楼　3. 主室(堂屋)　4. 卧室　5. 火塘
6. 灶房　7. 小二层　8. "一门管四屋"　9. 密室　10. 神位

1. 过街楼二层
2. 晒台
3. 粮、肉储藏兼客房
4. 储藏
5. 客房

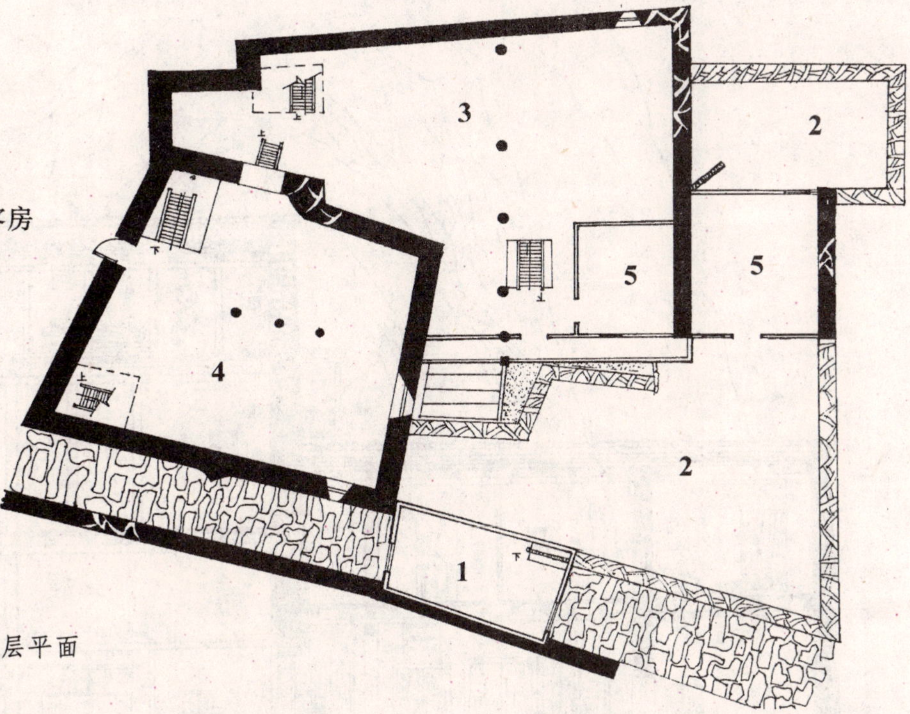

(图六——171)桃坪寨杨布先宅三层平面

1. 罩楼
2. 晒台

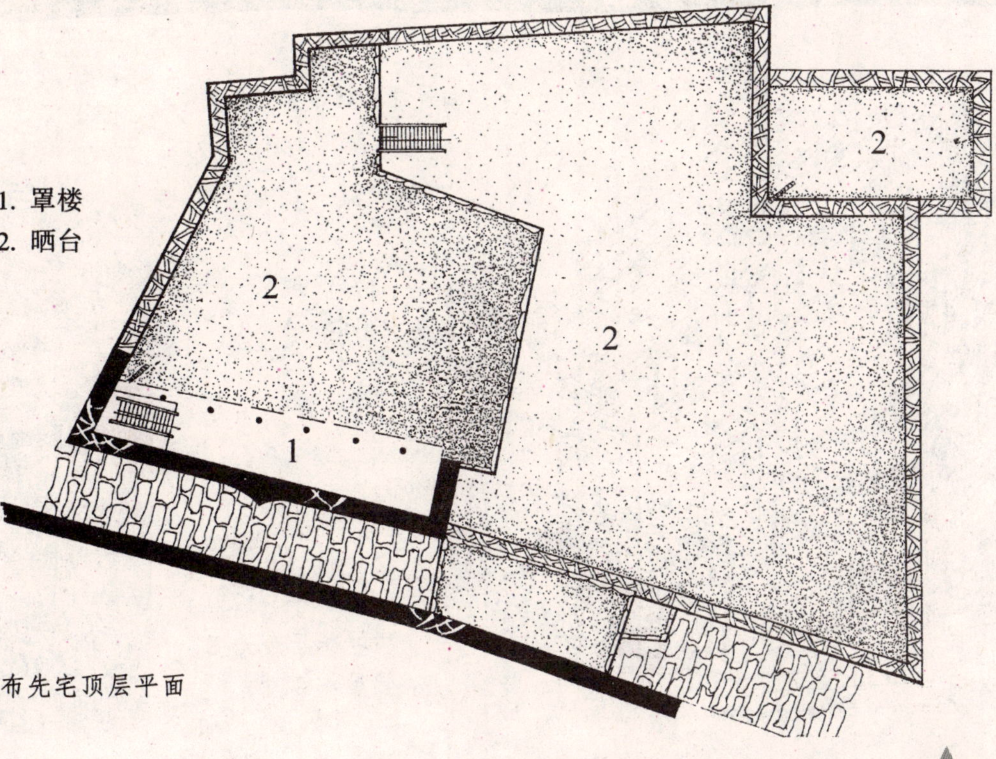

(图六——172)桃坪寨杨布先宅顶层平面

（图六——173）桃坪寨杨布先宅剖面

（图六——174）
桃坪寨杨布先宅
过街楼

（图六——175）
桃坪寨杨布先宅
堂屋入口

桃坪寨周宅

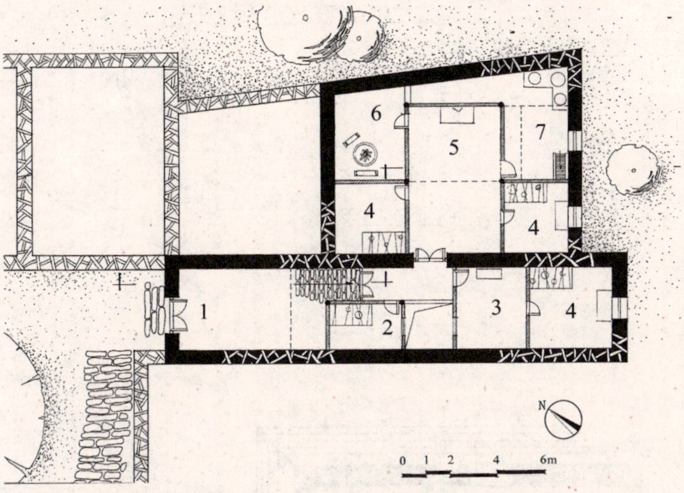

(图六——176)桃坪寨周宅二层平面

1. 入口 2. 客房 3. 书房
4. 卧室 5. 主室 6. 火塘
7. 灶房

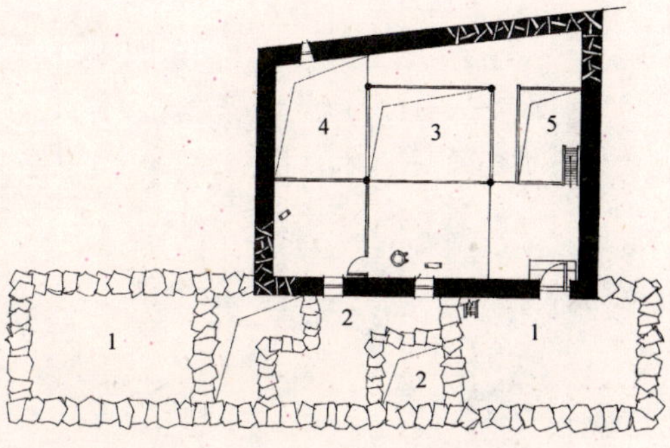

(图六——177)桃坪寨周宅三层平面

1. 屋顶晒台 4. 火塘上空
2. 天井 5. 灶房上空
3. 主室上空

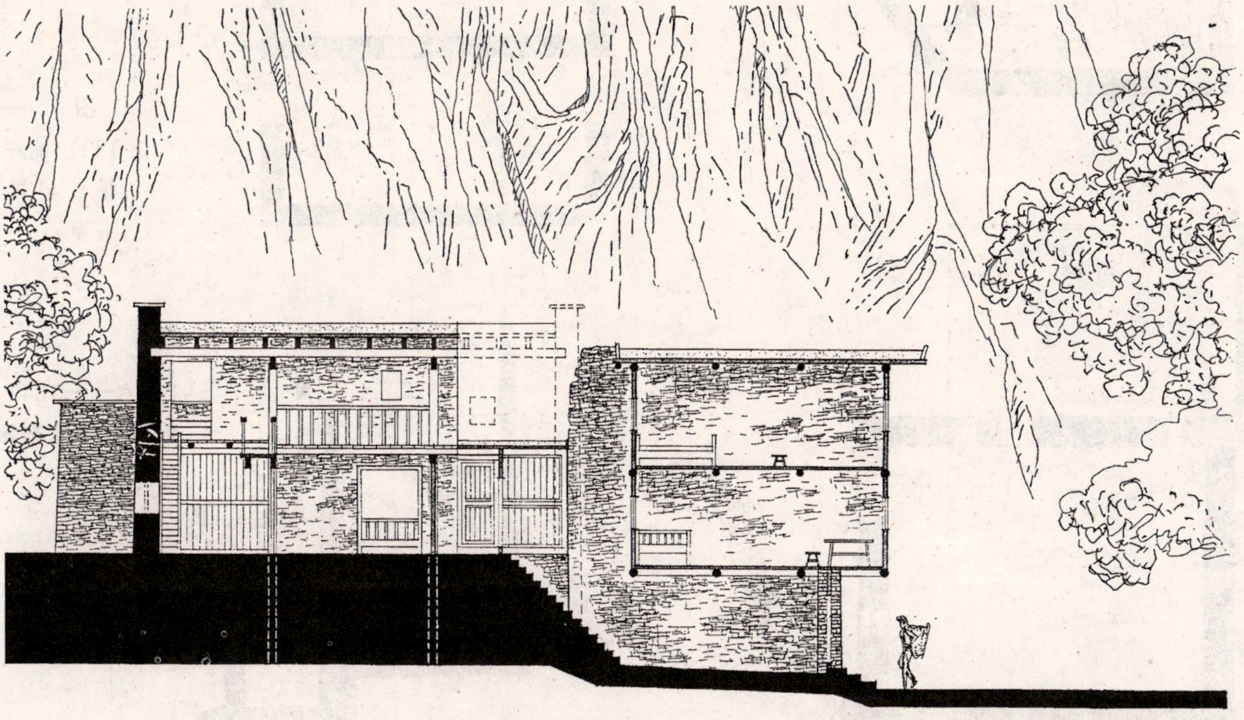

(图六——178)桃坪寨周宅剖面

桃坪寨杨甲宅

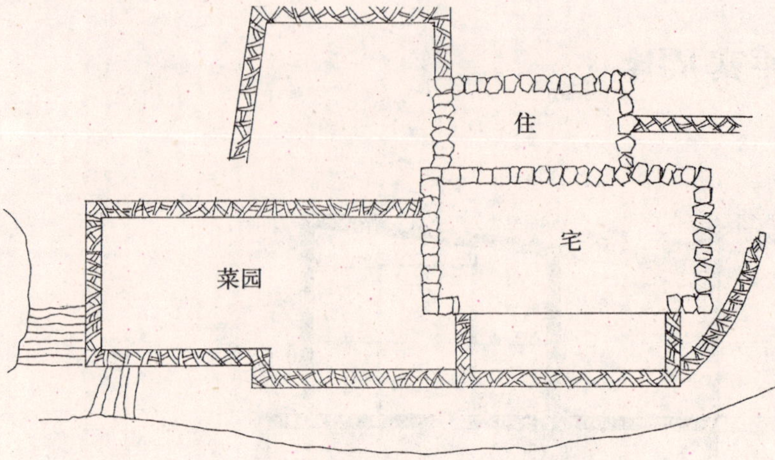

(图六——179) 桃坪寨杨甲宅总平面示意图

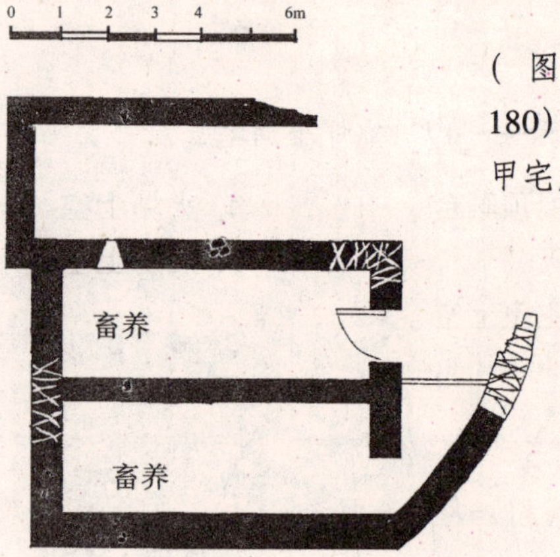

(图六——180) 桃坪寨杨甲宅底层平面

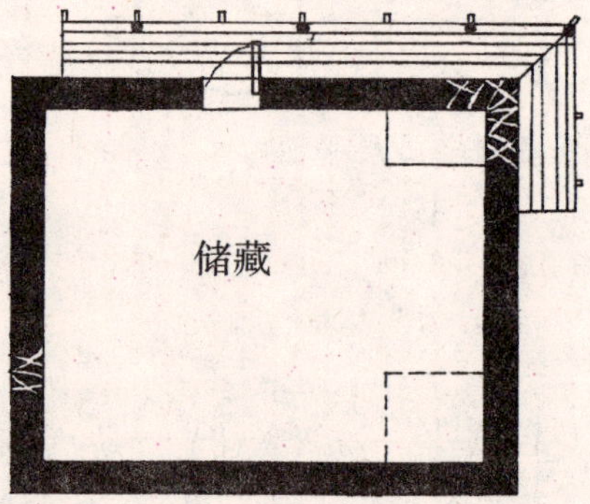

(图六——182) 桃坪寨杨甲宅三层平面

(图六——183) 桃坪寨杨甲宅罩楼平面

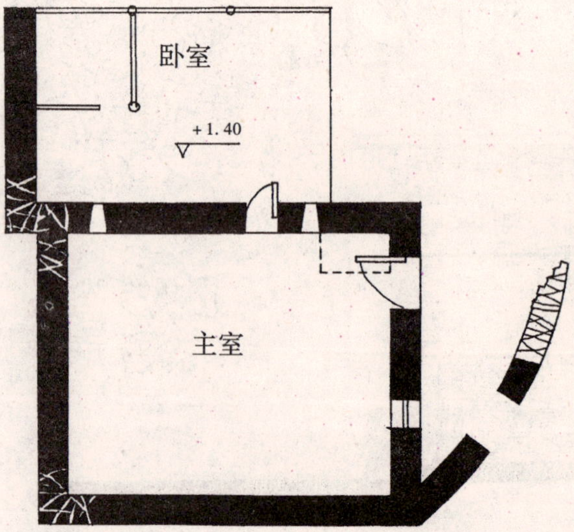

(图六——181)桃坪寨杨甲宅二层平面

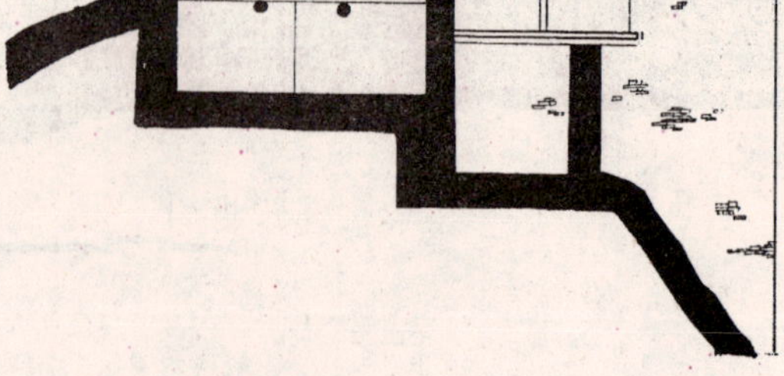

(图六——184) 桃坪寨杨甲宅剖面

桃坪寨杨乙宅

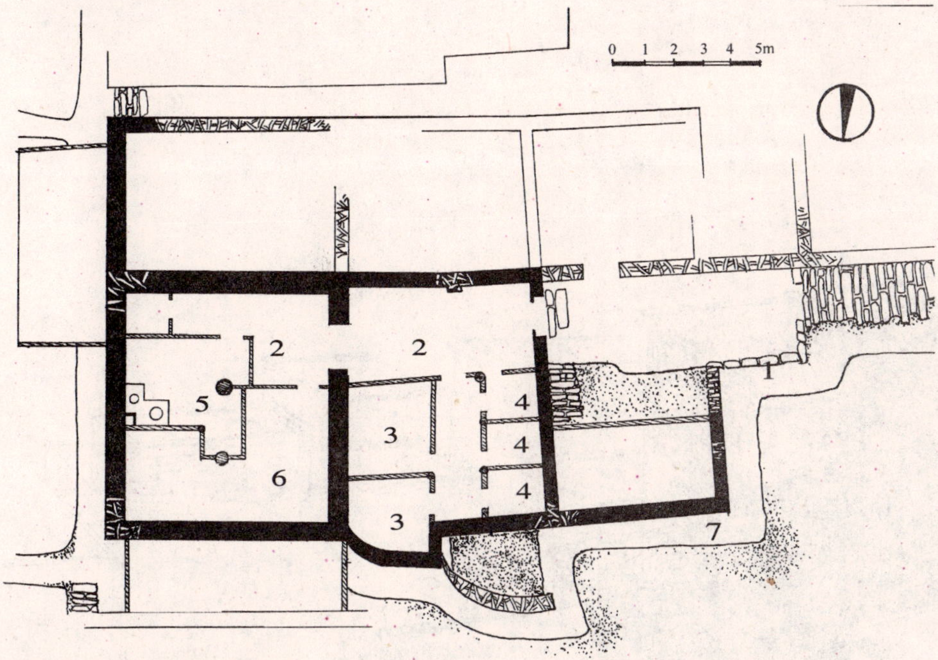

1. 入口
2. 过路屋
3. 卧室
4. 储藏
5. 灶房
6. 柴火

(图六——185) 桃坪寨杨乙宅入口层(二层)平面

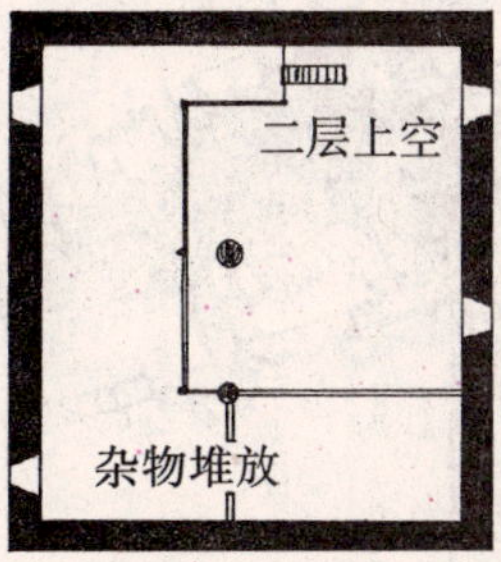

(图六——186) 桃坪寨杨乙宅三层平面

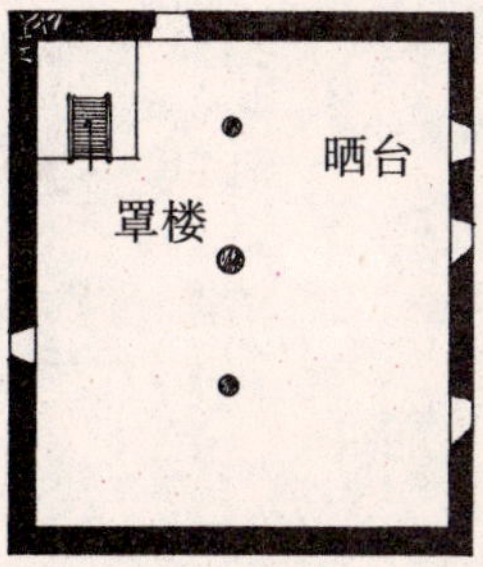

(图六——187)桃坪寨杨乙宅四层平面

(图六——188)桃坪寨杨乙宅剖面

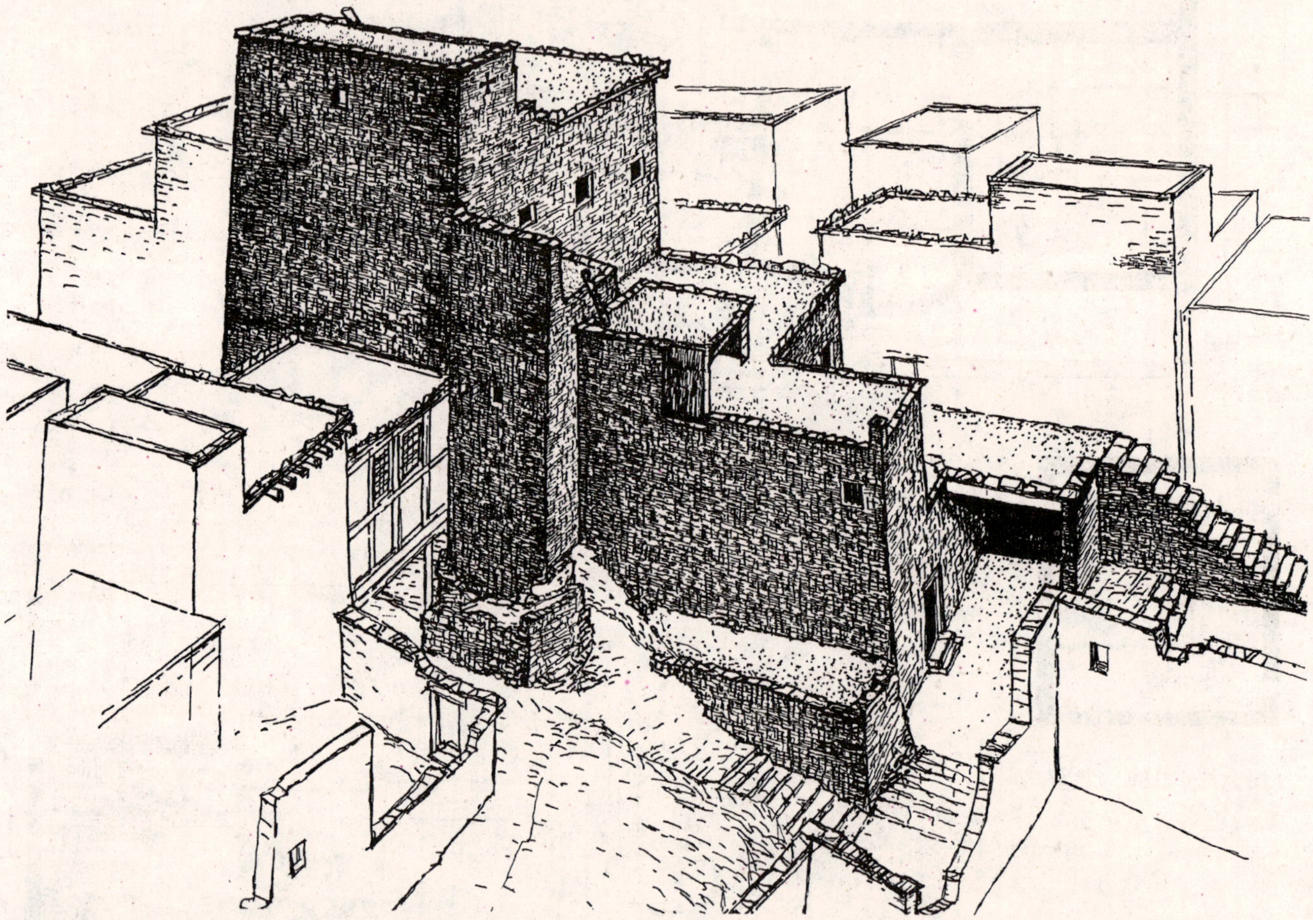

（图六——189）桃坪寨杨乙宅透视

通化寨张宅

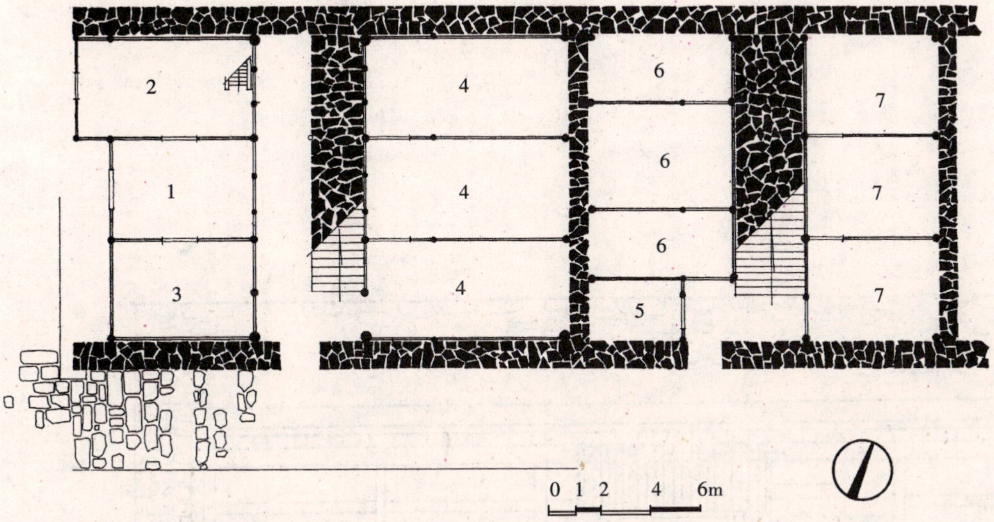

1. 堂屋
2. 卧室
3. 待客室
4. 杂物
5. 工具
6. 杂物(牛马圈)
7. 畜养

(图六——190)通化寨张宅一层平面

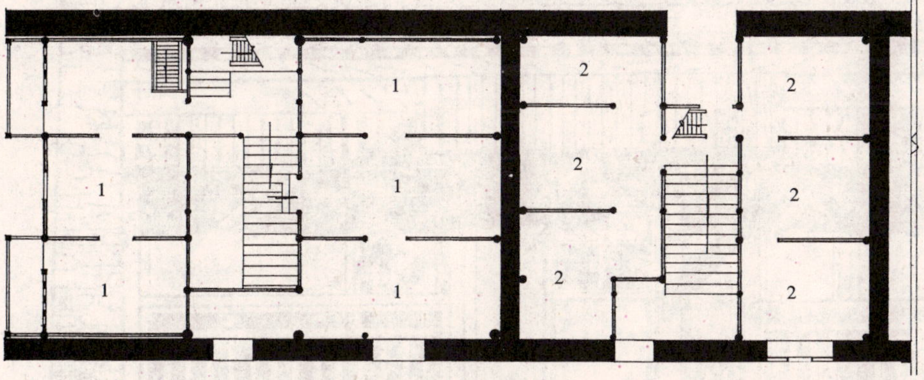

1. 客栈卧室
2. 家人卧室

(图六——191 甲)通化寨张宅二层平面

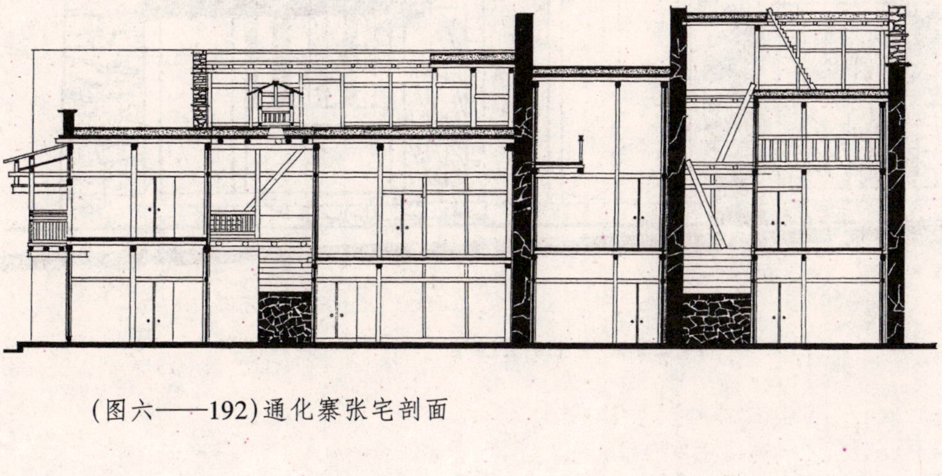

(图六——192)通化寨张宅剖面

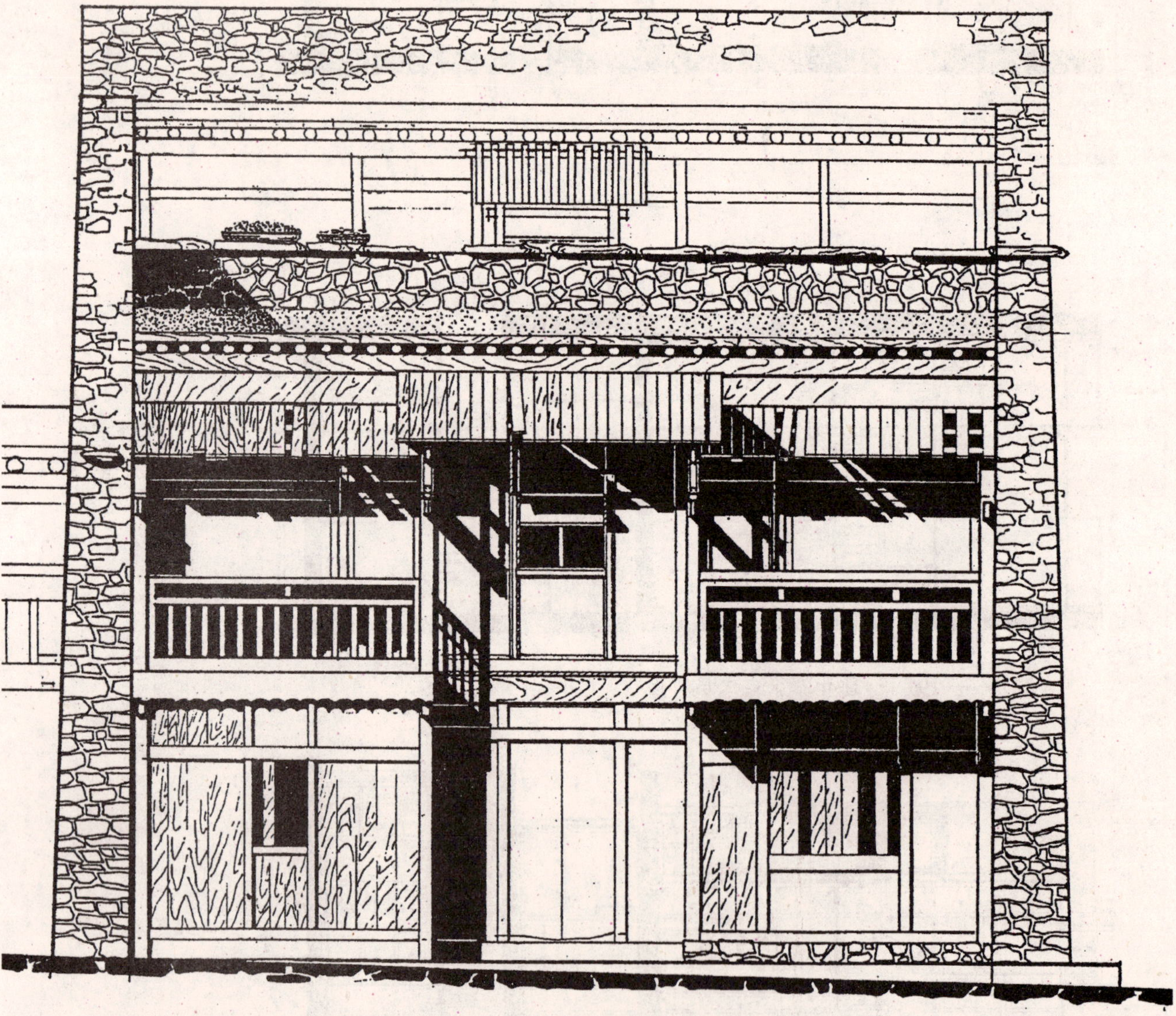

(图六——193)通化寨张宅正立面

郭竹铺寨董宅

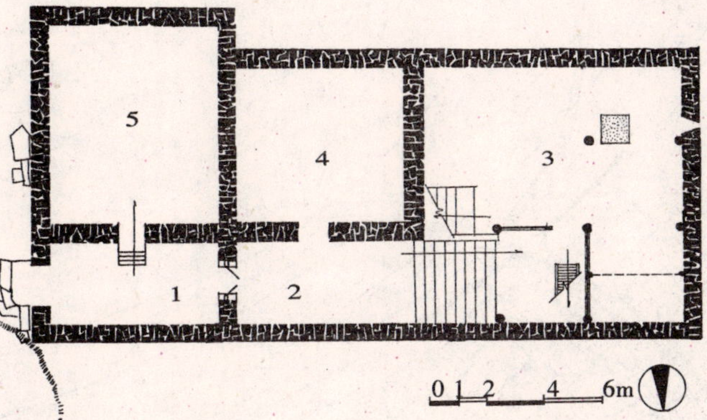

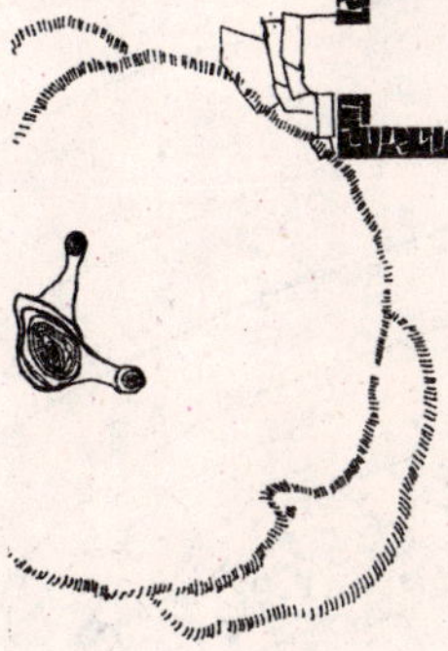

1. 人口
2. 过道
3. 火塘、灶房
4. 畜养
5. 柴禾

(图六——194)郭竹铺寨董宅一层平面

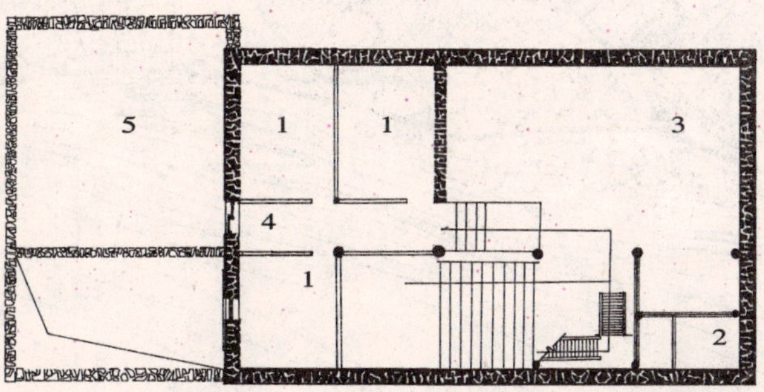

1. 卧室
2. 储藏
3. 火塘、灶房上空
4.“翻窗入晒台”处
5. 晒台

(图六——195)郭竹铺寨董宅二层平面

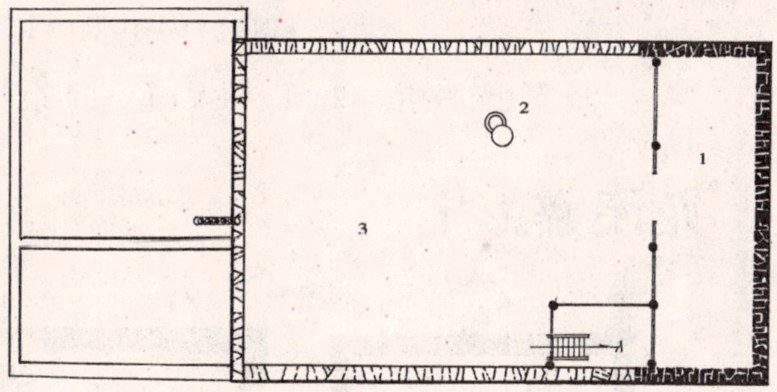

1. 罩楼(粮食存放)
2. 天窗兼烟道
3. 晒台

(图六——196)郭竹铺寨董宅顶层平面

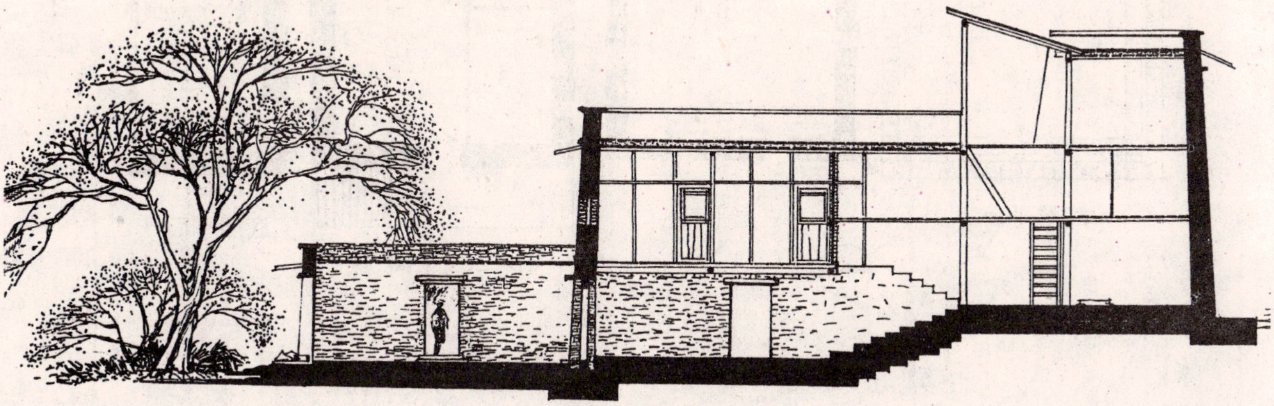

(图六——197)郭竹铺寨董宅剖面

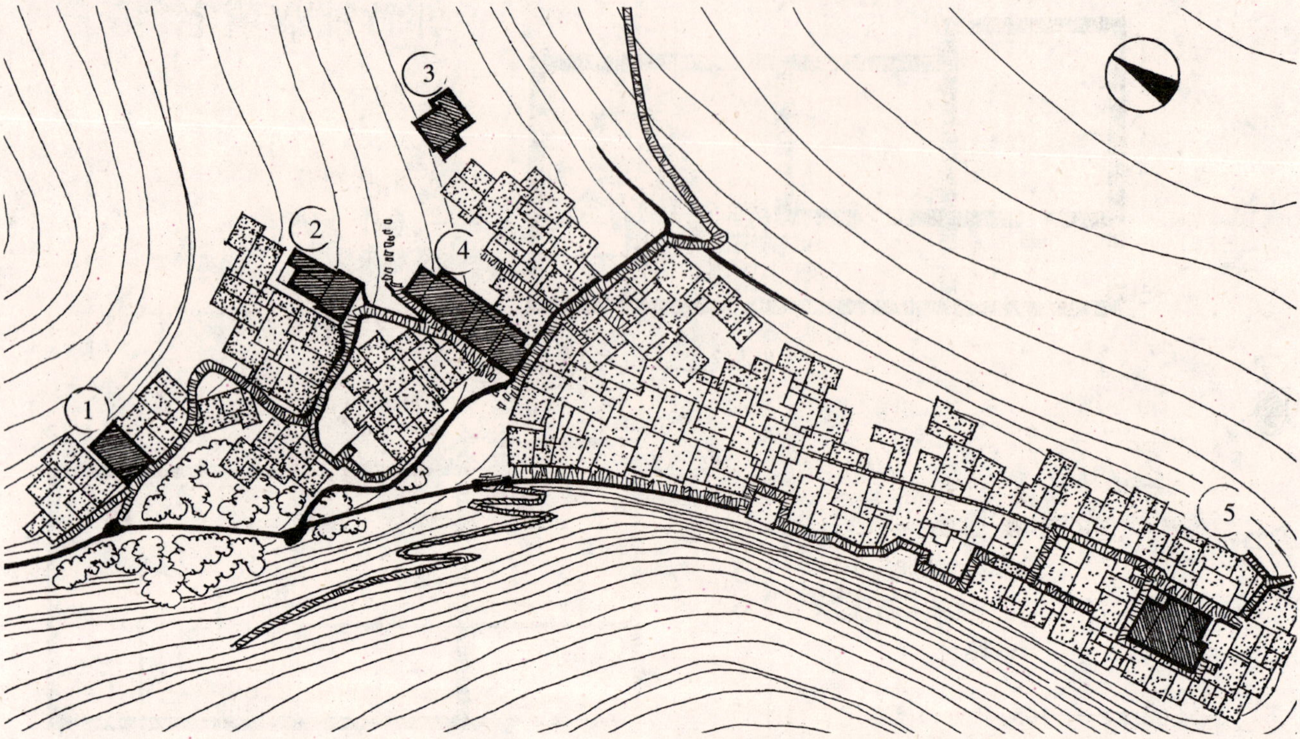

(图六——198)龙溪寨所测各宅位置

1. 彭(光明)宅　2. 王(顺太)宅　3. 余(宪庭)宅　4. 周(兴顺)宅　5. 耿(布文)宅

龙溪寨彭宅

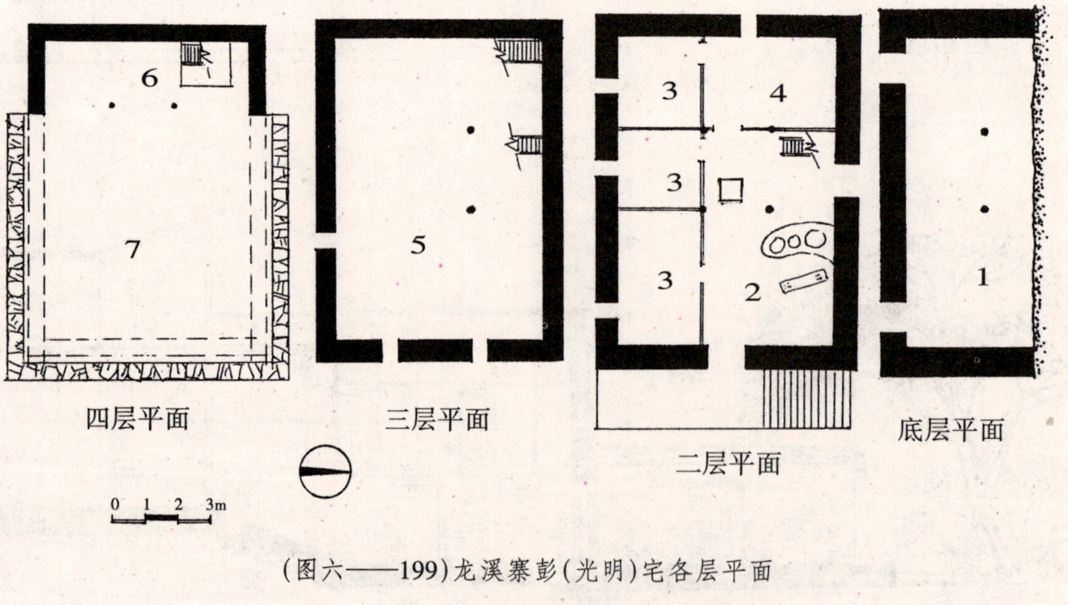

(图六——199)龙溪寨彭(光明)宅各层平面

1. 畜养　2. 主室兼厨房　3. 卧室　4. 储藏　5. 储藏　6. 罩楼　7. 晒台

龙溪寨王宅

1. 水渠
2. 大路
3. 坡地
4. 草架
5. 台地
6. 书房
7. 畜养
8. 老屋
9、10 山岸

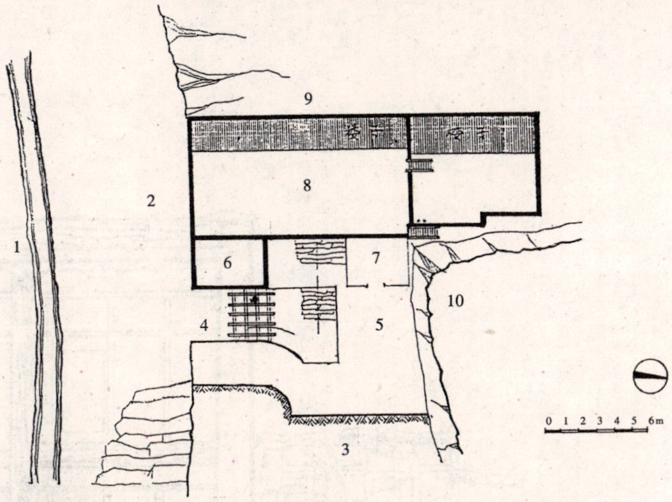

(图六——200)龙溪寨王(顺太)宅总平面

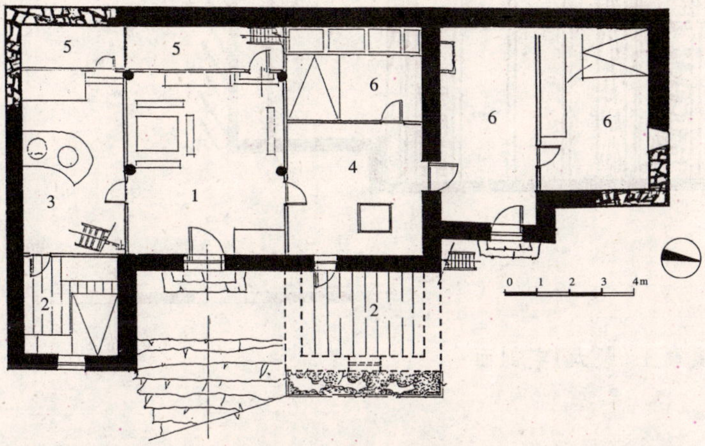

1. 主室
2. 书房
3. 厨房
4. 火塘屋
5. 储藏
6. 卧室

(图六——201)龙溪寨王(顺太)宅一层平面

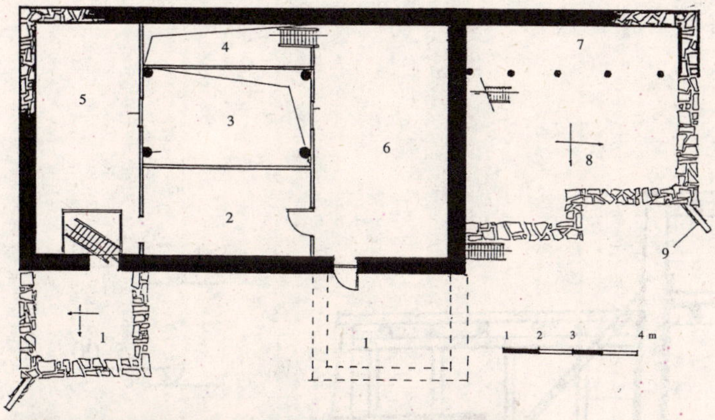

1. 房背
2. 储藏
3. 主室上空
4. 上空
5. 储藏
6. 储藏
7. 罩楼
8. 散水坡晒台
9. 排水管

(图六——202)龙溪寨王(顺太)宅二层平面

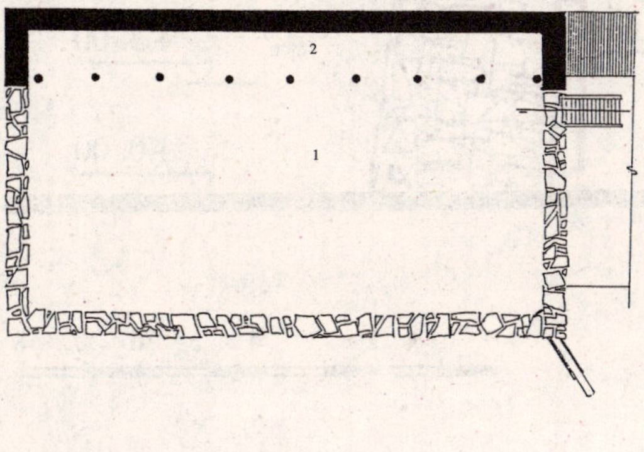

1. 晒台
2. 罩楼

(图六——203)龙溪寨王(顺太)宅三层平面

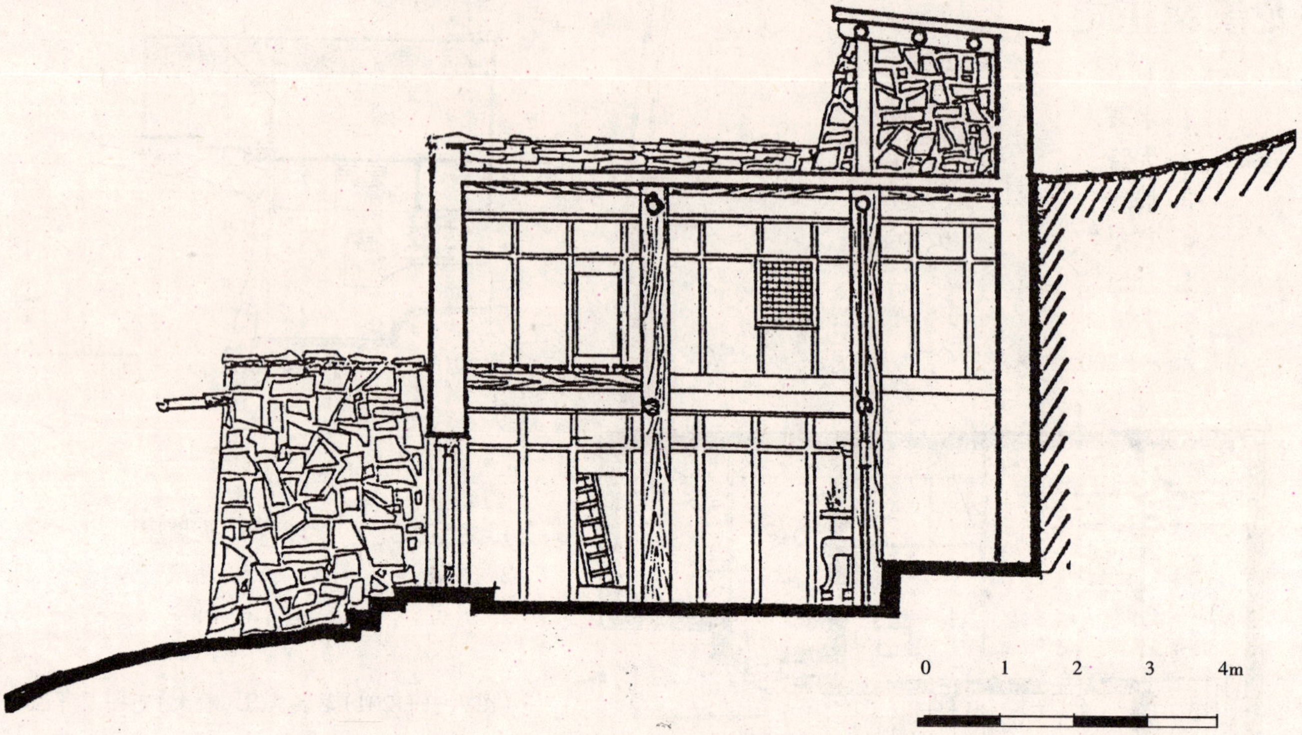

(图六——204)龙溪寨王(顺太)宅剖面一

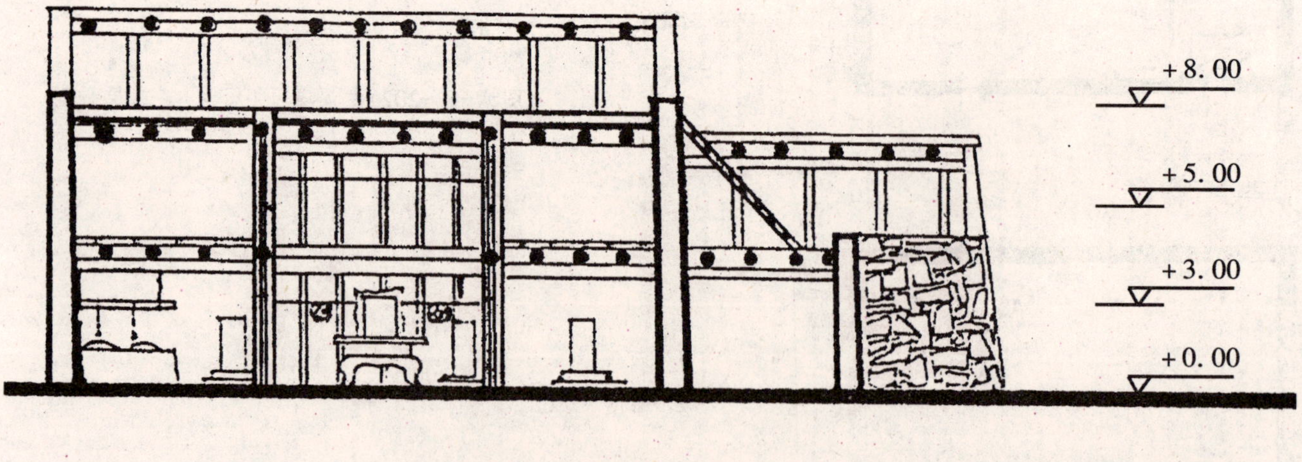

(图六——205)龙溪寨王(顺太)宅剖面二

龙溪寨余宅

1. 畜养 2. 卧室 3. 挑楼 4. 主室
5. 厨房 6. 卧室 7. 储藏 8. 储藏
9. 晒台 10. 罩楼
11. 晒台

(图六——206) 龙溪寨余(宪庭)宅各层平面

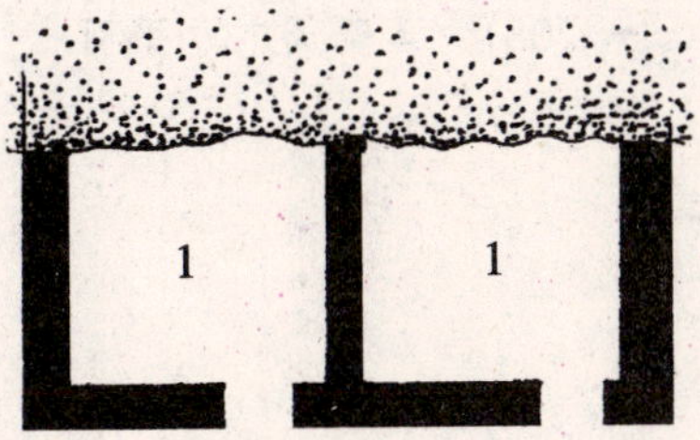

底层平面

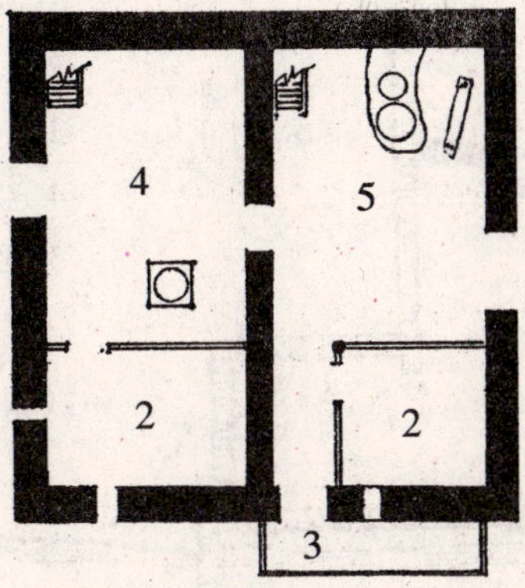

二层平面

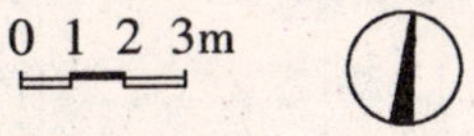

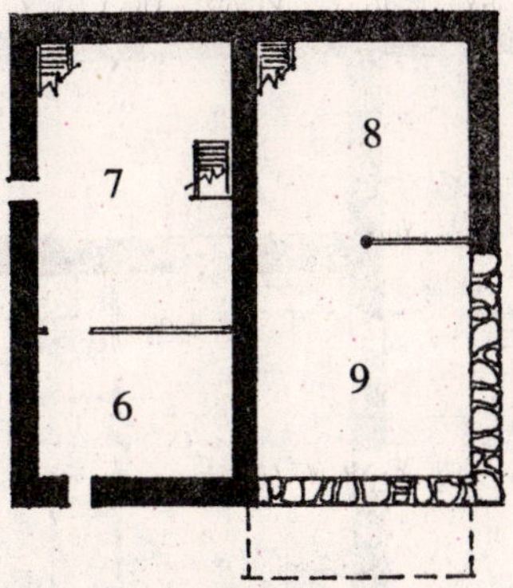

三层平面

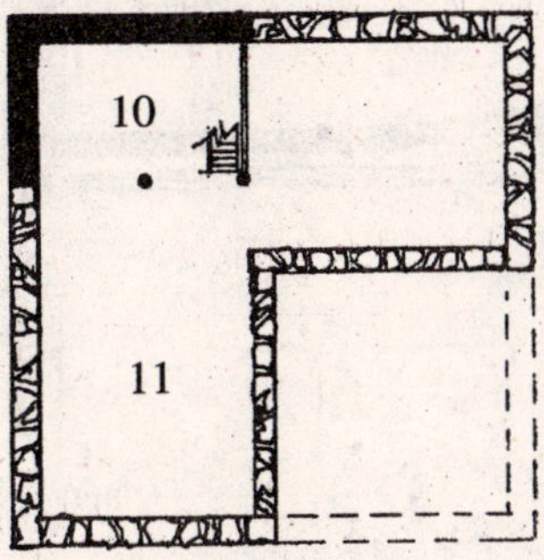

四层平面

(图六——207) 龙溪寨余(宪庭)宅透视

龙溪寨周宅

1. 暗渠出口
2. 大路
3. 主室
4. 卧室
5. 厨房
6. 储藏
7. 储藏

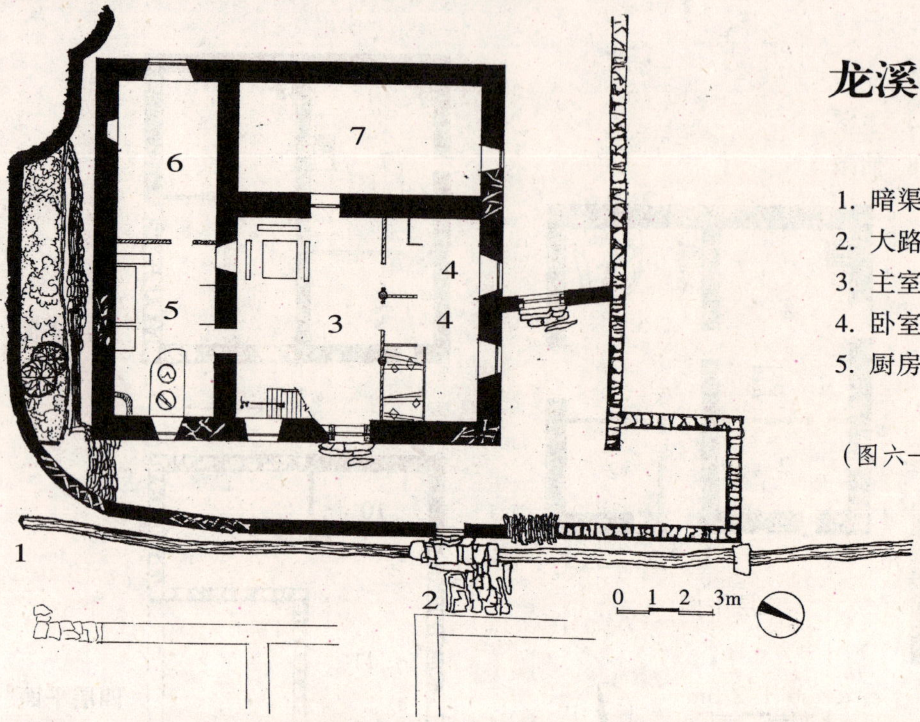

(图六——208)龙溪寨周宅总平面

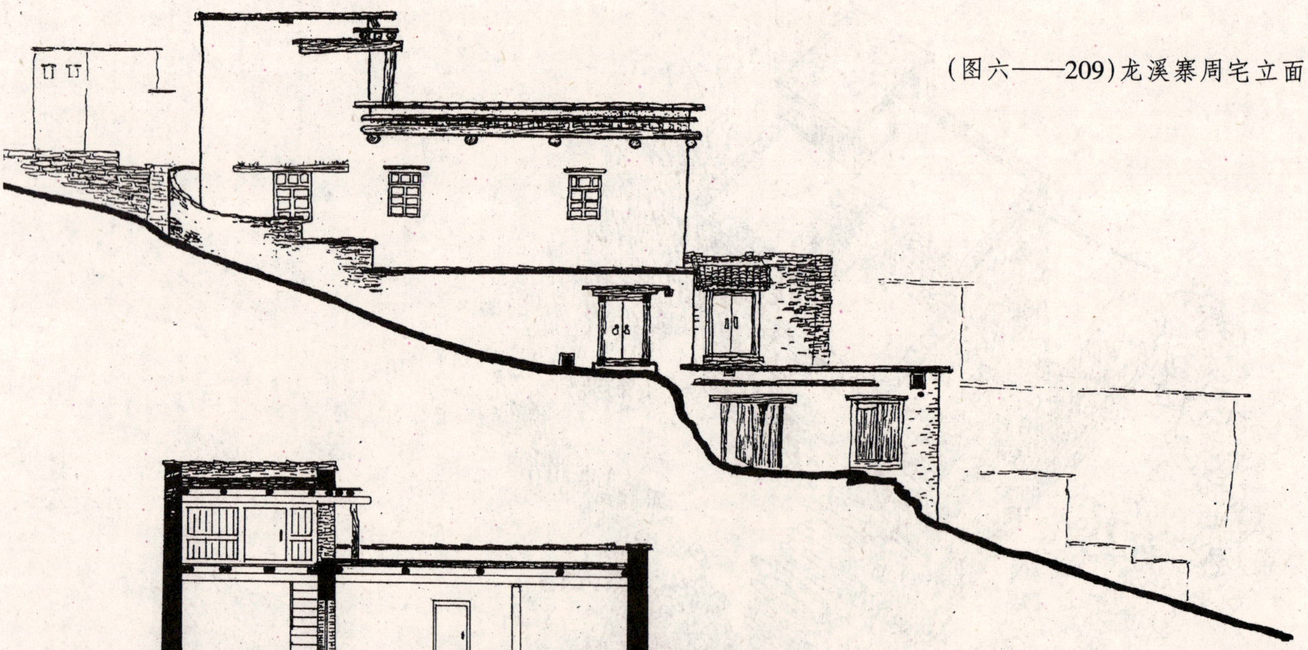

(图六——209)龙溪寨周宅立面

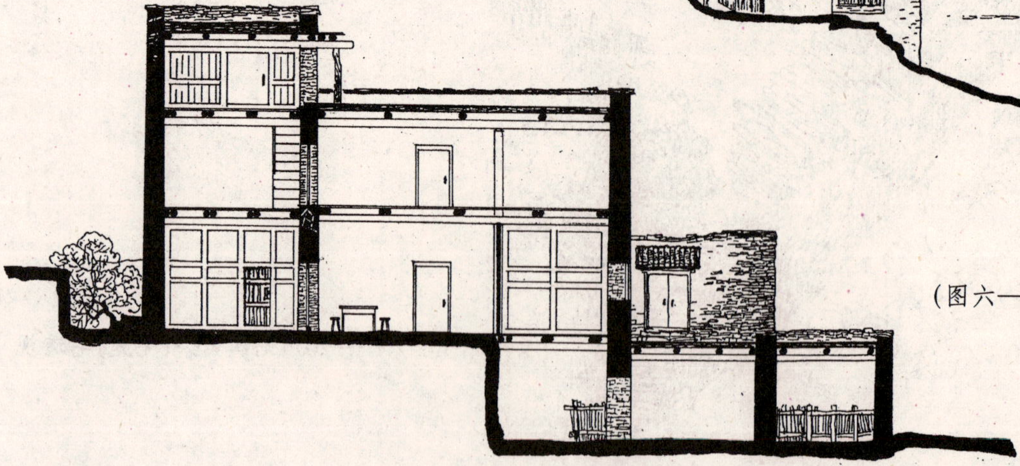

(图六——210)龙溪寨周宅剖面

龙溪寨耿(布文)宅

(图六——211)龙溪寨耿(布文)宅二层平面

1. 底层畜养屋顶兼晒台
2. 门口地坝(晒台)
3. 过路屋(客厅)
4. 卧室
5. 主室兼厨房
6. 储藏
7. 火塘

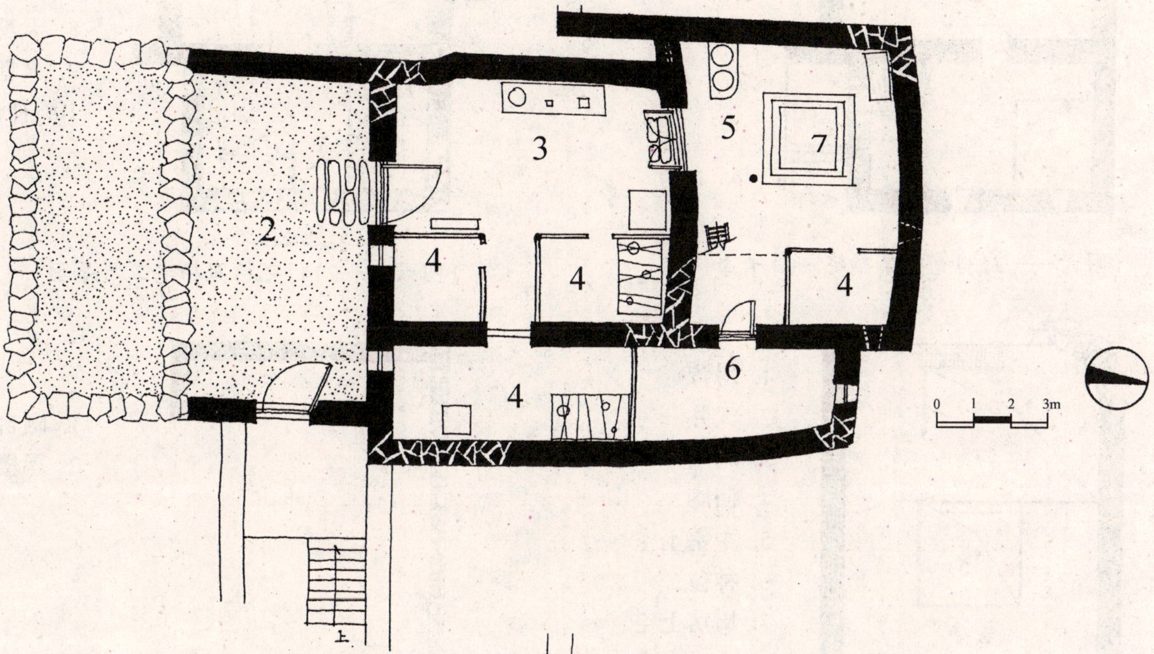

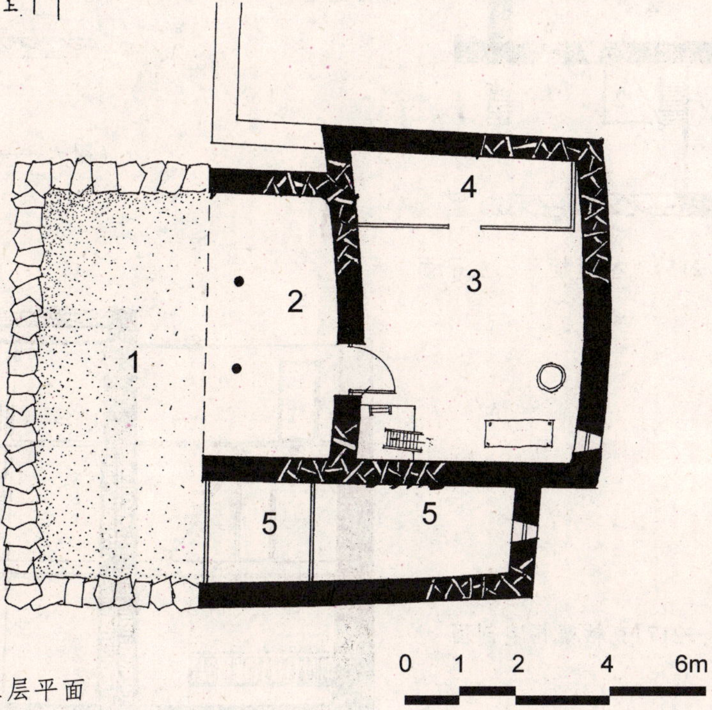

1. 晒台
2. 罩楼
3. 储藏
4. 粮仓
5. 储藏

(图六——212)龙溪寨耿(布文)宅三层平面

克枯寨杨宅

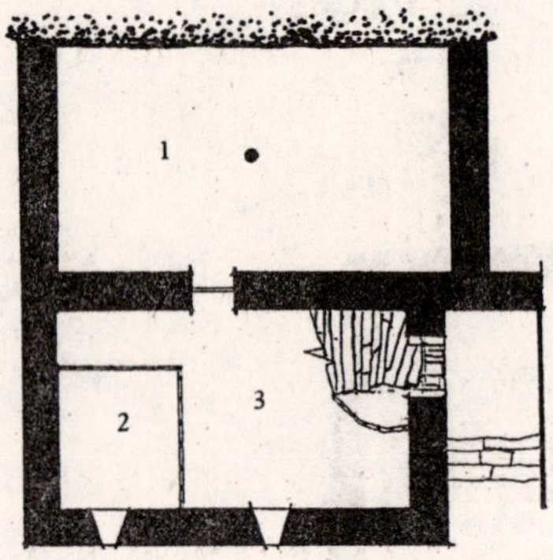

1. 畜养
2. 厕所
3. 畜养

(图六——213)克枯寨杨宅一层平面

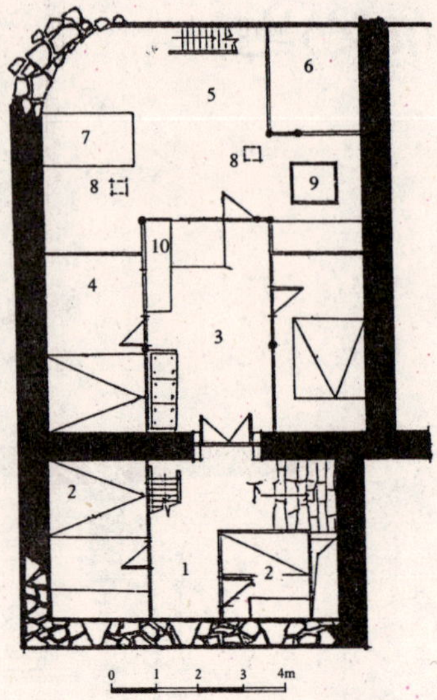

1. 过路屋
2. 书房
3. 主室
4. 卧室
5. 厨房
6. 储藏
7. 灶头
8. 天窗
9. 火塘
10. 神位

(图六——214)克枯寨杨宅二层平面

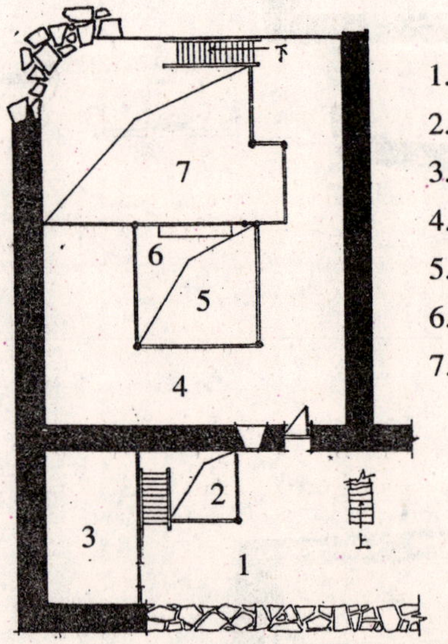

1. 房背
2. 天井
3. 鸡圈
4. 回廊
5. 主室上空
6. 神位
7. 厨房上空

(图六——215)克枯寨杨宅三层平面

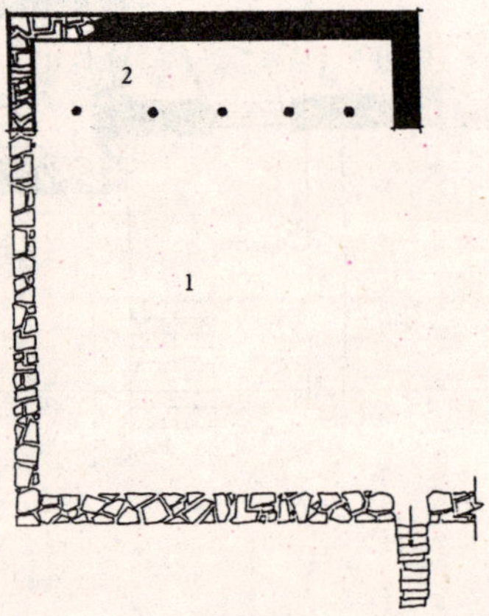

1. 晒台
2. 罩楼

(图六——216)克枯寨杨宅四层平面

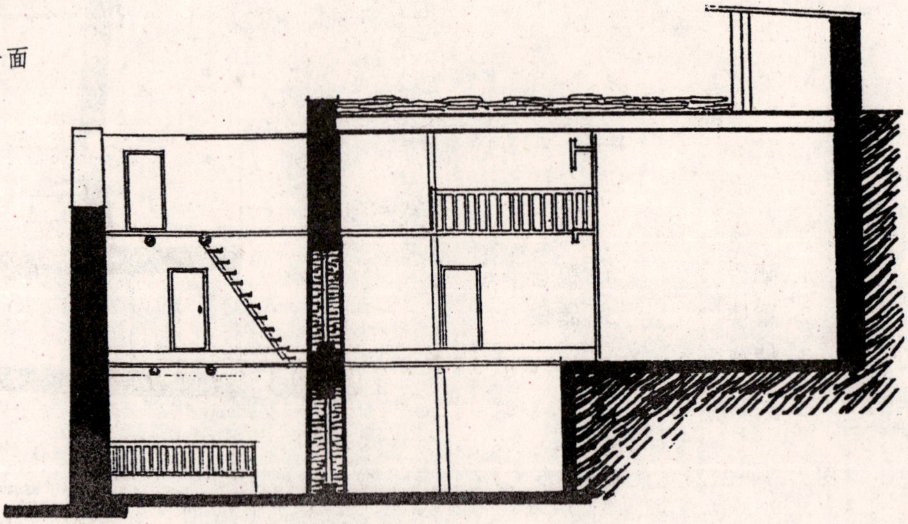

(图六——217)克枯寨杨宅剖面

克枯寨张宅

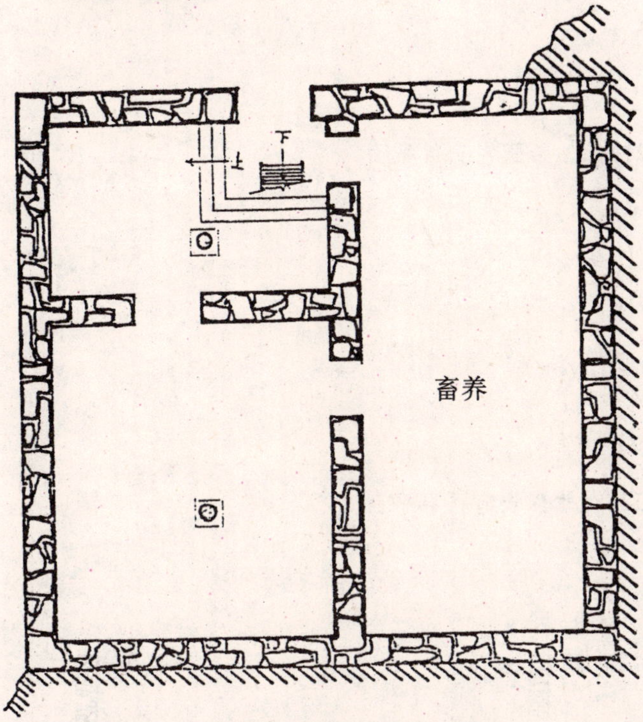

(图六——218)克枯寨张宅底层平面

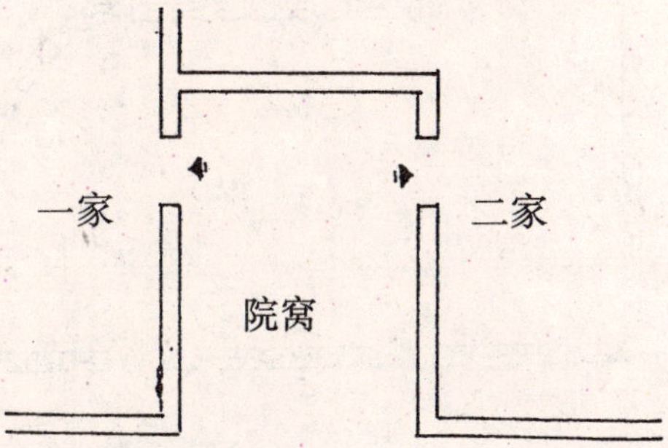

(图六——219)张宅院窝示意图

(图六——220)克枯寨张宅二层平面

1. 畜养 2. 厕所 3. 书房 4. 主室 5. 卧室
6. 厨房 7. 火塘 8. 水缸 9. 灶头 10. 烟囱

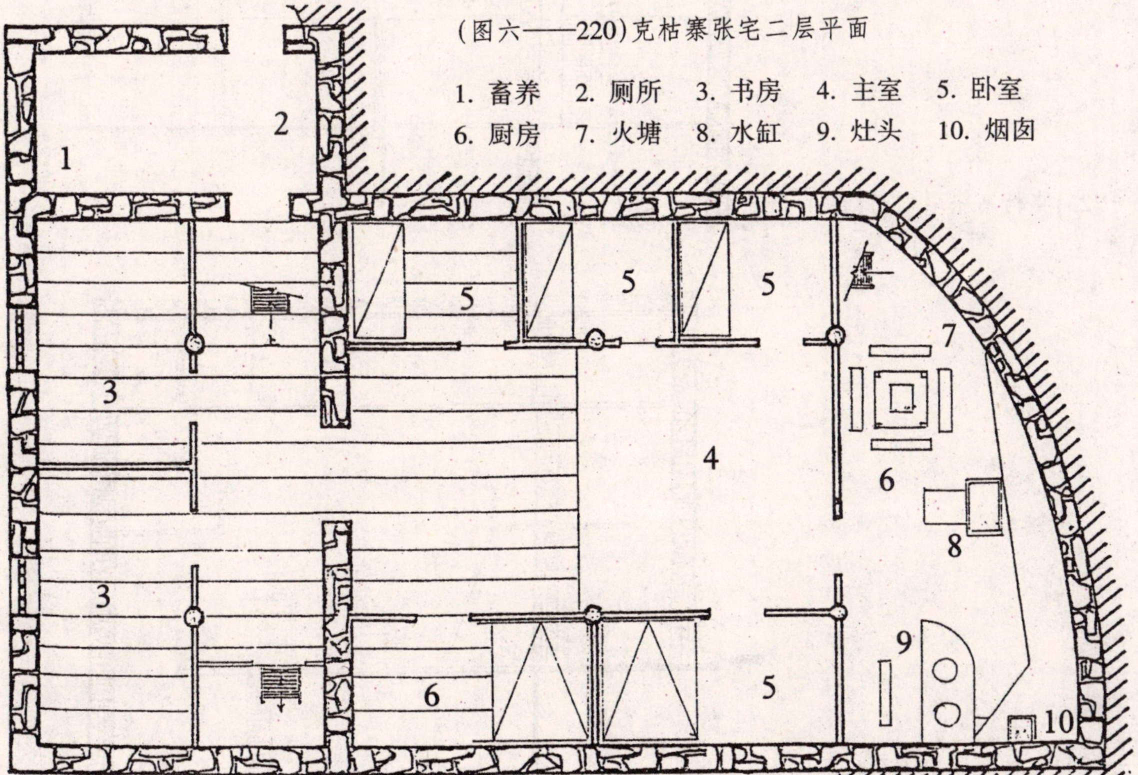

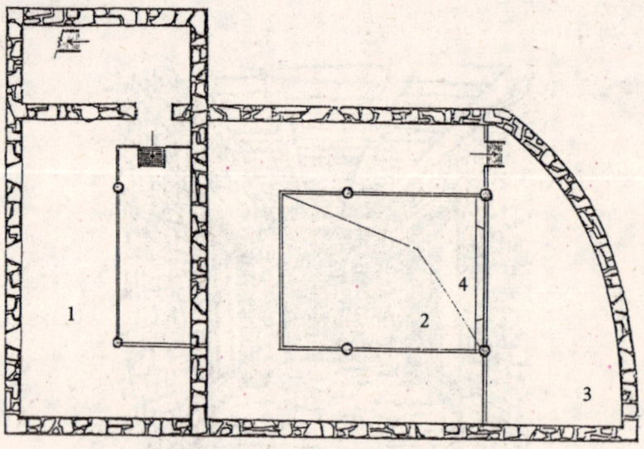

1. 夹层
2. 主室上空
3. 厨房上空
4. 神位

(图六——221)克枯寨张宅三层平面

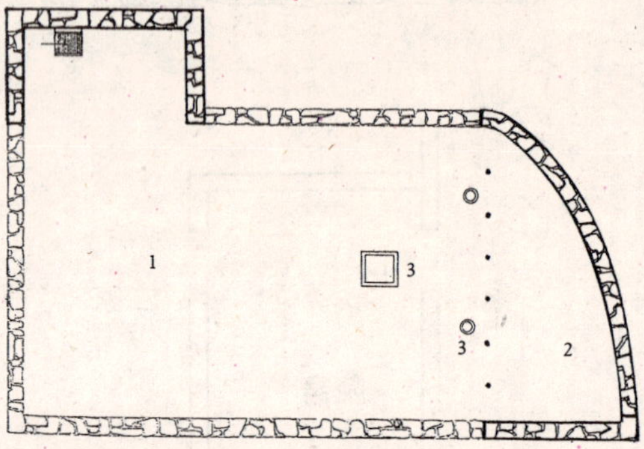

1. 晒台
2. 罩楼
3. 天窗

(图六——222)克枯寨张宅顶层平面

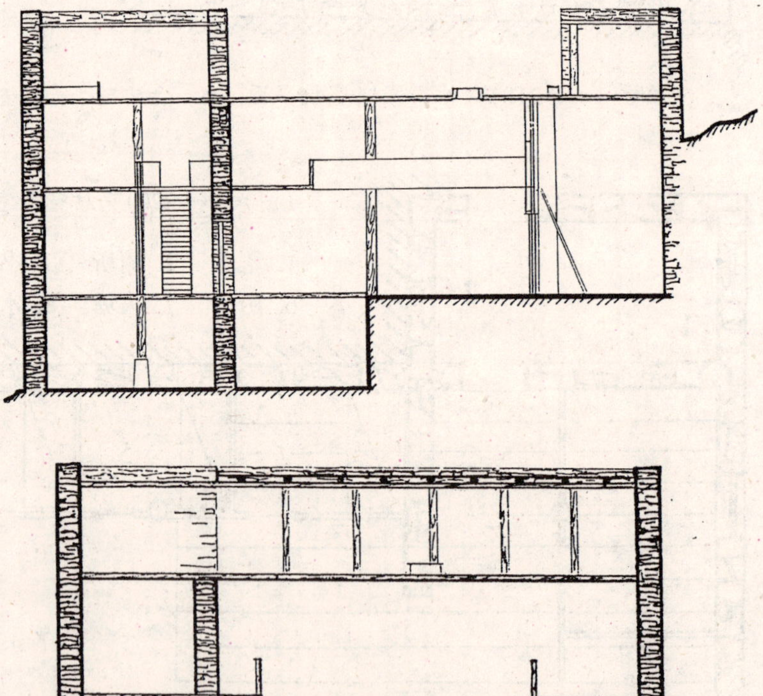

(图六——223)克枯寨张宅剖面(一)

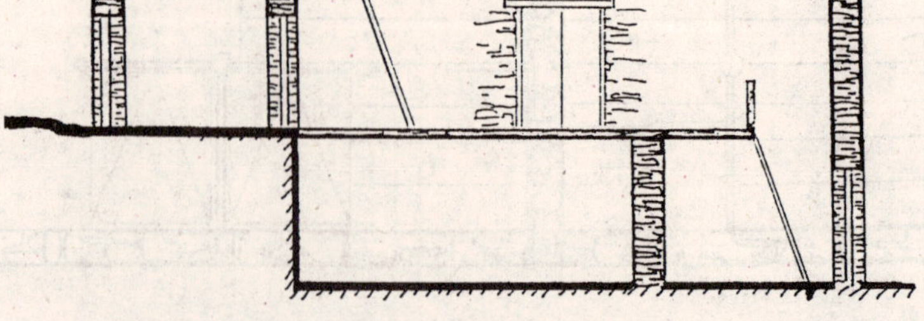

(图六——224)克枯寨张宅剖面(二)

纳普寨罗宅

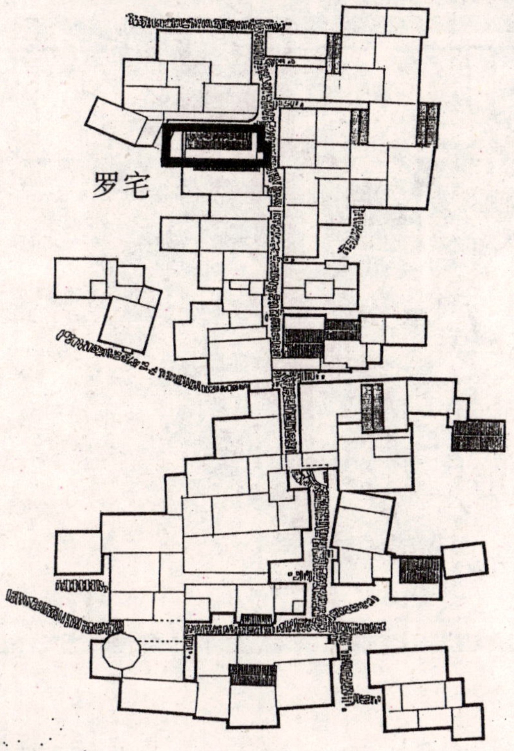

(图六——225)纳普寨所测罗宅位置

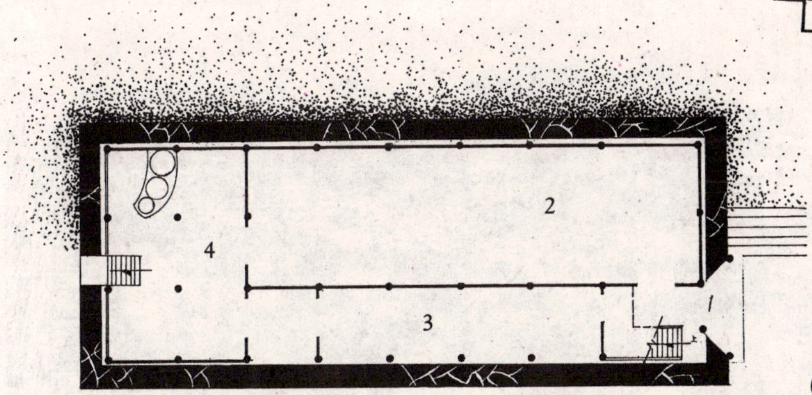

1. 入口
2. 畜养
3. 杂物
4. 原厨房后猪食加工

(图六——226)纳普寨罗宅一层平面

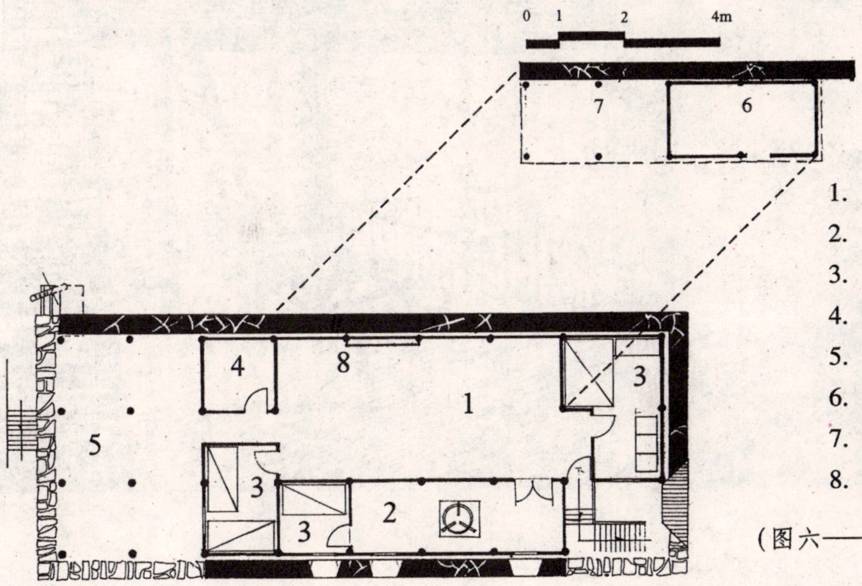

1. 主室
2. 火塘屋
3. 卧室
4. 储藏
5. 阴台
6. 罩楼(储藏)
7. 罩楼(堆放)
8. 神位

(图六——227)纳普寨罗宅二层平面及罩楼

(图六——228)纳普寨罗宅透视

(图六——229)纳普寨罗宅阴台

亚米笃寨易宅、谢宅

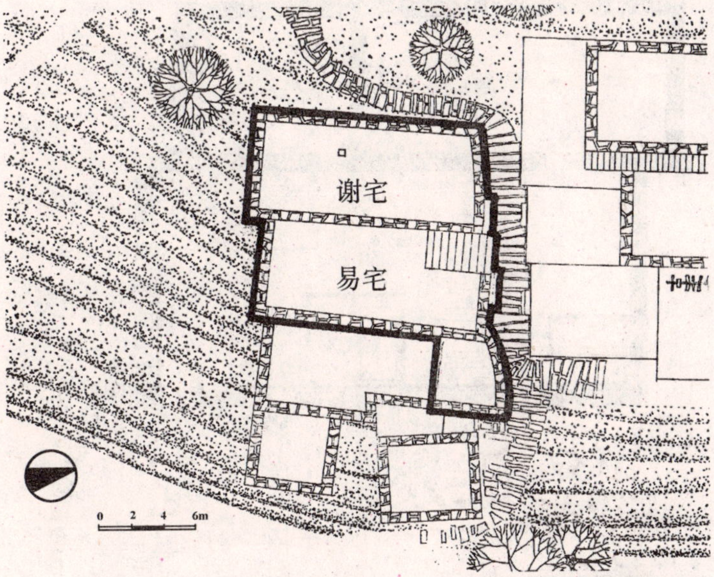

(图六——230)亚米和对寨易、谢二宅位置

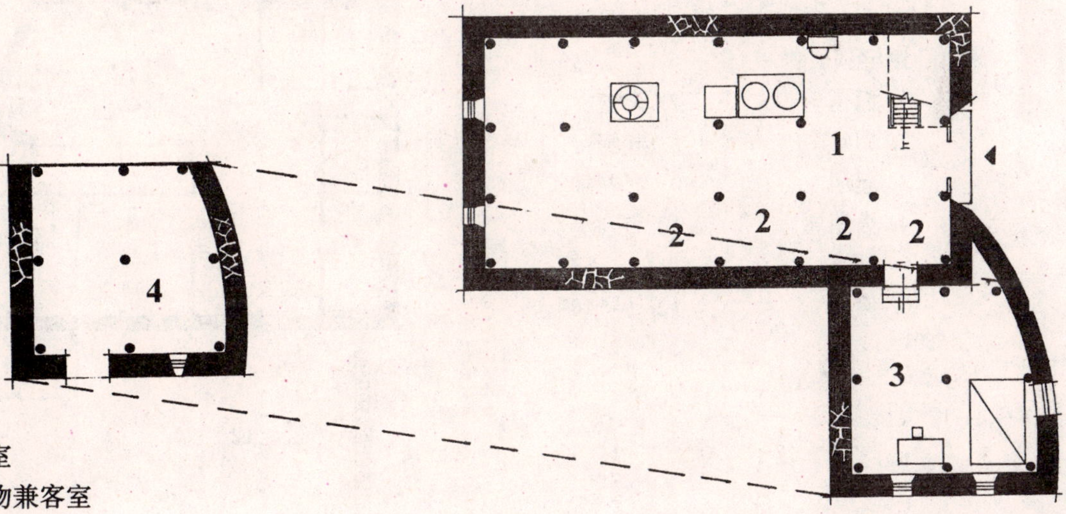

1. 主室
2. 杂物兼客室
3. 卧室
4. 畜养(半地下层)

(图六——231)亚米笃寨易宅一层平面(加下半层)

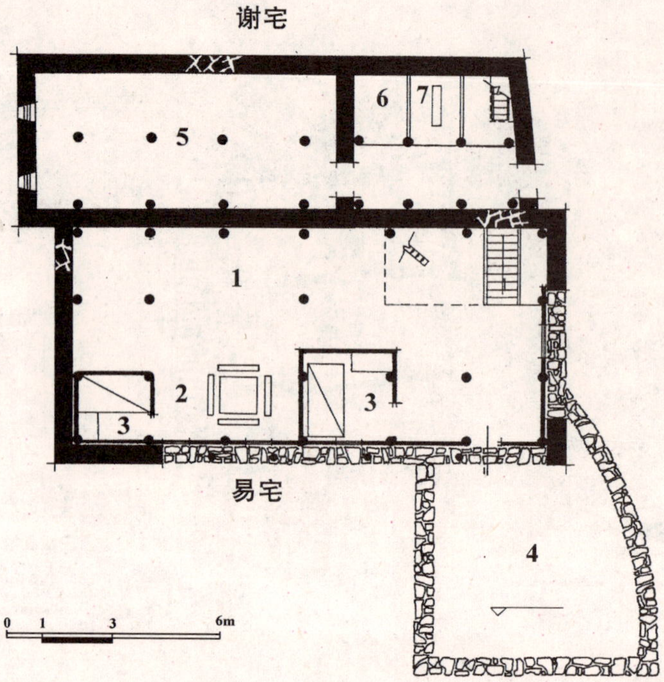

易宅：
1. 粮食储放
2. 学生书桌
3. 卧室
4. 晒台

谢宅：
5. 畜养
6. 杂物
7. 厕所

(图六——232) 亚米笃寨易宅二层平面与谢宅底层平面

谢宅：
1. 门道
2. 厨灶
3. 起居
4. 火塘屋
5. 卧室
6. 储藏
7. 天窗
8. 壁厨
9. 饲养加工
10. 杂物
11. 上晒台
12. 易宅晒台

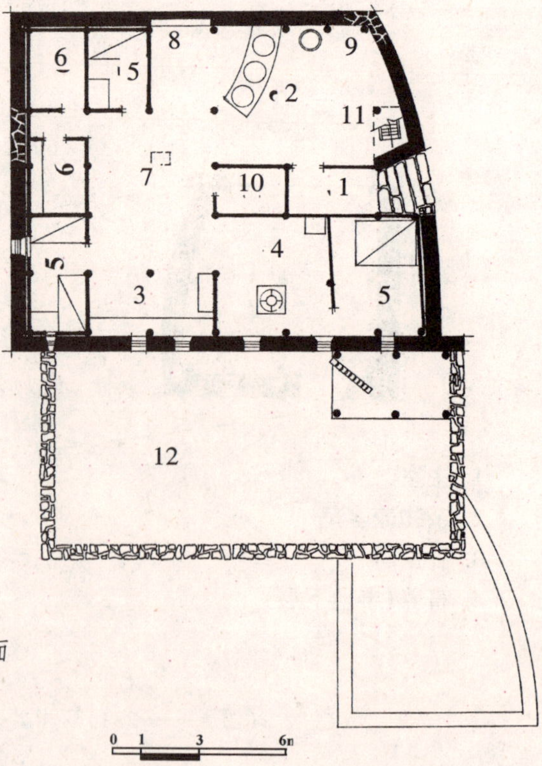

(图六——233)亚米笃寨易室晒台及谢宅二层平面

(图六——234)亚米笃寨易、谢二宅正(北)立面

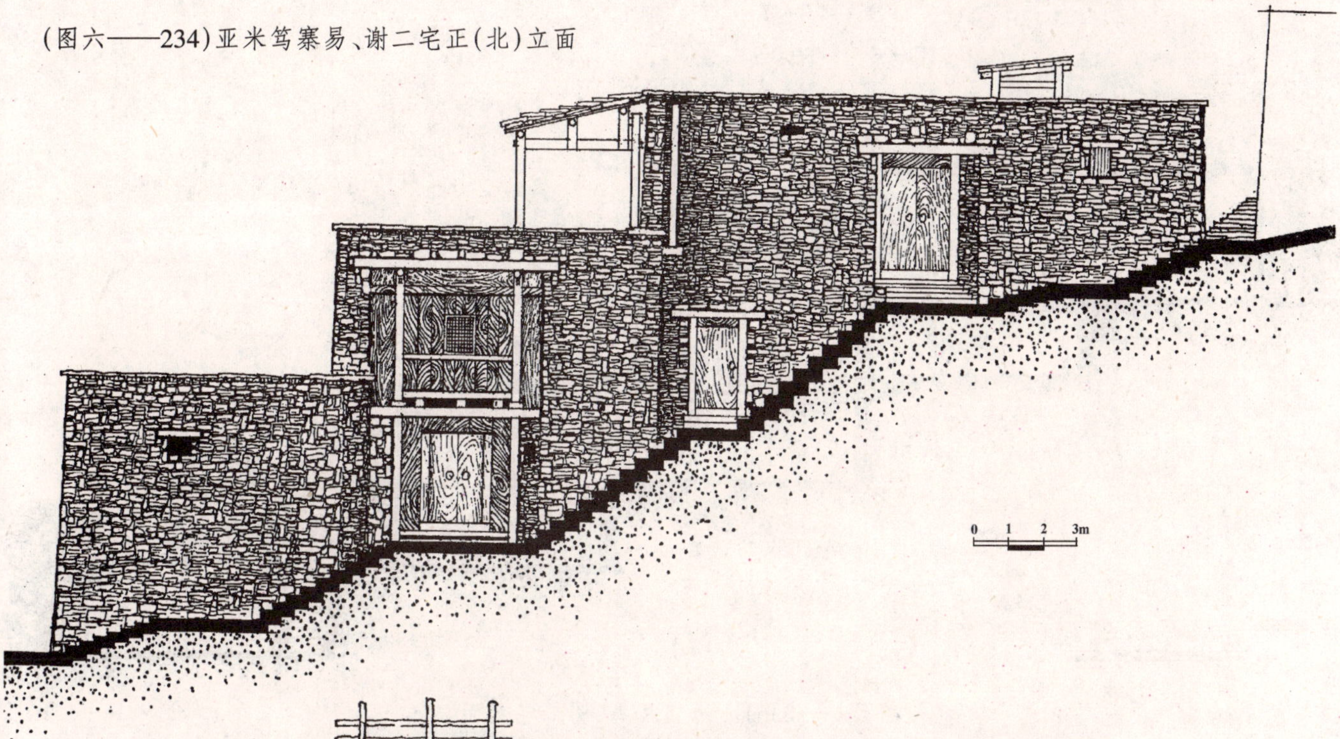

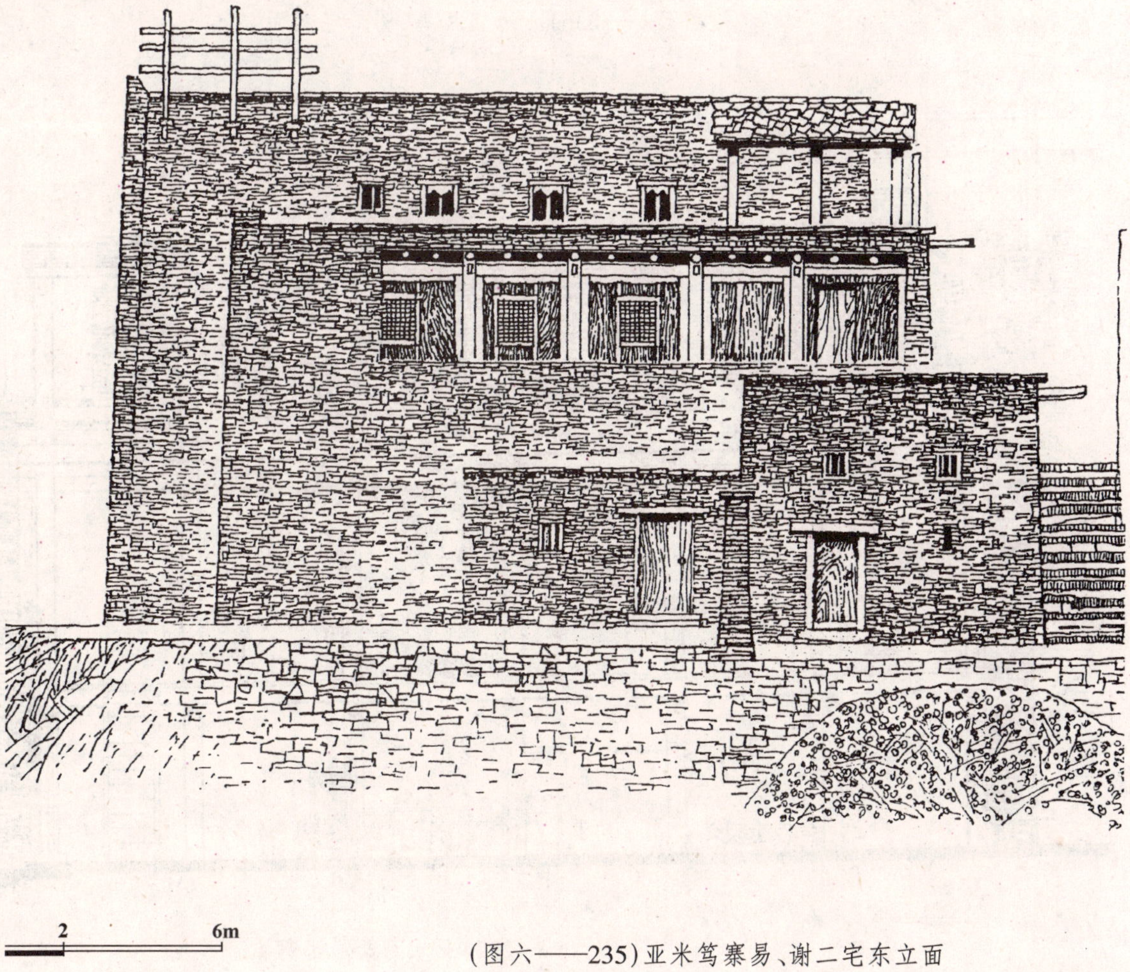

(图六——235)亚米笃寨易、谢二宅东立面

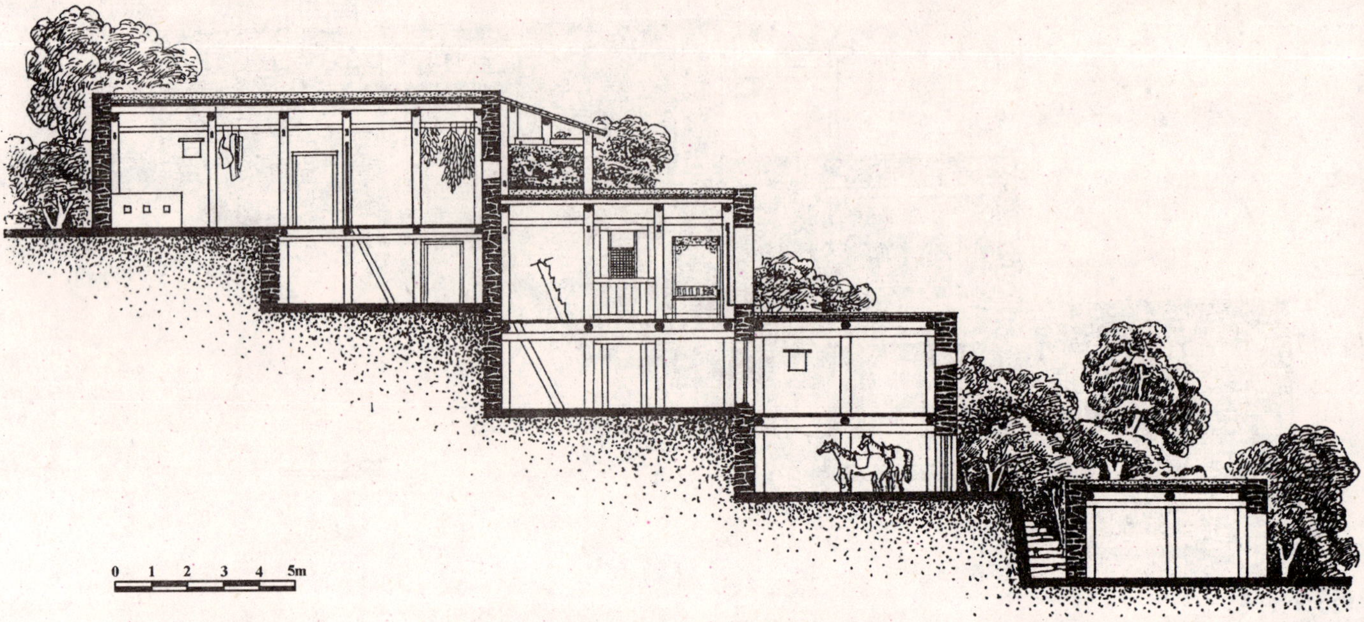

(图六——236)亚米笃寨易、谢二宅剖面

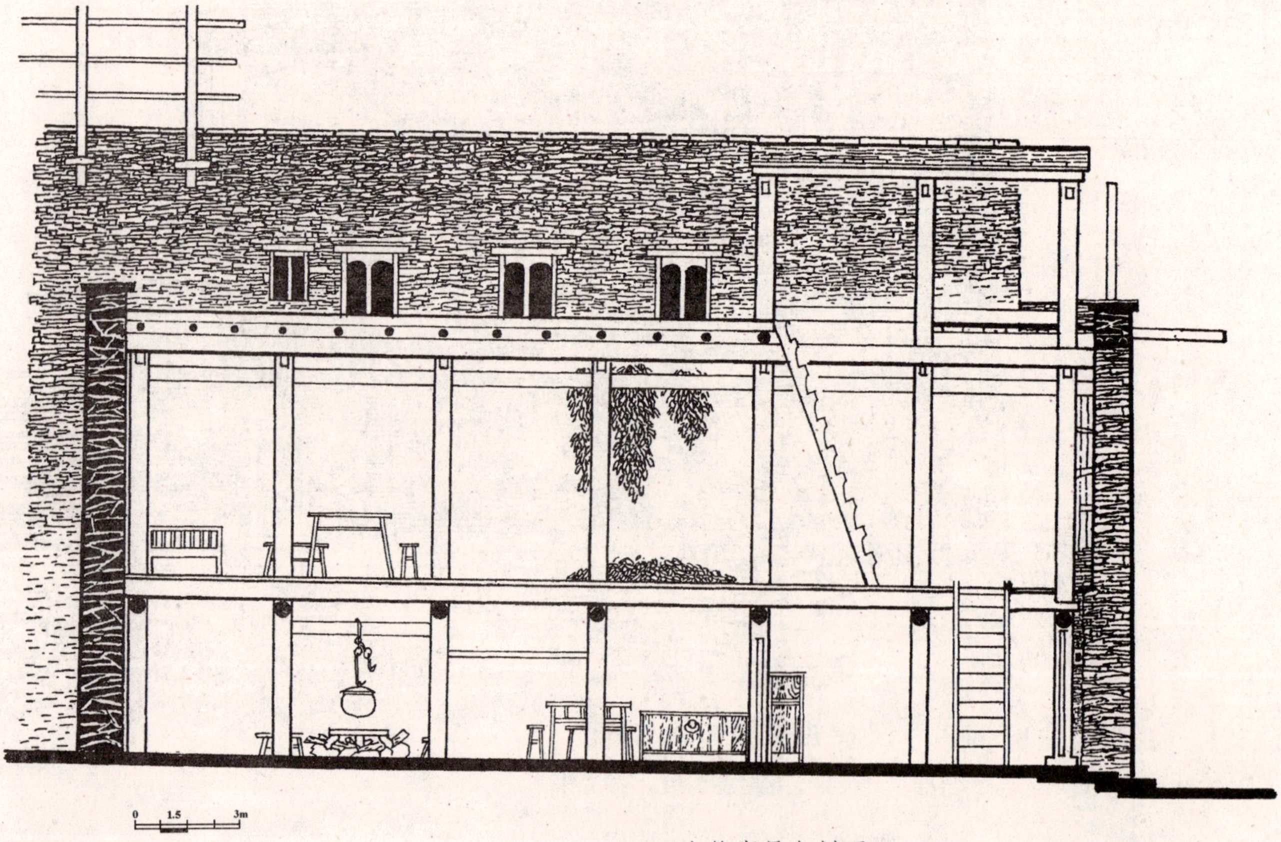

(图六——237)亚米笃寨易宅剖面

(图六——238)亚米笃寨易宅大门立面(谢宅大门参见图六——16)

黑虎寨陈宅

(图 六——239)黑虎寨陈宅二、三层平面

1. 主室　　4. 卧室
2. 卧室　　5. 储藏
3. 储藏　　6. 晒台

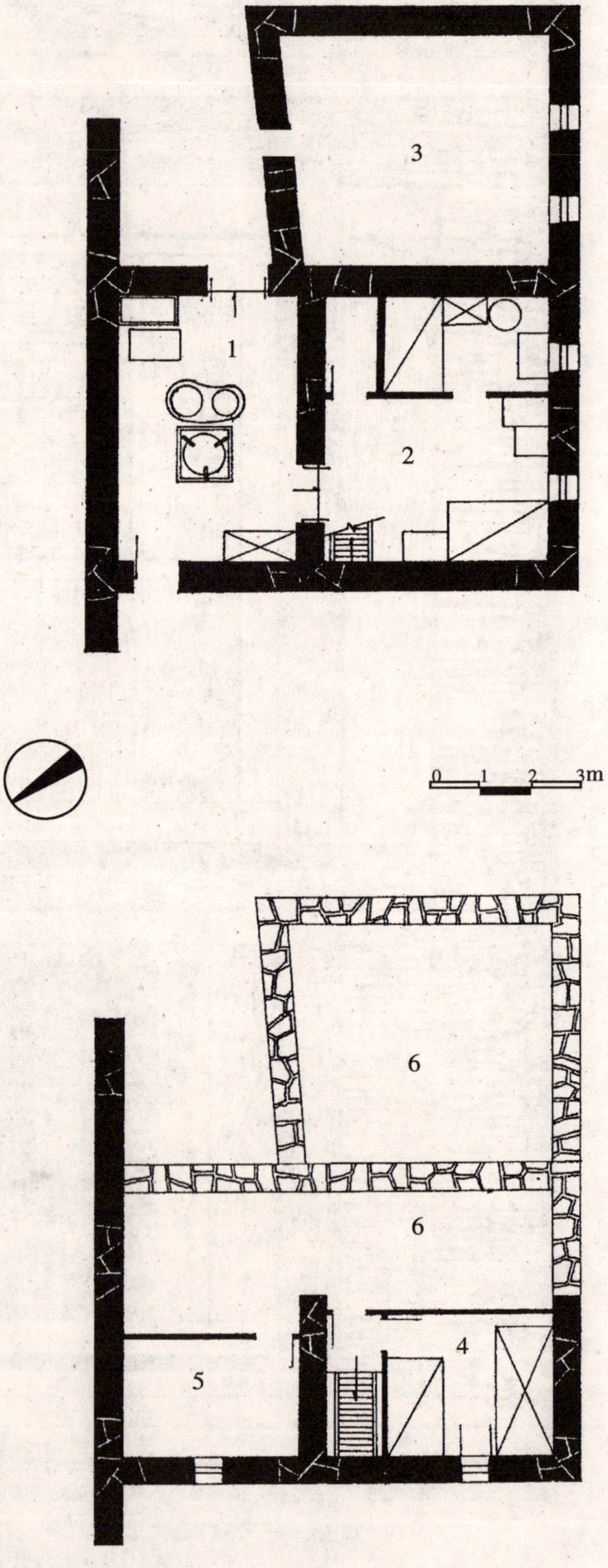

二层平面

三层平面

河西寨王新宅

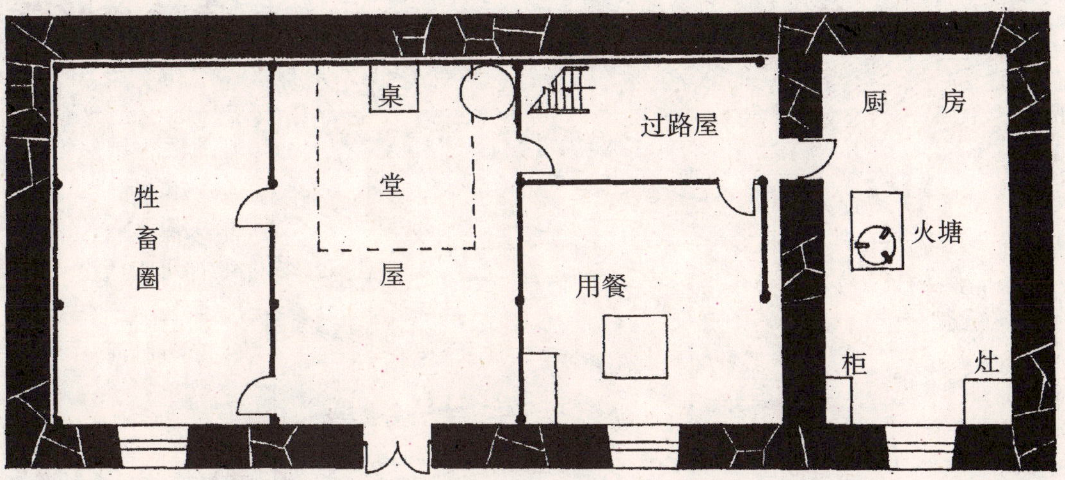

(图六——240)河西寨王(贵全)宅一层平面

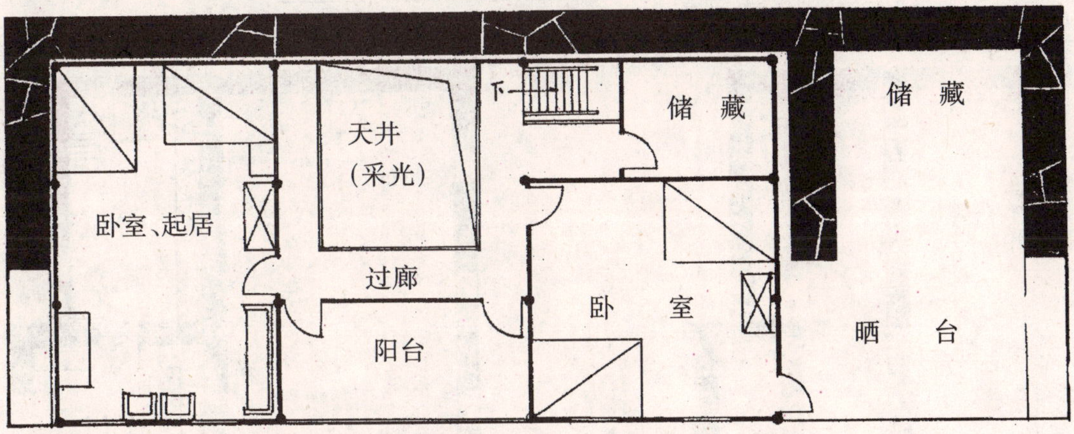

(图六——241)河西寨王(贵全)宅二层平面

(图六——242)河西寨王(贵全)宅正立面

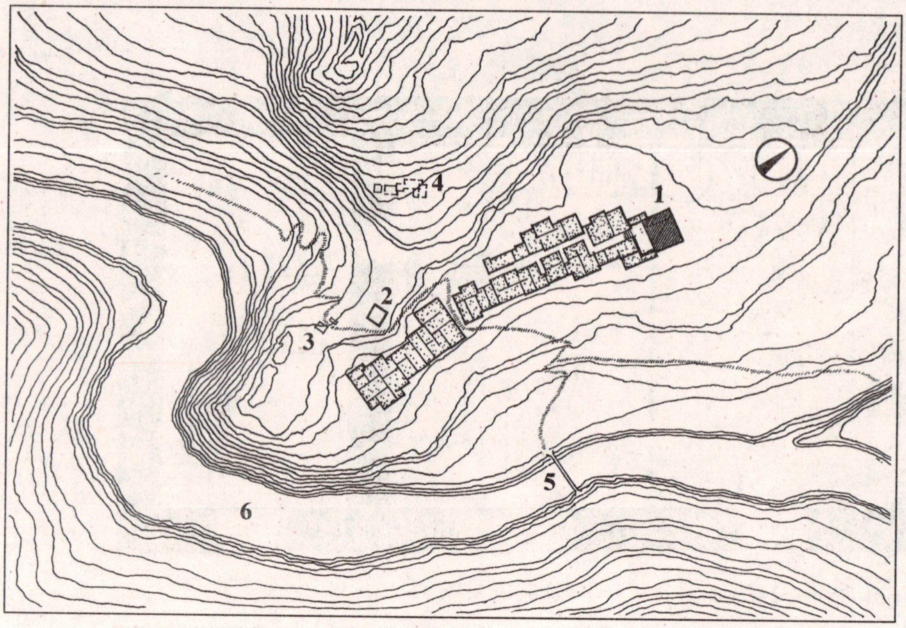

危关寨张宅

1. 张宅
2. 碉楼
3. 关隘
4. 禅母寺(毁)
5. 索桥
6. 杂谷脑河

(图六——243) 危关寨张宅所在位置及村寨概况

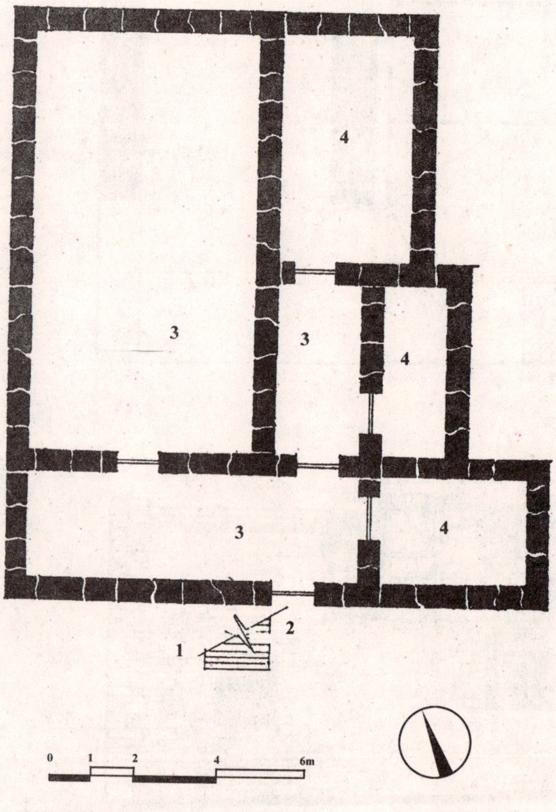

1. 二层入口　2. 底层入口
3. 牛、马圈　4. 饲料储藏

(图六——244)危关寨张宅一层平面

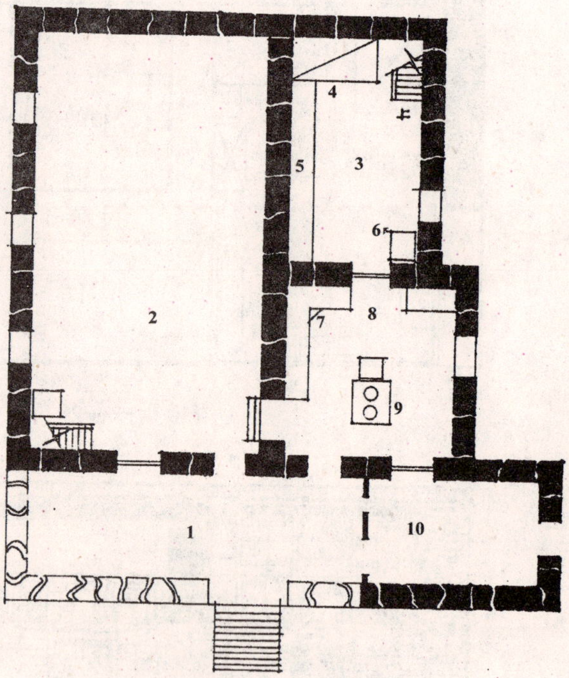

1. 二层敞坝
2. 驻兵卧室
3. 卧室
4. 床
5. 柜
6. 下底层楼井
7. 角角神位
8. 主室
9. 火塘
10. 客厅

(图六——245)危关寨张宅二层平面

(图六——246) 危关寨张宅
三层平面

1. 驻兵卧室 4. 天窗兼烟道
2. 卧室 5. 挑楼
3. 柜 6. 挑厕

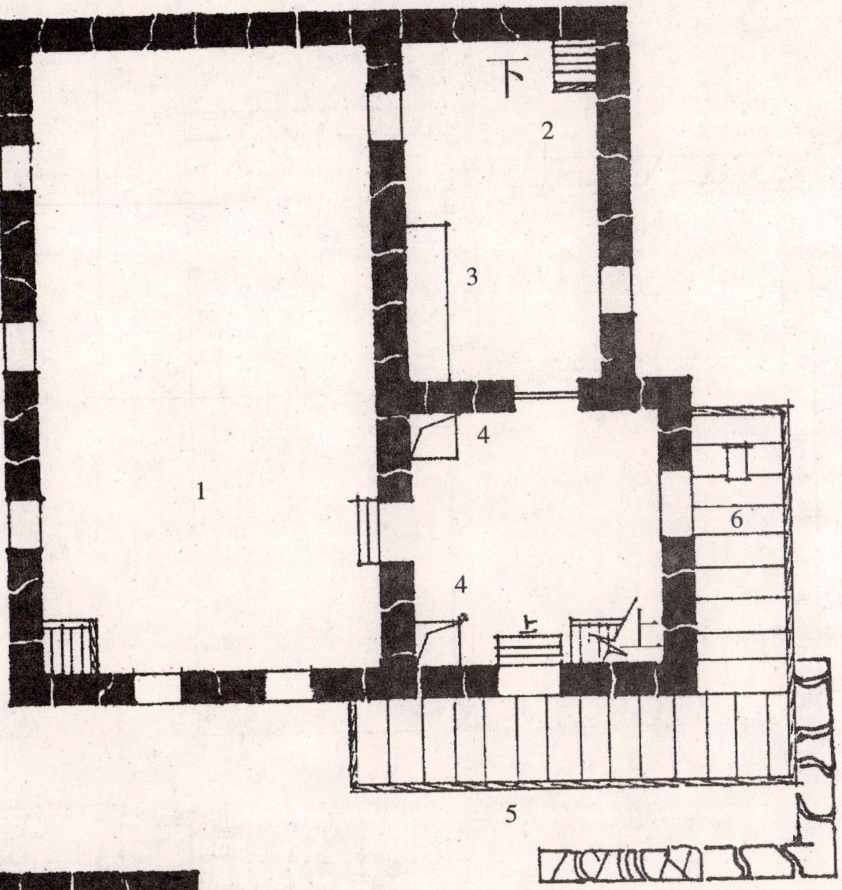

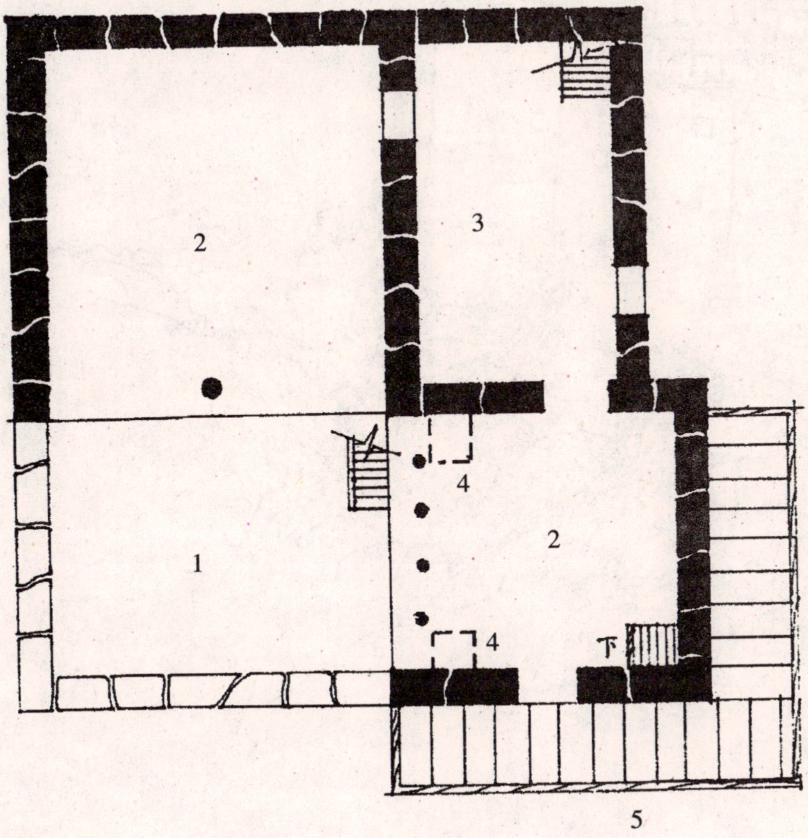

(图六——247) 危关寨张宅
四层平面

1. 晒台 4. 天窗口
2. 罩楼 5. 挑楼
3. 经楼

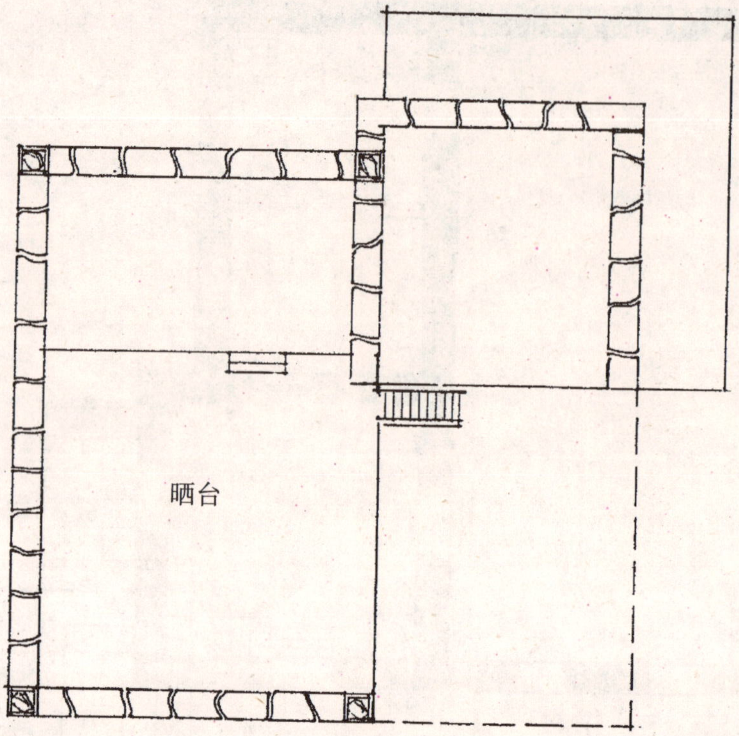

(图六——248)危关寨张宅顶层平面

(图六——249)危关寨张宅东侧速写

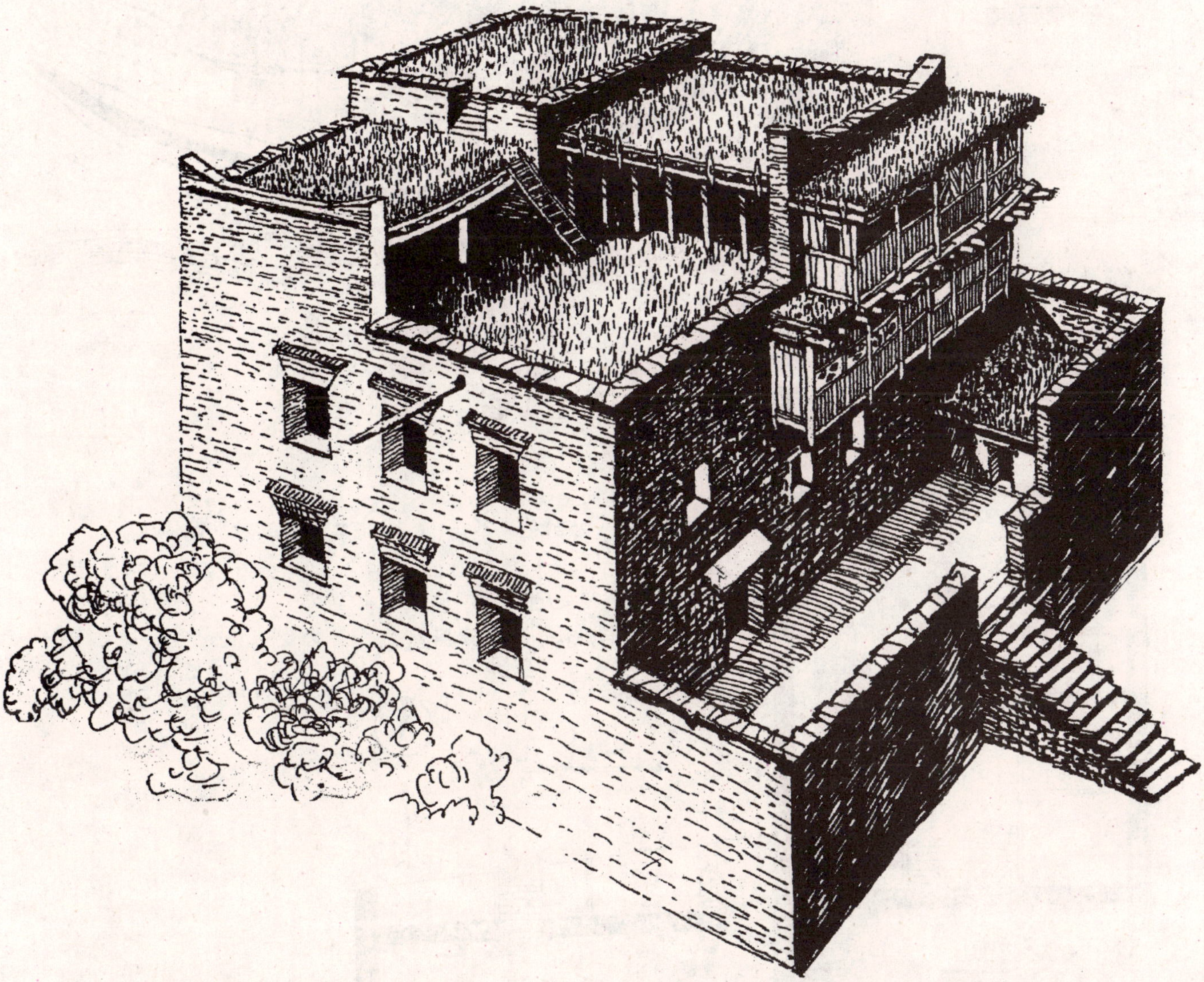

(图六——250)危关寨张宅透视

坡顶板屋实例

(图六——251) 羌锋寨所测各宅之位置

①汪(清土)宅
②汪(清发)宅
③汪(清云)宅

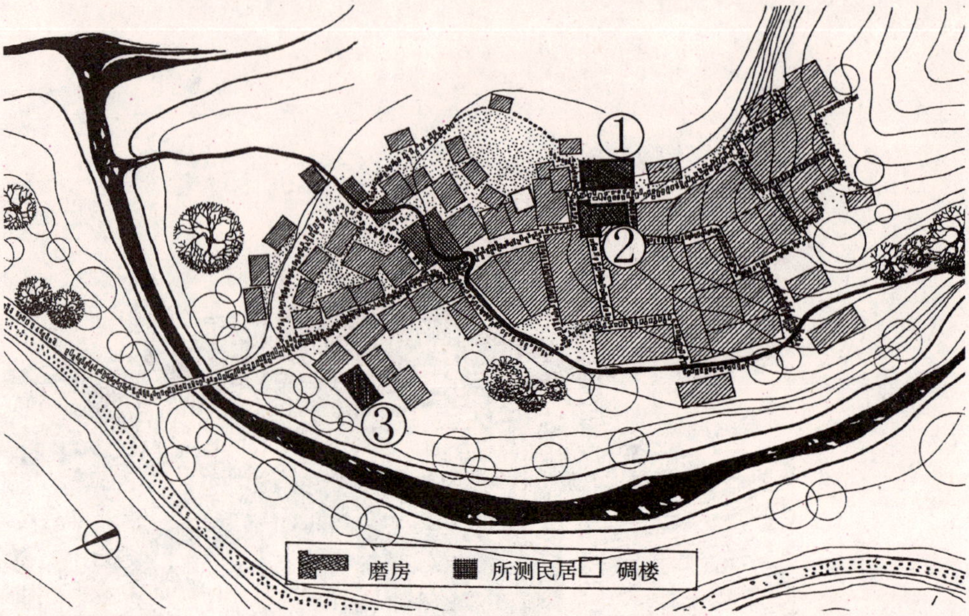

羌锋寨汪(清土)宅

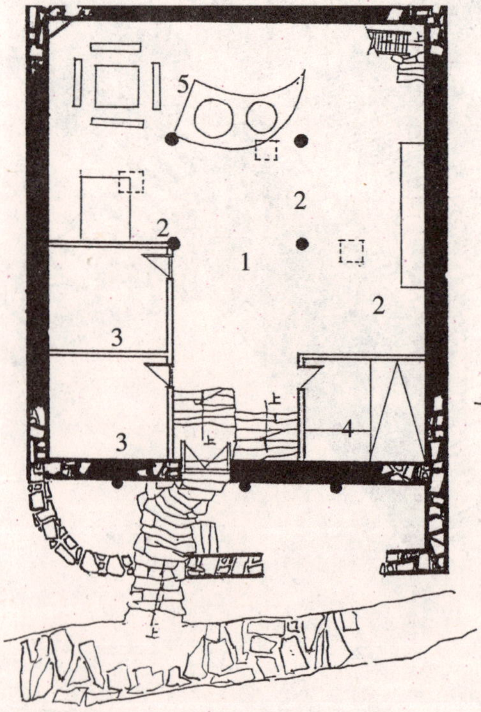

(图六——252)羌锋寨汪(清土)宅二层及底层平面

1. 主室　2. 天窗　3. 储藏　4. 卧室
5. 火塘与灶头　　6. 卧室

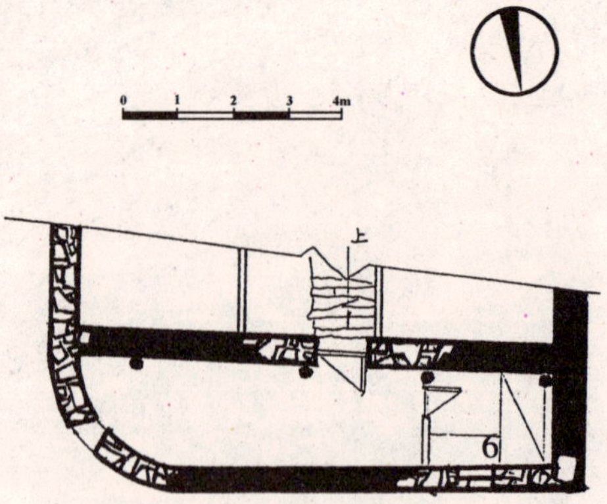

(底层平面)

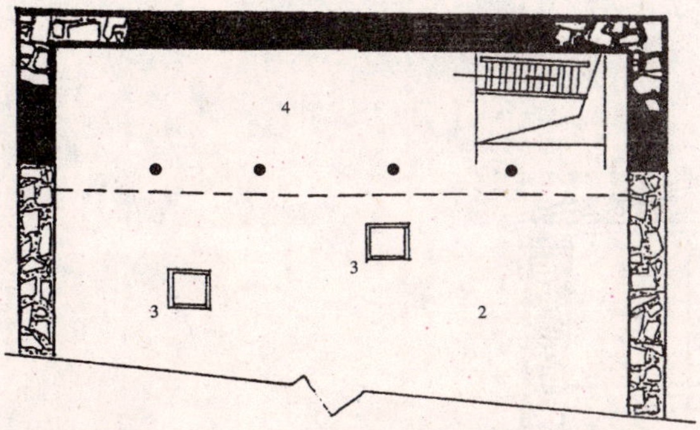

(三层平面)

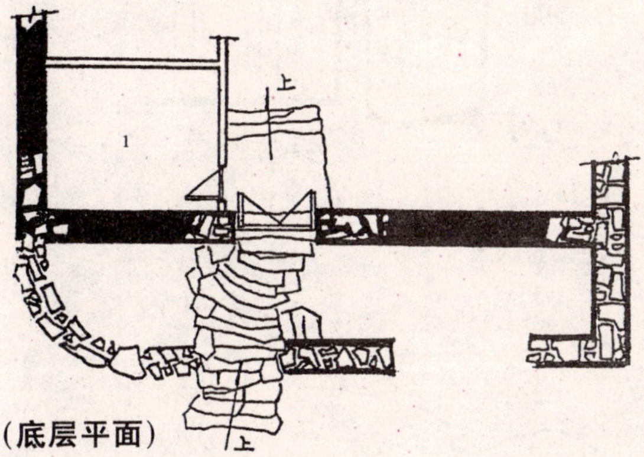

(底层平面)

(图六——253)羌锋寨汪(清土)宅底层与三层平面

1. 书房　2. 晒台　3. 天窗　4. 罩楼

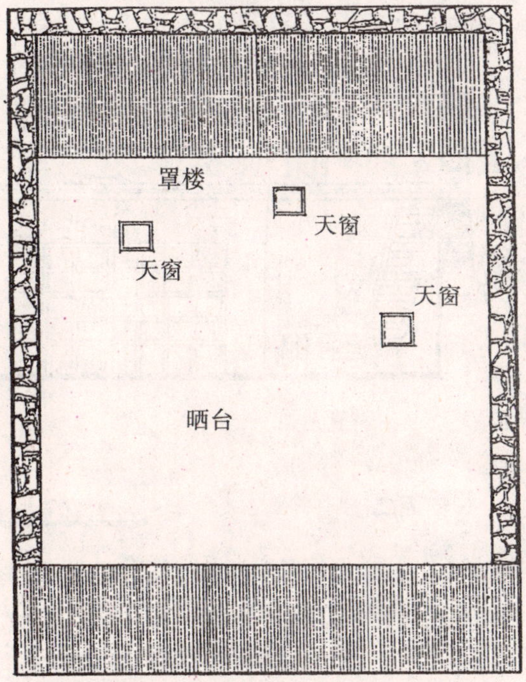

(图六——254)羌锋寨汪(清土)宅屋顶平面

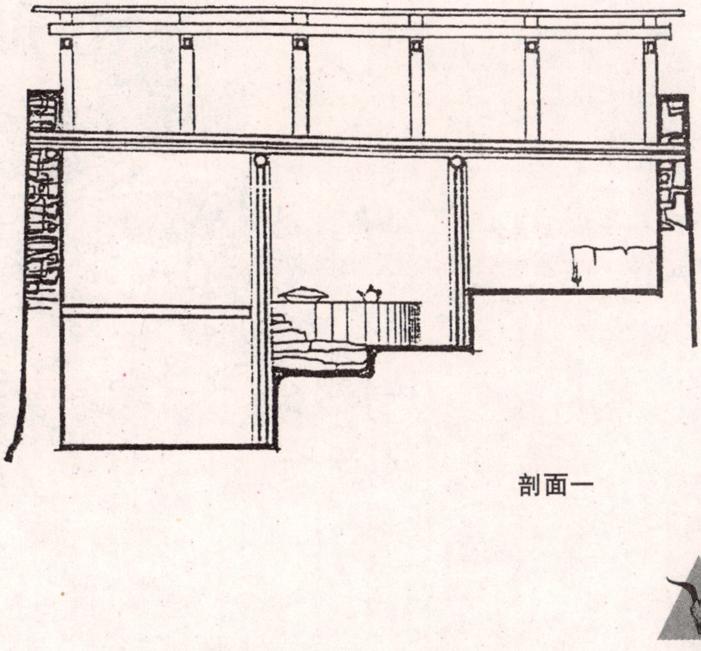

剖面一

(图六——255) 羌锋寨汪(清土)宅剖面一、二

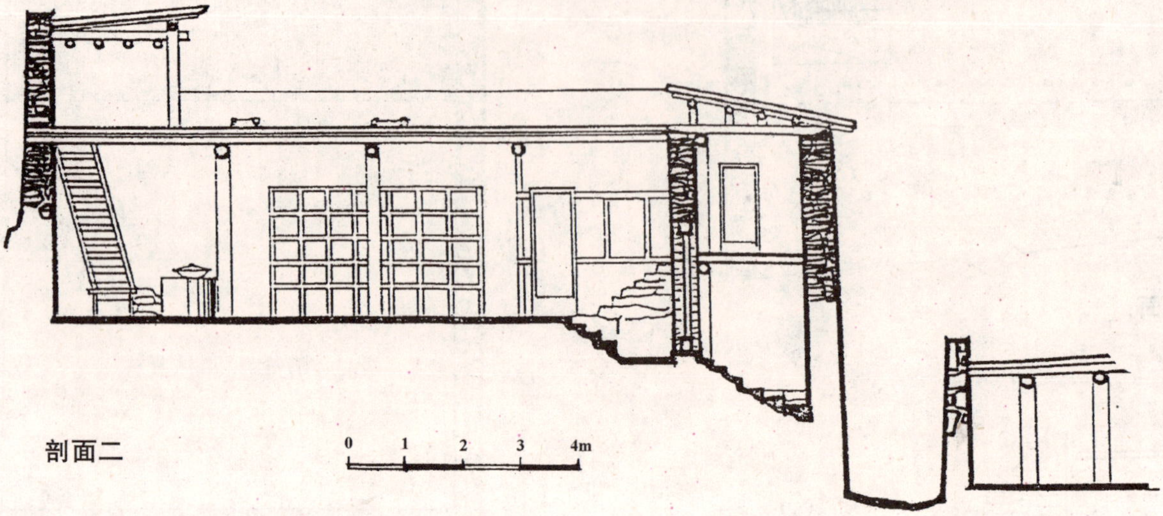

剖面二

(图六——256) 羌锋寨汪(清土)宅透视

羌锋寨汪(清发)宅

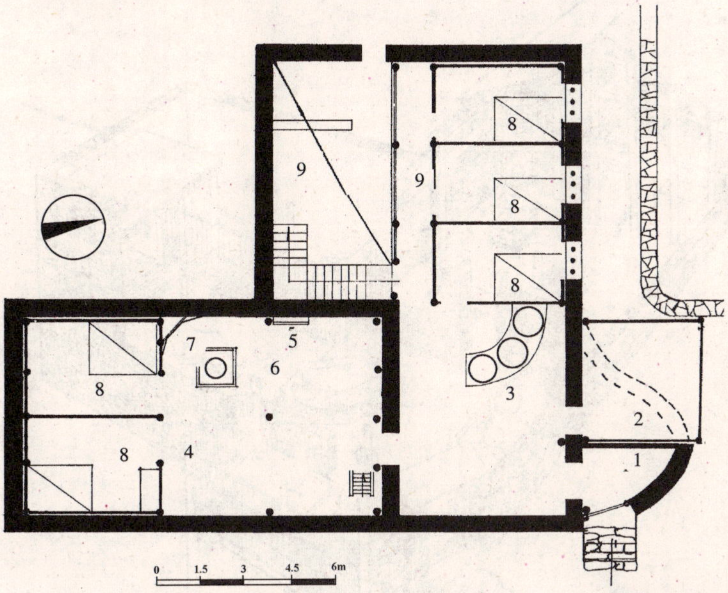

1. 吊脚楼　3. 天窗兼烟道　5. 楼井
2. 晒台　4. 畜圈上空　6. 储藏

(图六——258)羌锋寨汪(清发)宅二层平面

(图六——257)羌锋寨汪(清发)宅一层平面

1. 入口　7. 角角神位
2. 储藏　8. 卧室
3. 厨房　9. 走廊
4. 主室　10. 畜圈上空
5. 鲁班神位　11. 畜圈门
6. 火塘

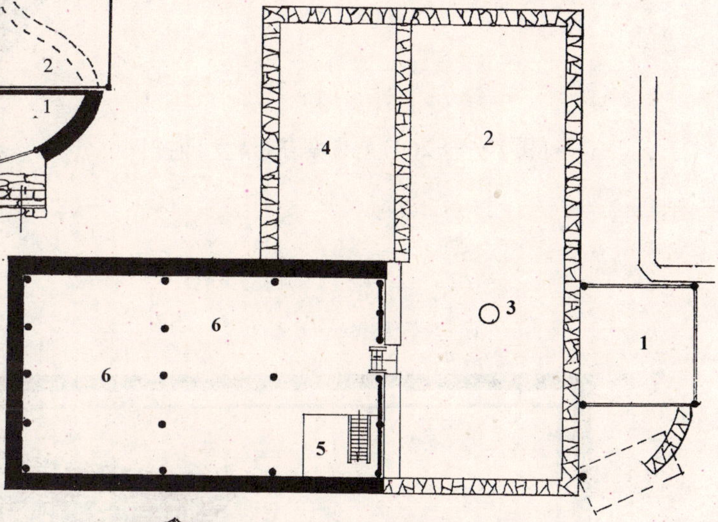

(图六——259)羌锋寨汪(清发)宅透视

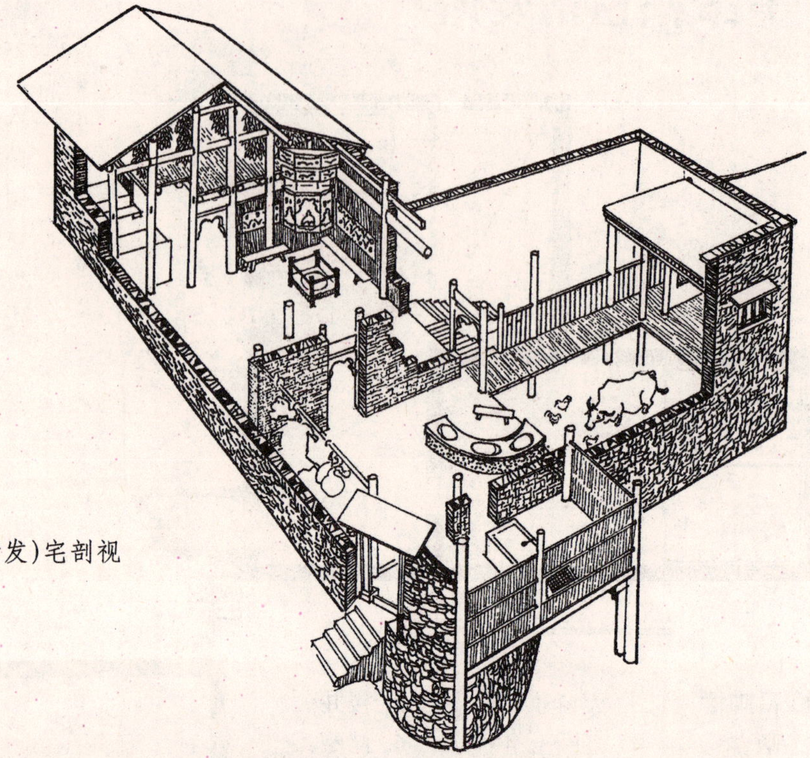

(图六——260)羌锋寨汪(清发)宅剖视

(图六——261)羌锋寨汪(清发)宅大门透视

汪(清云)宅

(图六——262) 羌锋寨汪
(清云)宅透视

(图六——263) 羌锋寨
汪(清云)宅大门透视

(图六——264)羌锋寨某宅透视

(图六——265)和坪寨民居组团鸟瞰(下为岷江)

和坪寨所测各宅位置

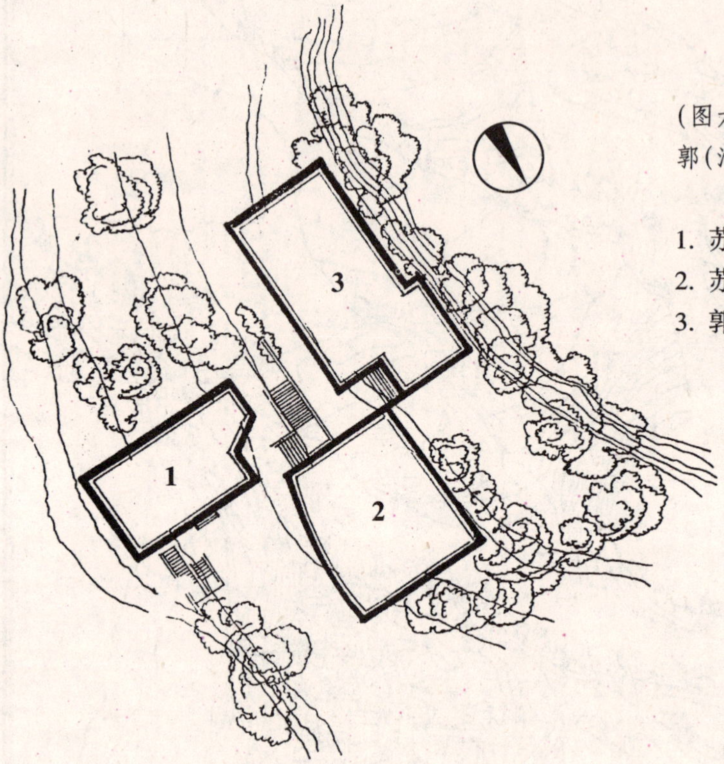

(图六——266)和坪寨苏(体光)、苏(体刚)、郭(清安)三宅组团格局

1. 苏体光宅
2. 苏体刚宅
3. 郭清安宅

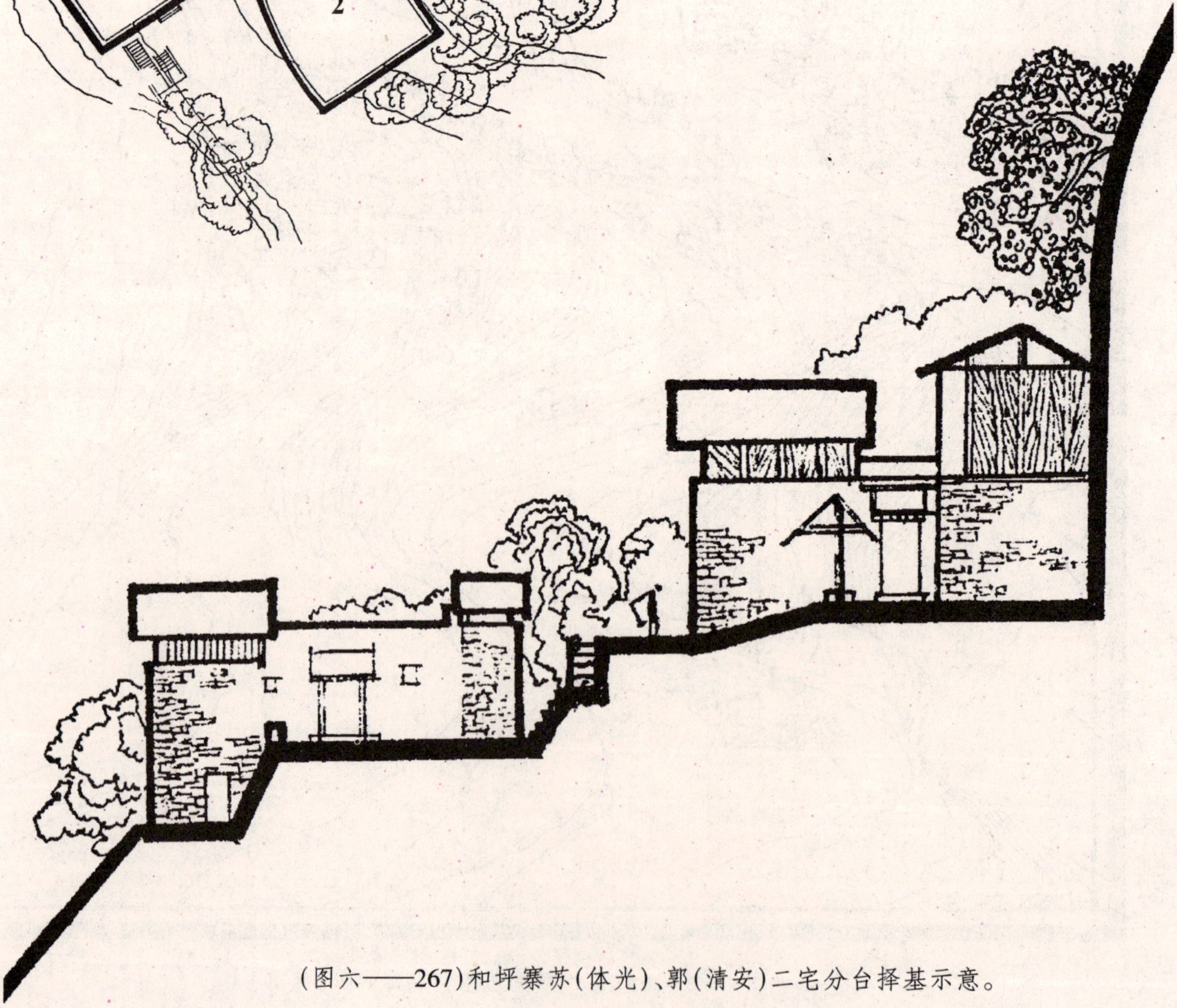

(图六——267)和坪寨苏(体光)、郭(清安)二宅分台择基示意。

和坪寨苏(体光)宅

1. 主室
2. 餐桌
3. 卧室
4. 火塘
5. 角角神位
6. 厨房
7. 储藏兼卧室（下底层为畜养）
8. 楼道

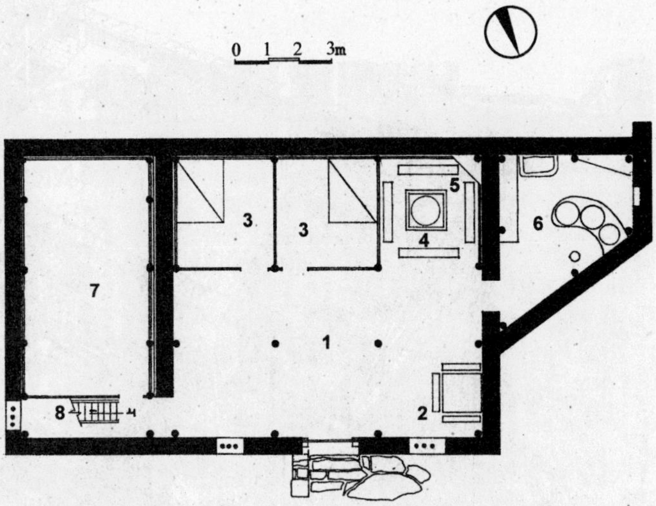

(图六——268)和坪寨苏(体光)宅一层平面

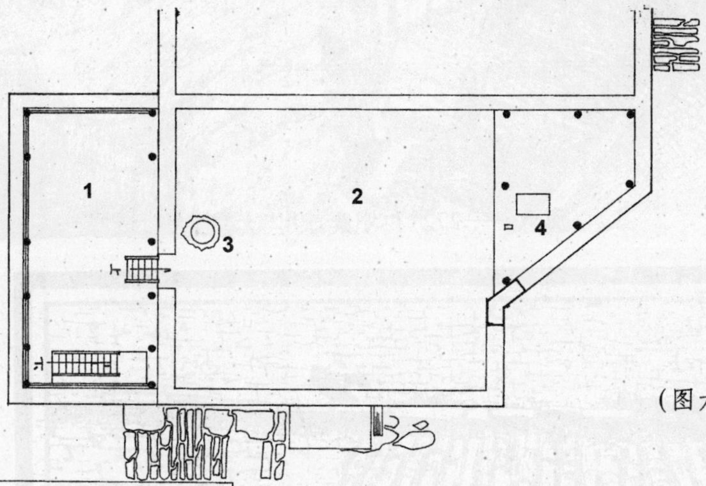

1. 阁楼
2. 晒台
3. 天窗
4. 天窗兼烟道

(图六——269)—和坪寨苏(体光)宅顶层平面

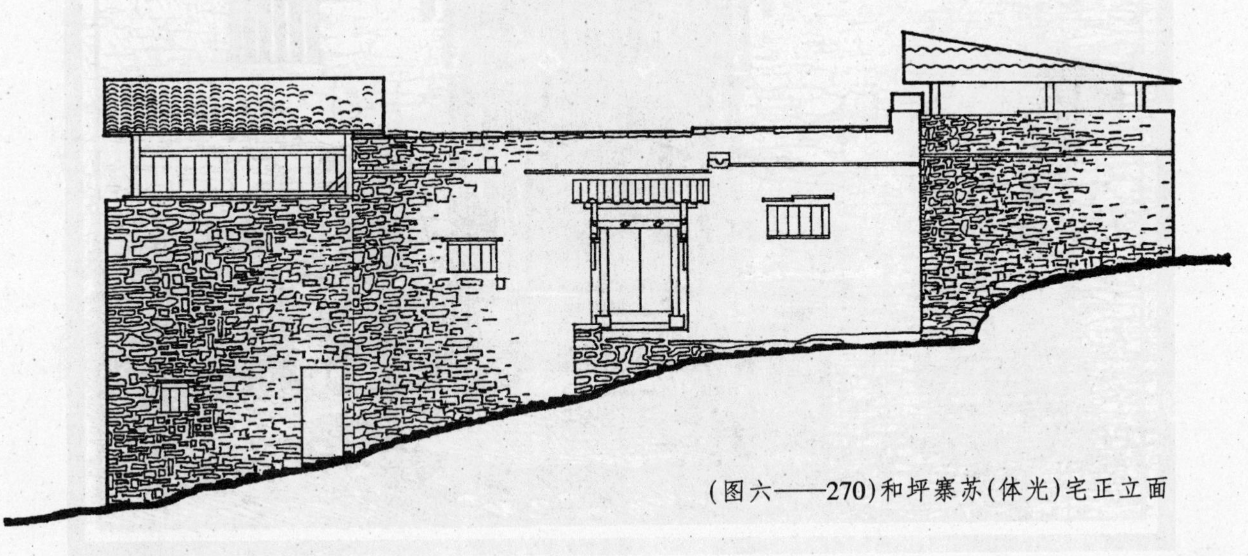

(图六——270)和坪寨苏(体光)宅正立面

和坪寨苏(体刚)宅

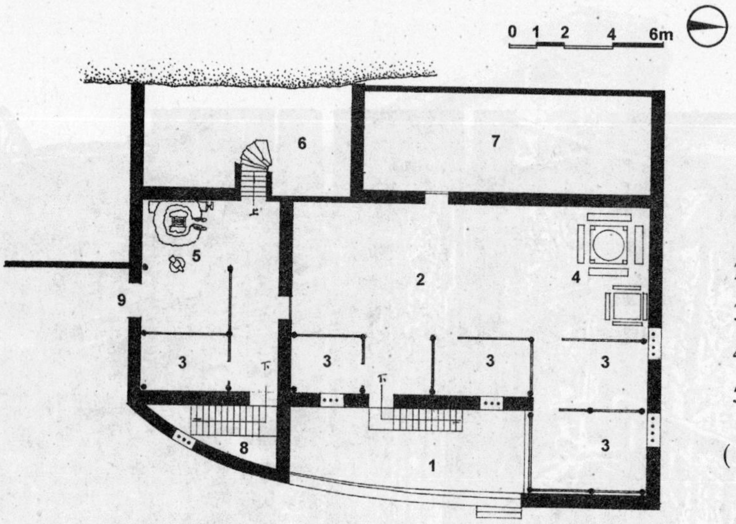

1. 地坝
2. 主室
3. 卧室
4. 火塘
5. 铁匠作坊
6. 过路屋
7. 储藏
8. 下底层畜圈
9. 侧门

(图六——275)和坪寨苏(体刚)宅二层平面

1. 晒台
2. 储藏
3. 储藏
4. 看守屋

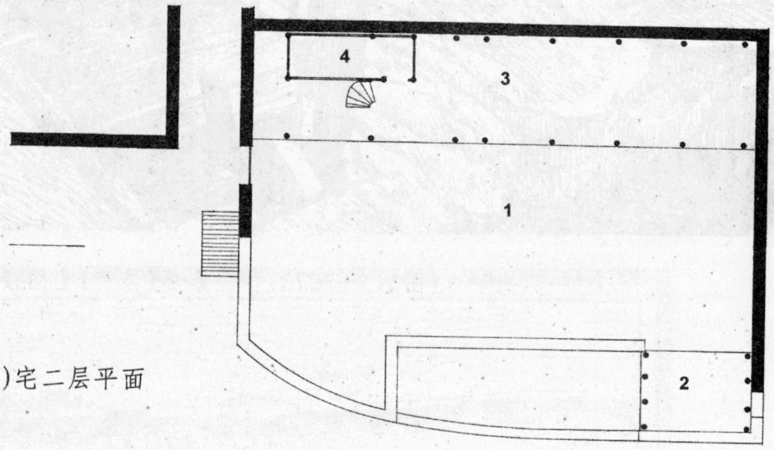

(图六——276)和坪寨苏(体刚)宅二层平面

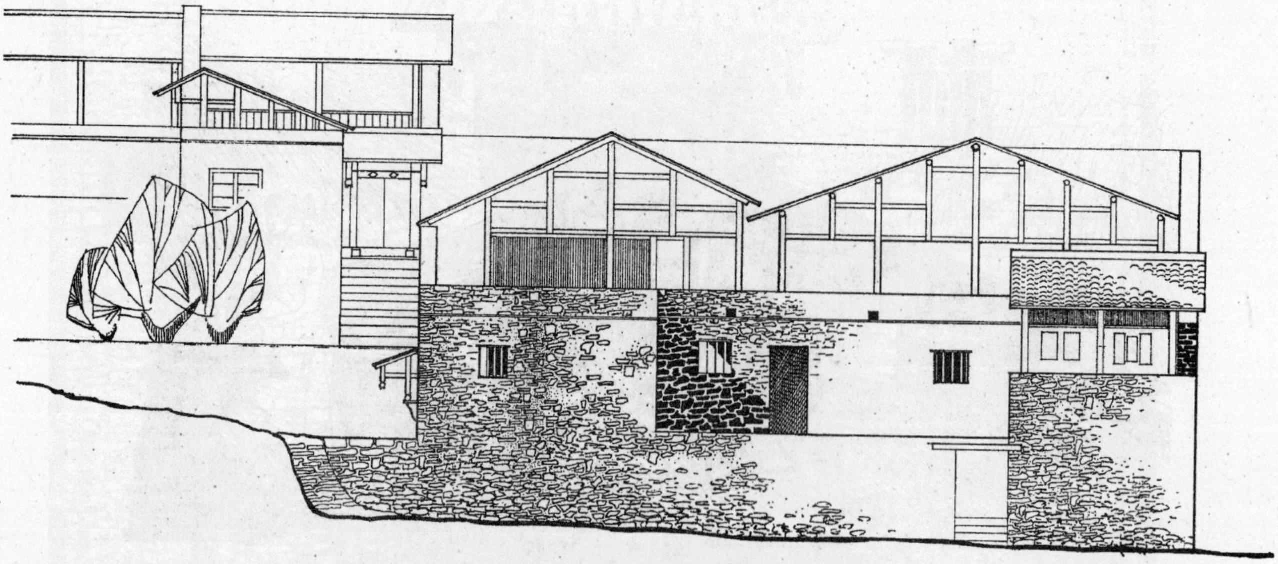

(图六——277)和坪寨苏(体刚)宅立面(旁边为郭清安宅)

(图六——278)和坪寨苏(体刚)宅透视

和坪寨郭(清安)宅

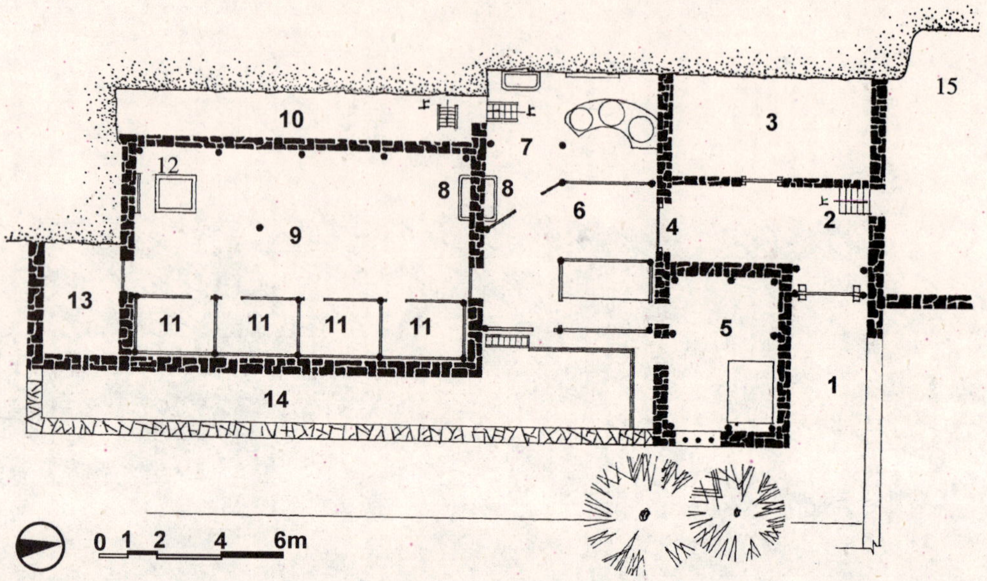

(图六——279)和坪寨郭(清安)宅一层平面

1. 大龙门　　4. 二龙门　　7. 厨房　　10. 后墙院　　13. 储藏
2. 园圃门　　5. 阁楼　　8. 两室同用水缸　　11. 卧室　　14. 小晒台(下为畜圈)
3. 生产工具房　　6. 过路屋　　9. 主室　　12. 火塘神位　　15. 园圃蜂房

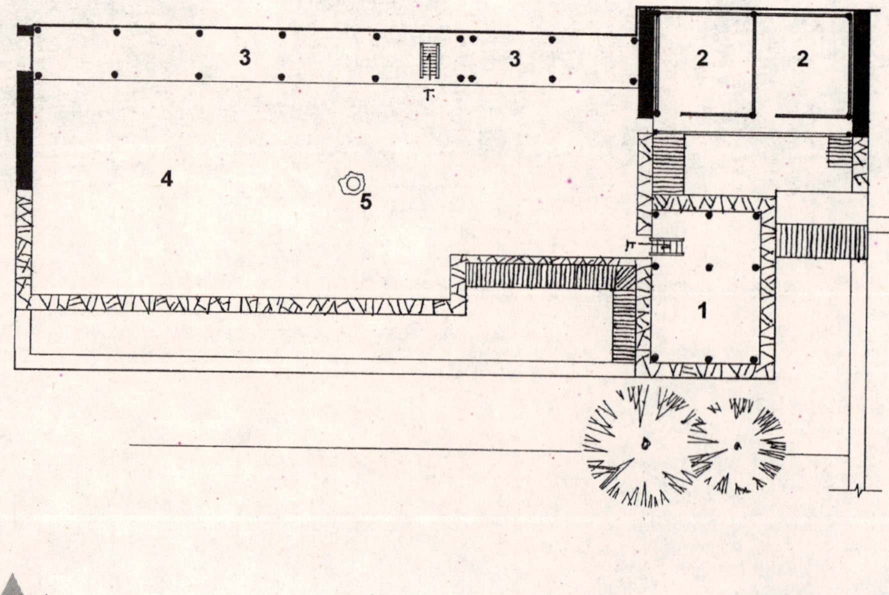

1. 阁楼
2. 卧室
3. 罩楼
4. 大晒台
5. 天窗兼烟道

(图六——280) 和坪寨郭(清安)宅二层平面

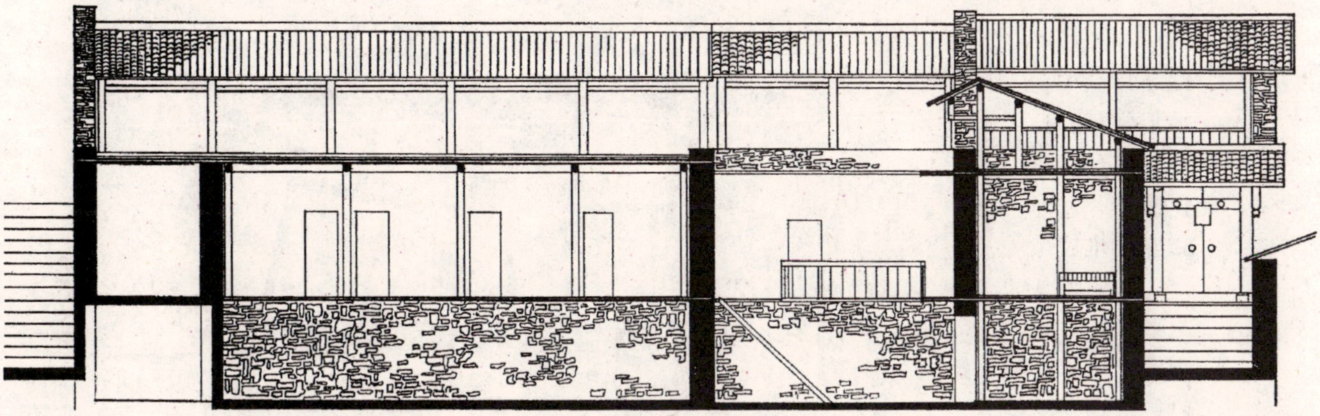

(图六——281)和坪寨郭(清安)宅剖面

(图六——282) 和坪寨郭(清安)宅大龙门透视

桃坪寨张(国清)宅

1. 下厅
2. 卧室(厢房)
3. 主室(堂屋)
4. 畜养
5. 杂物堆放

(图六——283) 桃坪寨张(国清)宅总平面

(图六——284)桃坪寨张(国清)宅侧立面

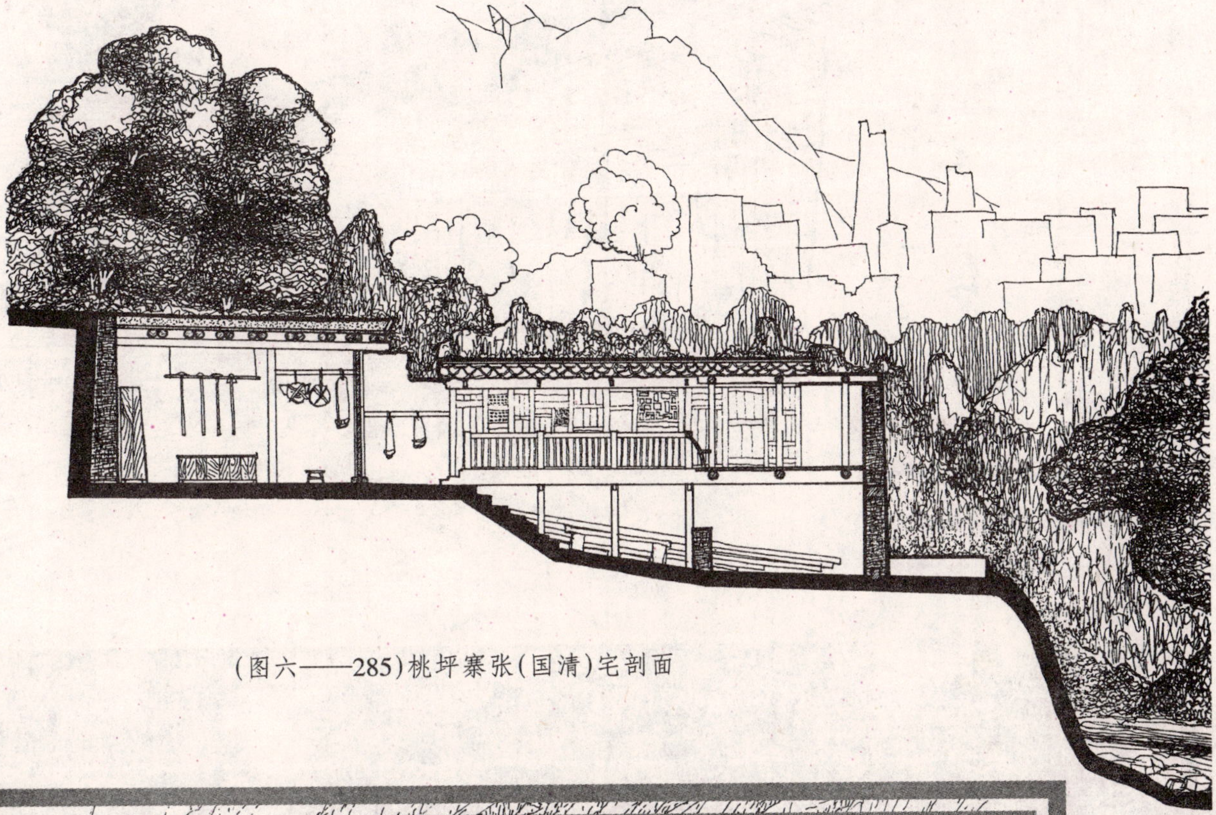

(图六——285)桃坪寨张(国清)宅剖面

(图六——286)桃坪寨张(国清)宅及环境透视

(图六——287) 桃坪寨张(国清)宅主室与厢房空间

(图六——288)桃坪寨张(国清)宅厢房(卧室)透视

杨氏将军寨何宅

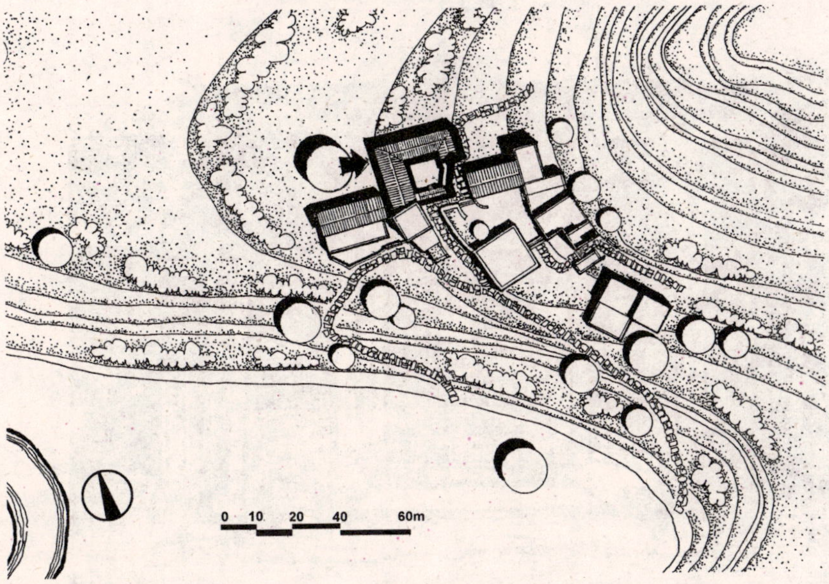

(图六——289) 杨氏将军寨何宅位置

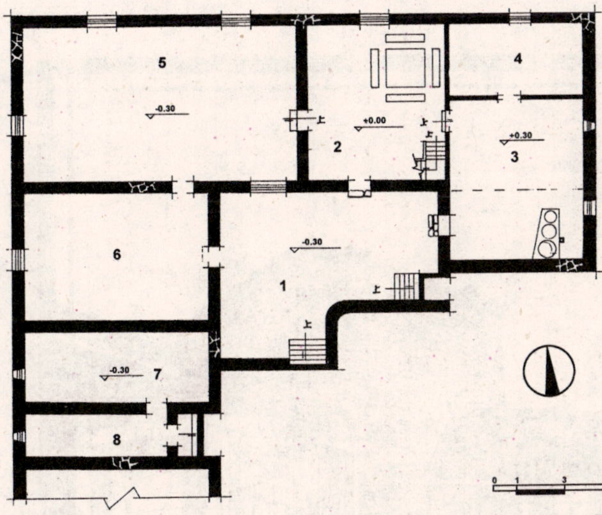

(图六——290)杨氏将军寨何宅一层平面

1. 天井　2. 主室　3. 卧房　4. 储藏
5. 堆放粮食及加工　6. 储藏　7、8. 畜养

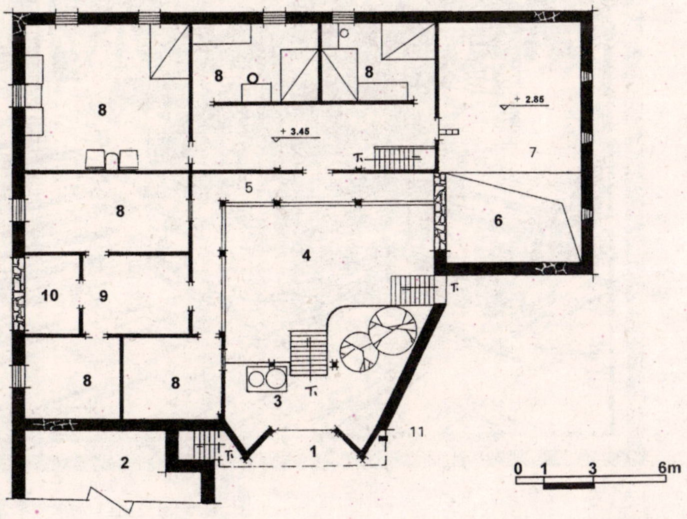

1. 龙门
2. 畜养
3. 饲料加工
4. 天井上空
5. 走廊
6. 熏挂肉类
7. 储藏
8. 卧室
9. 过路屋
10. 书楼
11. “泰山石敢当”位置

(图六——291)杨氏将军寨何宅二层平面

（图六——292）杨氏将军寨
何宅大门

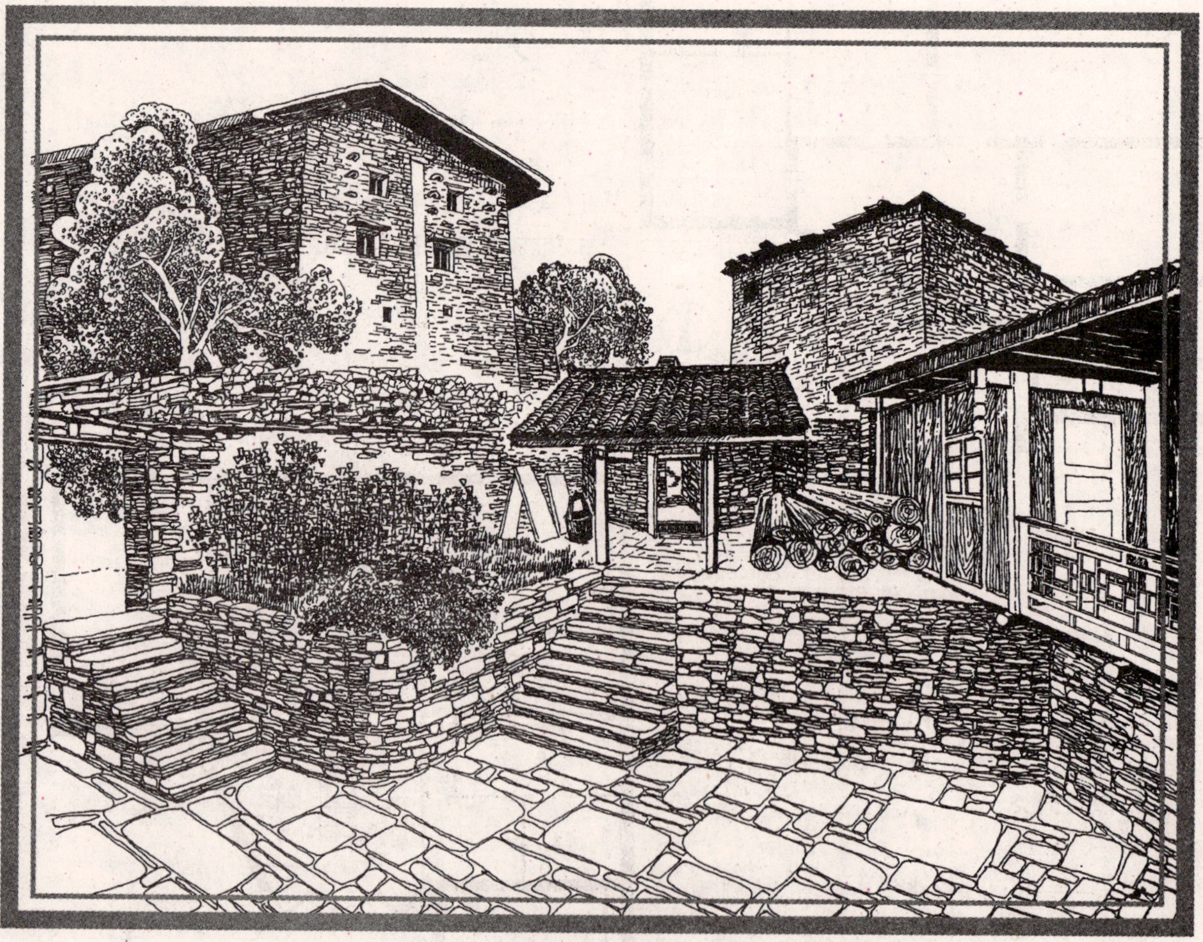

（图六——293）杨氏将军寨何宅天井透视

(图六——294) 杨氏将军寨何宅庭院及走廊透视

黑虎寨有瓦屋顶的新宅

(图六——295)黑虎寨某新宅俯视

(图六——296)黑虎寨某新宅仰视

草坡乡张宅

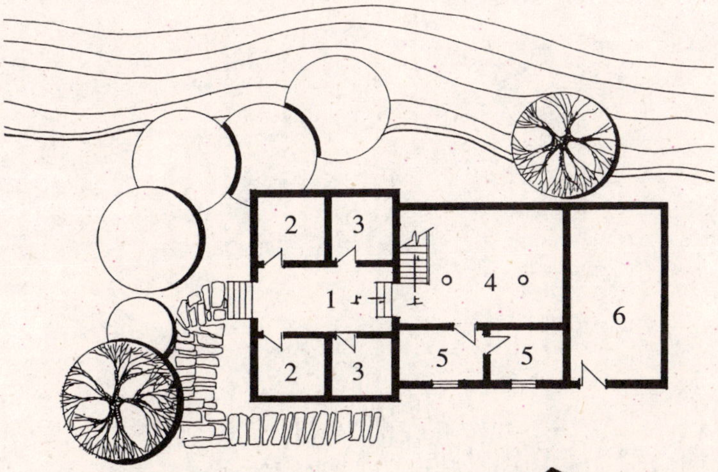

1. 过路屋(门厅)
2. 工具堆放
3、5. 卧室
4. 主室
6. 畜圈

(图六——297) 草坡乡张宅总平面示意

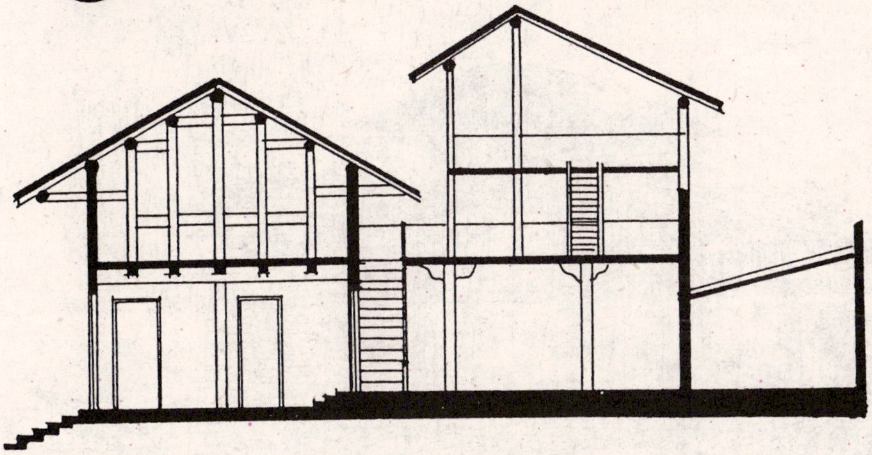

(图六——298) 草坡乡张宅剖面

(图六——299)草坡张张宅透视

（图六——300）草坡乡张宅速写

桥梁、栈道

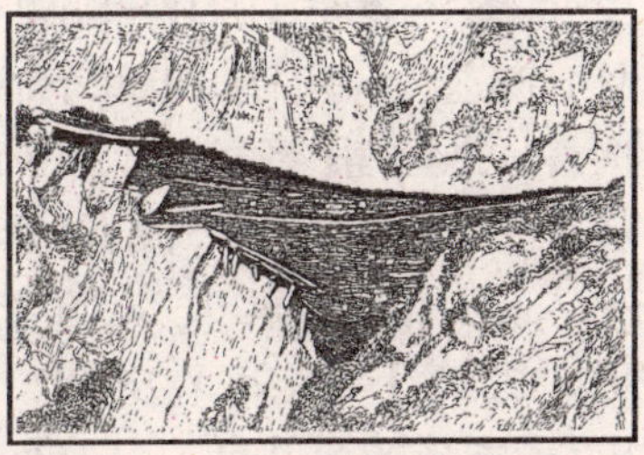

一、桥　梁(图七—1～14)

古代，横跨在岷江上游及支流的桥梁，主要是悬索桥，它又分溜索和人行索桥二式。

1. 溜索:亦称溜筒、溜索子,古代有时也称为笮或索桥。汉李膺《笮桥赞》:“笮，复引一索，飞恒代阁，人悬半空，度彼绝壑。”姚莹《康輶纪行》卷十五:“松潘茂州之地,江水险急,既不可舟,亦难施桥,于两岸凿石鼻以索絙其中,往南者北绳稍高,往北者南绳稍高，手足循索处皆有木筒，缘之护手易达，不但渡空人,且有缚行李于背而过者。”

上述可分溜索又有平溜和陡溜二式。陡索（溜）两岸各立一高柱和低柱，高低相对，用竹索或铁索相连成主索，主索拴在两岸巨石凹成的石鼻或木树桩上,将筒两个或一个（用牛革及生漆深裹相护的半圆形竹溜筒子，又叫溜壳瓦）反扣在竹索上,筒上小孔用麻绳下吊一个竹编的兜，人坐其中。同时用一铁索或竹索系在筒或戽兜上，一头系在高岸边柱杪上成引索。人坐在兜中,高岸索夫缓缓将引索由高放下乘势到对岸。待人走出后,索夫又可将筒或兜拉回高处再渡行人。也可不用兜,在筒下系交叉皮带、麻绳、横木,人坐其上一滑而下。平索两岸系索处同高，只连一根主索和引索，主索和引索中软而低，人乘戽兜或系筒滑到中低处，需自握主索相挽而上，也可由岸边的人牵引而上。

无论陡溜或平溜,现在已极为罕见了。

2、索桥,又叫绳桥,人可在上面行走。《四川松理茂懋汶屯区屯政纪要》载:“所谓索桥,捻竹为绳,施于两岸,一桥骈列十余绳，绳头系于极坚实之石础或木柱，绳上横铺以木板，左右置护手,人行其上。”

索桥从古至今一直是羌族地区跨越溪河的主要交通设施,自秦汉有笮桥的记载以来,已服务于羌族和西南其他少数民族二千多年，虽然形成了若干种类，但仍以上述两类（尤后一类)较普遍。

二、栈道(图七—15～17)

羌族地区栈道兴于何时，尚无从考证。估计铁器的产生，给栈道的发端提供了更大的可能。四川是中国栈道最发达的地区，战国时秦蜀之间即凿通了多条相互联系的栈道，“栈道千里,通于蜀汉”,可见规模是相当大的。那么羌族地区在蜀汉时期，甚至更早就出现栈道亦是可能的。

栈道一般分成木栈和石栈两大类。

1、木栈

羌族地区木栈道多属凿陡壁，石孔安横梁，下撑以斜柱，上铺以圆木、石板、碎石、沙泥成路，并填砌石片成护坡兼承重墙体。为民间俗称偏桥与多样栈道作法共同形式。今已无石、木栏杆，古代有无栏杆已不可考。木栈尚存清晰古貌者在克枯寨南800米处，栈道沿杂谷脑河北岸随等高线变化而起伏。整个杂谷脑河下游直到杂谷脑镇约70公里的河岸上，亦断断续续有古木栈遗迹可辨析，是羌族地区古木栈分布集中区域之一。

2、石栈

石栈民间称碥路，为凹槽式，即凿岩体如石槽，人马从槽中通过，是栈道中最原始形态。

石栈还有仿木栈作法，用石材作梁、柱、板者，亦有不用柱，只有梁、板纵架小沟小溪者。

再有用片石垒砌保坎，面河即成石堤，上平路面，可宽可窄，视具体地形而增减工程量，行人、畜即可。

三、桥梁、栈道实例(图七—1～17)

1. 茂县联合桥(镇西桥)

联合桥原名镇西桥，横跨岷江之上。始建于明正统年间。东岸位于茂县城旁青杠坡，对岸接西向坪头村。1995年改竹篾索为钢索桥时取名联合桥。图上所绘即今钢索桥状。

桥基本情况是：长约124米，净跨86.7米，净宽2.4米。桥东西两头设有石砌桥屋，形长方，构造同一般民居墙体及屋顶，中有通道连接桥面。屋有两用，一是保护屋中支撑斜拉竹索的木轱轳等木构件不受雨淋风蚀，二是为行人休息提供暂时之所。过去在江中心浅滩处还筑有石砌桥墩，谓之“中咀”。除缓解竹索的承重与拉力负担外，墩上还建凉亭，亭前刻犀牛一尊，亭周围又置走廊供行人临江观景。

我们看到桥头屋剖面中，一半以上绞缠竹索的木轱轳已经弃置，但可以想见当时的过江“护栏”竹索数量在现钢索的一倍以上。另地下的作为桥面承重的钢索其理也与原竹索一样。因此，今桥整个结构除钢索取代了竹索之外，其它全为索桥古制。

整个岷江，自灌县安澜索桥上溯上游及支流各桥，凡索桥，尤河面宽者，大都作法一致。河面窄者尚有平梁式、伸臂式桥梁，皆简易可行则可，不少利用河岸一边的天然陡岩作桥头，以节约材料和工时。还有小溪旁人家“私桥”，在桥的一头安门上锁，形成以桥为防御的第一道安全线，也是桥风景的别致。另外，诸如汉式廊桥建在山河溪流者，《阿坝州志》言茂县境内、汶川境内比比皆是，更有石拱桥、石平梁桥之类“通行州内群山之中”。而简单如跳蹬、独木桥、栈桥者，亦遍布小路溪沟。

2. 汶川县克枯栈道（图 15～17）

克枯栈道位于汶川县克枯乡克枯村南 800 米处，沿杂谷脑河北岸岩壁上修凿。下距河面 10～20 米。始建于汉代。现状为清代扩建后屡经修缮所至。栈道长 158 米，宽 0.4 米～2 米之间。栈道前端天然洞穴前有乾隆二十四年（1759 年）及嘉庆九年（1804 年）修理栈道碑记二通。

栈道沿河岸等高线开凿，于陡险处打孔，楔入木桩，上横排圆木，再用石块垒砌圆木之上作路基。因路基太高，为减轻圆木的荷载压力，又在路基中再加圆木形成分层分段式承重。此栈道为川中栈道保护最好最长的一段。

沿杂谷脑河理县境内及岷江上游理县茂县境内尚存依稀辨析的古栈道遗迹，著名的有理县白杖房栈道、茂县至松潘的古栈道等。

桥梁、栈道实例

茂县联合桥

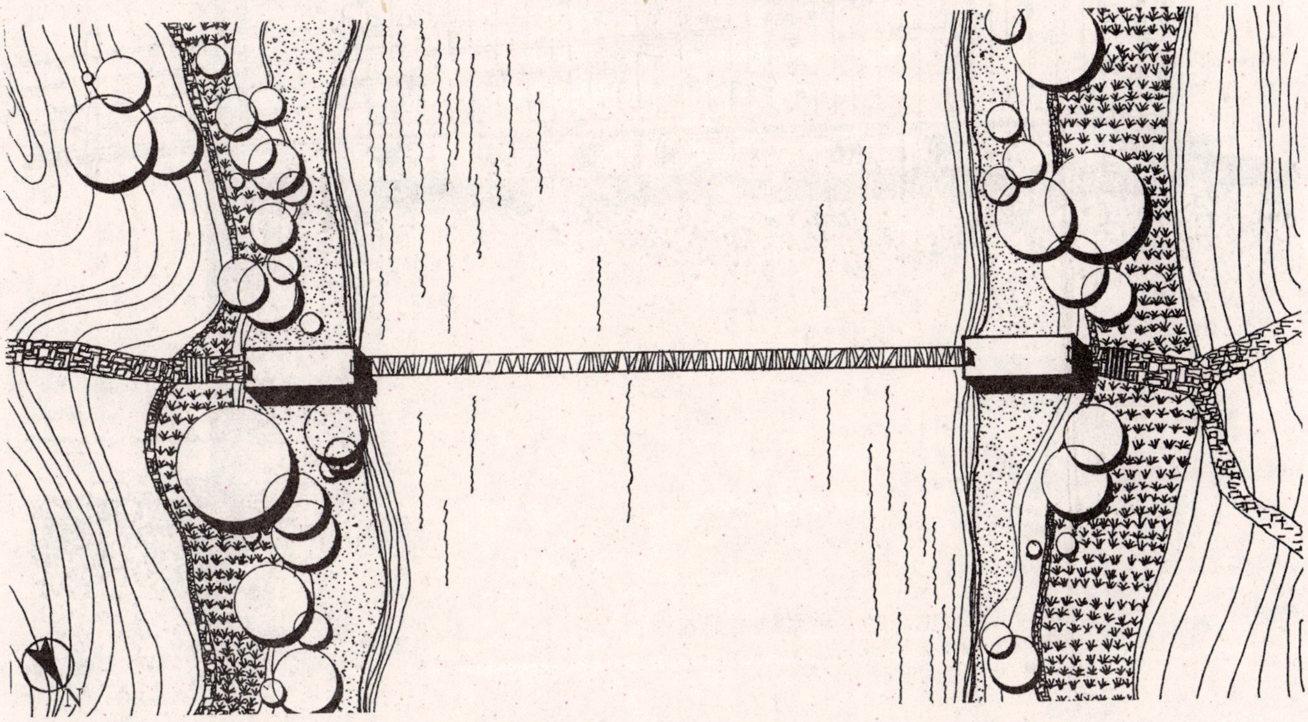

(图七——1)茂县联合桥总平面

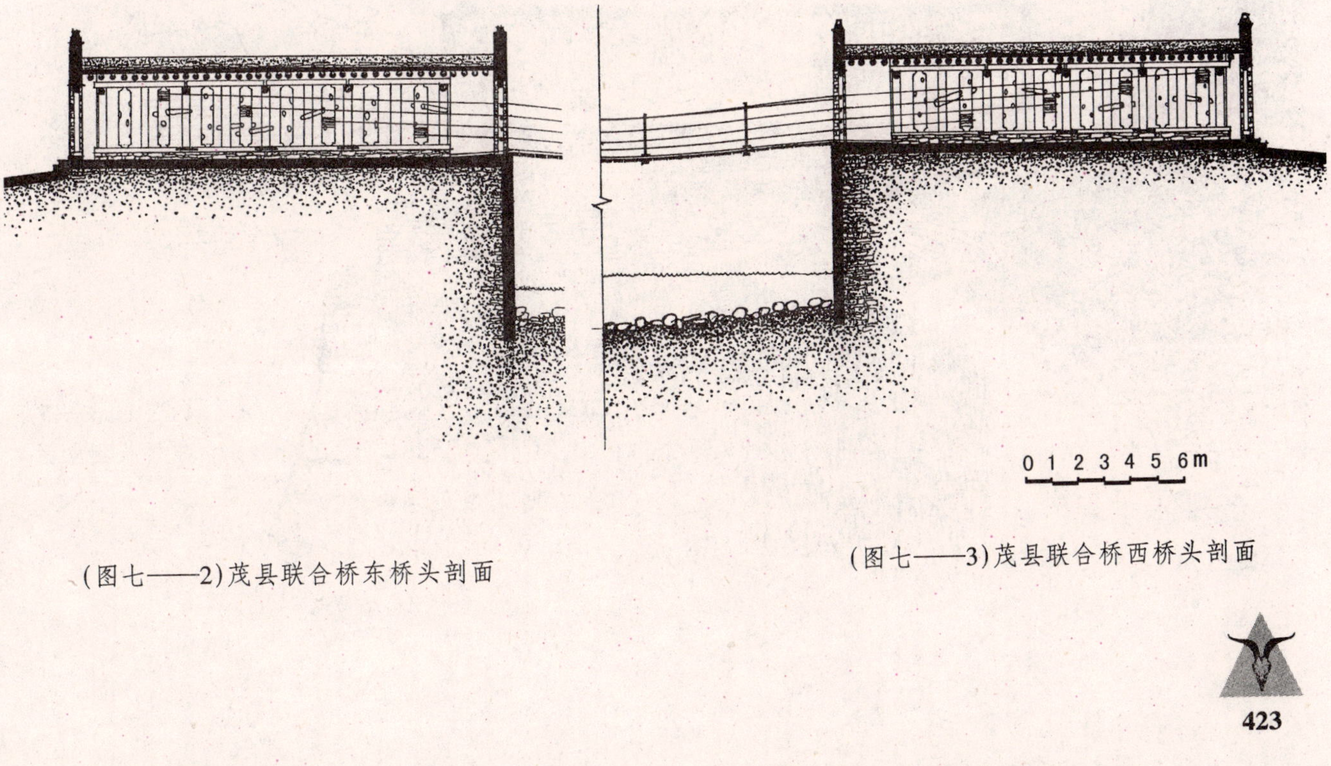

(图七——2)茂县联合桥东桥头剖面

(图七——3)茂县联合桥西桥头剖面

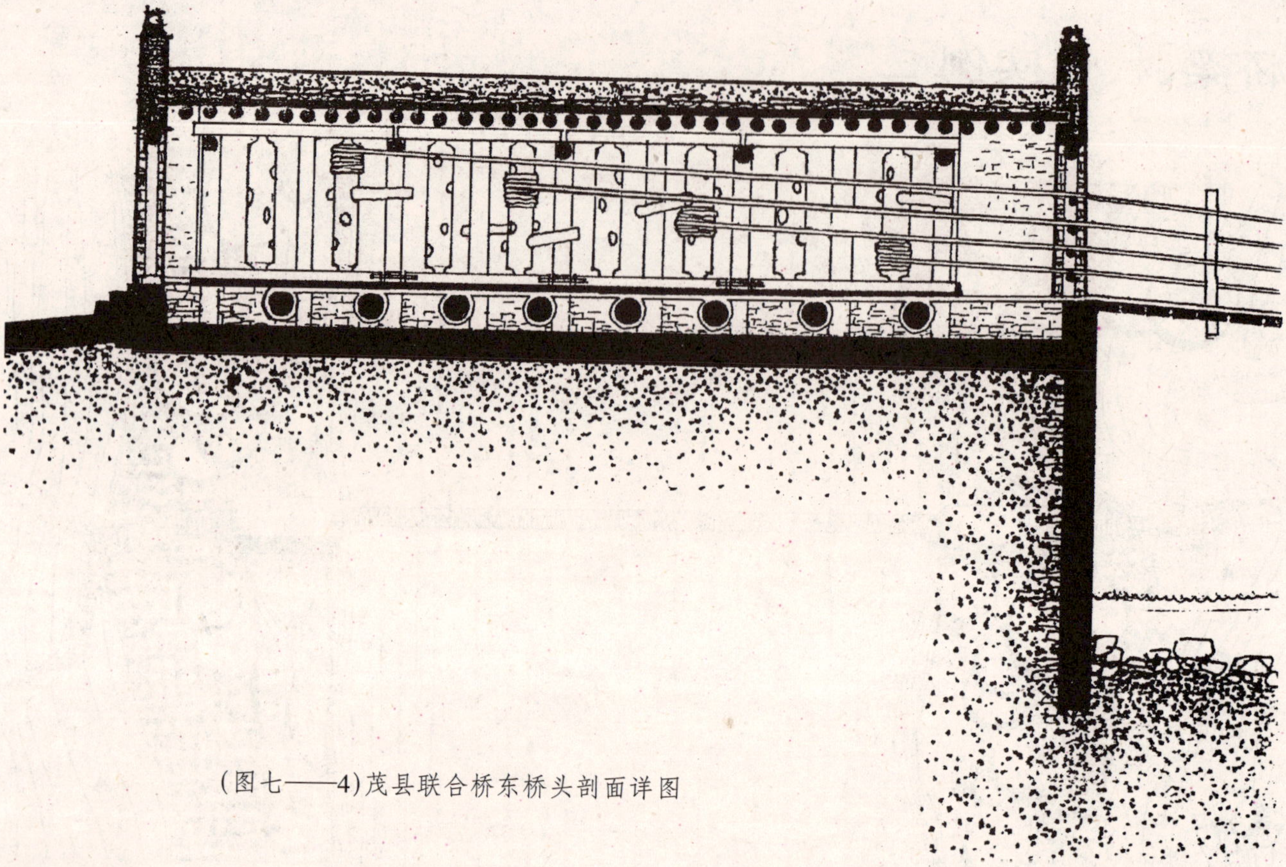

(图七——4)茂县联合桥东桥头剖面详图

(图七——5)
东桥头侧立面

(图七——6)西桥头透视

(图七——7)西桥头立面

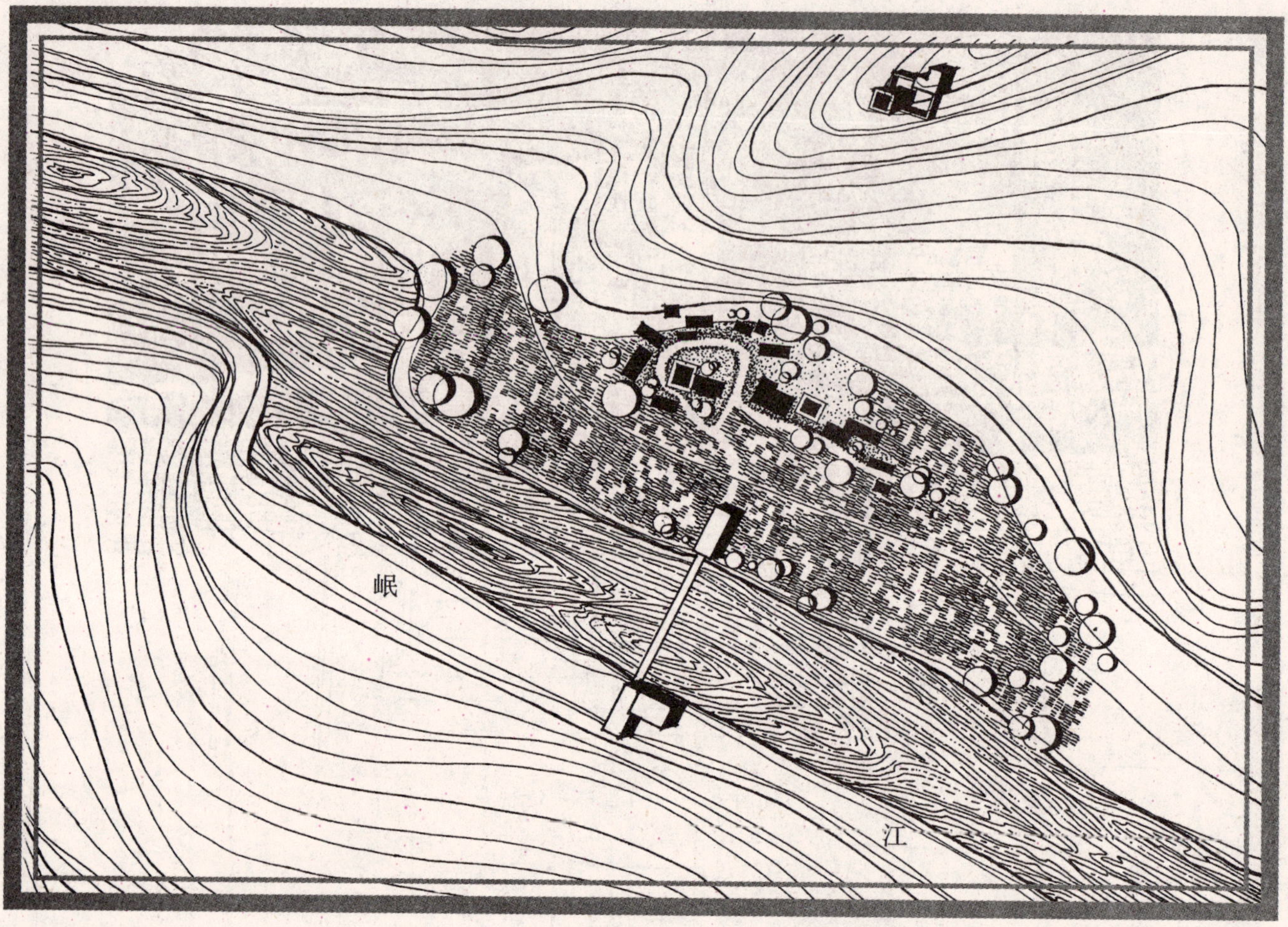

(图七——8)茂县沙坝索桥总平面示意

(图七——9)茂县沙坝索桥透视

汶川县威州索桥

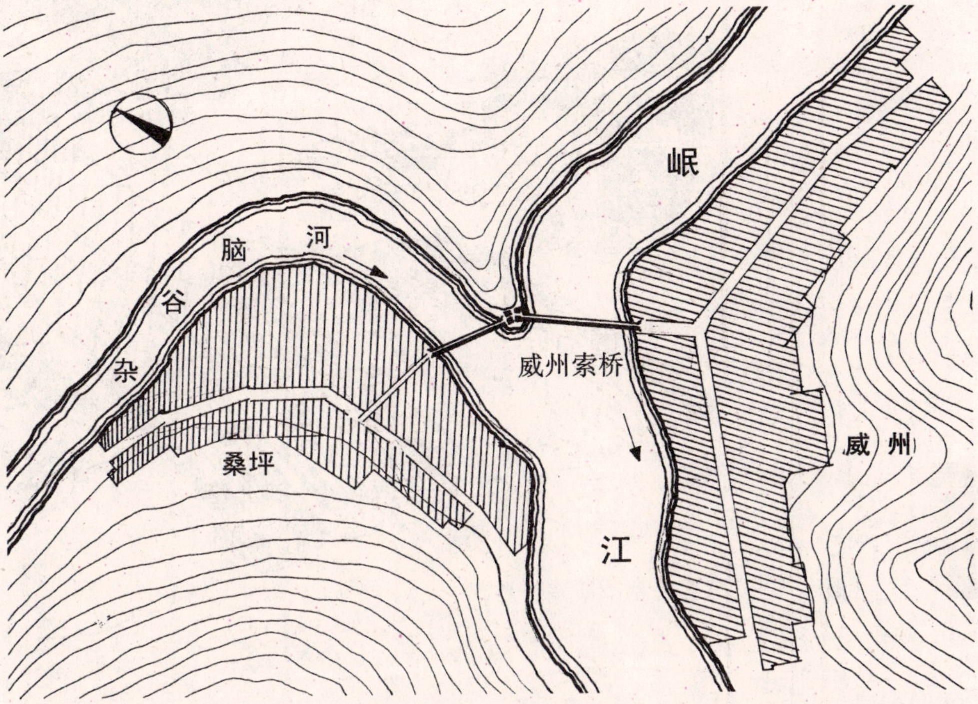

(图七——11)汶川县威州岷江索桥与杂谷脑河索桥总平面示意

(图七——10)汶川县威州岷江索桥与杂谷脑河索桥透视

(图七——12)茂县赤不苏索桥透视

(图七——13)汶川绵虒乡索桥石砌桥头一览

汶川克枯栈道

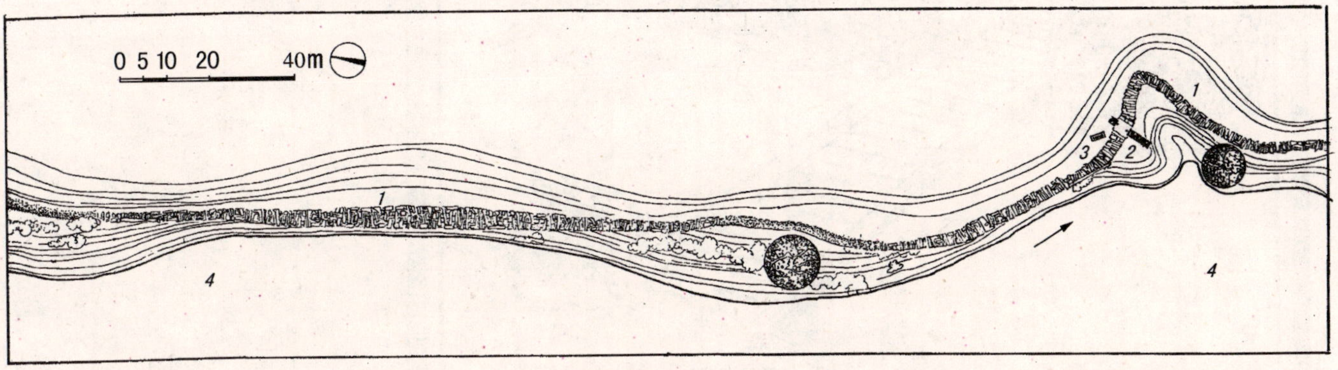

1. 克枯栈道　2. 关口　3. 碑石　4. 杂谷脑河

(图七——14)汶川县克枯栈道总平面

(图七——15)汶川县克枯栈道透视

(图七——16) 小溪私家木板桥

(图七——17)理县白杖房栈道

主要参考文献、资料

1. 蒙默等著《四川古代史稿》，四川人民出版社，1988. 1 版。

2. 王纲著《清代四川史》，成都科大出版社，1991. 8 版。

3. 冉光荣等著《羌族史》，四川民族出版社，1985. 1 版。

4. 徐中舒著《论巴蜀文化》，四川人民出版社，1982. 4 版。

5. 阿坝藏族、羌族自治州地方志编纂委员会编《阿坝州志》，民族出版社，1994. 10 版。

6. 茂汶羌族自治县概况编写组编《茂汶羌族自治县概况》，四川民族出版社，1985. 11 版。

7. 汶川县地方志编纂委员会编《汶川县志》，民族出版社，1992. 7 版。

8. 羌族研究编委会编《羌族研究》，第一辑，第二辑，1992. 11 版。

9. 理县政协编《理县概况》油印本。

10. 王康等著《神秘的白石崇拜》，四川民族出版社，1992. 8 版。

11. 刘敦祯主编《中国古代建筑史》，中国建筑工业出版社，1984. 6 版。

12. 刘致平著《中国居住建筑简史》——(附：四川住宅建筑)，中国建筑工业出版社，1990. 10 版。

13. 刘致平著《中国建筑类型及结构》，中国建筑工业出版社，1987. 7 版。

14. 叶启燊著《四川藏族住宅》，四川民族出版社，1989. 9 版。

15. 谭继和著《氐，氐与巢居文化》，《四川文物》1990. 4 期。

16. 羌年礼花编委会编《羌年礼花》——羌族历史文化文集各集，1989. 10 内部印刷。

17. 《四川省地图集》，四川省测绘局出版，1981 版(内部用图)。

18. 《四川文物》有关各期。

19. 全国历届民居学术会论文集有关羌族建筑的论文。

20. 各类建筑期刊有关羌族建筑的论文。

后　记

一九八八年秋冬，我在位于汶川县的阿坝师专代课，闲来深入附近山上羌寨。记得第一次进入羌民居的人家是郭竹铺寨董姓宅中，时就感到象步入历史的通道。幽暗的室内透出一股夹着苍凉的神秘，它扑面而来，那模糊的石片叠砌起的居室中心，还有着从未见过的木柱。屋角的神位纵横交织着蜘蛛的罗网，阳光从天窗射进一根光柱，如舞台锥光刚好落在火塘上，立刻就有强烈光和热的感觉撞击，这是一个古老民族崇拜物的撞击，是一切原始民族无法逃避的万神信仰之源的撞击。太阳和火无时不在，任何生物离之分毫瞬间不能生存，然而人类又从火和太阳那里衍生出文明，启发出智慧，光和热恰如孪生的双神为人类祭祀。但是，自然与野兽的肆虐，又迫使人去寻觅可与之躲避的栖身之处，于是才有了建筑。但它不是隔绝阳光和火的存在，相反它把它们引入室内，也才有了各式各样的窗，并让阳光透过它在室内慢慢照射、移动，就像是太阳的家一样，那样自由随便。而火塘更由野处露天请进了室内中心，一切围绕它展开，光和热互为依存补充。于是我们看到羌族民居顶层晒台全作为接纳阳光之用，底层作为火塘产生热能的另一个源头，人被夹于光和热之间。栖息在它的怀抱之中，这该是何等安适优美的民族，何等炽热而古老恬静的居住空间。转眼间他们从西北大漠草原来到岷江上游一住就是两千年。这漫长的历史通道全被瞬间凝固在室内依稀模糊的幽暗中，尤太明朗一目了然，易掐断丝丝想象的思绪，恰幽暗弥漫着永恒悠长无限的神秘。神秘是撩拨心扉初开最早的启动力，是兴趣的花蕾，意志的温床。当然它也是一个美丽的“黑洞”，兴许跳进去就出不来了。于是从一九八八年开始在“洞”中摸索，试着深浅往里走，殊不知回头一瞥竟然去了八、九年。然而神秘的幽暗还很远很远。如果要说《中国羌族建筑》这本册子能给读者些什么的话，亦不过在历史的通道中划着了一根火柴。虽然从“洞”中出来了，又留下多少遗憾。

为了获得仅一根火柴的光亮，我们数十次深入羌寨，数百次进入羌民居之中，数十例的典型测绘。多少次火塘边不眠之夜与羌同胞的侃侃长谈，有的女同学在高山上昏过去了，男同学拉肚子已成水土不服常谈……可是轮番几个年级的同学都去了，全然没有听到艰苦悔怨的唉叹。还有的同学和羌族青年交上挚友，节假日往返于数百公里探访之间……

当然，收获最大莫过于建筑的空间体验，是演绎和归纳交叉进行的实践。先环境、聚落再单体，继由内向外拓展。于是大家都惊异起来，空间之谜一个个接踵而至。为什么有的聚落布局还残留着仰韶时代的痕迹?为什么有公共碉楼、私家碉楼、民居的石砌空间层次?为什么主室中心有一根木柱?为什么民居以三层作为主要模式?尤其是为什么几乎家家平面布局都不雷同?简直就是住宅平面构思隐藏在大山中的一座富矿。看不倦，愈惊喜，一家一面貌。难道这就是“无法之法乃是法”的最初诠释，实在是羌人把空间想象力、创造力发挥到极致。这种原始自由空间难道是原始共产主义的惟一可资佐证的遗迹，难道由此推测科学共产主义时代，人人都是建筑师，亦可充分发挥每个人的空间想象潜力，创造出随心所欲但又科学的自由空间。

所以，观照“原始自由”与“科学自由”两者之间一大段数千年的空间历史，我们在羌民居面前羞愧了。我们“千人一面”重复着建筑，我们的想象力泯灭在封建时代的历史长河中，我们自惭形秽。自然，我们憧憬能使人充分创造空间的美妙时代。

梁启超说过：战士战死在沙场，教师死在讲堂。誉职业崇高神圣终身者，教师亦同战士。战士之谓，冲锋在前。当我们最后一次从岷江河谷爬上相对高度约一千米的瓦寺土司官寨时，同学们把我拉下好远的距离。岁月仅能使我“掩护在后”了。一丝“想当年……”的悲哀情绪浮起时，仰头看到山顶同学的微笑，顿时年轻了许多不说，更看到中国传统建筑文化的漫漫道路上，尚有灿烂微笑的年轻人乐于此间崎岖之道的爬涉攀登。当然“死”同忠于，忠于没有退休。于是，还有很多少数民族的，区域的，类型的……民间建筑在向我们招手，尤建设性破坏的加剧，其间还时时传出它们无可奈何的哀鸣。所以，盼望着更多战士加入这一战斗行列，永远地、义无反顾地去维护中华文化的尊严。

写到这里，我要感谢系主任陈大乾教授，他也亲自带头作了高山狭谷的民居探索体验，并支持着这项工作。同时建筑系参与此项部分工作同学的张张笑脸又浮在眼前：他(她)们是：张若愚、李飞、任文跃、张欣、傅强、陈小峰、周登高、秦兵、翁梅青、王俊、蒲斌、张蓉、周亚非、赵东敏、关颖、杨凡、孙宇超、袁园等。同学们分批随我进入羌寨，酸甜苦辣不去唠叨了。惟体验的羌寨与民居将永恒地留在他(她)们脑子里。我想当他(她)们今后偶尔回忆起那段高原上的日子时，思绪定会情不自禁在其间游荡，说不定成为他(她)们人生最珍贵的日子。若果如此，老师一场亦可大慰也。

更值得一书的是，在中国传统建筑研究领域内有一批眼光睿智，学识卓著，惟中华传统文化是尊的建筑学家。他们不仅身体力行调查研究，还积极支持别人的研究活动。本书之成如果没有桂林市规划局长、桂林市规划设计研究院院长李长杰教授的鼎力支持，显然是不可能完成的。这是站在人类文化发现整理挖掘高度在鸟瞰专业领域，同是对民族文化无比的虔诚和崇尚，更是对伟大祖国及兄弟民族忠贞热爱的一种具体表现。在这里，我想羌族兄弟也会是这样看的，他们是会铭记在心中的。

季 富 政

一九九七年·秋·成都九里堤

地图审核号：川S(1999)09号

图书在版编目(CIP)数据

中国羌族建筑/季富政著. -成都：西南交通大学出版社，2000.2
ISBN 7-81057-414-0

Ⅰ.中…　Ⅱ.季…　Ⅲ.羌族-建筑艺术-研究-中国
Ⅳ.TU-092.874

中国版本图书馆 CIP 数据核字(1999)第57276号

中国羌族建筑
季富政　著
*
出 版 人　宋绍南
责任编辑　陈祖铭
封面设计　季富政
封面题字　徐尚志
西南交通大学出版社出版发行
(成都二环路北一段111号　邮政编码：610031　发行科电话：7600564)
http://press.swjtu.edu.cn
E-mail：cbs@center2.swjtu.edu.cn
四川新华印刷厂印刷
*
开本：850mm×1168mm　1/16　字数：680千字
印张：30.25(另彩图2印张)
2000年2月第1版　　2000年2月第1次印刷
ISBN 7-81057-414-0/TU·187
定价：248.00元(精)　198.00元(平)

如本书有印装错误，请寄承印厂调换
厂址：四川成都人民北路一段十六号　邮编610081

汶川县羌锋寨民居与碉楼组团远眺

汶川县羌锋寨民居主
室内之中心柱与角角神

茂县下寨民居组团